补天系列丛书

Hacker Cybernetics

博弈系统论

黑客行为预测与管理

杨义先　钮心忻 ◎ 著

電子工業出版社
Publishing House of Electronics Industry
北京 • BEIJING

内容简介

在现行的系统科学中，各种“系统论”主要都是建立在各方相互协调和配合的基础之上的，而本书则基于维纳的“反馈、微调、迭代”赛博思想，在黑客和红客彼此对抗（或管理者和被管理者彼此钩心斗角）的基础上，建立了一套新型的系统理论，称之为“博弈系统论”；它不仅能够比较准确地预测黑客的攻击行为，而且能够用于对抗性管理，同时与之相应的管理学，也可称为“赛博管理学”。特别是，该系统理论揭示了在各种情况下，如何对黑客的攻击行为和效果进行量化预测，以便为随后的管理和防范提供依据。

本书主要适用于三个方面的应用和人群：首先，本书不仅可作为高等院校网络空间安全一级学科及相关专业的本科生、研究生的教材和教学参考书，而且可供信息安全界的政、产、学、研、用的相关人员了解黑客与红客的对抗的统一基本规律；其次，本书可供系统科学和应用数学领域的专业人士了解对抗环境下博弈系统的演变规律和最新挑战，并充分利用自身优势，大力推进相关研究的发展；最后，本书还可供管理学领域的专业人士了解赛博时代管理学所面临的新问题和新挑战，即动态管理学。

图书在版编目（CIP）数据

博弈系统论：黑客行为预测与管理/杨义先，钮心忻著. —北京：电子工业出版社，2019.11
（补天系列丛书）
ISBN 978-7-121-37540-8

Ⅰ. ①博… Ⅱ. ①杨… ②钮… Ⅲ. ①计算机网络－网络安全－研究 Ⅳ. ①TP393.08

中国版本图书馆 CIP 数据核字（2019）第 214389 号

责任编辑：李树林
印　　刷：三河市鑫金马印装有限公司
装　　订：三河市鑫金马印装有限公司
出版发行：电子工业出版社
　　　　　北京市海淀区万寿路 173 信箱　邮编：100036
开　　本：720×1000　1/16　印张：25.25　字数：452 千字
版　　次：2019 年 11 月第 1 版
印　　次：2019 年 11 月第 1 次印刷
定　　价：99.00 元

凡所购买电子工业出版社图书有缺损问题，请向购买书店调换。若书店售缺，请与本社发行部联系，联系及邮购电话：（010）88254888，88258888。

质量投诉请发邮件至 zlts@phei.com.cn，盗版侵权举报请发邮件至 dbqq@phei.com.cn。

本书咨询和投稿联系方式：（010）88254463，lisl@phei.com.cn。

前 言

千辛万苦写完本书后，著者却很纠结；因为碰到了与当年维纳相类似的问题：不知该如何给本书取名！

虽然它的英文名称很清晰，即 *Hacker Cybernetics*；但是，中文名称该叫什么呢？一方面，肯定不能将错就错地将中文书名直译为《黑客控制论》；另一方面，若音译为《黑客赛博学》又可能误导读者，因为现在“赛博学（Cybernetics）”的内涵和外延有些混乱，一会儿叫“控制论”，一会儿叫“网络”，一会儿又叫“空间”，一会儿又叫“数字世界”等，反正都是用一个现成的名词，硬戴在“赛博学”的头上，也不管它是否恰当。

其实，著者的初心是想写本《黑客管理学》或《赛博管理学》，但是很显然，完成后的本书对理工科之外的常规管理学者来说，无异于“天书”！因为除了最基本的管理学知识（第 1 章），本书压根儿就是一本数学专著，而且还是横跨控制论、系统论、混沌理论、常（偏）微分方程（组）理论、突变理论、协同学、耗散结构理论、线性规划理论、滤波理论、概率论、自组织理论等的数学理论。但是，我们仍然希望有尽可能多的管理学者，特别是年轻的管理专家来阅读本书，并以此为桥梁，进入网络空间安全界，把管理学的“四两拨千斤”作用发挥到极致。其实，信息安全领域对管理学者来说，也许是一块大有作为的肥沃处女地，因为，一方面大家都公认信息安全保障是“三分靠技术，七分靠管理”，但是，另一方面，全球信息安全界几乎把全部精力都花在了本该“只占三分”的技术上，而留下了“占比高达七分”的管理空白，甚至对管理产生了许多严重误解。此外，本书中的“赛博管理学”,也许对管理学界真有借鉴意义,因为它确实填补了管理学的以下空白：一方面，过去的管理学所涉及的被管理者，在管理者面前几乎都是俯首听命的，他们会积极配合相关的管理工作，但是在本书中，被管理者会有意作对，故也可称为“博弈管理”；另一方面，过去的被管理者及其相关环境，几乎都是不变或慢变的，所以可称为“静态管理”，但是，本书中被管理者却可能会迅速变化，因此，管理者也必须迅速应对，故也可称为“动态管理”。当然，被管理者的这些新特点，绝不会仅限于信息安全的“红客管理黑客”的过程中，它们会在网络社会中经常出现，甚至会成为未来的主流，所以管理学科不能对此视而不见。当然，从实质内容上看，本书若叫《黑客管理学》或《赛博管理学》也并没有跑题，因为，有效管理的前提是预测，若已准确预测了被管理者的行为，当然也就“知彼”了，随后的管理措施便能“有的放矢”了；其实，管理的本质就是预测。

从系统科学的角度来看，本书也可叫《博弈系统论》。因为，与普通的系统论相比，本书聚焦于一种特殊的系统，称为博弈系统，在该系统的演化过程中存在着两股相互对立的力量。对传统的系统科学家来说，阅读本书并不难，但是过去系统科学研究很少考虑过“上有政策，下有对策”的情景。如果通过本书，能够吸引某些系统科学家认真研究系统博弈问题，也许他们能做出许多对网络空间安全非常有用的结果，毕竟他们的理论功底绝非安全专家可比拟的。而且，今后该套理论的深入和发展，可能将主要依赖于国内外众多的系统科学家。因为安全专家或管理专家，毕竟只是该套理论的“用户”。因此，我们最终将本书定名为《博弈系统论——黑客行为预测与管理》，简称为《博弈系统论》。

算了，不再纠结书名了，还是关心实质内容吧！

从数学理论角度看，本书虽然为系统科学家开辟了一个新的研究领域；但是，可以肯定，从应用角度来看，本书主要是为网络空间安全界的人士而撰写的，它其实是继《安全通论——刷新网络空间安全观》（后面简称《安全通论》）之后，就攻防对抗演化规律所做的更全面、更深入的揭示。所以，本书的副标题为“黑客行为预测与管理”，以此来锁定它的实际目标。

除第 1 章的“管理学概论”之外，本书几乎都聚焦于黑客的行为预测问题，而且其清晰、严密的逻辑结构和“举目之纲”是这样的：

（1）本书第 2 章首先回答了一个关键问题：千变万化的黑客行为，为什么可以被预测？从理论上来说，这是因为“黑客的行为遵从维纳定律”！其实，这里的“预测”并非指对黑客行为的一次性长期预测，而是多次性的短期预测。比如，虽然很难预测黑客 1 天后要干什么，但是，1 秒或 1 微秒后他的行为，就可能被预测；另外，由于预测是多次性的，即使某次预测出现了错误，那么，在随后的预测中也可以及时纠正，以确保最终的预测结果准确无误。形象地说，红客之所以能够准确预测黑客的行为，其原理等同于“悍猫能预测老鼠的逃跑路径，并最终抓住老鼠”。换句话说，只要悍猫“反馈、微调、迭代”的速度足够快，那么，纵然有几个捕食动作失误，也能够在迅速纠错后，最终逮住老鼠。

（2）虽然可以预测黑客的几乎所有行为，但是，有些行为是不可管理的，这便是本书第 3 章论述的主题。形象地说，有经验的老猫虽然可以预测老鼠的逃跑路径，但是，却并不总能成功捕食，而失败的原因主要有：速度太慢，跑不过老鼠（这不是本书关注的问题）；反应不灵敏（即反馈不及时），被老鼠甩掉；动作太猛（即微调偏差太大），来不及纠正失误；转弯半径太大（即迭代太慢），老鼠成功躲进了洞穴等。从理论上说，以赛博链的轨迹为中心线，以可容忍的误差为半径的管道区域，都是可管理的区域，否则就是不可管理区域；反之亦然。在一维迭代情况下，本书第 3 章对黑客行为的不可管理性进行了深入研究，许多结果都来自混沌理论和迭代方程理论。

（3）针对黑客的任意行为，本书给出的赛博链轨迹预测法是否准确呢？虽然从理论上来说，本书的所有预测结果都已被严格的数学证明所保证，但是，对于普通的网络安全人员来说，合适的案例仍然必不可少。然而，要想人为地构造一个案例，却相当困难；非常幸运的是，在本书第 4 章中将指出：历经半个多世纪实践检验的摩尔定律，刚好就是一种特殊的黑客行为。摩尔定律的准确性，很好地佐证了本书对黑客行为预测的正确性。此外，除摩尔定律之外，众多的诸如吉尔德定律、贝尔定律、反摩尔定律、扎克伯格社交分享定律、库梅定律、互联网带宽的尼尔森定律、库伯定律、Edholm 带宽定律、超摩尔定律、新摩尔定律等网络定律，也都是黑客行为预测的实际案例。于是，随后本书各章便可以全力以赴地，从纯理论角度来研究，在各种可能情况下，如何预测黑客的行为了。

（4）如果黑客的行为未受红客的干扰，或者说红客的干扰几乎可以忽略不计（比如，当黑客远远强于红客时），那么该如何来预测黑客的行为呢？换个角度来说，当红客的行为未受黑客的干扰，或者说黑客的干扰几乎可以忽略不计（比如，当红客远远强于黑客时），那么，该如何来预测红客的行为呢？本书第 5 章将要回答这方面的问题。首先，我们意外地发现，经典管理学中的几乎所有已知预测法（比如，回归分析预测法、时间序列预测法、简单移动平均法、加权移动平均法、趋势移动平均法、指数平滑法、差分指数平滑法、自适应滤波法、趋势外推法、指数曲线法、修正指数曲线法、生长曲线法等），竟然都是本书的黑客行为预测法的简单特例，当然它们还可以看成是黑客行为预测法的有效佐证。其次，通过赛博系统的转化技巧，黑客行为的预测问题就可以自然地转化成了常微分方程的求解问题，于是“搭上了数学家们的便车”，黑客行为轨迹预测的存在性、连续性、稳定性等看似非常困难的问题，也就迎刃而解了。

（5）当黑客的行为不再独立，而是受到了红客的有效阻击，甚至黑客和红客的博弈（对抗）势均力敌时，又该如何预测黑客的行为呢？这便是本书第 6 章的主题。其实，此时单独预测黑客或红客的行为，其意义并不大；更重要的是要预测双方博弈的结果，更准确地说，需要预测攻防双方的博弈运动轨迹。非常幸运的是，这个问题又被我们等价地转化成了求解由两个二元微分方程组成的微分方程组了；从数学角度看，这应该是最简单的一类微分方程组（当然，仍然遗留了许多未解决的难题）。本章的博弈轨迹预测，还充分考虑了若干常见的情况，比如：双方博弈受到环境的随时间而变化的确定性影响的情况；在纯对抗（即全无外界干扰）的情形下，博弈轨迹的整体分布与趋势、稳定性、周期性和极限环（圈）等。

（6）由于网络的开放性，黑客与红客之间的对抗当然会受到外界环境的干扰。在这些干扰中，有些干扰本身就是随机的，比如，突然的网络事故等；有些干扰虽然并非随机，但是，由于这样的干扰因素太多，且每种因素的影响都很有限，所以，根据概率论中的大数定律，从综合效果来看，最终的干扰也将以随机形式表现出来；甚至还有些干扰是时间的确定性函数，且干扰强度还很大。那么，在各种干扰，特别是随机干扰的环境中如何预测黑客的行为？如何预测干扰环境下黑客与红客博弈结果的轨迹？甚至如何过滤外界干扰，预测出黑客和红客的综合博弈轨迹呢？这将是本书第 7 章的任务。初看起来，这项任务几乎不可能完成，因为在随机干扰的情况下，不但黑客和红客本身的行为会受到干扰，而且他们的博弈结果也会受到干扰，以至于压根儿连“测”都办不到，就更别说“预”或“预测”了！不过，他山之石可以攻玉，我们幸运地发现了一块“他山石”，即在现代通信理论中常用的滤波器理论。

（7）对势均力敌的黑客和红客来说，如果他们之间的博弈正处于运动之中（哪怕只有一方在运动），那么预测他们随后短时的微观局部走向并不难，因为只需将它们的目前轨线“按惯性延伸”就可以了，比如，“拔河”时只需预测“绳索按当前方向继续运动”就行了。但是，如果博弈双方都被迫处于静止状态，称为胶着状态，那么随后博弈趋势的预测就相当困难了。从理论上看，如果没有外力的干扰，那么，这种胶着状态将永远持续下去，从而可以宣布“本次博弈结束”；但是，外力干扰显然是不可避免的，而且更难预测的是：这种胶着状态，常常会被非常微弱的外力打破，以至于发生突变，形象地说，就是可能出现“压死骆驼的最后一根稻草”。微弱外力打破胶着状态的可能情况，也远比想象的要复杂得多。

首先，博弈系统本身就带有参数。此时，微弱外力可能通过改变参数使得：或者原系统的奇点，变为新系统的非奇点，从而胶着状态被打破，博弈双方重新开始动起来；或者博弈双方虽然表面上仍然保持胶着，但是系统本身却已经被实质性地改变了（比如，由稳定奇点变为非稳定奇点等），于是，只需要再有蝴蝶轻轻一扇翅膀，海啸便有可能就发生了。本书第 8 章将深入揭示参数的微小变动，将会如何从根本上改变系统的结构；参数在哪些敏感点（专业术语称为“分叉点”）将可能引发系统突变；特别是当参数个数不超过 5 时，穷举了所有可能的内部实质性突变。

其次，若外力将胶着点变为不稳定点后，博弈系统就很可能崩溃，那么，在崩溃的瞬间，博弈双方将如何运动呢？即如何预测溃散时的局部微观轨迹。这便是本书第 9 章的主题。引发溃散的外力，又分两种情况（确定性外力、随机性外力），它们造成的溃散结果又可能有天壤之别。确定性外力引起的溃散，一般会从博弈的某一方身上首先表现出来，于是，第 9 章第 1 节便给出了一种有效技巧，它可以通过所谓的“消去法”，将由 2 个子系统组成的博弈系统轨迹预测问题，简化为 1 个系统的轨迹预测问题，从而完成溃散瞬间的博弈轨迹预测，当然这是微观的局部预测。随机性外力引起的溃散，其轨迹当然也是随机的，而且无法确定性地表示出来，只能将其转化为相应的概率密度函数（或概率分布函数）的计算问题，这便是本书第 9 章第 2 节至第 4 节的主要内容。

最后，随机性外力引发的溃散，虽然可以转化为概率密度函数，但是到底如何计算这些概率密度函数呢？这又是一大挑战，它便是本书第 10 章的任务。幸好我们发现，由常见随机性外力（比如，马尔可夫随机过程等）引发的胶着状态溃散轨迹的概率密度函数，都是某些常见的二变量或三变量的二阶线性（或拟线性）偏微分方程的解，所以，按照老套路，我们又搭上了数学家的“便车”，最大限度地引用了已有的偏微分方程结果。

（8）对黑客行为的预测，除了考虑局部微观情况，有时也需要考虑整体的宏观情况。其中，最有价值的情况是：如果能够判断黑客与红客的博弈轨迹将是一个封闭曲线（称为闭轨线）的话，那么就可以确定此次博弈将没有胜负之分，因为，即使是时间无限延伸，他们的博弈轨迹也将不断地循环往复，就像“推磨”一样。这种博弈状态，称为僵持状态；它与胶着状态的区别在于：虽然整盘博弈已经结束（即结局为“和棋”），但是，若从局部微观角度来看，博弈双方永远都在运动之中。那么，什么样的博弈系统才可能存在这种闭轨线呢？这种闭轨线又有多少呢？什么样的闭轨线才是稳定的（即处于闭轨线的博弈双方，不会因为微小的外力干扰而脱离闭轨线）呢？博弈系统的参数对闭轨线又有什么影响呢？本书第11章将回答这些问题,特别是对二次多项式博弈系统的闭轨线问题进行了深入的研究。僵持状态的预测也绝非易事，不过数学家们已完成的大量有关极限环（或极限圈）的现成结果，都可以发挥重要作用，虽然闭轨线也许不是极限环，但极限环一定是闭轨线。

通过上面（1）至（8）中所简述的内容不难看出：若从黑客行为预测角度考量，本书基本上是一气呵成的，并且较全面地涵盖了黑客行为预测的各个主要方面，至少没有明显的遗漏。

当然，本书各章节的内容，还有许多种不同的背景解释（详见正文）；其实，本书的几乎所有内容，都是从若干看似毫无关联的相关学科中凝集而来的，套用一句广告词，那就是：我们不曾生产矿泉水，仅仅是大自然的搬运工。

本书的最终完成，再一次证明了这样一个事实：随着社会的发展，科学技术的进步，人类就开始将学科分得越来越细，专家越来越多，大家都越来越“封闭”，甚至只是“各人自扫门前雪，莫管他人瓦上霜”；于是，科学家们就埋头做了大量的重复性工作，产生了许多重复性思路。因此，在必要时，将多学科的成就进行大跨度的融合，也许就有机会看到“森林”全貌，可以少走弯路或不至于迷路。回忆一下，当年维纳正是博览众家之长，从生理学、心理学、医学、物理学、数学、生物学等领域中吸收营养，才最终创立了改变世界的《赛博学》(国内翻译成《控制论》)；特别是维纳的“反馈、微调、迭代”核心思想(本书称之为“维纳定律”)，其实早在《赛博学》出版前十几年，就被生理学家们发现了，只不过他们未能将其推广到非生命领域而已。因此，如果说维纳当年创立《赛博学》是“淘了一个宝”的话，那么本书也仅仅是“捡了一个漏”，因为本书只是从黑客行为预测角度，把过去近百年来人们在控制论、系统论、混沌理论、常(偏)微分方程(组)理论、突变理论、协同学、耗散结构理论、线性规划理论、滤波理论、概率论、自组织理论等多个领域的重复性成果进行了一些整理而已。

科学的目标，就是探索宇宙万事万物变化规律。本书的目标，就是继续探索网络世界中，黑客和红客彼此对抗的基本演化规律！虽然过去人们一直怀疑这种网络安全演化规律的存在性，但是随着《安全通论》的不断完善和深入，如今“怀疑”已被打破，摆在我们面前的新挑战已经变为：如何精炼信息安全中普遍存在的客观规律，最好像香农或爱因斯坦那样，只用一个定理甚至一句话，就把最基本的规律说清楚。显然，这绝非易事！

本书是作者“闭关”多年潜心研究的结果。但是，由于能力有限，不足之处实难避免。我们诚心欢迎大家，特别是系统科学家批评指正。

谢谢大家！

著者　杨义先　钮心忻

2019 年 10 月 19 日于贵阳花溪

目 录

第1章 管理学概论

既然本书想从系统博弈的角度探索"黑客管理学"（或信息安全管理学，或更一般的赛博管理学），那么就不能回避管理学，因为"黑客管理学"也是一种管理学；只不过它管理的对象主要是黑客，更准确地说，是黑客的行为，即对抗性行为或攻击性行为等。所以，本章首先对普通的管理学做一概括性的归纳和简介，以便读者有所比较，并了解必要的基础知识。本章内容主要来自管理学科的经典教材《管理学》[1]等，在内容筛选方面，充分考虑到了读者可能主要来自网络空间安全专业，他们也许从未接触过管理方面的知识。

第1节 管理的基本概念

谁都懂一点管理，但至今谁也给不出"管理"的统一准确定义。

目前，比较流行的12种"管理"定义观点是：

（1）管理，是由计划、组织、指挥、协调和控制等职能要素组成的活动过程。

（2）管理，是设计并保持一种良好环境，以使相关人员高效率完成既定目标的过程。

（3）管理就是决策，管理过程就是决策过程。

（4）管理，是指和其他人一起，并通过其他人来有效完成工作的过程。

（5）管理，是一个或多个管理者，单独或集体，通过行使相关职能（计划、组织、人员配备、领导和控制）和利用各种资源（信息、原材料、货币和人员）来制定并实现目标的活动过程。

（6）管理，是指有效支配和协调资源，并努力实现组织目标的过程。

（7）管理，是通过计划、组织、控制、激励和领导等环节，来协调人力、物力和财力资源，以期更好地达成目标的过程。

（8）管理，是指机构中的管理者，通过实施计划、组织、人员配备、指导与领导、控制等职能，来协调他人的活动，使他人同自己一起实现既定目标的过程。

（9）管理，是对机构的资源进行有效整合，以达到机构既定目标与责任的动态创造性活动。

（10）管理，是为了有效实现机构目标，由专门的管理人员，利用专门的知识、技术和方法，对机构活动进行计划、组织、领导与控制的过程。

（11）管理，是指一定机构中的管理者，为了实现管理目标，对该机构的人力、物力、财力、信息、技术等管理对象，进行决策、计划、组织、领导和控制的过程。

（12）管理，是指机构为达到个人无法实现的目标，通过各项职能活动，合理分配、协调相关资源的过程。

总之，“管理”的定义很多，各有特色，各有侧重点，但是所有这些定义，几乎都有一个共同的关键词——过程，即大家都认为管理是人类的某种活动的过程。而在本书第 2 章中我们将指出，当延续时间足够长后，人类的所有活动的过程都将是“赛博过程”；换句话说，管理也是一种赛博过程。此外，前人还提炼出了管理的其他基本特征，比如：特征 1，管理是一种社会现象和文化现象；特征 2，管理有任务、职能和层次；特征 3，管理的核心是处理好各种人际关系（**预先提醒**：*在后面的赛博管理中，此处的"人"将被"赛博系统"替代*）；特征 4，管理的"载体"是机构，即管理活动含于机构活动中，只有在一个机构里，才有管理者和被管理者，才能实施管理活动。管理者的作用，也只有在机构中，才能得到发挥。同时，任何机构活动都需要计划与目标。管理就是通过制订计划，确定目标，引导机构成员实现目标，达到机构成员协作的整体效果，进而实现目标的过程（**预先提醒**：*在后面的赛博管理中，此处的"机构"将被"赛博系统"替代*）。

管理具有二重性，即它既具有自然属性，同生产力、社会化大生产相联系，又具有社会属性，同生产关系相联系。

一方面，管理的自然属性，也称生产力属性，是适应社会化生产要求的一般属性，它为了组织共同劳动而产生，它通过"指挥劳动生产"而表现出来。管理的自然属性，体现在两方面：一是管理是适应生产力发展要求而产生的，是社会协作过程本身的要求，是共同劳动得以顺利进行的必要条件。共同劳动的规模越大、劳动的社会化程度越高，管理就越重要。二是只有通过管理，才能将劳动过程中的各要素组合起来，使它们各自发挥作用。其实，管理过程，是对资源的科学配置和协调整合的过程，它包括许多客观的自身规律。管理学，就是要揭示这些规律，并创造与之相适应的管理手段和管理方法。

另一方面，管理的社会属性，也称生产关系属性，是指不同的生产关系和社会文化，将会使管理思想、管理目标和管理方式表现出不同的特色，从而使管理带有与生产关系、社会文化相适应的特色。

管理的自然属性，为人们相互学习、借鉴先进的管理经验、管理方法提供了依据；管理的社会属性，则告诉我们，不能简单机械地照搬他人的做法。

管理的二重性是相互联系的：管理的自然属性总是包含在一定的生产关系之中；反过来，管理的社会属性，若脱离了自然属性，那么其社会属性就成了没有内容的形式。管理的二重性也是相互制约的：管理的自然属性要求具有一定社会属性的组织形式和生产关系与其相适应；反过来，管理的社会属性，也必然对管理的方法和技术产生影响。

管理既是一门科学，也是一门艺术。科学性揭示了管理活动的规律性，反映了管理的共性；艺术性则揭示了管理活动的创新性，反映了管理的个性。管理的科学性表现在两方面：第一，管理具有系统性，它不是零散的、个别或局部经验的总结，而已形成了自身一整套系统的理论和科学的方法。它借助经济学、社会学、人类学、物理学、数学、计算机科学、系统科学、哲学等方面的成果和手段，利用系统的原理和方法，研究管理者如何有组织地、有效地实现预期目标，从中揭示管理活动的各种规律；同时，还通过管理实践的结果，来验证和丰富管理理论本身。第二，管理还具有发展性。虽然管理学的研究历史已有 100 多年，但它仍然是一门年轻的学科，还有很大的发展空间，还需要在发展中不断充实、修正和完善，使之能更有效地指导实践。至今，管理学还不是一门精确科学，因为其中几乎不存在任何定理或定律。但是，一方面，管理学不能为了“定理”而定理；另一方面，在有可能定理化和精细化的地方，也不妨做一些大胆的探索。其实，本书后面的赛博管理学，就是针对“网络空间安全”这类动态化目标而进行的定理化和精细化的探索。管理的艺术性，主要表现在它的实践性方面；其实，管理是一门来自实践又要应用于实践的学问。由于被管理对象可能处于不同的环境、不同的行业、不同的资源供给条件等，因此，即使实施了同样的管理措施，其结果可能也截然不同（**预先提醒**：*在后面的赛博管理中，此处的这种随机因素，也是赛博系统的重要特性*）。由于管理的艺术性，管理者必须灵活运用管理理论才能进行有效管理。换句话说，管理者既要运用管理知识，又要发挥创造性，因地制宜，才能高效地实现目标。

关于管理的职能是什么，也是百家争鸣。比如，由众多国际权威管理专家提出的职能列表，就至少包括：计划、组织、指挥、协调、控制、激励、人事、资源整合、信息沟通、决策和创新等。不过，经归纳和分析，普遍认为管理的基本职能可划分为四个：计划、组织、领导和控制。因此，管理者可以通过执行这四项基本职能来实现机构目标。为了便于与后面的赛博管理进行比较，此处给出这四项基本职能的详细解释，而且尽量引用原文[1]：

（1）管理的计划职能，是指管理者对将要实现的目标和采取的行动方案，做出选择及具体安排的活动过程。简而言之，就是预测未来并制定行动方案。其主要内容包括：分析内外环境、确定机构目标、制定机构发展战略、提出实现既定目标和战略的策略与作业计划、规定机构的决策程序等。任何机构的管理活动，都是从计划出发的。因此，计划职能是管理的首要职能。

（2）管理的组织职能，是指管理者根据既定目标，对机构中的各要素及被管理者之间的相互关系，进行合理安排的过程。简而言之，就是建立机构的物质结构和社会结构。其主要内容包括：设计机构的组织结构、建立管理体制、分配权力、明确责任、配置资源、构建有效的信息沟通网络等。

（3）管理的领导职能，是指管理者为实现机构目标，而对被管理者施加影响的过程。管理者在执行领导职能时，一方面，要调动机构成员的潜能，使之在实现机构目标的过程中，发挥应有作用；另一方面，又要促进机构成员间的团结协作，使机构中的所有活动和努力统一和谐。其具体途径包括：激励下属、对他们的活动进行指导、选择最有效的沟通渠道、解决机构成员间以及机构与其他机构间的冲突等。

（4）管理的控制职能。在执行管理计划的过程中，由于环境的变化及其影响，可能导致人们的活动或行为与机构的要求或期望不一致，出现偏差。为了保证机构工作能按既定计划进行，管理者就必须对机构绩效进行监控，并将实际工作绩效与预设的标准进行比较。如果出现了超出一定限度的偏差，则需要及时采取纠正措施，以保证机构工作在正确的轨道上运行，确保机构目标的实现。为了执行管理的控制职能，管理者将运用事先确定的标准，衡量实际工作绩效，寻找偏差及其产生的原因，并采取措施予以纠正。简而言之，控制就是保证机构的一切活动，符合预先制订的计划。

管理的上述四项基本职能（计划、组织、领导、控制）之间，既相互联系，又相互制约。它们共同构成了一个有机整体，如果其中任何一项职能出现了问题，都会影响其他职能的发挥，甚至使得整个机构目标难以实现。

管理者是管理活动的主角，他们通过执行计划、组织、领导、控制等职能，带领其他人（被管理者）为实现机构目标而共同努力（**预先提醒：**在后面的赛博管理学中，管理者、被管理者和目标等，都将被赛博系统替代）。无论机构的性质如何、规模大小，所有管理者执行的基本职能都大致相同，即构建并维持一种体系，使得在这一体系中共同工作的人员，能够用尽可能少的资源消耗，完成既定的工作任务；或在资源消耗一定的情况下，创造出更多的产品或提供更多的服务。同一机构的管理者，很可能不止一个。根据不同的标准，可以将管理者划分为不同的归类，比如：根据在机构中所处的地位，可分为高层管理者、中层管理者和基层管理者；根据所从事的管理活动领域，可分为综合管理者和职能管理者等。管理者在管理活动中，扮演着许多重要角色，其中包括：人际关系方面的角色，如机构的代表人、领导者、联络者等；信息方面的角色，如监听者、传播者、发言人等；决策方面的角色，如企业家、混乱处理者、资源分配者、谈判者等。

一个优秀的管理者，必须具备以下某种或多种管理技能（当然越多越好）：

（1）技术技能，即熟悉和精通某种特定专业领域的知识，如工程、制造、财务、计算机等。

（2）人际技能，或人际关系技能，即能与别人打交道或沟通的能力，包括联络、处理和协调内外人际关系的能力，激励和诱导机构内相关人员的积极性和创造性的能力，正确指导和指挥机构成员开展工作的能力。

（3）概念技能，即能够把观点设想出来并加以处理，以及将关系抽象化的思维能力；它也是管理者对复杂情况进行抽象和概念化的技能。概念技能，是将机构及其各部分间的关系作为整体来考察的认知能力，它包括管理者的思维、信息处理和计划能力，包括对部门如何适应整个机构的能力、机构如何适应所在产业的能力、社区与社会环境的认知能力等，体现了用广阔而长远的眼光，进行战略思维的能力。具有良好概念技能的管理者，善于对事物进行洞察、分析、判断、抽象和概括；他既能看到机构的全貌和整体，又能了解机构各部分与环境彼此间如何互动，还能预见机构的发展趋势和行业未来。概念技能对高层管理者最重要，对中层管理者较重要，对基层管理者相对不重要。

第2节　管理学简介

所谓管理学，就是研究社会机构中管理活动的基本规律、基本原理和一般方法的科学。社会科学、自然科学领域中的多种学科，都与管理学有着广泛而密切的联系。管理学是一门边缘学科，它以经济学为主导，以自然科学为工具，以技术科学为基础，并具有与社会科学和自然科学相互渗透的特点。

管理学来源于多个领域的管理实践活动，对于不同行业、不同部门、不同性质的机构，它们的具体管理业务的方法和内容也可能不相同，由此就形成了多种不同门类的管理学科，比如，企业管理学、行政管理学、教育管理学、科技管理学、农业管理学、城市管理学、交通管理学、财政管理学、信息管理学等。但是，所有这些学科都有一个共同的基础，那就是：通过决策、计划、组织、激励、领导、控制等职能，来协调他人的活动，分配各种资源，并最终实现机构的预定目标。这些专门的管理学中所包含的共同、普遍的管理理论、管理原理、管理方法，也是管理学的研究对象（**预先提醒：**与这些专门的管理学相区别的是，本书后面的黑客管理学或信息安全管理学或赛博管理学，既会用到管理学的一般思路，又在管理对象、目标等方面完全不同）。

管理过程的复杂性、动态性和管理对象的多样性，决定了管理所要借助的知识、技术和方法的广阔性。管理学所涉及的领域很多，包括哲学、经济学、社会学、生理学、心理学、伦理学、人类学、法学、数学、信息科学、控制科学、系统科学等。此外，管理学还是一门实践性很强的科学，它的基本原理、原则、方法等都来源于实践，是实践的结晶，而且其学习和研究的目的又是指导实践。所以，管理学会随着实践的发展而不断发展，不断演进；同时对实践的指导意义也会越来越大。

管理学的研究对象是机构中的管理活动。具体来说，就是要通过研究复杂的管理活动，来探讨并总结其内在规律性，然后上升为理论并形成体系。该体系包括一系列反映管理活动内在规律性的概念、原理、原则、制度、程序、方法等。管理学的研究对象，包括以下四个方面：

（1）生产关系方面，它要研究如何正确处理机构中的人际关系；如何建立和完善机构的组织架构以及各种管理体制等问题；如何激励机构成员，最大限度地调动其积极性和创造性等问题。

（2）生产力方面，它要研究如何处理生产力诸要素间的关系，如何配置各种资源、要素，使其为实现机构目标而充分发挥作用；如何根据机构目标的要求和社会需求，合理利用各种资源，实现最佳的经济效益和社会效益等。

（3）上层建筑方面，它要研究如何使机构的内部环境与外部环境相适应；如何使机构的规章制度与社会的政治、经济、法律、道德等上层建筑保持一致。

（4）一般规律方面，管理学要从管理者的角度，研究管理活动的职能；执行这些职能涉及机构中的哪些要素；在执行各项职能时应遵循什么原则，采用什么方法、技术等；如何克服在执行各项职能时所遇到的障碍与阻力等。管理学研究管理的本质及规律，着眼于企业管理、公共管理等各类管理的共性，即一切管理活动的共同本质和规律，一般不涉及各类管理的个性，因此，管理学着重研究管理的普通原理。管理学的研究方法多种多样，包括但不限于归纳法、演绎法、历史研究法、比较研究法、试验研究法、案例分析法等，以及这些方法的综合。

现代管理的主要流派有数量管理理论、系统管理理论和权变管理理论。

数量管理理论，以现代自然科学和技术科学的成果（如计算机技术、系统论、信息论和控制论等）为手段，运用数学模型，对管理领域中的人、财、物和信息资源，进行系统的定量分析，并做出最优规划和决策。数量管理理论的内容主要包括：

（1）运筹学。它是一种分析、实验和定量的方法，专门研究在既定物质条件下，为达到一定目的，如何最经济、最有效地使用人、财、物等资源。

（2）系统分析。它力图从全局出发，对管理问题进行研究，以制定正确的决策。系统分析包括五个步骤：其一，确定系统的最终目标，同时明确每个特定阶段的目标和任务；其二，把研究对象视为整体的统一系统，然后确定每个局部所要解决的任务，研究局部之间以及它们与总体目标之间的相互关系和相互影响；其三，寻求可供选择的方案，来完成总体目标及各个局部任务；其四，对可供选择的方案进行分析和比较，选出最优方案；其五，实施机构所选的方案。

（3）决策科学化。它以充足的事实为依据，按事物的内在联系，对大量的资料和数据进行分析和计算；同时遵循科学的程序，进行严密的逻辑推理，从而做出正确决策。

系统管理理论，运用系统理论中的范畴、原理，对机构中的管理活动和管理过程，特别是机构的组织结构和模式进行分析。该理论的要点包括：机构是一个系统，是由相互联系、相互依存的要素构成的。根据需要，可把系统分解为子系统，子系统还可再分解。为了研究一个系统的构成，可把它分解为多个“结构子系统”；为研究一个系统的功能，也可把系统分解为各个“功能子系统”。于是，对系统的研究，就可从研究子系统与子系统之间的功能关系入手。当各子系统间（如企业的各部门间）能协调一致、有效运作，则整个系统便可产出比各子系统单独运作所产生的绩效之和还要大的绩效，这就是综效，即总体大于部分之和。由于机构是一个开放系统，即机构与其所在的环境之间存在着持续的互动，所以机构在一定环境下生存，并与环境进行物质、能量和信息的交换。机构从环境输入资源，把资源转换为产出物；一部分产出物被机构自身消耗，其余部分则输出到环境中。机构在“投入→转换→产出”的过程中，不断自我调节，以获得自身的发展。系统管理理论可提高整体效率，使管理者不至于只重视自己的某些小目标，而忽视了大目标；也不至于忽视自己在机构中的地位和作用。**预先提醒：**本书后面的赛博管理学（或黑客管理学或信息安全管理学）的管理对象，也是系统，只不过是一些特殊的系统，即具有“反馈+微调+迭代”的赛博系统；此外，那时的目标将是动态的，甚至也可能就是赛博系统。

权变管理理论，其核心是研究机构与环境的联系，并确定各种变量之间的关系类型和结构类型。该理论强调，在现实中不存在一成不变的、普遍适用的、理想化的管理理论和方法。管理要根据机构所处的环境随机应变，针对不同的环境寻求相应的管理模式，着重考察环境变量（解释变量）与各种管理方式（被解释变量）之间的关系。换句话说，机构所处的环境，决定着何种管理方式更有效。比如，在经济衰退期，由于企业面临的市场环境是供大于求，所以集权管理可能更为适合；相反，在经济繁荣期，由于供不应求，分权管理可能更为适合。权变管理理论的最大挑战在于找出权变参数，比如，机构的规模是该扩大还是缩小、外部环境变化的不确定性、个人的差别、科技手段的运用等。

预先提醒：在“变”的方面，权变管理已经与本书后面的赛博管理，有相近之处了；只不过，赛博管理会变得更厉害而已。

全面质量管理在赛博管理学中也是一种常用的管理方法，下面简要介绍其要点。

（1）关注顾客。

（2）注重持续改善，质量能够永远被提升和改善。

（3）关注流程，即把工作流程（而不仅仅是产品和服务本身）视为产品或服务质量持续改善的着眼点。

（4）精确测量（**预先提醒**：这也是后面赛博管理中“反馈”和“微调”的基础），比如，运用统计方法，对工作流程的每一关键工序或工作进行测量；把测量的结果与标准或标杆进行比较，从中识别出问题，探究出现问题的原因，消除产生问题的根源。

（5）授权于员工，即质量管理是全体员工的职责和任务，而不仅仅依赖于管理者或质检员。

全面质量管理的本质是由顾客的需求和期望，驱动企业持续不断改善的管理理念（**预先提醒**：此处已经隐含了“自适应”理论，它是后面赛博管理学的重要特点之一）。

第3节　管理理论的发展前沿

人本管理、柔性管理、学习型机构管理、业务流程再造管理、精益思想和核心能力管理理论等，都是管理理论的重要发展前沿。由于它们已在不同程度上，从不同的角度，体现出了某些赛博思想，所以此处对相关内容进行简要介绍。为节省篇幅，那些与赛博管理不太相关的内容，就不再介绍了。

1. 人本管理

人本管理，其思想就是把人作为最重要的资源。以企业管理为例，首先，认为“办企业就是办人”，只有理解了人，才能把企业员工的能量充分发挥出来。其次，满足人的需要，包括：满足社会人的需要，企业应不断创造顾客；满足企业投资者的需要，企业应实现利润最大化；满足员工的需要，应使员工收益最大化。第三，要完善人，发展人，优化教育培训体系，使员工不断发展完善。第四，要建立和谐的人际关系，以此增强企业凝聚力，保持员工的身心健康。第五，企业与员工要实现双赢，共同发展：企业发展依赖于员工，特别是高素质人才；反过来，个人发展也需要以企业为依托。**预先提醒**：所有信息安全问题都归罪于人，所以作为后面的赛博管理特例，信息安全管理也必须以人为本，或主要是管理黑客，特别是黑客的行为。当然，在赛博管理中，人和环境等的影响因素都已经被融为一体，并以赛博系统的形式统一表现出来了。

2．柔性管理

柔性管理，其实是一种对“稳定和变化”进行管理的新方略，它努力从表面混沌的现象中，看出事物发展和演化的自然秩序，洞悉下一步前进的方向，识别潜在的未知市场，进而预见变化并自动应付变化。柔性管理以“人性化”为标志，强调跳跃与变化、速度与反应、灵敏与弹性，它注重平等与尊重、创造与直觉、远见与价值控制等；它依据信息共享、虚拟整合、竞争性合作、差异性互补、虚拟实践等，实现管理和运营知识由隐性到显性的转化，从而创造竞争优势。与柔性管理相反的就是所谓的刚性管理，它以规章制度为中心，用死板的制度来约束和管理员工。

在柔性管理中，内在重于外在，心理重于物理，身教重于言教，肯定重于否定，激励重于控制，务实重于务虚等。为了便于柔性管理，机构就需要扁平化和网络化。因为，扁平化压缩了纵向管理，扩张了横向管理；使得横向管理向全方位信息化沟通扩展，甚至形成网络型机构，而团队或工作小组就是该网络的节点，大多数节点都是相互平等的、非刚性的，节点之间信息沟通方便、快捷、灵活。柔性管理还包括决策柔性化和制定决策目标的柔性化，比如，决策不是自上而下推行的，不带有强烈的高层主观色彩；决策目标的选择并不遵循“最优化原则”，而是遵循“满意准则”，让管理决策有更大的弹性。

在柔性管理中，也重视激励的科学化，认为激励是对机构人员的尊重、信任、关心和奖励的全面综合。激励分为物质激励和非物质激励，物质激励属于基础性的激励，但无法在激励中发挥更大作用；非物质激励则能满足机构人员对尊重和实现自我的高层次需求。

3. 学习型机构管理

建立学习型机构管理，以应对各种可能的变化。所谓学习型机构，是指具有持续不断学习、适应和变革能力的机构。学习型机构的主要观点有：

（1）若不主动变革，就会过时；

（2）创新是机构中每位成员的事；

（3）不担心犯错误，而害怕不学习、不适应；

（4）学习能力、知识和专门技术（而不是产品和服务），才是企业的竞争优势；

（5）管理者的职责主要是调动别人、授权别人，而非控制别人。

学习型机构管理的四条标准主要有：成员能否不断检验自己的经验，成员有没有产生新知识，大家能否分享机构中的知识，机构中的学习与目标是否密切相关。

4. 业务流程再造管理

传统机构的组织结构是建立在职能和等级制的基础上的，对竞争环境变化的反应比较缓慢和笨拙。而业务流程再造管理，则将流程推到管理日程表的前列；通过重新设计流程，激发和增进企业的竞争力。所谓业务流程再造，就是对经营流程进行彻底的再思考和再设计，以便在业绩衡量标准（如成本、质量、服务和速度等）上取得重大突破。业务流程再造后，对所做的一切事情都要追问：事情是什么，而不是“应该是什么”。然后，才去关注：到底该怎么做！业务流程再造中最关键的部分，是基于企业的核心竞争力和经验，确定企业应该做什么，即确定企业能做得最好的事是什么，然后确定由谁来做，是由本机构还是其他机构来做。比如，企业业务流程再造后的结果可能是公司规模缩小和外包业务增多等。

5. 精益思想

精益思想包括精益生产、精益管理、精益设计和精益供应等一系列的思想，其核心是通过“及时适量”“零库存”“传票卡”等现场管理手段，实现“订货生产”，从而确保产品质量并降低成本。“精”体现在质量上，即追求尽善尽美、精益求精；“益”体现在成本上，即只有成本低于行业平均成本的企业，才能获得收益。因而，精益思想不是单纯追求成本最低、企业自己眼中的质量最优等，而是追求用户和企业都满意的质量、追求成本与质量的最佳配置、追求产品性能价格的最优比等。精益思想的核心可概括为消除浪费、创造价值。

6. 核心能力管理理论

核心能力管理理论认为，企业战略应该建立在核心能力之上。这里的核心能力，是指机构内的集体知识和集体学习，尤其是协调不同生产技术和整合多种多样技术的能力。能作为企业核心能力的前提是，它必须满足以下五个条件：

（1）不是单一的技术或技能，而是一簇相关的技术和技能的整合；

（2）不是物理性资产；

（3）必须能创造顾客看重的关键价值；

（4）与对手相比，竞争上具有独特性；

（5）超越特定的产品或部门范畴，从而为企业提供通向新市场的通道。

第 4 节 管理环境

管理环境可分为外部环境和任务环境。外部环境是在机构之外的、客观存在的、对机构有重要影响的各种因素的总和，它不以机构的意志为转移，是机构开展管理活动必须面对的重要影响因素之一。外部环境包括：

（1）政治环境，比如，政治制度及政党制度、各种政治性团体（工会、妇联等）、所在地区或国家的政局稳定状况、国家的方针政策及其连续性和稳定性等。

（2）法律环境，比如，国家的法律法规、司法执法机关、机构自身的法律意识、国际相关法律和目标国的国内法律等。

（3）社会文化环境，比如，社会结构、风俗习惯、信仰和价值观、行为规范、生活方式、文化传统、社会发展趋势等。

（4）经济环境，比如，经济体制、经济发展水平、社会经济结构、社会购买力、消费者收入水平和支出模式等。

（5）技术环境，比如，本企业在产品研发、流程和材料等方面的现有科技水平、发展速度及趋势等。

（6）自然环境，比如，矿产、空气、地理位置、水资源、气候条件等。

任务环境，也可称为内部环境。由于机构都具有特定的使命和任务，它的活动必然会受到其所在区域环境的影响，这些能对机构的决策和行为产生直接影响，并与机构目标直接相关的要素，就是机构的任务环境，主要包括：

（1）公众，比如，政府机构、媒介公众、金融界公众、企业内部公众等。

（2）竞争，比如，潜在的竞争者、行业内现有企业间的竞争、替代品生产者的威胁、供应商和购买者的讨价还价能力等。

环境对管理的影响，主要表现在以下几个方面：

（1）环境是管理系统生存和发展的基础。任何管理系统都需要不断与外界环境交流物质和信息等，并依赖内外环境来开展各项活动。

（2）环境制约着管理活动的内容与方向，管理活动必须在一定的环境下进行。从宏观上看，人不能脱离环境而存在，但可以对环境进行改造或服从；从微观上看，“做什么”“能做到何种程度”等都会受制于环境。因此，管理活动必须因地制宜，不能脱离环境，更不能背离环境。

（3）稳定的环境是管理活动正常发挥作用的重要前提。若无稳定的环境，系统就无法正常发挥功能；若环境混乱，机构的组织结构就容易被破坏，管理的等级链也可能被打破，机构系统将不能正常运转。

（4）环境制约着管理活动的过程和效率，例如，在资源丰富的环境中，花费同样的劳动成本，就能够取得更好的成绩；相反，在资源缺乏的环境中，同样的劳动成本，获得的经济效益就会大幅度减少。

由于环境本身具有不确定性，所以，为了制定正确的决策，管理者就必须对管理环境进行全面的分析评估，同时还要研究企业的能力和战略性要素。

（1）分析评估“管理环境”的重点包括：环境机会、环境威胁、环境机会与威胁的组合等。

（2）企业的能力分析，就是对企业的关键性能力进行识别和深入细致的分析，以发现企业的长处和短处，帮助企业决策者制定长期及短期的企业战略，衡量企业现有战略的可靠性和有效性，帮助企业运用相关手段来完善其能力。企业能力主要有八大要素：人力、资金、物料、设备、营销方法、管理、时间、信息等。

（3）企业的战略性要素分析，包含三个步骤：

第一步，识别企业内部的战略性要素（包括管理、组织机构、技术、生产、营销、财务、人事等）；

第二步，对这些要素进行评价（包括与该行业标准进行比较、与竞争对手比较、关键指标分析、与历史经验比较等）；

第三步，确定企业的优势和劣势，为管理活动的开展和战略的实施打好基础。

企业对环境的反应可分为三类，即适应环境、影响环境和改变环境。

（1）适应环境包括“在边界处适应环境”和“在核心处适应环境”。“在边界处适应环境”是指在机构与环境进行物质、信息等交流的边界处设置缓冲器，通过创造超出资源的供应，以防不可预调的需求（比如，在输入端，通过启用临时工来缓冲劳动力需求；在输出端，通过一定的存货，来缓冲顾客需求过旺的局面等）。当缓冲的边界不确定时，企业既可调整技术核心的柔性或工艺，也可提供其他个性化服务，这就是所谓的“在核心处适应环境”，例如，根据顾客的需求，提供产品或者服务。

（2）影响环境，比如，通过合作（包括合同、联盟或增添新要素来规避威胁等）与其他企业联合起来影响环境，或企业自己独立行动来影响环境，其具体战略包括竞争攻击、竞争妥协、公共关系、义务行为、法律行为、政治行为等。

（3）改变环境，比如，领域选择（进入更合适的市场）、多样化（投资于不同的业务）、并购（将两个或多个企业合并）、撤资等。

第2章
赛博管理学入门

第 1 章简述了所有管理学科的基础——管理学，下面开始正式介绍一种全新的管理学科，即“赛博管理学”及其特例“信息安全管理学”或“黑客管理学”，从而为“博弈系统论”揭开序幕。为避免混淆，我们将前人在管理学科中所涉及的所有管理，统称为静态管理，因为相应的管理过程各环节，要么是慢速变化的，要么是固定不变的；而将本书研究的动态管理称为“赛博管理”，它的特点在于：不断的赛博式快速变化，甚至赛博式的随机不确定变化。本书后面，当只说“管理”时，既可能是指静态管理，也可能是指赛博管理。

第1节　维纳定律

为了介绍赛博管理，首先得介绍著名的维纳定律，即了解生命系统是如何运行的，或生命系统的行为规律。其实，科学的目的，就是要探索宇宙万物运行变化的规律。当然，既包括生命系统的运行规律，也包括非生命系统的运行规律。但是，这确实是一个艰苦而漫长的过程。

大约 150 亿年前，当宇宙通过大爆炸的方式产生后，非生命系统就一直按照它固有的方式运动着。但是，直到 300 多年前的 1687 年，才由牛顿在其名著《自然哲学的数学原理》中，首次论述了非生命系统的宏观物体低速运动规律，即牛顿三大运动定律：

牛顿第一运动定律：孤立质点保持静止或做匀速直线运动；用公式表达为

$$\sum \boldsymbol{F}_i = \frac{\mathrm{d}\boldsymbol{v}}{\mathrm{d}t} = 0$$

式中，$\sum \boldsymbol{F}_i$ 为合力，$\boldsymbol{v}$ 为速度，t 为时间。

牛顿第二运动定律：动量为 $\boldsymbol{p}$ 的质点，在外力 $\boldsymbol{F}$ 的作用下，其动量随时间的变化率，正比于该质点所受外力，并与外力的方向相同；用公式表达为

$$\boldsymbol{F} = \frac{\mathrm{d}\boldsymbol{p}}{\mathrm{d}t}$$

根据动量的定义，有

$$\boldsymbol{F} = \left[\frac{\mathrm{d}m}{\mathrm{d}t}\right]\boldsymbol{v} + m\left[\frac{\mathrm{d}\boldsymbol{v}}{\mathrm{d}t}\right] = \left[\frac{\mathrm{d}m}{\mathrm{d}t}\right]\boldsymbol{v} + m\boldsymbol{a} = \left[\frac{\mathrm{d}m}{\mathrm{d}t}\right]\boldsymbol{v} + m\left[\frac{\mathrm{d}^2\boldsymbol{r}}{\mathrm{d}t^2}\right]$$

式中，$\boldsymbol{r}$ 为曲线段的长度。

若质点的质量不随时间变化（即 $\frac{\mathrm{d}m}{\mathrm{d}t} = 0$），则质点运动加速度的大小，正比于作用在该质点上的外力，加速度的方向和外力的方向相同；用公式表达为

$$\boldsymbol{F} = m\boldsymbol{a} = m\frac{\mathrm{d}^2\boldsymbol{r}}{\mathrm{d}t^2}$$

牛顿第三运动定律：相互作用的两质点间的作用力和反作用力，总是大小相等，方向相反，作用在同一条直线上的；用公式表达为

$$\boldsymbol{F}_{12} = -\boldsymbol{F}_{21}$$

式中，$\boldsymbol{F}_{12}$ 表示质点 2 受到的质点 1 的作用力；$\boldsymbol{F}_{21}$ 表示质点 1 受到的质点 2 的反作用力。

又过了 200 多年，直到 1923 年以后，才由法国物理学家路易·维克多·德布罗意、奥地利理论物理学家埃尔温·薛定谔和德国物理学家爱因斯坦等科学家，先后发现了高速微观粒子的某些运行规律。

类似地，大约在 36 亿年前，地球上开始出现生命后，这些生命系统也一直按照某些固有的方式运行着。但是，直到一百多年前达尔文提出进化论后，人类才发现了生物演化运行规律的蛛丝马迹；后来，又有不少生物学家、心理学家在各自领域中，也发现了生命系统的几乎相同的运行规律；一直到 1948 年左右，才最终由美国数学家诺伯特·维纳集各家之大成，在创立“控制论”[2]（其实应该翻译为“赛博学”[6]）的同时，也揭示了生命系统的重要运行规律。为了与非生命系统的“牛顿定律”类比，我们称之为“维纳定律”。

维纳定律：在所有生命系统的运行过程（状态行为）中，都包含着“赛博链”。这里的“赛博链”有多种等价的表述方式，比如：

（1）若用纯文字表述，赛博链=反馈+微调+迭代。

（2）若用流程表述，则为“…→反馈→微调→反馈→…”。

（3）若用流程图表述，那么其流程图如图 2-1 所示。

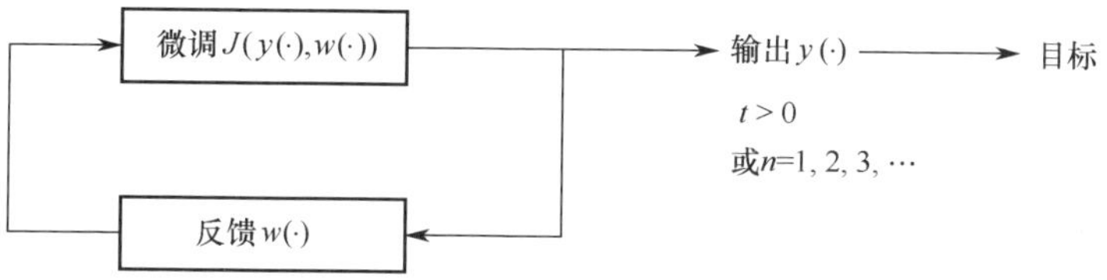

图 2-1　赛博链

（4）在离散时间的情况下，若用数学公式表述，则“赛博链”就可为以下的递推公式：

$$y(n+1) = J(y(n), w(n)),\quad y(0) = y_0,\quad n = 1, 2, 3, \cdots$$

式中，$w(n)$表示 n 时刻的反馈，$y(n)$表示 n 时刻的输出，$J(y(n), w(n))$表示 n 时刻的微调。换句话说，上述递推公式表示：生命系统在 n+1 时刻的输出（状态行为），取决于 n 时刻的反馈和微调。注意：还有某些随机因素影响着微调，而维纳创立的所谓《控制论》（赛博学）的核心，其实就是在存在不可控的随机因素（影响微调）的情况下，能否以及如何确保经过若干轮的迭代后，系统的递推输出能无限接近预定目标，无论该目标是静止的，还是运动的。

（5）在连续时间的情况下，若用数学公式来表示，则“赛博链”既可用微分方程的形式表述为

$$\frac{\mathrm{d}y}{\mathrm{d}t}=J(y, w)，\ y(0)=y_0，\ t>0$$

也可以用积分方程的形式表述为

$$y(t)=\int_0^t J(y(\tau), w(\tau))\mathrm{d}\tau$$

或

$$y(t)=\int J(y(t-\tau), w(t-\tau))\mathrm{d}\tau$$

关于上述维纳定律，我们做以下五点说明：

（1）此处的“系统”，就是指贝塔朗菲等所称的“一般系统”，即由若干要素以一定结构形式联结构成的、具有某种功能的有机整体；或者，由一些相互关联的元素组成的集合。此处的“生命系统”，既包括生物系统，也包括生物创造物的系统，还包括生物与其创造物的融合系统等。比如，蚂蚁群是生命系统，蚂蚁窝也是生命系统，若干蚂蚁与若干蚂蚁窝也形成生命系统。注意：这里是从过程角度来看的，是有一定的持续时间背景的，比如，蚂蚁窝，并不只是当前的那个静止孤立的蚂蚁窝，而是在一定的历史阶段，不断演变过程中的蚂蚁窝。更形象地说，是用一架相机分时采样拍摄的胶卷，当按正常速度播放出来时，所看到的那个动态的蚂蚁窝，比如，正在长大的蚂蚁窝。

（2）据我们所知，过去很少有人用如此直白的方式表达“维纳定律”，所以，此处对它略加说明。首先，生物学家们经过几百年的前赴后继地研究，已经证实：生物演化过程，其实就是物种为了适应环境而进行的不断“微调”过程；微调的依据，来自生物个体对外部环境的“反馈”；“迭代”不但会出现在个体生命周期中，更表现在生育后代的演变过程中。简而言之，通过不断的“反馈+微调+迭代”，某些物种继续繁衍，某些物种灭绝，某些新物种诞生等。即使只针对某种个体生命，“赛博链”也随处可见，比如，动物的血压、体温等的自动调节，也是经过“反馈+微调+迭代”而完成的。甚至，生物的基因，也永

不停歇地在进行着“反馈+微调+迭代”，从而导致基因的演变。作为蚂蚁的安身之地，蚂蚁窝也在不断地演变，其过程也是“反馈+微调+迭代”的“赛博链”。“社会”是名叫“人”的这种生物的创造物，社会学家们已经证实：社会的演变过程（比如，从家族到部落，再到古国，再到国家，再到帝国，最后再到今后有可能的国家消亡等），也是“反馈+微调+迭代”的过程。总之，虽然任何人都无法穷举所有生命系统中的“赛博链”（赛博演化过程），但是，名目繁多的诸如工程控制论、经济控制论、人口控制论、生物控制论、社会控制论、管理控制论、项目控制论、情报控制论、控制论化学、会计控制论、中医控制论、教育控制论、文艺控制论、货币控制论、财政控制论、内部控制论、体育控制论、表演控制论、国家控制论等，其实也是“赛博链”广泛存在的旁证。

（3）既为了形象，也为了方便今后的类比，下面我们重点介绍一个特殊的“赛博链”，即导弹打飞机：在广阔的天空中，即使在其射程内，你也很难用步枪把飞机打下来；因为，当你瞄准飞机并扣动扳机后，当子弹射向飞机的原来位置时，飞机也在移动甚至有意躲避攻击，并早已离开你曾经瞄准的点了。但是，如果用导弹去打飞机，那么导弹在射出之前，就已经将目标信息存储在其记忆系统中，导弹在射出之后，它会不断地、迅速地根据飞机的当前位置，及时获得“反馈”；然后，根据该反馈，对自己的飞行方向进行“微调”；最后，经过一段时间的“迭代”，越来越靠近目标，并最终将其击毁。由此可见，导弹打飞机的过程，就是一个典型的“反馈+微调+迭代”过程。如果“反馈”被切断（比如，反馈信号被敌方干扰等），那么导弹攻击飞机就可能失败；如果“微调”不及时（比如，时间间隔太长或调整幅度过大）或“迭代”的频率过低（比如，反应不迅速等），那么导弹也可能脱靶；导弹精准度的改进，关键就是优化由“反馈+微调+迭代”组成的“赛博链”。总之，只要反馈足够及时，微调足够细致，迭代足够迅速，那么导弹几乎就能够击中所有的飞机。甚至一个导弹，也可以击中另一个有意逃跑的导弹。当然，导弹袭击的目标，也可以是静止的，这时成功的可能性就更大了。

（4）维纳定律其实还暗含着另外一些结论，比如：被“赛博链”反馈的东西，其实是信息，因此，生命系统中一定存在信息；“微调”的对象，也可以仅限于信息，即把机械等微调，只看成信息微调的衍生品；从行为角度看，并不区分人与物，只从黑箱角度考察相关生命系统的“输出”与“输入”关系等。

（5）为了突出重点，本书所涉及的生命系统，仅限于人工系统，即人或人造系统。更准确地说，我们将重点研究那些反馈及时、微调细致、迭代次数庞大的人工系统，比如，人工智能系统、互联网或物联网系统、大数据、云计算，以及黑客攻击系统和信息安全保障系统等信息系统。这些系统都有一个共同的特点：它们都有明确的目的性。

第2节　赛博管理与静态管理的比较

在上一节中介绍“赛博链”时，为避免陷入不必要的“哲学”问题，我们有意忽略了一个非常重要的概念，那就是“目标”。因为，一方面，以生物进化为代表的赛博系统，到底是否具有目的性，还在激烈的争论中；另一方面，像猫抓老鼠这样的赛博系统，肯定具有明确的目的性，即那只到处逃跑的老鼠，就是猫的目标。不过幸好在研究赛博管理时，我们不会遇到这种麻烦，因为所有人（正常的成人）、人造系统、人与人造系统的融合系统等的行为，都具有明确的目的性。

好了，现在就可以开始介绍赛博管理学了。为了更形象，我们采用与静态管理相比较的方法来介绍管理的一些核心要素。

第一，管理者。在静态管理中，管理者一定是人；而在赛博管理中，管理者却已被“赛博系统”所替代。换句话说，管理者既可以是人，也可以是机器，还可以是人与机器的融合系统，更可以是智能机器人；反正，管理者可以是任何按“赛博链”方式运行的东西。形象地说，赛博管理学中的管理者，其实就等同于导弹中的制导系统。在静态管理学体系中，虽然也包含“人使用工具来实施管理过程”的技巧（比如，借助电脑来计算出相关的统计曲线等），但是，从整体上来说，无论从处理速度、管控精度、手段的丰富程度、可代代相传的智能继承程度、可连续工作不休息的时间长度、情绪干扰程度等任意方面来看，纯粹的“有机人”都远远输于“赛博系统”。况且，到目前为止，只要是人能够程式化处理的任何事情，“赛博系统”也都能够处理，而且还会学习、进步，直到超过自然人类。因此，赛博管理学中的管理者，比静态管理中的管理者更优秀、更强壮。

第二，管理目标。静态管理中的目标，主要是固定的（比如，不许行人越过警戒线等）；即使有时目标可能会出现变化，但是这种变化要么是慢速的（比如，市场波动很小的成本管理等），要么变化的可选状态数很少（比如，产品种类和数量都很有限的库存管理等）。但是，在赛博管理中，目标则可能剧烈地、突然地，甚至随机地变化；比如，拦截突然爆发的、大规模随机扩散的计算机病毒等。因此，在赛博管理中，管理目标和被管理者都可以用某个赛博系统来代替。

第三，封闭性。静态管理相对封闭，即此时的管理活动都包含于某机构的活动中，只有在一个机构里，才有管理者和被管理者，才能实施管理活动。但是，与此相反，赛博管理却是开放的，管理者和被管理者既可以同处于一个机构（比如，内网的安全管理），也可以根本不在同一个系统中，甚至是跨地区、跨国界的（比如，信息安全企业为全球的个人或机构提供安全管理服务等），甚至管理者和被管理者可以是人、设备、环境的任何组合（比如，可能会出现这样的怪现象：管理者是机器，被管理者却是活生生的人）。

第四，可预测性。在静态管理中，存在着各种各样的不确定性，而管理者根据自身的经验和灵感，妥善地处理这些不确定因素的技巧，通常被归类为“管理的艺术性”。而在赛博管理中，不确定因素更多，随机性更大（比如，谁也不知道黑客将发动何种攻击，即使他发动了某种相同的攻击，由于被攻击网络的软硬件环境不同，相应的攻击效果也会千差万别），但是，赛博管理系统却必须通过足够频繁的反馈，来预测收到下次反馈之前被管理对象的状态，并及时完成微调的动作。如果预测误差太大，那么它们可能在迭代过程中被反复积累，最终导致赛博管理失败。形象地说，将导致导弹脱靶。所以，赛博管理的核心之一，就是需要尽可能准确地做出预测，当然通常只预测下一个瞬间；只要每次都能准确预测下一个瞬间，那就能预测足够遥远的将来了。

第五，基本职能。由本书第 1 章可以知道：静态管理的基本职能有四个，即计划、组织、领导、控制，管理者通过执行这四项基本职能，来实现机构目标。与之相对应，赛博管理当然也要实现这些基本职能，但是没必要保持这样机械的对应，因为变化太快，经常会来不及做如此对应。具体来说：

（1）通过计划职能，静态管理者将预测未来，并制定相应的行动方案；即对将要实现的目标和应采取的行动方案，做出选择和具体安排。而在赛博管理中，在最终目标实现之前，将出现许许多多阶段性的未知小目标。既然最终目标是动态的，中途的小目标也是未知的，那么管理者即使本领再大，也不可能一次性地预测"遥远的未来"，更不可能提前制定出相应的备选行动方案。具体地说，对静态管理中的"计划"取而代之的是：赛博管理者通过当前获得的反馈，来预测下次（几秒或几毫秒以后）反馈时，应该达到的小目标；然后，通过当前的微调，去努力实现该小目标；最后，对上述过程进行不断的迭代，直到管理过程结束为止。只要这一连串的众多小目标，都能够逐步逼近最终的目标；只要每次的微调，都能足够精确地消除差错积累，那么赛博管理者就成功了。

（2）通过组织职能，静态管理者将根据既定目标，建立机构的物质结构和社会结构；即对机构中的各要素及被管理者之间的相互关系，进行合理的安排。而在赛博管理中，组织职能的痕迹几乎微乎其微；若强行找出其对应过程，那么，此时"机构的物质结构和社会结构"随时都在变，而且是在大变，它只是在两次反馈之间的空隙内（秒级甚至毫秒级的间隙）短暂地保持稳定；或用IT行业的话来说，那就是"自适应"，即在赛博管理中，组织结构随时都在自适应地迅速变化，而且随着时间的推移，赛博管理者会不断地总结经验教训，使得自适应的精度越来越高，差错率越来越小。

（3）通过领导职能，静态管理者将对被管理者施加各种影响，以便实现机构目标。而在赛博管理中，虽然作为管理者的赛博系统也会对作为被管理者的其他赛博系统施加各种影响（其核心就是"微调"）来努力实现管理目标，但是施加影响的内容却几乎完全不同。比如，此时不需要"激励下属"，甚至根本就没有"下属"的概念，取而代之的是那些可能影响管理者赛博系统行为的其他赛博系统。又比如，此时也不必"选择最有效的沟通渠道，解决机构成员间以及机构与其他机构间的冲突等"，因为所有的人为因素都已经被"黑箱"转化为相应的赛博行为了，不必再单独考虑"纯人类"的因素了。换句话说，在赛博管理中，所谓的“领导职能”也已经被融化到相关的赛博链中了。

（4）赛博管理与静态管理最相似的地方，表现在“控制职能”方面。一方面，通过控制职能，静态管理者对机构绩效进行监控，并将实际工作绩效与预设的标准进行比较；若出现了超出一定限度的偏差，则需要及时采用纠正措施，以保证机构工作在正确的轨道上运行，确保机构目标的实现。不难看出，在静态管理中，实施控制职能的过程其实就是一个典型的赛博链：管理者根据反馈的“偏差”，及时采取“纠正措施”这样的微调，当然这样的循环会多次进行（即多次迭代），最终实现控制职能。另一方面，在赛博管理中，类似于“发现偏差”的行为会更及时；对偏差的容忍幅度会更小；甚至在某些情况下，会有预先制定的、逼近管理目标的“最省能路径”（形象地说，就像利用火箭登月前，就事先制定了理论轨道一样），赛博管理者只需要频繁地与预定“路径”进行比较，一旦发现“偏差”就马上纠正；当然，在许多其他情况下，比如对付千变万化的黑客攻击系统，却很难制定这样的预定路径。另外，在赛博管理中，“纠正偏差”的频率会更高，甚至达到秒级或毫秒级。实际上，与静态管理相比较，赛博管理的主要优势和区别，正是其快速的反应（反馈）、精准的微调和高频率的迭代。

其实，从功能角度看，无论是静态管理还是赛博管理，管理者执行的所有基本职能都是大致相同的，即构建并维持一种体系，使得它能够用尽可能少的资源消耗来完成既定的工作任务。

第六，相互关系。一方面，静态管理与赛博管理之间确实有很多区别，特别是静态管理基本上就是人本管理，但是，赛博管理却不直接与人打交道，甚至人的因素都已被融入了相关系统的赛博行为之中。另一方面，静态管理与赛博管理之间的共同性其实更多。

首先，赛博管理学也是一种特殊的管理学，所以，管理学的许多基本规律，也都会得到遵循。此外，静态管理学中的每一个具体管理案例的实施过程，其实也逃不脱各种赛博链，或者说静态管理就是慢速的赛博管理。

其次，从手段上看，赛博管理学与数量管理理论很近似；从世界观角度看，赛博管理学与系统管理理论很近似；从随机干扰因素方面看，赛博管理学与权变管理理论很近似；从管理理念上看，赛博管理学与全面质量管理很近似；在预测未来方面，赛博管理学与柔性管理很近似；从知识和经验积累方面看，赛博管理学与学习型机构管理很近似；从应变能力方面看，赛博管理学与业务流程再造管理很近似；从精准度方面看，赛博管理学与精益思想很近似；从突出重点方面看，赛博管理学与核心能力管理理论很近似等。

总结以上各条可知：如果将静态管理形象地比喻为“用连发步枪射击固定靶子或慢移物体”，那么就可把赛博管理形象地比喻为“用导弹打击快速移动的飞机”。步枪射手通过“计划”设定目标，然后通过“组织”做好相关的准备工作，接着通过“领导”（比如，教练指导）完成协同并排除干扰，最后通过“控制”逐渐调整方位（比如，上次子弹打高了，这次就压低一点；上次偏右了，这次就左一点等）。那么，通过一段时间的学习和训练，步枪射手就很可能击中目标，完成静态管理任务。而在赛博管理中，所有步骤几乎都是瞬间完成的，但是核心只有“反馈+微调+迭代”这样的赛博链。

把赛博管理说清楚后，相应的信息安全管理（或黑客管理）概念也就清楚了，即为了实现信息安全保障而进行的赛博管理，就是信息安全管理，它主要是对黑客的行为进行管理。可见，若从纯理论或纯技术角度来看，赛博管理和信息安全管理（或黑客管理）几乎没有区别；而唯一的区别仅体现在管理者的主观意愿方面，即是否为了安全保障（或是否以黑客的行为为管理目标）。其实，本书所指的安全，远远不限于信息安全或黑客，它适用于所有因对抗而造成的安全问题。不过，为了突出重点，我们只聚焦于赛博空间的信息安全或黑客行为而已。

第3节　不可管理性的案例

被管理者和管理目标等的快速随机变动特点，是赛博管理学和静态管理学的重要区别之一。静态管理与赛博管理的另一个重要区别，可能就是所谓的“不可管理性”。如果用形象的例子来比喻，那么，由于飞机的快速逃跑和灵活躲避，当然就可能致使导弹脱靶，从而出现了赛博管理学必须要研究的“不可管理”

现象。而在静态管理学中，由于目标基本不动，经过一段时间的练习后，使用连发步枪射击基本上就不会脱靶了（即至少有一粒子弹会命中目标）。所以，在过去近百年的实践中，静态管理学就没有必要研究“不可管理性”的问题了；至少可以说，在静态管理中，适当的管理总能发挥某些正面作用。

为便于理解“不可管理性”，下面我们举一个日常生活中常见的简单例子。

当今世界，差不多超过一半的网络信息安全问题，都与用户口令（即俗语中的密码）使用不当密切相关；因此，只要把用户口令管理好了，那么信息安全状况就会大幅度改善。

初看起来，用户口令好像是“可管理的”，而且好像还应该很容易管理，因为只需强迫用户按照规定，严格设置、使用和保管口令就行了，比如，要求口令的长度必须足够长，其中得包含数字、大小写字母等；还要求口令不得记录在纸上或存储在电脑的文件中，只能记忆在大脑里等。

但是，认真分析后，结论将完全出乎意料。因为，当每个人只需要设置和保存一个口令时，确实是可以管理的；当只有两个口令时，也是可管理的。不过，随着信息化程度的提高，每个人在各种情况下，需要产生、使用和保存的口令越来越多，既有需要长期保存和使用的重要口令，也有临时或一次性使用的口令，还有需要定期更新的口令等。到目前为止，据不完全统计，全球平均每个人都得设置、保存和使用至少 6 个重要口令。如果除去非洲等欠发达地区，那么，每个网络用户需要管理的口令将会更多。设想一下，假如这种趋势继续发展下去，那么，总有一天，所有网民，即使不干任何别的事情，单单只是记忆这些口令，都可能忙不过来了。

换句话说，如今，像“用户口令”这样的所谓信息安全技术，其实是不可管理的。因此，要么应该将其淘汰，要么需要对它进行实质性改造。

在赛博管理学中，像口令这样不可管理的东西还有很多。最理想的状况应该是：在此类技术被推广前，就要对它们的“不可管理性”进行评估；如果评估结果不理想，甚至就应该将这样的技术扼杀在摇篮之中，更不应该像当年对口令那样让其大面积普及，否则将骑虎难下。

由此可见，在信息安全管理学或黑客管理学（即以安全为目标的赛博管理学）中，“不可管理性”将是一个重要的研究内容。在离散情况下，用公式表示出来便是：如果最终的管理目标，始终与管理者赛博链 $J(y(n), w(n))$，$n=1, 2, \cdots$ 保持着足够远的距离，那么该目标系统就是“不可管理的”。用形象比喻来说，如果飞行物的速度足够快（比如，超过了导弹速度），那么导弹基本上就很难击中目标；或者说，灵活度低的导弹就很难击中灵活度高的导弹，即此时该目标就是不可管理的。

赛博管理学，特别是信息安全管理学或黑客管理学中的“不可管理性”，将在本书第 3 章中深入研究，此处只是点到为止。

第 4 节　赛博系统与一般系统

在赛博管理学中，赛博系统扮演着重要角色，到处都会出现它们的身影，比如，管理者是某种赛博系统，被管理者也是某种赛博系统，管理目标还是某种赛博系统，管理过程更是某种赛博系统等。那么，到底什么是赛博系统呢？本节就来简要回答此问题。

赛博系统，当然是一种系统，其唯一的特征就是：该系统的运行规律遵从维纳定律，即该系统按照“反馈+微调+迭代”的方式运行。换句话说，只要从动态观点来观察和延续时间足够长，那么，根据维纳定律，所有人和人造物组成的系统，都是赛博系统。因此，只要说清楚了“系统”，也就明白了“赛博系统”。

虽然在各种系统论中（比如，《一般系统论：基础、发展和应用》[3]），已经对“系统”进行了相当丰富的研究，但是为了保证本书的完整性，我们仍然在此提炼出“系统论”的如下精华，因为在某种程度上来说，赛博管理学也可被看成特殊的系统论。

关于“系统”的定义，有许多种不同的描述方法。为了便于量化，我们先用数学方法，准确地说是集合论的方法，来给出“系统”的定义：系统，就是由若干相互关联的元素所组成的集合。这里的“相互关联”指的是元素集 P 在

关系集 R 中，因此，R 中的元素 P 的行为，不同于它在别的关系 R_1 中的行为。如果元素的行为在 R 和 R_1 中没有差别，那么就不存在相互作用，元素的行为就独立于关系 R 和 R_1。

下面用联立微分方程组来定义系统的行为。元素 P_i 的某个测度记为 Q_i，$i=1,2,\cdots,n$。对于有限数目的元素（人造系统都是有限的，至少信息安全攻防系统都是有限的），在最简单的情况下，这些测度随时间 t 变化的规律，可以用以下微分方程组（简称方程组 1）描述为：

$$\begin{cases}\dfrac{\mathrm{d}Q_1}{\mathrm{d}t}=f_1(Q_1,Q_2,\cdots,Q_n)\\\dfrac{\mathrm{d}Q_2}{\mathrm{d}t}=f_2(Q_1,Q_2,\cdots,Q_n)\\\qquad\cdots\\\dfrac{\mathrm{d}Q_i}{\mathrm{d}t}=f_i(Q_1,Q_2,\cdots,Q_n)\\\qquad\cdots\\\dfrac{\mathrm{d}Q_n}{\mathrm{d}t}=f_n(Q_1,Q_2,\cdots,Q_n)\end{cases}$$

形象地说，每个测度 Q_i 随时间的变化量 $\left(\dfrac{\mathrm{d}Q_i}{\mathrm{d}t}\right)$，都是所有从 Q_1 到 Q_n 的测度 Q_i 的函数；反过来，任何测度 Q_i 的变化，都会引起所有其他测度及整个系统的变化（这其实就表明了该系统的整体性）。

关于该定义，我们做两点说明：

（1）此处故意抽去了空间和时间的关联条件，否则，就需要用偏微分方程来表示；此处也没考虑事件对系统以往历史的可能依存关系，否则，就应该引入积分/微分方程。不过，此处这些抽象，并不会影响用方程组 1 来讨论某些一般系统的性质，或推出某些通用的原理。

（2）将方程组 1 与维纳定律中的赛博链相比较，不难看出：赛博链与一般系统很相似，只是赛博链中限定 $t>0$ 并含有某些不可控随机因素 $w(\cdot)$而已，这也从另一个侧面旁证了赛博链的普遍性。

当系统在某个时间段处于静止状态时，即在上述方程组 1 中，各个测度 Q_i 都不随时间的变化而变化，或 $\frac{\mathrm{d}Q_i}{\mathrm{d}t}=0$，那么，方程组 1 就简化为

$$f_1(Q_1, Q_2, \cdots, Q_n) = f_2(Q_1, Q_2, \cdots, Q_n) = \cdots = f_n(Q_1, Q_2, \cdots, Q_n) = 0$$

若该方程组有一组解：

$$\begin{cases} Q_1 = b_1 \\ Q_2 = b_2 \\ \quad\cdots \\ Q_n = b_n \end{cases}$$

那么，解（$b_1, b_2, \cdots, b_n$）就称为该系统的一个静态点；如果随着时间的推移，系统的状态点（Q_1, Q_2,$\cdots$, Q_n）越来越靠近该静态点，那么它就称为一个稳定点；如果随着时间的推移，系统的状态点（Q_1, Q_2,$\cdots$, Q_n）越来越远离该静态点，那么它就称为一个不稳定点。更具体地说，若原点（0, 0,$\cdots$, 0）是一个静态点（实际上，每个静态点都可以经过一个简单的平移，变换成原点），那么该静态点的稳定性可按以下办法确定：首先借用函数 $f_i(\cdot)$的泰勒级数，把方程组 1 变换为

$$\begin{cases} \frac{\mathrm{d}Q_1}{\mathrm{d}t} = a_{11}Q_1 + a_{12}Q_2 + \cdots + a_{1n}Q_n + \cdots \\ \frac{\mathrm{d}Q_2}{\mathrm{d}t} = a_{21}Q_1 + a_{22}Q_2 + \cdots + a_{2n}Q_n + \cdots \\ \quad\cdots \\ \frac{\mathrm{d}Q_i}{\mathrm{d}t} = a_{i1}Q_1 + a_{i2}Q_2 + \cdots + a_{in}Q_n + \cdots \\ \quad\cdots \\ \frac{\mathrm{d}Q_n}{\mathrm{d}t} = a_{n1}Q_1 + a_{n2}Q_2 + \cdots + a_{nn}Q_n + \cdots \end{cases}$$

于是可以得到矩阵

$$\boldsymbol{B} = [b_{ij}],\quad i, j = 1, 2, \cdots, n$$

这里，有

$$b_{ii} = a_{ii} - x；\quad 而当\ i \neq j\ 时，b_{ij} = a_{ij}$$

求解有关 x 的 n 次方程

$$\det(\boldsymbol{B}) = 0$$

将刚好获得 n 个解（实数解或虚数解），于是静态点的稳定性就满足：

（1）如果所有的解 x 都是负实数，或者虽有虚数解但它的实部为负数，那么该静态点便是稳定的；

（2）如果有某个解 x 为正数或 0，那么该静态点就是不稳定的；

（3）如果有一些解 x 是正数和复数，那么系统就会出现周期性波动，而且一般是衰减的。

如果再具体一点，即当 n=2 时，令

$$C = a_{11} + a_{22}，\quad D = a_{11}a_{22} - a_{12}a_{21}，\quad E = C^2 - 4D$$

那么，此时关于静态点的稳定性有以下结果：

（1）当 $C<0$，$D>0$，$E>0$ 时，静态点是稳定的节点，即系统直接趋向稳定的静止状态；

（2）当 $C<\mathrm{D}$，$D>0$，$E<0$ 时，静态点是稳定的环，即系统沿着螺旋曲线趋向于静态点；

（3）当 $C = 0$，$D>0$，$E<0$ 时，此时系统会围绕静态点摆动或旋转，即系统状态（Q_1, Q_2）围绕静态点画出一条封闭曲线；

（4）当 $C>0$，$D>0$，$E>0$ 时，系统没有静态点。

方程组 1 还有一些很形象的特殊情况，例如：

情况（1），若 n=1，$\dfrac{\mathrm{d}Q}{\mathrm{d}t} = aQ$，那么便有 $Q = Q_0\mathrm{e}^{at}$。

这里 Q_0 表示 t=0 时刻的状态测度，e 为自然常数。此时的系统，也称为“生

长”系统，比如，若 $a>0$ 且用 $Q(t)$表示 t 时刻网络中被病毒感染的计算机数量，那么在病毒刚刚爆发且没有采取任何防护措施的情况下，就有

$$Q(t) = Q_0\mathrm{e}^{at}$$

即病毒将以指数速度迅速扩散到网络上的许多计算机中。

情况（2），若 $n=1$，$\dfrac{\mathrm{d}Q}{\mathrm{d}t} = aQ+bQ^2$，那么便有 $Q = \dfrac{ac\mathrm{e}^{at}}{1-bc\mathrm{e}^{at}}$。

这里 c 是某个常数，由初始条件确定。此时的系统，也称为“资源有限时的人口增长”系统，比如，若用 $Q(t)$表示 t 时刻，网络中被病毒感染的计算机数量，那么在网络规模有限的情况下，有

$$Q(t) = \frac{ac\mathrm{e}^{at}}{1-bc\mathrm{e}^{at}}$$

这是一条 S 形曲线，即刚开始时病毒传播的速度较慢；然后进入第二阶段，病毒传播的速度飞快增加；最后是第三阶段，被感染的计算机数量趋于一个固定值。

情况（3），若 $n=2$，且 $\dfrac{\mathrm{d}Q_1}{\mathrm{d}t} = aQ_1$ 和 $\dfrac{\mathrm{d}Q_2}{\mathrm{d}t} = cQ_2$，那么

$$Q_1 = k_1\mathrm{e}^{at}，\ Q_2 = k_2\mathrm{e}^{ct}$$

这里 k_1 和 k_2 是两个常数，或者等价地写为

$$Q_1 = gQ_2^{\ b}$$

这里，$b = \dfrac{a}{c}$，$g = \dfrac{k_1}{k_2^{\ b}}$，此时的系统又称为“竞争”系统。比如，可以用 Q_1 表示网上被病毒感染的计算机数量，Q_2 表示以裂变方式对受感染计算机进行杀毒的数量，那么，就有

$$\frac{\mathrm{d}Q_1}{Q_1\ \mathrm{d}t} : \frac{\mathrm{d}Q_2}{Q_2\ \mathrm{d}t} = b$$

用文字解释该公式便得到一个意外的结论：被感染计算机的相对增长率（即

按原有值的百分率来计算的增长）永远保持不变，且为 b；被杀毒计算机的相对增长率（即按原有值的百分率来计算的增长）也永远保持不变，且仍然为 b。

上面用数学语言描述了一般系统，为了便于理解，下面我们改用文字来介绍一般系统的其他方面。首先简要介绍系统的八个基本特性，以及由它们导出的八个基本原理（系统整体性原理、系统层次性原理、系统开放性原理、系统目的性原理、系统突变性原理、系统稳定性原理、系统自组织性原理和系统相似性原理）。

（1）系统整体性原理，指系统是由若干元素组成的、具有一定新功能的有机整体；各子系统的元素一旦组成系统整体，就具有独立元素所不具有的性质和功能，形成了新的系统，从而表现出：整体的性质和功能，不等于各元素的性质和功能的简单相加。整体性是系统的最为鲜明、最为基本的特征；系统之所以成为系统，首先就必须有整体性。甚至有一种观点认为：一般系统论就是对“整体”和“整体性”的科学探索。

从事物的存在角度看，一个系统具有的整体性，是它区别于其他系统的一种特征。反过来．一个系统之所以能够区别于另一系统，就是因为它们是作为具有整体性的东西而存在的。各系统之所以能相互区别，之所以各具相对独立性，就是因为它们具有一定的整体性。总之，如果系统不能作为整体事物而存在，系统也就不复存在，系统整体性也就不存在。

从事物演化的过程来看，一个系统具有整体性，也是这一系统能在运动中得以保持的一种特性。一个系统只有得以保持，才能演化。若在演化过程中，某系统的整体性消失了，这就意味着该系统在演化中走向了消亡，走向了崩溃。一个系统崩溃后，新的系统又会诞生，同时新系统也会带来新的整体性。随着系统的演化，系统的整体性也要发生变化。正是因为系统的整体性，才使得系统有整体变化，才有整体突变；否则，系统就只能量变，只能具有逐一发生的系统元素的渐变。

从相互作用是最根本原因的角度来看，系统元素之间，正是由于相互作用才联系起来。若这些相互作用是非线性的，那就使得系统具有了整体性。对于线性的相互作用，此时相互作用的各方，其实是可以各自分开来讨论的，即可以在不影响整体性质的情况下，把“部分”从“整体”中分离出来；或者说，整体的相互作用，可以看作各个部分的相互作用的简单叠加，也就是线性叠加。而对于非线性情况，整体的相互作用，就不再等于部分相互作用的简单叠加了；或者说，在不对整体造成影响的情况下，不可能将部分从整体中分离出来，各部分处于有机的、复杂的联系之中，每个部分都相互影响、相互制约。于是，每个部分都会影响整体，反过来，整体又会制约着部分。各种证据表明：现实的系统几乎都是非线性系统，而从整体与部分的关系看来，系统具有整体性是必然的、普遍的和一般的。

系统的整体性，又可以说成系统整体大于部分之和，即系统的整体具有系统中部分所不具有的性质，系统的整体不同于系统的部分的简单相加，系统整体的性质不可能完全归结为系统元素的性质。

（2）系统层次性原理，是指系统组织在地位与作用、结构与功能上会表现出等级秩序性，形成具有实质差异的系统等级，而层次概念就是反映这种差异的不同的系统等级，或系统中的等级差。层次性是系统的一种基本特征，犹如套箱，系统和元素、高层系统和低层系统等都具有相对性。比如，系统是由元素组成的，当前系统又只是上一级系统的子系统（或叫元素），而这上一级系统又只是更大系统的元素等。反过来，当前系统的元素，又会是由低一层的元素组成的系统；而这低一层的系统元素，又是更低一级元素组成的系统等；以此类推不可穷尽。

高层次和低层次之间的关系，首先是一种整体和部分、系统和元素之间的关系。高层次作为整体制约着低层次，又具有低层次所没有的性质；低层次构成高层次，就会受制于高层次，但也有自己的一定独立性。由前面的介绍可知，一个系统，若无整体性，那它就崩溃了，就不复存在了；反过来，一个系统，如果其中的元素都完全丧失了独立性，那也就变成了铁板一块，系统同样也就不存在了。

系统的层次区分是相对的，不同层次之间又是相互联系的：相邻的上下层之间会相互影响、相互制约；多个层次之间，也会相互联系、相互作用；甚至还可能是多个层次之间的协同作用等。比如，当系统发生自组织时，系统中的众多元素、多个不同的部分、多个层次，都会发生相干行为，它们全都被动员起来，使得涨落被响应，被放大，造成整个系统发生突变，进入新的状态。

系统的层次性，还具有多样性，比如，可按质量来划分，可按时空尺度来划分，可按组织化程度来划分，可按运动状态来划分，也可从历史长短的角度来划分等。系统层次的划分，绝非纯粹的主观意愿，而是客观世界层次多样性的反映。事实上，系统层次的多样性，反映的是其元素间客观的、纵向联系差异性中的多种共性。

系统的不同层次，发挥着不同的功能。这些功能又与层次的结合强度有关，与层次的结构有关。一般而言，低层系统的元素间，具有较大的结合强度。元素间结合强度较大的系统，具有更大的确定性；反之，元素间结合强度较小的系统，则具有更大的灵活性。

系统结构和功能的层次性，与系统的发展相联系。比如，自然系统进化的路线就表明，进化就是分化出和产生出新层次的系统，并相应地有了新功能。系统的层次性，还是系统发展的连续性和间断性的统一：高层次总是由低层次发展而来的；反之，高层次也可能退化为低层次。如果系统的发展仅仅是连续的，那么就不会形成有层次的系统，而只能是某种均匀向上、直线向前的系统。反过来，如果系统的发展只是间断的，那么系统的发展就会完全中断，也不会有系统层次之间的连续性了。

（3）系统开放性原理，是指系统具有不断与外界环境进行物质、能量、信息交换的性质和功能。开放性是系统得以向上发展的前提，也是系统得以稳定存在的条件。现实的系统，几乎都是开放的系统；实际上，一个系统若处于封闭状态，即与外界全然没有任何交换，那么，这个系统就只会自发地走向混乱无序，走向“死亡”。

系统的开放是系统自组织演化的前提之一，非平衡也是系统自组织演化的另一前提。系统向环境开放，才使得内因和外因联系起来，才使得系统与环境相互作用。系统的开放，通常说的是向环境的开放，而由于系统层次的相对性，这种向环境的开放，就等同于系统的低层次向高一层次的开放。这也就意味着，系统的环境仍具有相对性；反过来看，甚至可以说，系统的开放，同时也指系统向自己的内部的开放。系统向高层开放，使得系统可以与环境发生相互作用，既竞争又合作；而系统向低层开放，使得系统内部可能发生多层次的、差异性的协同作用，有利于系统更好地发挥整体性功能。可见，开放既可理解为外在的东西，也可成为内在的东西。

正是由于系统的开放，才出现了系统的功能。一个封闭系统，对外界而言，是没有功能可言的，因为功能是一个系统对于另一系统的作用，系统若被封闭，就没有相互作用，也就谈不上功能。因此，系统的功能只存在于系统与环境的相互作用之中，而系统只有开放，才有现实的相互作用。换句话说，只有开放，才有现实的系统的功能。

系统的开放，也是有度的。若开放度为零，就成了封闭系统；反之，若系统完全向外开放，即开放度为百分之百，那么，系统就没有相对于环境的边界，就与环境融为了一体，这时系统本身也就不复存在了。因此，系统对环境的开放既要适度，又不能极端。其实，一个系统之所以成为活系统，有其相对独立性，就是因为该系统是适度向环境开放的。对于一个自组织系统，它的开放适度性，主要靠系统的自我调节机制来保证。该调节机制的存在，使得系统能够有条件、有选择、有过滤地向环境开放，既使系统保持一定程度的自主性，也使系统具有应付环境变化的灵活性。开放不仅是系统自组织的前提，也是“活”系统得以在动态之中保持稳定存在的前提，只有开放，才能使系统充满并保持活力。

（4）系统目的性原理，又称为异因同果性，是指系统在与环境的相互作用中，在一定的范围内，表现出来的某种趋向于预先确定状态的特性，此时系统的发展变化不受或少受条件变化或途径经历的影响。目的性是系统发展变化时，表现出来的一种鲜明特点。由于一切有目的的行为都需要负反馈，所以目的性行为也就成了受到负反馈控制的行为的同义语，比如，静态管理和动态管理过程，都是有目的的过程，所以也都含有负反馈。目的性在行为特征中表现为：一方面，当系统已处于所需的状态时，就会力图保持系统原状态的稳定；另一方面，当系统偏离所需的状态时，则会引导系统，由现有状态稳定地转变到一种看来是预期的状态。

既然系统的目的性是在系统的发展变化中表现出来的，因此目的性就必然与开放性相联系，换句话说，一个“合目的”的运动系统，必定是开放系统。目的性表现为两种形式：一种形式是稳定地存在，似乎系统的这种稳定性就是系统发展的目的，达到了这样的稳定态就是达到了相应的目的，并且还要借助自己的稳定机制而尽量保持处于这样的稳定态；另一种形式是，系统的发展采取了汇聚式的循环层次增加，向更高的复杂性增长，即逐次地向更高的循环层次跃迁，而且也只有采取这样的循环增长的形式，才可能有稳定的发展。可见，系统的目的性，实际上也是与系统发展趋向于更稳定的状态相联系的。合乎某种目的的发展，也必然合乎一定规律，并遵从一定的逻辑；也可以说，正因为系统的发展合乎规律、合乎逻辑，所以才在一定的阶段表现出了目的性。

（5）系统突变性原理，是指系统通过失稳，突然从一种状态进入另一种状态。突变性是系统质变的一种基本形式，突变的方式多种多样；同时系统发展还存在着分叉，从而有了质变的多样性，使得系统的发展丰富多彩。若把系统的外部条件作为参量，看作对系统的输入，而把系统的状态看作输出；于是，输出作为输入的函数，突变就是在外部条件连续变化时，函数输出发生的一个跃迁，即系统状态发生的一个跃迁。无论是在主观世界还是在客观世界中，突变现象都非常普遍，而且突变还具有许多共同的特性，比如，一是多模态性，即突变系统一般具有两个或两个以上的可以分辨的稳态，从一个稳态到达另一个稳态，必然受到不稳定域的“阻断”或障碍；于是，便有了突变。二是不可达性，由不稳定稳态点组成的区域穿插在定态稳定点之间，这些点不能实现约定态，所以就有了突变。三是突跳性，即输入的微小变化便可引起状态的极大变化，使系统从一种稳定结构跳到另一种稳定结构。四是不可逆性，即突变过程不可逆，具有明确的方向性和历史性。

突变有两个层次：元素级和系统级。元素级，既可能是个别元素的结构功能发生了变异，也可能仅仅是个别元素的运动状态显著不同于其他元素；不过，从系统整体上看，元素级突变都可看作系统中的涨落，是元素对于系统稳定的总体平均状态的偏离。系统中元素的平衡是相对的，不平衡才是绝对的，所以，系统中元素的突变总是时常发生的。系统级突变，是指系统通过失稳，从一种组织状态变成另一种组织状态，这实际上是系统整体上的质变。总之，突变是系统发展过程中的非平衡因素，是稳定中的不稳定，是同一中的差异；当这种差异得到系统中其他子系统或元素的响应，并使子系统之间的差异进一步扩大时，便加大了系统内的非平衡性。特别地，当这种差异得到整个系统的响应时，涨落就被放大，整体系统就行动起来，系统也就发生了质变，进入了新状态，出现了系统级的突变。

突变的最重要贡献，是使得系统的发展变化出现分叉。分叉就意味着出现了新的本质不确定性，既包括系统内部的不确定性，又包括环境因素的不确定性。突变的分叉始于系统、环境或系统和环境的变化，这些变化也会影响它们之间的相互作用，从而引发新的选择过程。在选择过程中，系统脱离原来的稳定范围，从以稳定性为主的状态进入非稳定性状态，量的变化剧烈地转化为质的变化，质的变化又制约着量的变化，量变与质变相互贯通、相互交换，度的制约和打破度的制约，在这个对立统一的时空中完成了选择，实现了质的飞跃，从一种状态突变到另一种状态。突变分叉过程，也是系统的信息倍增的过程。系统从一种稳定定态转变到另一种稳定定态，这样就出现了两个稳定定态，从而使得关于系统环境的知识，通过突变得以澄清，即系统的信息得以倍增了。其实，系统的发展，就是从某一稳定分支进入其他稳定分支的过程。分叉使得系统的发展演化前途具有多种可能性。在最极端的情况下，分叉既可能是新的进化，成为系统发展的创造性源泉，也可能是系统走向崩溃、走向退化的力量。

（6）系统稳定性原理，是指在外界作用下，开放系统具有一定的自我稳定能力，能够在一定范围内自我调节，从而保持和恢复原来的有序状态、原有的结构和功能。其实，系统的存在本身，就意味着系统具有一定的稳定性；系统的发展变化也是在稳定基础上的发展变化。系统的稳定性，首先是一种开放中的稳定性；开放既是系统发展变化的前提，也是“活”系统得以保持稳定的前提；这也意味着，系统的稳定性是动态中的稳定。系统的稳定性，必须与整体性、开放性、层次性和目的性相联系。总之，稳定性是与系统的自发组织、自我运动相联系的。从反馈角度看，系统的稳定性与负反馈相联系，而不稳定则与正反馈相联系。实际上，正负反馈共存于系统之中。没有脱离稳定的发展，也没有脱离发展的稳定；系统的稳定和发展具有同一性，这也是系统稳定性原理的一条基本内容。

系统稳定性原理主要关心系统整体的稳定性，它不仅关心某一层次上的稳定性，还要关心多个层次耦合起来以后的稳定性。比如，某系统的两个层次中，即使每一个层次都是稳定的，也有可能整个系统却是不稳定的，其原因在于，整体系统的性质并非由各子系统的性质单独决定，也不是各子系统性质的简单相加，而是由各子系统相互联系、相互作用形成的整体所决定的。

（7）系统自组织性原理，是指开放系统在内外两方面因素的复杂的非线性相互作用下，内部元素的某些偏离稳定状态的涨落可能得以放大，从而在系统中产生更大范围的、更强烈的长程相关，并自发组织起来，使系统从无序到有序，从低级有序到高级有序。现实的系统，随时都在自我运动，自发形成组织结构，自发演化。形象地说，系统从一种组织状态，自发地变成另一组织状态，就是系统的自组织；或者说，系统自己走向有序结构，就可以称为系统自组织。

系统自组织就是系统进化的过程，系统自组织的发生，总体上说，是系统与环境相互作用的结果，它既可从系统的环境变化角度来考察，也可从系统内部的发展变化来考察；前者以控制参量的变化来说明系统的自组织，后者可以用系统状态参量的变化来说明系统的自组织。从系统内部元素的变化来看，系统元素变化引起系统的自组织又可区分为：元素的质变引起自组织、元素数目的变化引起自组织、元素运动量的变化引起自组织、元素排列次序的变化引起自组织等。系统的自组织之所以得以实现，这是因为系统内部的复杂的非线性相互作用。系统的自组织进化，本质上体现的是系统的“合目的性”的发展。

（8）系统相似性原理，是指系统具有同构和同态的性质，它也是系统的一个基本特征，具体地说，体现了系统在结构和功能、存在方式和演化过程中具有共同性质，这是一种有差异的共性，是系统统一性的表现。系统具有某种相似性，是各种系统理论得以建立的基础。若没有系统的相似性，就没有普适的系统理论。

系统相似性，其实体现了系统的统一性；何种相似性就体现着何种统一性。若不仅仅将相似理解为实体，而且也将其理解为关系，那么在某种意义上可以说，统一性也就是相似性：没有统一性，也就没有相似性；反之亦然。系统整体性，同样也既是一种统一性，也是一种相似性。系统的层次性也是如此，既体现了系统的统一性，也体现了系统的相似性。这里的系统，不仅指客观物质系统，甚至也包括精神思维系统；思维运动若无相似性，那具有普遍性的思维规律也就不复存在了，人类也就没有共同的认识了。系统的相似性，既包括系统存在方式的相似性（比如，系统结构的相似性，几何的、相对静止的相似性等），也包括系统演化方式的相似性（比如，系统过程的相似性，运动节律的、显著变动中的相似性等）。

除了上述八个基本原理之外，系统还有下面五项基本规律，它们揭示了系统存在的基本状态和演化发展趋势的必然的、稳定的普遍联系和关系。这五项基本规律分别是：结构功能相关律、信息反馈律、竞争协同律、涨落有序律、优化演化律。

（1）结构功能相关律，是指任何一个现实的系统，总是具有一定的内部结构，因此也总是具有一定的外部功能。系统的结构和系统的功能，实际是系统中元素之间相互联系、相互作用所形成的系统的整体性关系的两个方面。一定的结构具有一定的功能，功能不能脱离结构而存在；系统结构是系统功能的基础，只有系统的结构合理，系统才能具有良好的功能，或系统的功能才能得到良好的发挥。系统的结构优化和功能优化总是密切联系在一起的。换而言之，若系统的结构相同，则系统的功能也就相同；这就是系统的同构同功能。当然，这并不排除“异构同功能”的情况。

结构和功能的相对区别和相互分离，主要体现在：系统结构埋藏于内，功能表现于外；结构侧重于从系统实体、系统元素之间的关系看问题，功能则着眼于从系统的特性、系统具有的能力看问题。它们的着眼点不同，因而必定是相对区别的。此外，同一个系统，在不同的条件下，可以表现出不同的功能，即同种结构可以具有多种功能，可以表现出不同的功能；类似地，不同结构的系统，可以具有相同的功能，即异构同功能，这也是一种普遍现象。

结构和功能也是相互作用和相互转化的，它们对彼此的影响，实际上是双向的：一方面，系统的结构，对于系统的功能具有决定性作用；另一方面，系统的功能，也可以反作用于系统的结构。系统功能的实际表现，与具体的环境条件密切相关；环境不同，系统就可能表现出不同的功能，于是才可能出现：同样的结构可以表现出不同的功能，不同的结构也可以表现出同样的功能。总之，系统的结构与功能之间的关系，并非简单的一一对应的线性关系，而是错综复杂的非线性关系。

（2）信息反馈律，是指通过信息反馈机制的调控作用，使得系统的稳定性得以加强，或系统被推向远离稳定性；这也是系统中的一种普遍现象。由于本书通篇都将贯穿着信息反馈律，所以，此处就不再介绍了。

（3）竞争协同律，是指系统内部的元素之间，以及系统与环境之间，既存在整体同一性，又存在个体差异性；前者表现为协同因素；后者表现出竞争因素。通过竞争和协同的相互对立、相互转化，推动系统的演化发展，这就是竞争协同律。其实，既竞争又协同，才是系统演化的真正动力源泉。

竞争是保持个体性的状态和趋势的因素，也是使得系统丧失整体性、整体失稳的因素；反过来，协同则是保持集体性的状态和趋势的因素，是使得系统保持和具有整体性、整体稳定的因素。如果系统只是失稳，而且越来越不稳定，系统就会解体，最终就会不复存在了；反之，如果系统只是稳定，系统就不可能有发展，因为任何新因素的出现都要引起一定程度上的失稳，尽管这种失稳可以是局部的而非整体的。现实的系统都在发展演化之中，竞争因素和协同因素都不可或缺，稳定和失稳都是必须的，稳定使得系统可以得到保持，稳定之中的失稳可以导致系统的发展，真正的发展演化都是在竞争和协同、稳定和失稳两种因素相互作用之中实现的。

（4）涨落有序律，是指系统的发展演化通过涨落达到有序，通过个别差异得到集体响应放大，通过偶然性表现出来必然性，从而实现从无序到有序、从低级向高级的发展。涨落有序律是系统科学的一个重要结论。

涨落也称为起伏，从系统的存在状态看，它是对系统的稳定的平均的状态的偏离；从系统的演化过程看，它是系统在演化过程之中的差异；从平衡非平衡角度看，它是系统的一种不平衡性。在任何由大量子系统或元素组成的宏观系统中，都必定存在着一定的涨落。涨落对于系统的作用具有双重性，它既可以破坏系统的稳定性，也可以使得系统经过失稳获得新的稳定性。总之，涨落是无处不在的普遍现象，其实质是揭示了同一性之中总是存在着差异性。涨落的表现形式也多种多样，它既可能是破坏性因素，也可能是建设性因素。

有序是指系统内部元素之间，以及系统与系统之间的有规则的联系或联系的规则性。有序是相对的，是相对于无序而言的。现实的事物、系统都是有序和无序的对立统一，绝对的有序和绝对的无序都不存在。系统的序的含义，也是多方面的：从系统的结构功能看，可分为系统的结构序和功能序；从时间和空间的角度看，可以划分出空间序、时间序和时空序；从宏观和微观的角度看，可以分为宏观序和微观序；等等。

通过涨落达到有序，其实也是必然性和偶然性、前进和倒退、上升和下降、进化和退化相互作用的非线性过程。通过涨落达到有序，也是对系统稳定性的否定，促使系统失稳；而正是这样的失稳，从而对于失稳再一次否定，通过否定之否定，又使系统进入新的稳定性，实现了一次螺旋式上升、波浪式前进，使得系统在发展中得到优化。通过涨落被放大，系统实现从无序到有序的发展过程，同时这还是一个系统的结构和功能得到优化的过程。

（5）优化演化律，是指系统处于不断的演化之中，优化在演化之中得以实现，从而展现了系统的发展进化。

演化标志着事物和系统的运动、发展和变化，而“存在”反映事物和系统的静止、恒常和不变；没有离开演化的“存在”，也没有离开“存在”的演化。

优化是系统演化的进步，是在一定条件下，对于系统的组织、结构和功能的改进，从而实现耗散最小而效率最高、效益最大的过程。

系统的优化，是在系统演化中实现的；没有离开演化的优化。当然，演化不等于优化，具体来说，任何一个系统的演化都具有两种趋势：一是向上发展的趋势，一是下降的趋势，而且向上发展之中也有下降的方面，反之亦然。因此，系统的优化，应在过程之中来把握。系统优化指的是整体优化，而非质点式的优化，其核心是系统作为一个整体的优化；系统具有整体性决定了系统的优化只能是系统整体的优化，即作为系统整体取得最好的组织结构和组织功能。系统优化是系统发展演化的目的，因此，系统优化与各个系统原理、系统规律，都有着密切的内在联系。比如，整体性，可以说是系统优化的核心。系统优化的动力，来自系统内部以及系统之间的协同和竞争。层次性，是系统优化的一种方式，系统工程的实践就是要追求系统的优化等。

也许有读者会问：作为赛博管理学，为何要花费这么长的篇幅来介绍系统的众多基本原理和基本规律呢？如果类比一下静态管理学后，答案就很清楚了。这是因为，在静态管理学中，管理者和被管理者都是自然人，而自然人的基本原理和基本规律都主要由心理学的各种结论来陈述，所以在静态管理学中，便融入了大量的心理学内容。类似地，在赛博管理学中，管理者、被管理者和管理目标等都是系统，所以，当然要事先把系统的基本原理和基本规律梳理清楚。

第3章
不可管理性

从研究内容的角度看，静态管理学与赛博管理学相比的重要区别之一，可能就是不可管理性了。在静态管理学中，几乎不存在“不可管理性”的问题；而在赛博管理学中，“不可管理性”却是不可回避的课题，比如，若目标是不可管理的，那么几乎一定会出现安全问题。因此，“不可管理性”也是黑客管理或信息安全管理学研究的主要内容之一。

在本书第 2 章中，已经以网络用户口令管理为代表，简要介绍了一种不可管理性及其导致的信息安全问题，下面将详细研究该问题。为了避免陷入复杂的数学推导，我们只引用相关的现成结论，同时给出其出处，但是忽略其数学证明过程。当然，将重点阐述赛博管理学的含义，特别是可管理性和不可管理性的含义。

第 1 节　赛博管理系统的工程简化

定义 3.1（不可管理性）：在赛博管理学中，管理者和管理目标都是赛博系统，比如，分别记为 $J_1(y, w)$和 $J_0(y, w)$。如果在可接受的时间段内的某时刻 t，成立

$$J_1(y, w)=J_0(y, w)$$

或$J_1(y, w)$与$J_0(y, w)$之间的距离 $\mathrm{dis}(J_1(y, w), J_0(y, w))$小于可容忍的误差值，那么，就称目标系统$J_0(y, w)$是可管理的，或更准确地说，该目标系统是可被管理者$J_1(y, w)$管理的。否则，就称为目标系统$J_0(y, w)$是不可管理的，或更准确地说，该目标系统是不能被管理者$J_1(y, w)$管理的；于是此时，在可接受的时间段内，管理者与目标之间的距离的最小值 $\mathrm{dis}(J_1(y,w), J_0(y,w))$总是大于可容忍的误差。

为了更准确地理解上述不可管理性的定义，特补充说明以下几点：

（1）此处并未限定管理者$J_1(y, w)$和目标系统$J_0(y, w)$的维数，比如，它们可以是任意N维向量空间，即它们的系统输出状态都可用N维向量来表示；当然，为了便于理解，我们经常只考虑一维的情况。

（2）此处对距离 $\mathrm{dis}(\cdot,\cdot)$也几乎没有限制，即只要它满足下面的三角不等式

$$\mathrm{dis}(\boldsymbol{A}, \boldsymbol{C}) \leqslant \mathrm{dis}(\boldsymbol{A}, \boldsymbol{B}) + \mathrm{dis}(\boldsymbol{B}, \boldsymbol{C})$$

就行了，即任意两边之和，大于第三边；这里 $\boldsymbol{A}$、$\boldsymbol{B}$、$\boldsymbol{C}$ 是 N 维空间中的任意向量（为便于理解及简化表示，这里只考虑一维情况）。当然，为了便于理解，$\mathrm{dis}(\cdot,\cdot)$可以取为常用的欧几里得距离或汉明距离等。

（3）此处“可接受的时间段”，由具体案例确定，比如，当目标系统$J_0(y, w)$是黑客攻击行为时，那么，“可接受的时间段”就应该是在黑客的攻击结束前，否则管理者$J_1(y, w)$的安全保障行为，就成了“马后炮”。

（4）此处“可容忍的误差值”也是由具体的案例确定的，比如，若目标系统是控制计算机病毒的快速传播，那么在一般的公众网络中，只要能阻止病毒泛滥就可容忍了，因为不可能绝杀所有病毒。

（5）此处之所以只强调“某时刻 t”达到目标系统就可以了，这是因为，在这样的假定下，不但理论分析更简单，而且应用于实践中也足够了，没必要多次反复地达到目标；即使在某些特殊情况下，需要多次达到目标，那么只需要将“一次达到目标的过程”重复进行就行了。

若用导弹来类比，可以使定义 3.1 更形象：此时可将管理者$J_1(y, w)$看成攻击导弹，而将管理目标$J_0(y, w)$看成被攻击导弹。如果本次打击脱靶了（即没击

中目标，或没进入攻击导弹的“近距离爆炸”范围内），那么，就称目标系统 $J_0(y, w)$是不能被管理者 $J_1(y, w)$管理的。显然，在以下两种不可管理的情况下，攻击导弹几乎一定会脱靶。

不可管理的情况 1：被攻击导弹 $J_0(y, w)$飞得更快，此时，逃避被管理的最简单策略就是背离 $J_1(y, w)$，尽管直飞就行了。

不可管理的情况 2：被攻击导弹 $J_0(y, w)$的反馈更及时，微调更灵活；就像羚羊用几个急转弯，就能把跑得更快的猎豹甩掉一样。

总之，只要目标系统拥有“速度”优势（情况 1）或“转向”优势（情况 2），那么，它就是不可管理的了。因此，下面的讨论，都假定情况 1 和情况 2 不会发生。而由于运动的相对性，只要情况 1 和情况 2 不出现，那么管理者就应该能够“锁定”目标；换句话说，只要“反馈、微调和迭代”得当，那么“坐”在攻击导弹 $J_1(y, w)$上的人，盯着目标系统 $J_0(y, w)$时，他可以看到这样的情形：目标好像始终是“静止”的！到此，我们就完成了赛博管理的第 1 次工程简化，即工程简化 I。

工程简化 I：除上述情况 1 和情况 2 之外，赛博管理其实可以假定目标系统是静止的，比如，目标就是原点（$0, 0,\cdots, 0$）。管理者 $J(y, w)$能否成功，就取决于它是否能击中该原点。因此，本书今后就可以不再同时出现 $J_1(y, w)$和 $J_0(y, w)$了，而是统一用 $J(y, w)$来代替管理者系统就行了。

于是，从理论上可以形象地说：在导弹 $J(y, w)$的轨迹附近的目标，都是可管理的；而其他目标则都是不可管理的，或都是不能被该系统 $J(y, w)$所管理的。而这里的“附近”，形象地意指攻击导弹预设的“近距离爆炸区域”，即进入该区域后，导弹就会爆炸，即使它并未碰到目标；从理论上看，该“附近”意指定义 3.1 中的“可容忍误差值”。因此，可管理的区域，其实是很小的。比如，若固定的目标点在东，而你却向西发射了导弹，那么，脱靶也就在预料之中了。

从表面上看，有了工程简化 I 之后，赛博管理的不可管理性就已经解决完了，但事实是“万里长征”才刚刚开始。因为，反馈 $w(\cdot)$中既含有随机因素，又含有不确定性的因素，所以谁也算不出导弹轨迹 $J(y, w)$。于是，无奈之下，还必须再进行一次工程简化，哪怕将有可能扩大误差。

为了说清楚第 2 次工程简化，我们只考虑一种最简单的情况，即假定管理者系统 $J(y, w)$是一维的实数。管理者系统是多维空间的情况，可做类似解释，只是更复杂一些而已，此书就不再赘述了。

包括反馈设备在内的所有实用设备，都有一定的精度。当反馈量小于最低可测精度 a 时，就不会有反馈，于是，系统 $J(y, w)$就按既定的方式继续运行，不会被微调，此时我们就将时间压缩，即把迭代的频率降低；否则，就将时间适当拉伸，即把迭代的频率增加，把反馈量切分成碎片，使得：

（1）正值反馈时，只要反馈量一达到 a，就马上进行微调迭代，并以 $J_+(y, a)$ 作为系统输出。

（2）负值反馈时，只要反馈量一达到$-a$，也马上进行微调迭代，并以 $J_-(y, a)$ 作为系统输出。

然后，将 $J_+(y, a)$和 $J_-(y, a)$拼接起来，得到一个新系统，将该新系统记为 $J(y, a)$；即当反馈为正值时，有

$$J(y, a)= J_+(y, a)$$

而当反馈为负值时，有

$$J(y, a)=J_-(y, a)$$

现进行归纳，便可得到工程简化 II。

工程简化 II：对某些管理者系统，我们总可以在一定的可接受误差范围内，通过时间的伸缩变换，或降低或增加迭代频率，最终把管理者系统近似为 $J(y)$，即消除了随机因素和不可控因素。

关于工程简化 II，我们想做以下 3 点说明：

（1）只要设备足够灵敏，就真的可能用更加频繁的迭代、更加精确的微调、更加及时的反馈来抵消不可控的随机因素。如今，包括汽车自动驾驶等人工智能（AI）技术的成功，就是最有说服力的案例。因为从纯理论角度来看，今天

火热的 AI 和若干年前低谷中的 AI 相比，其实主要的差别，只是设备的灵敏度提高了，反馈更及时准确了而已。

（2）执行工程简化 II 时，一定会引出误差。对某些管理者系统 $J(y, w)$来说，这种误差是可以容忍的；而对另一些管理者系统 $J(y, w)$来说，这样的误差就不能容忍，那么，此时相应的轨迹 $J(y, w)$描述也就不得而知了，就只能等待今后相关数学研究取得更大突破后才能处理了。不过，幸好随着设备灵敏度的提高，赛博链将更加精细，工程简化 II 的误差将越来越小，误差可被容忍的管理者系统会越来越多。

（3）无论是工程简化 I 还是工程简化 II，都一定会引发一定的误差，它们都是没有办法的办法。因为到目前为止，许多理论研究成果还不足以支撑相关需求，所以只好以牺牲精度来换取工程上的可行性了。

第 2 节　赛博链的轨迹分析

被工程简化 I 和 II 处理后，赛博链的轨迹（简称为赛博链）就可简化为：

（1）在离散时间的情况下，可用数学公式表述为递推公式：

$$y(n+1)=J(y(n)),\ y(0)=y_0,\ n=1, 2, 3, \cdots$$

式中，$y(n)$表示 n 时刻的输出，$J(y(n))$表示 n 时刻的微调。

（2）在连续时间的情况下，既可用数学公式表示为微分方程：

$$\frac{\mathrm{d}y}{\mathrm{d}t}=J(y),\quad y(0)=y_0,\quad t>0$$

也可以用积分方程的形式表述为

$$y(t)=\int_0^t J(y(\tau))\mathrm{d}\tau$$

或

$$y(t)=\int J(y(t-\tau))\mathrm{d}\tau$$

换句话说，此时的赛博链就被简化为数学中的动力学系统了[7,8]，于是，对应于赛博管理学的管理者、被管理者、管理目标等，也都是动力学系统了。不过，我们还是聚焦于赛博的轨迹分析，即轨迹及轨迹附近区域的状态点都是可管理的，而其他状态点便是不可管理的了。由此可见，赛博管理的起点 y_0 很重要，因为随后的轨迹 $y(n)$ 与起始点密切相关，相应的可管理点也就与起始点密切相关了；具体来说，可用下面著名的李雅普诺夫指数定理来定量地描述。为了避免复杂的数学推论公式，我们只介绍一维情况下的赛博链，并用 y_n 来等价地表示 $y(n)$；而且对现成的结论，我们只给出其出处，而忽略其具体证明过程，并重点阐述它们的赛博管理学含义。

结论 3.1（李雅普诺夫指数定理）[7]：考虑由一维赛博链轨迹

$$y_{n+1}=J(y_n)$$

的两个非常邻近的点 y_0 和 $y_0+\Delta y_0$ 为起始点，所生成的两条具体的赛博链

$$y_n(y_0)=J(y_{n-1}(y_0))=J^n(y_0)$$

和

$$y_n(y_0+\Delta y_0)=J(y_{n-1}(y_0+\Delta y_0))=J^n(y_0+\Delta y_0)$$

于是，在这两条具体链上，相对应点的差值 Δy_n 满足

$$\Delta y_1=\left|y_1(y_0+\Delta y_0)-y_1(y_0)\right|\approx\left|\frac{\mathrm{d}J(y_0)}{\mathrm{d}y}\right|\Delta y_0$$

更一般地，对任意 n，有

$$\Delta y_n=\left|y_n(y_0+\Delta y_0)-y_n(y_0)\right|=\left|\frac{\mathrm{d}J^n(y_0)}{\mathrm{d}y}\right|\Delta y_0=\exp(\lambda(y_0)n)\Delta y_0$$

此处的 $\lambda(y_0)$ 就称为李雅普诺夫指数，并且

$$\lambda(y_0)=\lim_{n\to\infty}\frac{1}{n}\ln\left|\frac{\mathrm{d}J^n(y_0)}{\mathrm{d}y}\right|=\lim_{n\to\infty}\frac{1}{n}\ln\prod_{i=0}^{n}\frac{\mathrm{d}J(y_i)}{\mathrm{d}y}$$

根据该李雅普诺夫指数定理可知：以 y_0 为起始点的赛博链轨迹 $J^n(y_0)$，与

其邻近点为起始点的赛博链轨迹之间的走向，取决于李雅普诺夫指数 $\lambda(y_0)$，具体如下：

（1）如果 $\lambda(y_0)>0$ 为正数，那么赛博链 $J^n(y_0)$与其邻近起点的赛博链之间，将以指数速度 $\exp(\lambda(y_0)n)\Delta y_0$ 飞快地分离。从赛博管理学的角度来看，这至少有两种解释：其一，如果错过了起步期的时机，那么此时 y_0 的所有邻近点（包括以该邻近点为起点的赛博链上的点），都是不可管理的（比如，计算机病毒控制，如果错过了起步期，那么就很难避免泛滥成灾了）；其二，如果管理者和管理目标都遵从同样的赛博运行规律 $J(\cdot)$，那么，只要起步阶段的目标状态与此时的管理者状态有距离，哪怕是非常微小的距离，那么一旦错过起步期，管理者系统一定会失败。或形象地说，管理者导弹几乎不可能同向追上另一颗同款的（同向飞行的）目标导弹，如果它们的出发地不同的话。

（2）如果 $\lambda(y_0)=0$，那么赛博链 $J^n(y_0)$与其邻近起点的赛博链之间，将始终保持相同的距离 Δy_0，既不会更加靠近，也不会更加分离。从赛博管理学的角度来看，这至少有两种解释：其一，此时 y_0 的所有可容忍误差值邻近点（包含以这些邻近点为起点的赛博链上的点），都是可管理的；反之，y_0 的所有距离超过可容忍误差值的邻近点，都是不可管理的。其二，如果管理者和管理目标都遵从同样的赛博运行规律 $J(\cdot)$，那么只要起步阶段的目标状态与此时的管理者状态之间的距离在可容忍范围内，那么管理者系统就能成功；否则，管理者系统就一定会失败。或形象地说，管理者导弹与另一颗同款的目标导弹之间的距离，始终保持恒定不变。于是，当这段距离在导弹的“近爆距离”之内时，那么目标导弹就能被摧毁；否则，攻击导弹就永远也不可能击中目标。

（3）如果 $\lambda(y_0)<0$，即为负数，那么赛博链 $J^n(y_0)$与其邻近起点的赛博链之间，将以指数速度 $\exp(\lambda(y_0)n)\Delta y_0$，飞快地融为一体。从赛博管理学的角度来看，这至少有两种解释：其一，此时 y_0 的所有邻近点，都是可管理的；其二，如果管理者和管理目标都遵从同样的赛博运行规律 $J(\cdot)$，那么，只要起步阶段的目标状态在 y_0 的邻域范围内，管理者系统一定会很快成功达到管理目标。或形象地说，管理者导弹一定会碰上另一颗同款的目标导弹，只要它们同时的出发地点相距不太远。

关于赛博链轨迹的另一个著名结论，是所谓的李–约克定理（Li-Yorke theorem，或称 Li-Yorke 定理）。为了把它简化，我们先介绍几个概念。

定义 3.2：如果连续函数 $J(x)$的定义域和值域都限于某个实数段$[a, b]$中，即对任意实数 $c\in[a, b]$都有 $J(c)\in[a, b]$，那么就称 $J(x)$是$[a, b]$中的连续自映射。将赛博链

$$c, J(c), J^2(c), \cdots, J^n(c), \cdots$$

看成一个实数序列，如果该序列的周期为 k，即 $c=J^k(c)$，但对所有 $m<k$ 都有 $c\neq J^k(c)$，那么就称 $J(x)$有 k 周期点 c。

关于周期，有一个简单常用的结论，即下面的结论 3.2。

结论 3.2：若 c 是 $J(\cdot)$的 p 周期点，并且 q 满足

$$\gcd(p, q)=d$$

则 c 是 $J^q(\cdot)$的 m 周期点，这里 $m=\dfrac{p}{d}$。特别地，当 q 与 p 互质（即 d=1）时，c 也是 $J^q(\cdot)$的 p 周期点。反过来，若 c 既是 $J(\cdot)$的 p 周期点，又是 $J^q(\cdot)$的 m 周期点，那么就有

$$p=m\cdot\gcd(p, q)$$

结论 3.3（李–约克定理）[7]：设 $J(x)$是$[a, b]$上的连续自映射，若 $J(x)$有 3 周期点，则

（1）对任何正整数 n，$J(x)$都有 n 周期点；

（2）在区间$[a, b]$中存在不可数子集 S，满足以下三个公式：

对任意 $x, y\in S$，当 $x\neq y$ 时，有

$$\limsup_{n\to\infty}|J^n(x)-J^n(y)|>0$$

对任意 $x, y\in S$，有

$$\liminf_{n\to\infty}|J^n(x)-J^n(y)|=0$$

对任意 $x \in S$ 和 J 的任一周期点 y，有

$$\lim_{n\to\infty} \sup |J^n(x)-J^n(y)|>0$$

把该定理形象地解释出来，满足上述定理条件的赛博链将具有以下特征：

（1）存在一个非常密集的集合 S，使得对任意 $x, y \in S$，点 y 都是可被赛博链 $J^n(x)$管理的，因为当 n 越来越大时，$J^n(x)$和 $J^n(y)$之间的最近距离（$\inf|J^n(x)-J^n(y)|$）会趋于 0，从而可被管理；虽然它们之间的最远距离（$\sup|J^n(x)-J^n(y)|$）会始终大于 0。

这是因为，只要管理者轨迹和被管理者轨迹之间的距离，哪怕只有一次掉进了可容忍的误差范围，那么就已经达到管理目标了。

（2）对于任意正整数 k，都至少有某个点 $c \in [a, b]$，它是赛博链 $J^n(c)$的 k 周期点，于是，使得除可容忍的误差之外，该赛博链 $J^n(c)$上只有 k 个可管理点，其他都只是这些可管理点的重复而已。因此，作为管理者系统，$J^n(c)$显然是不理想的。另外，至少对于所有的 $x \in S$，也有 $J^n(x)$和 $J^n(c)$之间的最远距离（$\sup|J^n(x)-J^n(c)|$），也会始终大于 0。

换句话说，周期点 c 也不是理想的被管理系统或目标系统，因为，$J^n(x)$最多只能依靠可容忍的误差值来逼近该管理目标。

上述李–约克定理，其实展示了赛博链轨迹的某种混沌特征，即对于集合 S 中的任意两个初值，经过迭代，两个赛博链序列之间的距离上限可以始终为大于零的正数，而下限则等于零；或者说，当迭代次数趋向无穷时，序列间的距离，可以在某个正数和零之间“飘忽”，即赛博系统的长期行为不能确定，比如，它们之间忽远忽近的规律不是周期性行为等。

还有一个比李–约克定理更广泛的结论，称为萨柯夫斯基定理（可参考《混沌动力学》[8]中的定理 10.2）。为了描述它，先给出所有正整数的一种新排序，称为萨柯夫斯基顺序，即

$$3 \gg 5 \gg 7 \gg \cdots 2\times3 \gg 2\times5 \gg 2\times7 \gg \cdots 2^2\times3 \gg 2^2\times5 \gg 2^2\times7 \gg \cdots 2^3\times3 \gg 2^3\times5 \gg 2^3\times7 \gg \cdots\cdots \gg 2^5 \gg 2^4 \gg 2^3 \gg 2^2 \gg 2 \gg 1$$

具体来说，该排序是：首先列出除 1 之外的所有奇数，接着列出奇数的 2 倍，奇数的 2^2 倍，奇数的 2^3 倍……一直持续下去，直到用完所有的自然整数，最后以递减顺序列出的 2 的幂次。于是便有下列结论。

结论 3.4（萨柯夫斯基定理）：假设赛博系统 $J(x)$是实数域上的连续函数，并且赛博链 $J(x)$至少有一个周期为 K 的点；那么对所有 L，只要按上述的萨柯夫斯基顺序有 $K \gg L$，则赛博链 $J(x)$也一定存在周期为 L 的点。或者形象地说，在萨柯夫斯基顺序之下，若有“大周期”点，就一定有“小周期”点。

由该定理便知：

（1）若 $J(x)$有不是 2 的幂次的周期点，则 $J(x)$必有无穷多个周期点。反之，如果 $J(x)$仅有有限多个周期点，则它们都必须以 2 的幂次为周期。

（2）在萨柯夫斯基顺序中，小周期 3 是“最大的”周期，所以，正如李–约克定理指出的那样，只要包含“最大的”3 周期，就蕴含了其他一切周期的存在性。

（3）萨柯夫斯基定理的逆，也是正确的；即按照萨柯夫斯基顺序，一定存在这样的赛博系统，它有以 P 为周期的周期点，但却没有“更大”周期 Q 的周期点，这里 $Q \gg P$。

为了介绍更多的赛博链特性，我们先给出几个定义。

定义 3.3：如果点 x 满足

$$J(x)=x$$

那么，就称 x 为 $J(\cdot)$的不动点。设 p 是 $J(x)$的以 n 为周期的周期点，如果 $\lim_{i\to\infty} J^{in}(x)=p$，那么称点 x 前向渐近于 p。

所有前向渐近于 p 的点构成的集合，记为 $W(p)$，称为 p 的稳定集。如果 p 是 $J(x)$的以 n 为周期的真周期点，即

$$J^k(p) \neq p$$

对所有 $k<n$，并且

$$|(J^n)'(p)| \neq 1$$

则称此点 p 为双曲的；特别地，若

$$|(J^n)'(p)| < 1$$

则称点 p 为吸引周期点（吸引子）或渊。此处和随后 $f'(\cdot)$是导数运算的简写，而$(J^n)'(p)$表示函数 $J^n(x)$在 p 点的导数。

基于上述定义，便有如下的结论。

结论 3.5（双曲点的轨迹定理，可参考《混沌动力学》[8]的命题 4.4 和命题 4.6）：

（1）如果 p 是 $J(\cdot)$的双曲不动点，并且

$$|J'(p)| < 1$$

则存在 $a<p<b$，使得如果 $x \in (a, b)$，就一定有极限

$$\lim_{n\to\infty} J^n(x) = p$$

换句话说，点 p 可被区间(a, b)中的任何点，用 $J(x)$来管理，即此类双曲不动点的可管理性很好。也可等价地说，区间(a, b)中的所有点，都可被 p 点用 $J^{-n}(p)$来管理，即用 $J(\cdot)$的逆函数 $J^{-1}(\cdot)$所表示的系统去管理区间(a, b)。

（2）如果 p 是周期为 n 的双曲周期点，并且

$$|(J^n)'(p)| < 1$$

那么存在 $a<p<b$，使得 $J^n(\cdot)$满足：若 $x \in (a, b)$，则 $J^n(x) \in (a, b)$。换句话说，在开区间(a, b)中，$J^n(\cdot)$的轨迹也仅限于该开区间；于是，只要这个开区间(a, b)的长度不超过可容忍误差，那么，该区间中的所有点都能被区间中的其他点管理。

（3）如果 p 为双曲不动点，但是

$$|J'(p)| > 1$$

那么，存在 $a<p<b$，使得如果 $x\in(a, b)$，$x\neq p$，则存在 $k>0$，使得 $J^k(x)$逃出了区间(a, b)。换句话说，该区间中除 p 之外的所有点，都可被逆函数系统 $J^{-1}(\cdot)$在 k 步之内（迭代次数不超过 k）所管理。

由该定理可见，$|J'(p)|$是否大于 1，决定了相关赛博链轨迹的走向，即远离 p 点（或其逆函数收敛于 p），还是留在 p 点附近游荡。如果满足

$$|J'(p)|>1$$

的不动点 p，那么就称为排斥不动点（排斥子）或源。于是可知（可参考《混沌动力学》[8]中的命题 4.6），若 p 是排斥不动点，则存在 p 的一个邻域开区间 U，使得：若 $x\in U$，$x\neq p$，则存在 $k>0$，使得 $J^k(x)$不再属于 U。这样的邻域开区间，也称为局部不稳定集，记为 W^U。形象地说，$J(\cdot)$的排斥子就是 $J^{-1}(\cdot)$的吸引子，反之亦然。

结论 3.6（可参考《迭代方程与嵌入流》[9]的 1.3 节中的定理 1）：设 $J(\cdot)$, $A(\cdot)$, $B(\cdot)$是定义在同一区间 I 上的三个赛博链，如果 $A(\cdot)$和 $B(\cdot)$都是递增函数，而且对一切 $x\in I$ 都有

$$A(x)\leqslant J(x)\leqslant B(x)$$

则必有

$$A^n(x)\leqslant J^n(x)\leqslant B^n(x)$$

形象地说，赛博链 $J^n(x)$始终被夹在赛博链 $A^n(x)$和赛博链 $B^n(x)$之间，形成了一个“管道”。如果该管道足够细，比如，管道的直径不超过可容忍误差，那么，夹在该管道中的所有目标系统，都可被管道中的其他赛博系统（比如 $J(\cdot)$）所管理。

第 3 节　逻辑斯谛赛博链

为了使上一节的相关结果更加深刻，本节聚焦于一种特殊的赛博链，称为逻辑斯谛（Logistic）赛博链，即

$$J(y, a)=ay(1-y)$$

它具有非常广泛的实际含义，比如，$y(n)$既可表示第 n 代生物极限群体数的百分比，又可表示计算机病毒第 n 轮感染的机器极限群体数的百分比，还可以表示网络系统中的许多行为等，那么，$y(n)$所满足的赛博链便是

$$y(n+1, a)=J(y(n), a)=ay(n)[1-y(n)]$$

对该二次函数族

$$J(y, a)=ay(1-y)$$

运用上一节的双曲点的轨迹定理，即结论 3.5，便可得出结论 3.7。

结论 3.7（二次函数族轨迹特性 1，可参考《混沌动力学》[8]的命题 5.3、例 4.10 和命题 5.2）：若 $1<a<3$，记 $b=\frac{a-1}{a}$，那么对任意 $x\in(0, 1)$，都有

$$\lim_{n\to\infty} J^n(x, a)=b$$

即不动点 b 是吸引的；换句话说，点 b 可被区间(0, 1)中的任意点，用系统

$$J(y, a)= ay(1-y)$$

来管理。

当 $a>1$ 时，$J(y, a)$有两个不动点，分别是 0 和 $b=\frac{a-1}{a}$，而且 0 点是排斥不动点。

当 $a>1$ 时，若 $y<0$，则有

$$\lim_{n\to\infty} J^n(y, a)=-\infty$$

若 $y>1$，则也有

$$\lim_{n\to\infty} J^n(y, a)=-\infty$$

由此可见，二次函数族赛博链的一切有趣轨迹现象，都只出现在闭区间[0, 1]中；因为当 $a<1$ 时，二次函数族 $J(y, a)$的轨迹特性也不太复杂。换句话说，

对 $1<a<3$，二次函数族的轨迹特性就很清楚了：在[0, 1]中，0 是不动点；$J(1, a)=0$，随后 $J^n(1, a)$且 $n>1$ 就永远停留在 0 点了，即

$$J^n(1, a)=0$$

而对所有 $x\in(0, 1)$，有

$$\lim_{n\to\infty} J^n(x,a)=b=\frac{a-1}{a}$$

二次函数族系统的轨迹，还具有很奇怪的一些其他特性，也称为混沌性。为了介绍方便，先引入以下四个概念。

（1）映射 $J: F\to F$ 是拓扑传递的，如果对 F 中的任意一组开集 U 和 V，都存在正整数 $k>0$，使得

$$J^k(U)\cap V\neq\phi$$

即非空集。

形象地说，拓扑传递映射有这样的一些点，它们在迭代下，从一个任意小的邻域最终移动到其他任何邻域。因此，赛博系统 $J(\cdot)$不能被分解为两个在映射下不变的，非相交的开集。此处的“开集”是这样的集合 X：对其中的任何点 x，都存在某个相应的邻域 $a<x<b$，使得区间(a, b)都包含在集合 X 之中。

（2）映射 $J: F\to F$ 称为对初始条件具有敏感依赖性，如果存在 $\delta>0$，使得对任何 $x\in F$ 和 x 的任何邻域 N，都存在 $y\in N$ 和 $n\geqslant0$，使得

$$|J^n(x)-J^n(y)|>\delta$$

形象地说，某映射具有对初始条件的敏感依赖性，意味着：如果存在任意接近 x 的点，在 $J(\cdot)$的迭代下，最终和 x 分离至少 δ。注意，这里并未要求 x 附近的所有点都需要在迭代下与 x 分离，而是在 x 的每一个邻域中都至少存在一个这样的点。如果某映射具有对初始条件的敏感依赖性，那么对单个轨迹 $J(\cdot)$就不能进行数值计算了。因为计算中由四舍五入产生的微小误差，经过迭代后，就可能被放大，轨迹的数值计算结果将与实际轨道有着天壤之别。

（3）设 V 是一个集合。如果满足：J 具有对初始条件的敏感依赖性，J 是拓扑传递的，J 的周期点在 V 中是稠密的，那么映射 $J: V\to V$ 称为在 V 上是混沌的。简要地说，混沌的映射具有三个要素：不可预测性，不可分解性，还有一种规律性的成分。因为具有对初始条件的敏感依赖性，所以混沌的系统是不可预测的；因为具有拓扑传递性，所以它不能被细分或不能被分解为两个在 J 映射下不相互影响的子系统（两个不变的开子集）。然而，在这混乱的性态当中，也含有规律性的成分，即稠密的周期点。

（4）映射 $J: F\to F$ 称为是扩展的，如果存在 $\delta>0$，使得对任何 $x, y\in F$，存在 n，使得

$$|J^n(x)-J^n(y)|>\delta$$

注意：扩展性不同于敏感依赖性，此处一切邻近点都将最终分离至少 δ。

结论 3.8（可参考《混沌动力学》[8]的定理 7.5 和例 8.8）：当 $a>2+\sqrt{5}$ 时，二次函数族

$$J(y, a)=ay(1-y)$$

的 n 周期点的个数为 2^n，并且该 $J(y, a)$在区间$(0, 1)$的某个子集（其实是一个康托尔集）A 中是混沌的。进一步地，可以知道（可参考《混沌动力学》[8]的例 8.9），下列等式表示的映射

$$J(y, 4)=4y(1-y)$$

在闭区间$[0, 1]$上是混沌的。

为了介绍二次函数族的其他一些轨迹特性，先引入以下几个概念。

（1）设 $J: A\to B$ 是某个映射，若它满足：当 $x\neq y$ 时，$J(x)\neq J(y)$，则称 $J(\cdot)$是一对一的；若它满足：对任意 $y\in B$，都存在 $x\in A$，使得 $J(x)=y$，则称 $J(\cdot)$是满的；若 $J(\cdot)$既是一对一的，又是满的，而且 $J(\cdot)$和 $J^{-1}(\cdot)$都是连续的，那么，就称 $J(\cdot)$是一个同胚。

（2）设 $F: A\to A$ 和 $J: B\to B$ 是两个映射，如果存在一个同胚 $H: A\to B$，使得

$$H \cdot F = J \cdot H$$

则称 F 和 J 是拓扑共轭的。同胚 H 被称为拓扑共轭。这里 $H \cdot F$ 等代表复合映射，比如，$H \cdot F(x) = H[F(x)]$等。换句话说，对于拓扑共轭的各种映射，它们的轨迹特性是完全等价的。例如，若 F 通过 H 拓扑共轭于 J，并且 p 为 F 的不动点，则 $H(p)$就为 J 的不动点；此外，H 还给出了 F 的 n 周期点集合与 J 的 n 周期点集合之间的一一对应等。

（3）设 F 和 J 是实数域 $\mathbf{R}$ 中的两个映射。F 和 J 之间的 C^0–距离，记为 $d_0(F, J)$，由等式

$$d_0(F, J) = \sup_{x \in \mathbf{R}} |F(x) - J(x)|$$

所定义。同理，C^r–距离 $d_r(F, J)$由

$$d_r(F, J) = \sup_{x \in \mathbf{R}} \left[|F(x) - J(x)|, |F'(x) - J'(x)|, \cdots, |F^{(r)}(x) - J^{(r)}(x)| \right]$$

所定义。这里 $F^{(k)}(x)$和 $J^{(k)}(x)$分别表示 $F(\cdot)$和 $J(\cdot)$的 k 次导数。直观地说，如果它们及其前 r 个导数仅相差一个微量，那么这两个映射是 C^r–接近的。

（4）映射 $J: A \to A$ 称为在 A 上是 C^r–结构稳定的，如果存在 $\delta > 0$，使得对任何映射 $F: A \to A$，只要 $d_r(J, F) < \delta$ 总有 J 拓扑共轭于 F。简略地说，映射 J 是结构稳定的，如果它的每一个“邻近”的映射，都拓扑共轭于 J，因而也就基本上具有相同的轨迹性态。这里的“邻近”就是上面的某个 C^r–接近。换句话说，如果 J 是结构稳定的，那么，不论我们如何稍微扰动 J 或改变 J，都将得到一个轨迹特性等价的赛博系统。

结论 3.9（可参考《混沌动力学》[8]的定理 9.5）：当 $a > 2 + \sqrt{5}$ 时，则二次函数族

$$J(y, a) = ay(1 - y)$$

就是 C^2–结构稳定的。但是，当 $a=1$ 时

$$J(y, 1) = y(1 - y)$$

却非结构稳定。

结论 3.10（可参考《混沌动力学》[8]的推论 11.10）：假定

$$J(y, a)=ay(1-y)$$

则对每一个 a，至多存在一个周期吸引点，也至多存在一个吸引周期轨迹。甚至当 $a>2+\sqrt{5}$ 或 $a=4$ 时

$$J(y, a)=ay(1-y)$$

可能根本不存在吸引周期轨迹。

结论 3.11（可参考《混沌动力学》[8]的定理 9.8）：设 p 是 J 的双曲不动点，并设

$$J'(p)=\lambda, \quad |\lambda|\neq 0, 1$$

则存在 p 的邻域 U，实数 $0\in\mathbf{R}$ 的邻域 V 及同胚 $H: U\to\mathbf{R}$，使得 J 在 U 上共轭于 V 上的线性映射

$$L(x)=\lambda x$$

换句话说，双曲不动点邻近的映射，总是局部拓扑共轭于自身的导数。

提醒：此处的 J 并不限于是二次函数，它本该放在上一节，但由于那时还没介绍同胚或共轭等概念，所以，只好放在此处。

第4节 赛博链轨迹的分叉

所谓赛博链轨迹的分叉，就是赛博链族的轨迹随着参数的变化，而出现的分支情况。分叉点经常出现在周期点处。为了方便，本节主要考虑光滑地依赖于参数的实值函数的单参数族，更准确地说，主要考虑形如 $J(x, a)$的两个变量的函数。其中，对固定的 a，$J(x, a)$是变量 x 的光滑函数，即任意阶导数都存在的函数。我们也假定 $J(x, a)$也光滑地依赖于 a。针对这些函数族，研究分叉的目的在于：了解函数族的周期点结构将如何变化，何时变化等。

结论 3.12（可参考《混沌动力学》[8]的定理 12.5）：设 $J(x, a)$是单参数函数族，假定

$$J(x_0,a_0)=x_0,\quad \frac{\partial J(x_0,a_0)}{\partial x}\neq 1$$

则存在包含 x_0 的某个区间 I 和包含 a_0 的某个区间 N 以及光滑函数 $f\colon N\to I$，使得

$$f(a_0)=x_0 \text{ 和 } J[f(a), a]=f(a)$$

再者，$J(\cdot, a)$在 I 中没有其他的不动点。这里$\frac{\partial J(x_0,a_0)}{\partial x}$是指 $J(x, a_0)$在 x_0 点对 x 的偏导数。换句话说，如果仔细观察 $J(\cdot, a)$的轨迹图像，由于 $J(\cdot, a_0)$在(x_0, a_0)点处与直线 $y=x$ 相交出某一个角度（这是因为$\frac{\partial J(x_0,a_0)}{\partial x}\neq 1$，否则就与直线 $y=x$ 重复，没有交叉角度了），所以在轨迹图像附近 $J(\cdot, a)$必有相同的性质。因此，对充分靠近 a_0 的 a，在 x_0 附近存在一个且只有一个不动点。更形象地说，将所有曲线 $J(x, a)$都画出来后，在(x_0, a_0)点处将出现一个分叉点；即在赛博链族 $J(x, a)$中，将有许多条赛博链进入此点（导致可被管理），也会有许多条赛博链从不同的方向离开此点（导致可被 $J^{-1}(\cdot)$管理）。

其实，上述结论 3.12 的一种特殊情况，即所谓的“鞍结分叉”，还可以更简捷地描述为下面的结论 3.13。

结论 3.13（可参考《混沌动力学》[8]的定理 12.6）：若同时满足

$$J(0,a_0)=0,\quad \frac{\partial J(0,a_0)}{\partial x}=0,\quad \frac{\partial^2 J(0,a_0)}{\partial x^2}\neq 0,\quad \frac{\partial J(x,a_0)}{\partial a}\neq 0$$

则存在 0 点的区间 I 及光滑函数 $f\colon I\to \mathbf{R}$，使得

$$J(x,f(x))=x$$

进而

$$f'(0)=0,\quad f''(0)\neq 0$$

这里，$\dfrac{\partial^2 J(0,a)}{\partial x^2}$ 和 $\dfrac{\partial J(x,a_0)}{\partial a}$ 的正负符号，确定了分叉的方向，比如，若它们符号相反，则分叉方向就相背；否则，分叉方向就相同。

还有一种分叉，称为倍周期分叉，它可描述为结论 3.14。

结论 3.14（可参考《混沌动力学》[8]的定理 12.7）：若同时满足下面四个条件：（1）对 a_0 的某一区间内的一切 a，都成立 $J(0, a)=0$；（2）$\dfrac{\partial J(0,a_0)}{\partial x}=-1$；（3）$\dfrac{\partial^3 J(0,a_0)}{\partial x^3}\neq 0$；（4）$g'(0)\neq 0$，此处 $g(x)=\dfrac{\partial f(x,a_0)}{\partial a}$，其中 $f(x,a)=\dfrac{\partial^2 J(x,a)}{\partial x^2}$。那么，存在 0 的区间 I 和函数 $p: I\to\mathbf{R}$，使得

$$J(x, p(x))\neq x$$

但是

$$J^2(x, p(x))=x$$

此类分叉的走向依赖于 $J(0, a_0)$ 和 $\dfrac{\partial J(0,a_0)}{\partial a}$ 的正负符号：如果符号相反，则相向分叉。

接下来再讨论一种特殊的分叉，称为同宿分叉。

定义 3.4（不稳定集）：设 p 是赛博系统 $J(\cdot)$的一个排斥不动点，为了便捷，总假设

$$J'(p)>1$$

（否则，就用 $J^2(\cdot)$代替 $J(\cdot)$就行了），同时该假设对排斥周期点也适用。既然 p 是一个排斥不动点，所以存在含 p 的一个开区间 U，在该区间内，$J(\cdot)$是一对一的，且满足扩张性质：

$$|J(x)-p|>|x-p|$$

定义 p 点的局部不稳定集为包含上述 U 的最大开区间（为了便捷，仍假定它为 U），记为 $W^U(p)$。比如，当 $a>4$ 时，0 点是二次映射

$$J(x, a)=ax(1-x)$$

的一个排斥不动点，并且它的局部不稳定集为

$$W^U(0)=(-\infty, 0.5)$$

定义 3.5（同宿点、同宿轨迹和异宿的定义）：设

$$J(p)=p，J'(p)>1$$

点 q 称为同宿于 p 的，若 $q\in W^U(p)$，且存在 $n>0$ 使得

$$J^n(q)=p$$

即点 p 被点 q 用 $J^n(q)$所管理，或者反过来，q 能被 p 用 $J^{-1}(\cdot)$所管理；相应的赛博链轨迹，就称为同宿轨迹。点 q 称为异宿的，若 $q\in W^U(p)$，且存在 $n>0$ 使得 $J^n(q)$位于一个不同的周期轨迹。一个同宿轨迹称为非退化的，若对轨迹上的任意点 x，都有

$$J'(x)\neq 0$$

否则，就称该轨迹是退化的。

比如，当 $a>4$ 时，二次映射

$$J(x, a)=ax(1-x)$$

的两个不动点 0 与$1-\dfrac{1}{a}$都有无穷多个同宿点和异宿点。

结论 3.15（可参考《混沌动力学》[8]的定理 16.5)：设 q 位于不动点 p 的非退化轨迹上，则对 p 的每一个邻域 U，都存在整数 $n\geqslant 0$，使得 $J^n(\cdot)$在 U 上有一个双曲不变集；在此不变集上，J^n 拓扑共轭于移位自同构。此处的移位是这样的映射 σ，它将二元序列 $s_0s_1s_2\cdots$ 映射为 $s_1s_2s_3\cdots$，即

$$\sigma(s_0s_1s_2\cdots)=s_1s_2s_3\cdots$$

换句话说，它只是简单地扔掉序列中的第 1 项，把其他各项向左移一位而已。这里 s_i=0 或 1。

结论 3.16（可参考《混沌动力学》[8]的推论 16.6）：设 $J(\cdot)$有一个非退化同宿点 p，则在 p 的每个邻域内，都有无限多个互异的周期点。当然，这些周期点的轨迹不在邻域内，周期点的轨迹跑得很远，粗看起来像同宿轨迹。于是，非退化同宿点将导致赛博链出现混沌状态。

第 5 节 赛博链的轨迹追踪

既然工程简化处理会导致误差，所以就应该尽量避免工程简化。换句话说，要充分利用已有的理论成果。当然，实在没办法了，就只能进行工程简化处理。

假如只经过了工程简化 II 处理，而未被工程简化 I 处理，那么定义域与值域相同（比如它们都为 Y）的管理者系统 $J(y)$，能够管住目标系统 $F(y)$的充分必要条件是：存在某个正整数 n，使得对任意 $y\in Y$，都有

$$J^n(y)=F(y)$$

实际上，此时目标赛博链轨迹 $F^m(y)$就已经完全被管理者赛博链 $J^{nm}(y)$锁定了，即轨迹被完全追踪，并出现重复了。此问题在数学上叫作迭代根求解问题，可参考《迭代方程与嵌入流》[9]的第 3 章。形象地说，如果 $F(y)$是黑客行为的赛博系统，那么，如果它的轨迹可被追踪，当然它就可被管理了。

定义 3.6：考虑定义域和值域都是闭区间 $I=[a, b]$，且保持端点不变，即满足

$$f(a)=a \text{ 和 } f(b)=b$$

的严格递增函数的全体所组成的集合，记为 $C(I, I)$。

于是便有以下结论。

结论 3.17（哈代－波狄瓦特定理，可参考《迭代方程与嵌入流》[9]第 3 章第 1 节定理 2）：对 $C(I, I)$中的任意目标系统 $F(y)$和任意正整数 n，都一定存在某个管理系统 $J(y)$（它仍然属于 $C(I, I)$）。使得

$$J^n(y)=F(y)，y\in I$$

换句话说，$C(I, I)$中的任意目标系统，都是可管理的，而且还能被 $C(I, I)$中的某个管理者系统所管理。更进一步，若 $C(I, I)$中的目标系统 $F(y)$是连续递增函数，则对任意自然数 $n\geqslant 2$ 和使得 $a<A<B<b$ 的实数 A 和 B，都存在连续函数 $J(y)$，满足

$$J^{n}(y)=F(y) \text{和} F(a)\leqslant J(A)<J(B)\leqslant F(b)$$

也就是说，连续递增的目标系统都有很好的可管理性。

另外，严格递减函数也有比较好的可管理性，比如结论 3.18。

结论 3.18（可参考《迭代方程与嵌入流》[9]第 3 章第 2 节的定理 4）：若 F 是闭区间 $I=[a, b]$上的严格递减函数，且

$$\text{或者 } F(a)=b,\ F(b)=a，\text{或者 } a<F(x)<b，\text{对任意 } x\in I$$

那么，对任意奇数 $2m+1\geqslant 3$，都一定存在某个连续递减的管理系统 $J(x)$，满足

$$J^{2m+1}(x)=F(x),\quad x\in I$$

即 $J(\cdot)$能够锁定 $F(\cdot)$。

当被管理系统 $F(y)$不再是严格单调函数时，情况就比较复杂了。

定义 3.7：介绍以下四个概念：

（1）如果 $F(x)$在 x_0 的某个邻域上严格单调，并且 F 的定义域和值域都是闭区间 $I=[a, b]$，那么，$x_0\in(a, b)$称为 F 的单调点，否则，就称 x_0 为非单调点。

（2）I 上的连续函数 F 称为严格逐段单调连续函数，或简称为 S−函数，如果 $F(x)$在 I 上仅有有限个极值点，而在相邻两个极值点之间都严格单调，下面用 $S(I, I)$来记这类函数的全体。

（3）用 $N(F)$表示 S−函数 F 在 I 上的极值点个数，而记 $H(F)$为满足

$$N(F^m)=N(F^{m+1})$$

的最小正整数 m；注意，$H(F)=\infty$就意味着序列$\{N(F^m)\}$严格递增。

（4）设 $F\in S(I, I)$，且

$$H(F)\leqslant 1，A=\min\{F(x)：x\in I\}，B=\max\{F(x)：x\in I\}$$

则称$[c, d]$为 F 的特征区间，如果 c 和 d 是 F 在 I 上的两个相邻极值点，并且$[A, B]$是$[c, d]$的子区间，$[c, d]$又是$[a, b]$的子区间。

于是有下面结论。

结论 3.19（可参考《迭代方程与嵌入流》[9]第 3 章第 2 节的定理 2）：当$F(y)\in S(I, I)$，且

$$H(F)\leqslant 1$$

如果满足 $F(y)$在其特征区间$[c, d]$上递增，并且

$$F(c)\neq c \text{ 和 } F(d)\neq d$$

则对任意整数 $n\geqslant 2$，都一定存在作为管理系统的 I 上的连续函数 $J(y)$，使得

$$J^{n}(y)=F(y)$$

即目标系统 $F(y)$可被管理系统 $J(y)$锁定。

结论 3.20（可参考《迭代方程与嵌入流》[9]第 3 章第 2 节的定理 5）：$F(y)\in S(I, I)$且

$$H(F)\leqslant 1$$

若满足（1）F 在其特征区间$[c, d]$上递减，并且（2）或者 $F(c)=d, F(d)=c$，或者 $c<F(x)<d$ 对任意 $x\in I$ 均成立；那么，对任意奇数 $n>0$，都存在连续的管理系统 $J(x)$，使得

$$J^{n}(x)=F(x)$$

即此时的目标系统也是可管理和可被锁定的。

定义 3.8：若 $F(x)$是定义域为闭区间$[a, b]$的连续函数，即 $F(x)\in C([a, b])$，如果存在 $\delta>1$，使得对所有 $x, y\in[a, b]$都成立

$$|F(x)-F(y)| \geqslant \delta |x-y|$$

那么，就称 $F(\cdot)$为扩张函数。如果可以将$[a, b]$分成有限个子区间，使得 $F(\cdot)$在每个子区间上都是扩张的，则称 $F(\cdot)$为逐段扩张的。记 $I=[0, 1]$，用 $\mathrm{SE}(I, I)$表示 I 上极值等于 0 或 1 的逐段扩张自映射之集，并将 $\mathrm{SE}(I, I)$分割成互不相交的四块：

$$\mathrm{SE}_1(I, I)=\{F \in \mathrm{SE}(I, I):\ F(0)=F(1)=0\}$$

$$\mathrm{SE}_2(I, I)=\{F \in \mathrm{SE}(I, I):\ F(0)=F(1)=1\}$$

$$\mathrm{SE}_3(I, I)=\{F \in \mathrm{SE}(I, I):\ F(0)=0,\ F(1)=1\}$$

$$\mathrm{SE}_4(I, I)=\{F \in \mathrm{SE}(I, I):\ F(0)=1,\ F(1)=0\}$$

于是便有以下结论。

结论 3.21（可参考《迭代方程与嵌入流》[9]第 3 章第 2 节的定理 8）：若 $F \in \mathrm{SE}_i(I, I)$，$i=1, 2, 3$，则对任意自然数 n，存在满足

$$J^n(x)=F(x)$$

的管理系统 $J(x)$的充分必要条件是：存在自然数 k，使得

$$N(F)=k^n+1$$

若 $F \in \mathrm{SE}_4(I, I)$，则对任意奇数 n，存在满足

$$J^n(x)=F(x)$$

的管理系统 $J(x)$的充分必要条件是：存在自然数 k，使得

$$N(F)=k^n+1。$$

定义 3.9：若 $F(x)$的定义域和值域都是区间 I，并且任意阶可导，那么，就称 $F(x)$为光滑自映射，将 I 上所有光滑自映射的集合记为 $C^{\infty}(I, I)$；而将 I 上所有 k 阶可导的函数的集合记为 $C^k(I, I)$。

于是，根据波狄瓦特定理（可参考《迭代方程与嵌入流》[9]第 3 章第 3 节的定理 1）就有下列结论。

结论 3.22：若 $F\in C^{\infty}(I, I)$，$F(x)>x$ 且导数 $F'(x)>0$，那么，对任意整数 $n\geqslant 2$，一定存在某个 $J(x)\in C^{\infty}(I, I)$，使得 $J^{n}(x)=F(x)$，对所有 $x\in I$ 都成立。

结论 3.23（可参考《迭代方程与嵌入流》[9]第 3 章第 3 节的定理 2）：如果 $F(x)$满足以下三个条件，那么，对任意整数 $k>1$，都存在唯一严格递增的 $J(x)\in C^{1}(I, I)$，使得 $J^{k}(x)=F(x)$：

（1）$F\in C^{1}(I, I)$，并且对任意 $x\in I$ 都有 $F'(x)>0$；

（2）F 在 I 上只有唯一的不动点 x_0，并且 $F'(x_0)\neq 1$；

（3）$F(x)$在 x_0 点二次可导，即 $F''(x_0)$有定义。

换句话说，此时只有唯一的管理系统 $J(x)$能够锁定目标系统 $F(x)$。

结论 3.24（可参考《迭代方程与嵌入流》[9]第 3 章第 3 节的定理 3）：令 $I=[a, b]$，$r\geqslant 2$。若函数 $F\in C^{r}(I, I)$有唯一不动点 $x_0\in I$，且对任意 $x\in I$，有 $F'(x)\neq 0$，还有 $F'(x_0)=c$，其中 $0<c<1$；那么，对任意整数 $n>0$，都存在唯一递增的 $J(x)\in C^{r}(I, I)$，使得 $J^{n}(x)=F(x)$。

换句话说，此时也只有唯一的管理系统 $J(x)$能够锁定目标系统 $F(x)$。

第4章 赛博不变性

与静态管理相比，赛博管理的重要特点之一，就是其快速变化特性，即快速反馈，快速微调，快速迭代。但出人意料的是，在快速千变万化的赛博系统中，竟然还存在着某些不变性（甚至常数）；反而在静态管理中，这些不变性却未曾明显地表现出来过，虽然确实有人“猜出”了其中的某些蛛丝马迹。本章将从赛博管理学的角度，对这些不变性的本质进行深入探索。

第1节 摩尔定律揭秘

从本书第2章已经知道，人造系统的运行规律，均可由维纳定律描述；即由各种“反馈、微调、迭代”的赛博链组成。在所有这些人造赛博链中，整体上“反馈最及时、微调最精准、迭代最迅速”的系统，可能要算互联网了。因此，依直观想象，网络世界应该因其快速变换而显得更加“杂乱无章”。但是，事实却刚好相反，比如，在以互联网为代表的赛博世界里，就有摩尔定律、吉尔德定律等著名的、奇怪的、充分展示了赛博系统不变性的重要定律。这些定律有助于准确预测发展趋势，从而使得相关的赛博管理非常直观、可行。那么，这些定律到底是偶然碰巧呢，还是有更深层次的奥秘？下面将从赛博管理学的角度来认真探讨这个问题，并给出精细的意外结果，然后进行推广。

本节聚焦于最早的、也是最著名的、体现赛博世界不变性的所谓“摩尔定律”；它由英特尔（Intel）公司创始人之一戈登·摩尔于1965年提出。

摩尔定律的常见描述是：当价格不变时，集成电路上可容纳的元器件的数目，约每隔18～24个月便会增加一倍，性能也将提升一倍。换言之，每一美元所能买到的电脑性能，将每隔18～24个月翻两倍。微处理器的性能每隔18个月提高一倍，或价格下降一半。

该定律自提出之日起半个多世纪以来，其正确性已被客观数据持续证明了；但是，该定律是如何产生的呢？根据其历史演变的多方面证据，该定律很可能是摩尔先生突发灵感，猜出来的（**预先提醒**：*后面我们将严格证明，其实摩尔定律不用去猜；早在200多年前的1798年，当马尔萨斯提出人口论时，“摩尔定律”的原理就已经诞生了*）。因为，摩尔先生最早在1965年公开发表的论文中，只猜测了“半导体芯片上集成的晶体管和电阻数量将每年增加一倍”；1975年，摩尔又发表了另一篇论文，将其猜测由原来的“…每年增加一倍…”更新为“每两年增加一倍”；后来，业界又普遍流行为“每18个月增加一倍”；再后来又成了“每24个月增加一倍”；直到2010年，又有人再次将时长更新为“约每36个月翻一倍”；等等。随着摩尔定律的名声越来越大，许多人又“照猫画虎”，“猜出”了摩尔定律的多种变形，比如，若用相同面积的晶片来生产同样规格的IC，那么，每隔一年半，IC产出量就可增加一倍；换算为成本，即每隔一年半，成本可降低五成，平均每年成本可降低三成多；等等。

从管理角度来看，摩尔定律及其变形显然非常有用，比如，它能让集成电路产业链众多的上下游主流厂商（包括但不限于半导体原材料商、芯片设计制造商、计算机厂商等，甚至IT领域的几乎所有主流厂商），比较准确地预测自己产品的下游市场空间和利润空间，把握上游的进货成本等，从而使得看似杂乱无章的网络世界变得有规律可循。当然，摩尔定律并非数学、物理定律，而是对发展趋势的一种分析预测，因此，无论它的文字表述还是定量计算，对它的误差都应当容许一定的宽裕度。作为一种简单评估半导体技术进展的经验法则，摩尔定律的重要意义在于，它发现：长期而言，IC制程技术是以直线的方式向前发展，使得IC产品能持续降低成本，提升性能，增加功能。

摩尔定律之所以如此著名，原因可能有两个：其一，它非常有用，这已经不用再去论证了；其二，它非常出乎意料，甚至让人感到不可思议。但是，本章接下来的理论分析将再次让读者意外，因为过去让大家感到意外的摩尔定律，实际上一点也不意外！它其实是任何赛博系统的最简单、最粗糙的估计，甚至在 200 多年前就已经被马尔萨斯发现了，那时这位人口学家指出“大不列颠人口翻一番的时间，极有可能不超过 25 年”。为了说明这一点，我们先用数学公式，把摩尔定律重新描述如下：

第一，针对某个赛博系统（比如，马尔萨斯锁定的是大不列颠的人口系统，摩尔定律锁定的是全球的互联网产业链），选定某个关注的指标（比如，马尔萨斯关注的指标是大不列颠的人口总数；摩尔定律关注的指标是集成电路上可容纳的元器件的数目、每一美元所能买到的计算机性能、微处理器的性能、IC 产出量、芯片上的晶体管数量、PC 机的存储器容量、软件的规模和复杂性等）。

第二，按照时间的等间隔对关注的指标进行采样（比如，摩尔定律的时间间隔为 1 年、18 个月、24 个月或 36 个月等，马尔萨斯的时间间隔是 25 年），并将第 i 次采样的值记为 b_i, $i=1, 2, 3, \cdots$ 。

第三，在一定的时间范围内，比值 $\frac{b_{i+1}-b_i}{b_i-b_{i-1}}$ 就是与 i 无关的常数 a，即

$$\frac{b_{i+1}-b_i}{b_i-b_{i-1}}=a$$

比如，在摩尔定律和马尔萨斯定律中，a 都约等于 2。

根据上面三个步骤的描述，摩尔定律与 200 多年前的马尔萨斯定律，其实质显然是相同的，只不过采样间隔不同而已；这是因为互联网这个赛博系统的迭代更快，而人类的自然迭代却很慢，两代人之间至少相差十余年，如今父子的平均年龄差更可能高达 30 岁左右，所以，人口自然增长的采样间隔也就更长。“摩尔定律与马尔萨斯定律其实质是相同的”的另一个原因在于：无论芯片上的晶体管数量，还是某国的人口数量，其实都可看成是“人造物”，只不过前者是用“工程法”造出来的，而后者是用“生物法”造出来的而已。

接下来我们将严格证明：像摩尔定律方面的事例，在任何赛博系统中，都随处可见。

对任意常数 a，由递归关系

$$\frac{b_{i+1}-b_i}{b_i-b_{i-1}}=a$$

所描述的赛博系统，可以等价地写为

$$b_0=a_0,\quad b_i=a^i a_0$$

其中，i=1, 2, 3,⋯。又可以等价地写为

$$J(n+1)=aJ(n)$$

其中，n=1, 2, 3,⋯，$J(0)=a_0$。

在连续情况下，该赛博系统可用微分方式等价地表示为

$$\frac{\mathrm{d}Q}{\mathrm{d}t}=bQ \text{ 和 } Q(t)=Q_0\mathrm{e}^{bt}$$

其中，$t>0$。

另一方面，考虑任何一个赛博系统的任何一个指标，比如 $Q(t)$，假定在 $t=0$ 的起始时刻，有

$$Q(0)=0 \text{ 和 } \left.\frac{\mathrm{d}Q}{\mathrm{d}t}\right|_{t=0}=0$$

该假设是合理的，因为刚开始时这个指标还没诞生，所以可假定该指标及其导数均为 0。参见本书第 2 章第 4 节（赛博系统与一般系统），我们考虑 $Q(t)$ 随时间变化 $\frac{\mathrm{d}Q}{\mathrm{d}t}$ 的情况。根据本书第 2 章第 1 节的维纳定律，赛博系统的当前状况由它的过去状况递归确定，所以 $Q(t)$随时间的变化也由 $Q(t)$确定，即一定存在某个函数 $f(Q)$，使得

$$\frac{\mathrm{d}Q}{\mathrm{d}t}=f(Q),\quad f(0)=0$$

将函数 $f(Q)$用其泰勒级数表示为

$$f(Q)=a_1Q+a_2Q^2+a_3Q^3+\cdots$$

其中，$a_n=\dfrac{f^{(n)}(0)}{n!}$。

根据泰勒级数的理论知道，泰勒级数的前面几项，可以更好地用来逼近函数 $f(Q)$；即为了理论分析方便，若必须舍弃某些项的话，最好从后往前舍弃。在最极端的特殊情况下（比如，在 Q=0 附近或系数 a_i 迅速变小时），如果只能保留泰勒级数中的 1 项，哪怕牺牲一定的精度，那么，就可以忽略掉上述泰勒级数中的后面各项，而只保留第 1 项，于是，就可将上述赛博系统简化为

$$\frac{\mathrm{d}Q}{\mathrm{d}t}=a_1Q$$

这正好就是摩尔定律和马尔萨斯定律所用到的赛博系统。换句话说，任何一个赛博系统，都可以在牺牲一定的精度后，演变为摩尔系统或马尔萨斯系统。由此就可获得赛博管理学的一个非常简单、有效的预测和管理方法，即结论 4.1。

结论 4.1（赛博管理最简预测法）：对任何一个人造系统（或更一般的，甚至任何赛博系统），若管理者只关注该人造系统的某一个数量指标 Q（该指标可以是任何指标，比如产量等），并且设

$$b_1, b_2, b_3,\cdots, b_i,\cdots,\quad i=1, 2,\cdots$$

是对该指标进行的时间等间隔采样值，那么，只要时间间隔合适，在一定的时间内，且在一定的误差允许范围内，都成立：

$$\frac{b_{i+1}-b_i}{b_i-b_{i-1}}=a$$

这里 a 是某个常数。

关于结论 4.1，我们做以下三点说明。

（1）其实结论 4.1 就是《系统论》中著名的“自然生长律”；或用马尔萨斯

的话来说，就是“变量与总量之比总是常数”。在连续情形时，若常数 b 为正数（或离散情形 $a>1$）时，则指标 Q 将随时间以指数速度增长，摩尔定律、马尔萨斯定律和病毒传播等，就属于这种情况；在连续情形时，若常数 b 为负数（或离散情形 $a<1$）时，则指标 Q 也将以指数速度下降，放射性物质的衰变、天灾人祸造成的人口死亡率、计算机病毒成功查杀等，就属于这种情况。

（2）结论 4.1 中强调的“只要时间间隔合适”，并非指采样间隔越密越好，也不是指越稀越好，而是应该使得每个 b_i 相对公平；比如，若想对月饼生产数量进行采样，那么，以月为间隔进行采样就不合理了，因为一年四季中，除了中秋节附近的一段时间，其他时间基本上都不生产月饼，即按农历月采样后将有

$$b_i=0，1\leqslant i\leqslant 12，且\ i\neq 8$$

此时结论 4.1 当然就不可能成立；但是，如果按年为间隔进行采样，所有获得的各 b_i 就公平了，此时结论 4.1 就成立了。总之，如果指标 Q 有某个周期，那么，采样间隔最好要配合该周期；如果 Q 没有明显的周期和剧烈波动，那么，采样间隔就越密越好；当然，真正在现实社会中，采样间隔常常会“搭便车”，比如，借助年度总结或阶段小结等，就可以轻松地获得。

（3）随着大数据时代的发展，数据统计会越来越方便，各 b_i 的获得也就越来越容易，因此结论 4.1 在赛博管理中发挥越来越重要的作用，比如，只需根据任何 3 个相邻的采样点 b_{i-1}、b_i、b_{i+1}，管理者就可轻松算出常数 a，即

$$\frac{b_{i+1}-b_i}{b_i-b_{i-1}}=a$$

从而对今后的趋势做出预测，即

$$b_{i+2}=ab_{i+1}$$

如果担心常数 a 不能长期有效（情况确实会是这样），那么，管理者可以首先根据最近的三次实测量 b_{i-1}、b_i、b_{i+1}，计算出只用一次的常数 a^*，即预测下一时刻的常数为

$$\frac{b_{i+1}-b_i}{b_i-b_{i-1}}=a^*$$

于是预测

$$b_{i+2}=a^*b_{i+1}$$

如此循环往复，便可通过不断优化常数 a，来更加准确地预测下一时刻的指标量 Q。

在过去半个多世纪以来，事实证明摩尔定律的预测相当准确；但是，最近几年的实测数据已经显示，摩尔定律的误差越来越大了。怎么办？有两种思路：

其一，采用结论 4.1 的说明（3）中的技巧，对常数 a（即过去摩尔定律中的（2））进行不断微调；然后用微调后的常数去预测下一个采样点时的指标量，如此往复便能大大改善预测的准确度，而且操作复杂度也基本保持不变。

其二，考虑保留泰勒级数的二次项。为介绍改进摩尔定律的这第二种思路，先归纳已知的、可能导致摩尔定律失效的主要原因：

（1）芯片生产厂的成本大幅度提高，摩尔定律受到了经济因素的制约；

（2）随着硅片上线路密度的增加，其复杂性和差错率也将呈指数增长，即摩尔定律受到了技术因素的制约。

总之，摩尔定律的发展受到了资源的限制，无论是经济资源还是技术资源。其实，针对这些“限制原因”，系统论科学家、社会学家和化学家等，早在摩尔定律诞生前，就已经给出了改进办法！那就是在上面 $f(Q)$ 的泰勒级数中，少丢弃一项，即保留两项，于是便有：

$$\frac{\mathrm{d}Q}{\mathrm{d}t}=aQ+bQ^2$$

根据本书第 2 章第 4 节内容，从该微分方程可得

$$Q(t)=\frac{ace^{at}}{1-bce^{at}}$$

这里 c 是某个常数，由初始条件确定。该赛博系统，就是经典的“资源受限时的人口增长系统”；在社会学中，叫“弗哈尔斯特定律（1938 年）”；在化学中，叫“自动催化反应曲线”；在物理学、生物学、系统论等学科中，也都很常见。其实，它也是资源受限时的任何赛博系统，在一定的时间范围内所遵从的运行规律。管理者显然也可以通过最多不超过 4 个相邻的等间隔采样值，就能够推算出指标量

$$Q(t)=\frac{ac\mathrm{e}^{at}}{1-bc\mathrm{e}^{at}}$$

中的各个参数 a、b、c（具体的算法已有很多，此处就不再复述了），从而给出指标量 Q 的更准确的预测。当然，此时的操作难度略大于第一种思路。

其实，在资源受限的条件下，摩尔定律、马尔萨斯定律、任何人造赛博系统的指标量 $Q(t)$等的“生长情况”，在一定的精确度范围内，都可以用曲线

$$Q(t)=\frac{ac\mathrm{e}^{at}}{1-bc\mathrm{e}^{at}}$$

来逼近，这是一条 S 形曲线，即刚开始时“生长速度”较慢（比如，半导体起步时期）；然后进入第二阶段，以指数速度飞快“生长”（比如，摩尔定律提出后的前 50 年）；最后是第三阶段，“生长速度”将趋于一个固定值（比如，假若今后摩尔定律失效后）。

至此，摩尔定律的本质及其今后的修正问题，就全部解决了。原来，摩尔定律并不神秘，其遵从的规律在赛博世界中其实是非常平淡无奇的，只是过去人们没有努力去发现而已。我们将上述结论归纳为结论 4.2。

结论 4.2（赛博管理的 S−曲线预测法）：对任何一个人造系统（或更一般的，甚至任何赛博系统），若管理者只关注该人造系统的某一个数量指标 Q（该指标也可以是任何指标，比如产量等），那么，在一定的时间内，在一定的误差允许范围内，都成立

$$Q(t)=\frac{ac\mathrm{e}^{at}}{1-bc\mathrm{e}^{at}}$$

其中，参数 c 由初始条件确定，参数 a、b 可由最近的不超过 4 个合理时间点的采样值所确定，从而便可预测下一个时间点的指标量。

关于结论 4.2，我们做以下四点说明：

（1）这里的合理时间点采样，与结论 4.1 类似，不再重复了；

（2）无论采样间隔是否等距离，此时的结果都不再像结论 4.1 那么直观了；

（3）如果采样工作不难，那么，建议管理者利用最近的几个实际采样值，反复计算并一次性使用 a 和 b，这样便可使得下一时刻的指标量预测更准确；

（4）在实际情况下，到底是用结论 4.1 的最简预测法，还是用此处的 S–曲线预测法，管理者可以根据实际情况，在简易性和准确性之间权衡决策。

第 2 节　网络定律回头看

在上一节中，对最著名网络定律中的摩尔定律进行了详细揭秘。一方面指出，摩尔定律的实质与 200 多年前的马尔萨斯定律其实质是一样的（见结论 4.1）；同时也回答了过去大家普遍关心的问题：摩尔定律失效后，将是什么情况（见结论 4.2）。另一方面，指出了类似于摩尔定律这样的规律，在赛博世界中随处可见。许多读者对这里的“随处可见”可能会持怀疑态度，于是在本节中，我们将重新回顾一下已知的所有网络定律，并指出：它们其实都只不过是结论 4.1 的特例而已，它们都没逃出结论 4.1 的“手掌心”。

1. 吉尔德定律

该定律又称为“胜利者浪费定律”，由号称“数字时代三大思想家之一”的乔治·吉尔德提出。

吉尔德定律的大致内容是：在未来 25 年，主干网的带宽每 18 个月增长 3 倍；将来上网的代价也会大幅下降，甚至会免费。

对比结论 4.1，显然吉尔德定律只是一个特例。此时，对主干网带宽来说，采样间隔为 18 个月，a=3 而已，即主干网的带宽增长速度大约为 3^i；对上网代价 Q 来说，吉尔德虽然没有给出量化的结论，但是只要由代价的三个采样点，而推算出相应的 a 值小于 1 的话，那么，代价 Q 将以指数速度迅速逼近 0，即免费。

2. 贝尔定律

该定律由号称“DEC 技术灵魂、小型机之父，最成功的小型机 VAX 的设计师”戈登・贝尔提出。

贝尔定律的大致内容是：如果保持计算机能力不变，每 18 个月微处理器的价格和体积减少一半。其另一版本是：计算机每 10 年产生新一代，其设备或用户数增加 10 倍。

对比结论 4.1，显然贝尔定律也是一个特例。此时，对微处理器的价格和体积来说，采样间隔为 18 个月，a=0.5 且 a<1 而已。提醒一下，由于 a<1，所以，粗看起来，根据结论 4.1，微处理器的价格和体积就应该迅速逼近 0，而这与现实好像并不符合；但是，别忘了，贝尔定律的前提是“如果计算机能力不变”，显然如今计算机能力也在迅速提高，所以才致使价格和体积未逼近于 0；换句话说，这并没有出现矛盾。针对贝尔定律的另一个版本，此时管理者关注的参量是设备或用户数 Q，采样间隔为 10 年，相应地，a 为 10。

3. 反摩尔定律

该定律由 Google 的前 CEO 埃里克・施密特提出。它的大致内容是：一个 IT 公司，如果今天和 18 个月前卖掉同样多的、同样的产品，它的营业额就要降一半。

对比结论 4.1，反摩尔定律也仍然是一个特例。此时，关注的指标量是一个 IT 公司的营业额，采样间隔是 18 个月，相应地，a=0.5 且 a<1；所以，对 IT 公司来说，若不快速进步就会以指数 2^{-i} 的速度死亡（趋于 0）。换句话说，所有的 IT 公司，特别是硬件设备公司，都必须赶上摩尔定律所规定的更新速度，否则就会死掉。比如，曾经引领风骚的 SUN 公司就是典型案例：由于 SUN 无法跟上整个行业的速度，便被 IT 生态链上游的软件公司甲骨文并购了。另一方

面，反摩尔定律使得新兴的小公司，在发展新技术方面，有可能和大公司处在同一起跑线上，甚至可能取代原有的大公司。比如，在通信芯片的设计上，博通和 Marvell 公司就是这方面的例子。

4. 扎克伯格社交分享定律

该定律由 Facebook 创始人扎克伯格于 2011 年提出。它的大致内容是：社交分享信息量以倍数增加，今天分享信息总量是两年前的两倍，从现在开始后的一年，用户所发生的信息分享总量将是今天的两倍。

对比结论 4.1，扎克伯格社交分享定律仍然只是一个特例。只不过此时关注的指标是“社交分享信息量”，采样间隔为 1 年，相应的 a=2，所以社交分享信息量将以指数 2^i 的速度增加。

5. 库梅定律

该定律由斯坦福大学的教授乔纳森•库梅提出。它的内容大致是：每隔 18 个月，相同计算量所需要消耗的能量会减少一半。

对比结论 4.1，库梅定律也只是一个特例。只不过此时关注的是“相同计算所消耗的能量”，采样间隔为 18 个月，相应的 a=0.5，且 a<1，即相同计算所消耗的能量以指数 2^{-i} 的速度迅速减少。但是，由于计算量越来越大，所以，总的能量消耗也是越来越大。换句话说，计算量增大的速度超过了库梅定律。

6. 互联网带宽的尼尔森定律

该定律由尼尔森博士于 1998 年提出，其大致内容是：高端用户带宽将以平均每年 50%的增幅增长，每 21 个月带宽速率将增长一倍。

对比结论 4.1，尼尔森定律也是一个特例。只不过此时关注的是“高端用户带宽”和“带宽速率”而已。前者的采样间隔是 1 年，相应地，a=1.5；后者的采样间隔是 21 个月，相应地，a=2。

7. 库伯定律

该定律由手机发明者库伯提出，其大致内容是：给定的无线电频谱中所包含的最大信息量（频谱效率），每 30 个月就要翻一番。

对比结论 4.1，库伯定律也只是特例。此时，被关注的指标量是“频谱效率”，采样间隔为 30 个月，相应地，a=2 而已。

8. Edholm 带宽定律

该定律的大致内容是：在过去 25 年内，短距离无线通信系统的带宽需求，每隔 18 个月翻一番。

对比结论 4.1，Edholm 带宽定律也只是特例。此时，被关注的指标量是“短距离无线通信系统的带宽需求”，采样间隔为 18 个月，相应地，a=2 而已。

9. 超摩尔定律

摩尔定律不仅适用于对存储器芯片的描述，也可精确说明处理能力和磁盘驱动器存储容量等方面的发展，比如，芯片上的晶体管数量，每 18 个月增加 1 倍；PC 机的存储器容量，每 18 个月增加 1 倍。软件的规模和复杂性的增长速度，甚至超过了摩尔定律，因此称之为“超摩尔定律”。

虽然没人指出“超摩尔定律”，从精确的数量上到底是如何超的，但是很显然，任何人只要能获得三个采样点，就可轻松求出相应的 a，它肯定大于 2（但是我们估计会很接近 2），否则就不能叫“超”了。

10. 新摩尔定律

这是出现在中国 IT 专业媒体上的一种表述，其大致内容是：中国 Internet 联网主机数和上网用户人数的递增速度，大约每半年就翻一番。

对比结论 4.1，新摩尔定律也是一个特例。此时，时间采样间隔为 6 个月，相应地，a=2 而已。

综合以上各种网络定律，不难看出：虽然这些定律的提出者，大都是全球 IT 界的翘楚；但是，这些定律其实都只是本章的结论 4.1 的简单特例而已。换句话说，任何人，哪怕数学水平不高，只要有足够的数据（即能够获得三个采样点值；进入大数据时代后，这将越来越容易），那么他就可以发现众多类似的

“摩尔定律”！因此，各位读者应当多注意，没准今后你会发现并提出比“摩尔定律”更伟大的定律呢！

第 3 节　竞争不变性

在赛博世界，除上节那些定量的定律之外，还有若干定性的定律。其中最著名的可能要算安迪–比尔定律了。该定律的原话只有一句，即“安迪提供什么，比尔就拿走什么（Andy gives，Bill takes away）”；它其实是对 IT 产业中，软件和硬件升级换代关系的一个概括。这儿的“安迪”是指英特尔的前 CEO 安迪・格鲁夫，“比尔”是指微软前任 CEO 比尔・盖茨；该定律的意思是：硬件提高的性能，很快就被软件给消耗掉了。

安迪–比尔定律的更详细含义是：一方面，摩尔定律给计算机用户带来了希望，即若今天的计算机太贵，那 18 个月后就能降价打对折了。如果真是这样的话，计算机的销售量就无法增长了，因为每人只需再多等几个月，就能买到价廉物美的计算机；但事实并非如此，在过去几十年里，世界上 PC（包括个人计算机和小型服务器）的销量迅速增长，远远快于经济的增长速度。那么，是什么动力，在促使人们不断更新自己的硬件呢？另一方面，以微软操作系统等为代表的计算机软件，却越来越慢，也越做越大。所以，当前的计算机虽然比十年前快了上百倍；但是，在运行软件时，感觉上仍然和以前差不多。虽然新的软件功能更强，但是增加的功能与其大小却不成比例；比如，一台十年前的计算机所能安装的程序数量，现在也差不多，虽然硬盘的容量增加了上千倍。更惨的是，如果不更新计算机，现在很多新的软件就不能用了。

这种现象，乍一看好像是软件厂商在故意捣蛋，但是，事实并非如此。其实，类似的情况在人类历史上经常出现，只是被大家莫名其妙地忽略了而已。

比如，在人类历史上，随着技术的不断进步，特别是机械化、自动化、智能化的突飞猛进，一直就有许多“专家”在担心：机器人把人类的“饭碗”抢走后，大批的失业人员咋办？可奇怪的是，从来就没有出现过由此引发的全球性失业潮，反而人类好像越来越累，越来越忙，需要做的事情越来越多。

又比如，仅凭双腿和草鞋，当年徐霞客就游遍了祖国大江南北；现在虽然有了飞机、高铁和汽车，从理论上看，游遍世界易如反掌；可是，就算不考虑写游记，又有几个现代人比徐霞客的游历更丰富呢？

还比如，谁都知道钱能给人带来幸福，因此，直观上推理就应该是：富人比穷人幸福，越富的人越幸福；富国比穷国的幸福指数高，越富的国家就有越高的幸福指数。可是，实际的客观调查结果却大相径庭！这又是怎么回事呢？

那么，包括安迪−比尔定律等在内的上述奇怪案例，是偶然的还是必然的，是个别的还是普遍的，是只能定性的还是也可以量化的？下面就来回答这一问题，并给出意外的结果。

根据本书第 2 章第 4 节，我们已经知道：任何赛博系统都可以用一组微分方程来描述（即当时称为“方程组 1”的那个方程），如果只考虑该赛博系统中的某两个指标量 Q_1 和 Q_2，那么该赛博系统就可表示为

$$\frac{\mathrm{d}Q_1}{\mathrm{d}t}=f_1(Q_1, Q_2)$$

$$\frac{\mathrm{d}Q_2}{\mathrm{d}t}=f_2(Q_1, Q_2)$$

在一定的误差范围内，下面分步对上述两个微分方程进行极端简化。首先，假定这两个指标相互独立，即每个指标随时间的变化，不受另一个指标的影响，于是，相应的赛博系统就可简化为

$$\frac{\mathrm{d}Q_1}{\mathrm{d}t}=f_1(Q_1)$$

$$\frac{\mathrm{d}Q_2}{\mathrm{d}t}=f_2(Q_2)$$

其次，对函数 $f_1(Q_1)$ 和 $f_2(Q_2)$ 进行泰勒级数展开，即

$$f_1(Q_1)=a_1Q_1+a_2Q_1^{\ 2}+a_3Q_1^{\ 3}+\cdots，其中\ a_n=\frac{f_1^{(n)}(0)}{n!}$$

$$f_2(Q_2)=c_1Q_2+c_2Q_2^{\ 2}+c_3Q_2^{\ 3}+\cdots，其中\ c_n=\frac{f_2^{(n)}(0)}{n!}$$

并舍弃级数中的高阶项，仅保留第 1 项（将 a_1 和 c_1 简记为 a 和 c），于是，相应的赛博系统就可近似为

$$\frac{dQ_1}{dt}=aQ_1$$

$$\frac{dQ_2}{dt}=cQ_2$$

那么，求解该微分方程后就有

$$Q_1=k_1e^{at}，Q_2=k_2e^{ct}$$

这里 k_1 和 k_2 是两个常数；或者等价地写为

$$Q_1=gQ_2^{\ b}$$

这里 $b=\frac{a}{c}$ 和 $g=\frac{k_1}{k_2^b}$。那么，就有

$$\frac{dQ_1}{Q_1\ dt}:\frac{dQ_2}{Q_2\ dt}=b$$

用文字解释该公式，便是以下意外的结论。

结论 4.3：在一定的误差和时间范围内，赛博系统的任何两个指标量 Q_1 和 Q_2 的相对增长率（即按原有值的百分率来计算的增长），将保持不变，且为 b。用公式表示出来便是比值

$$\frac{dQ_1}{Q_1\ dt}:\frac{dQ_2}{Q_2\ dt}$$

保持不变，始终为 b；其中

$$\frac{dQ_1}{dt}=aQ_1，\ \frac{dQ_2}{dt}=cQ_2$$

$$Q_1=k_1e^{at}，Q_2=k_2e^{ct}$$

$$b=\frac{a}{c}，\ g=\frac{k_1}{k_2^b}$$

现在重新用结论 4.3 来解释安迪–比尔定律：在 IT 这个赛博系统中，分别考虑硬件价格和软件价格这两个指标量 Q_1 和 Q_2。于是，根据摩尔定律

$$\frac{b_{i+1}-b_i}{b_i-b_{i-1}}=2 \text{ 和 } Q_1=k_1\mathrm{e}^{at}$$

就应该有硬件价格中的相关参数满足

$$\frac{b_{i+1}-b_i}{b_i-b_{i-1}}=2=\frac{k_1\mathrm{e}^{a(t+1)}-k_1\mathrm{e}^{at}}{k_1\mathrm{e}^{at}-k_1\mathrm{e}^{a(t-1)}}=\frac{\mathrm{e}^a-1}{1-\mathrm{e}^{-a}}$$

换句话说，方程

$$\frac{\mathrm{d}Q_1}{\mathrm{d}t}=aQ_1$$

中的 a，应该由方程

$$\frac{\mathrm{e}^a-1}{1-\mathrm{e}^{-a}}=2$$

的正值解来确定。

根据超摩尔定律

$$\frac{b_{i+1}-b_i}{b_i-b_{i-1}}=2+x$$

这里的 $x>0$，就是软件增长比硬件增长快的那部分（由于没有数据支撑，所以我们不知道其准确值）。再根据软件价格方程

$$\frac{\mathrm{d}Q_2}{\mathrm{d}t}=cQ_2 \text{ 和 } Q_2=k_2\mathrm{e}^{ct}$$

就应该有软件价格中的相关参数满足

$$\frac{b_{i+1}-b_i}{b_i-b_{i-1}}=2+x=\frac{k_2\mathrm{e}^{c(t+1)}-k_2\mathrm{e}^{ct}}{k_2\mathrm{e}^{ct}-k_2\mathrm{e}^{c(t-1)}}=\frac{\mathrm{e}^c-1}{1-\mathrm{e}^{-c}}$$

换句话说，方程

$$\frac{\mathrm{d}Q_2}{\mathrm{d}t}=cQ_2$$

中的 c，应该由方程

$$\frac{\mathrm{e}^c-1}{1-\mathrm{e}^{-c}}=2+x$$

的正值解来确定。

比较一下确定 a 和 c 的两个方程

$$\frac{\mathrm{e}^a-1}{1-\mathrm{e}^{-a}}=2$$

和

$$\frac{\mathrm{e}^c-1}{1-\mathrm{e}^{-c}}=2+x$$

不难看出，除将 2 换为 2+x 之外，它们就没差别了，而相应的正值解都在指数上。因此，a 和 c 的差距，将随 x 呈对数速度减少；换句话说，结论 4.3 中的 $b=\frac{a}{c}$ 与 1 的差距将随着 x 的值呈对数速度减少；或者说，从工程角度来看，有理由将 $b=\frac{a}{c}$ 看成约等于 1。因为 $b\approx1$，所以用户几乎感觉不到摩尔定律带来的价格便宜，这便完整地量化解释了安迪−比尔定律。形象地说，这就好像，假若你与周围的环境都在等比例（b=1）地增大或缩小时，你将会感觉不到相应的变化；但是，若你与周围环境变大或缩小的比例不同（$b\neq1$），那么你将会马上感觉到这种变化。

其实，结论 4.3 不仅可以解释安迪−比尔定律，还可以解释前面包括“自动化并未带来失业”“现代人旅游并不强于徐霞客”“富人并不比穷人幸福”等类似的现象。特别是比值 $b=\frac{a}{c}$ 约以对数 $\ln|a-c|$ 的慢速偏离 1 这个事实，就使得人造系统几乎都会以等速（即 b=1）的方式“生长”。其实，这里还有另一个原因，那就是人类的“趋利避害”行为，即只要 b 明显偏离 1，那么某个指标

量就会明显地“有利”或“有害”，于是，大家就会启动“反馈、微调、迭代”的赛博链，并很快重新“达到平衡”，使得 b 逼近 1。其实，前面两节中的所有例子的“生长”规律都大致相同这一事实，也是 $b\approx1$ 的一个旁证；因为，即使相关参数的绝对差值 x 较大，但经过自然对数 $\ln x$ 处理后，差别就变得很小了。

信息安全界或管理界的人士，可能对结论 4.3 会感到非常意外；其实，更意外的是：差不多早在一百年前，在生物界这个结果就已“家喻户晓”了！只不过他们将其称为“异速生长方程”而已；并且至今在形态学、社会学、生物化学、生理学、系统发育学等领域，它仍然还在发挥重要作用。

当然，必须提醒的是，结论 4.1 至 4.3 是在做了许多简化后才得到的结果，因此它一定含有某种误差。不过，幸运的是，在大数据时代里，各种真实数据统计相对容易，而且也比较准确了；所以，管理者可以根据最新的数据，利用前面的结论 4.1 至 4.3，只对下一时刻的相关参数进行预测，并以此推断很近的将来的趋势，于是，误差就会很小，而且也不会有误差的积累，这其实又是一种“反馈、微调、迭代”的赛博链，这再一次表明了：赛博链无处不在。

第 4 节　赛博普适性

如果说前面三节介绍的赛博不变性只是相对的（因为它们只是比值不变，自身的值是会变化的），那么本小节将介绍一个更加出人意料的绝对不变性，也称为普适性。它们揭示了赛博的一些重要普适规律，如果使用得当，将对赛博管理发挥巨大作用。

由第 3 章可知，如果以牺牲一定的精度为代价，那么赛博管理学所涉及的赛博系统，经过工程简化 I 和工程简化 II 后，就变为

$$\frac{\mathrm{d}y}{\mathrm{d}t}=J(y,a)$$

其中，a 是常数。将 y 的函数 $J(y,a)$ 按泰勒级数展开，由本章第 1 节知道，如果舍弃该泰勒级数的所有高次项，只保留 1 次项，那么，该赛博系统的运行规律将满足结论 4.1 和结论 4.3 所显示的相对不变性；当然，此时是误差最大（因为

舍弃最多）的情况。幸好过去半个多世纪以来，摩尔定律的预测准确性已表明：在泰勒级数中即使只保留 1 项，其误差度基本上也是可接受的。

如果既要提高精确度，又要使得理论分析可行，那么就可以保留上述泰勒级数中的前 2 项，即 1 次项和 2 次项，于是，此时的赛博系统就变为

$$\frac{\mathrm{d}y}{\mathrm{d}t}=ay+by^2$$

而结论 4.2 已经给出了它的 S 形曲线变化规律，下面继续揭示它的某些普适不变规律。为了数学分析方便，我们将此时的赛博系统等价地写为

$$\frac{\mathrm{d}y}{\mathrm{d}t}=J(y, a)=ay(1-y)$$

离散形式可写为

$$J(n+1)=aJ(n)[1-J(n)]$$

它显然就是本书第 3 章第 3 节的逻辑斯谛（Logistic）赛博链，不过此处重点介绍它的普适性。

为了读者阅读方便，首先归纳和回顾第 3 章中的某些概念。设 $x_0\in I$ 是区间自映射 $f: I\rightarrow I$ 的不动点，即

$$f(x_0)=x_0$$

当 f 导数的绝对值

$$|f'(x_0)|<1\text{（或}>1\text{）}$$

时，x_0 是稳定的（或不稳定的）不动点；此时在 f 迭代的作用下，x_0 将吸引（或排斥）它附近的点，此时称 x_0 是双曲的，在它的附近 f 是结构稳定的，不会出现分叉。分叉现象将出现在非双曲的情形，即

$$|f'(x_0)|=1$$

上述情况，对一般的周期点也类似。

考虑二次映射函数族

$$J(y, a)=ay(1-y)$$

在区间 $I=[0, 1]$上的迭代，即简写为

$$y_{n+1}=ay_n(1-y_n)$$

其中，$a\in[0, 4]$为参数。$J(y, a)$有两个不动点

$$b_1=0$$

和

$$b_2=1-\frac{1}{a}$$

由于

$$J'(y^*)=a(1-2y^*)$$

所以知道：

当 $a<1$ 时，只有一个稳定的不动点 $b_1=0$；

当 $1<a<3$ 时，b_1 变成不稳定的不动点，而 b_2 成为了稳定不动点；

当 $a>3$ 时，b_2 变为不稳定不动点，同时，方程

$$y=J(J(y))=aay(1-y)[1-ay(1-y)]$$

有两个解：

$$b_+=\frac{1+a+\sqrt{(a+1)(a-3)}}{2a}$$

和

$$b_-=\frac{1+a-\sqrt{(a+1)(a-3)}}{2a}$$

也就是说，出现两个 2−周期点（即周期为 2 的点）b_+和 b_-；并且，当 $a<1+\sqrt{6}$时，b_+和 b_-都是稳定的周期点。

如此继续进行数值运算，将发现如下规律：1–周期点（不动点）失稳后（即从稳定点变为不稳定点后），将出现 2 个稳定的 2–周期点；每个 2–周期点失稳后，又会出现 2 个稳定的 4–周期点；每个 4–周期点失稳后，再出现 2 个稳定的 8–周期点；……；这种现象称为倍周期分叉。每次产生这种“突变”的参数临界值，就叫作分叉点；例如，此例的二次函数中，一分为二（1–周期分为 2–周期）的分叉点就是 $a_1=3$；二分为四（2–周期分为 4–周期）的分叉点就是

$$a_2=1+\sqrt{6}\approx 3.449\cdots$$

等。这些分叉点的序列$\{a_k\}$由下面的关系确定：

$$J^{K(k)}(y^*, a_k)=y^*,\quad \frac{\mathrm{d}J^{K(k)}(y^*, a_k)}{\mathrm{d}y}=-1$$

这里 $K(k)=2^{k-1}$。

我们之所以更加关心稳定周期点，是因为这样的点是可被观测的，而且美国物理学家费根鲍姆在 1978 年还发现了以下非常重要的现象。

结论 4.4（费根鲍姆定理）：

（1）上述的序列$\{a_k\}$是收敛的，并且

$$\lim_{k\to\infty} a_k=a_\infty=3.569945672\cdots$$

（2）$\dfrac{a_k-a_{k-1}}{a_{k+1}-a_k}$收敛，并且

$$\lim_{k\to\infty}\frac{a_k-a_{k-1}}{a_{k+1}-a_k}=\delta=4.669201609\cdots$$

注意：此处的比$\dfrac{a_k-a_{k-1}}{a_{k+1}-a_k}$与摩尔定律中的比很相似，只是分子和分母颠倒而已；为了形象计，将它称为摩尔比。

可见当参数 a 小于

$$a_\infty=3.569945672\cdots$$

但又在不断增大时，区间自映射族在不断产生倍周期分叉；然而，当参数 a 大于

$$a_\infty=3.569945672\cdots$$

时，系统将出现混沌现象。结论 4.4 的这两个常数，具有很好的普适性；尤其是 δ（称为费根鲍姆常数）的普适性更高，它与区间上光滑自映射族的具体形式无关，比如，它对二次单峰函数族仍然有效。

定义 4.1：函数 f: $[a, b]\to[a, b]$称为单峰函数，若 f 有唯一的极大值（或极小值）点 $c\in[a, b]$，且 f 在(a, c)和(c, b)上严格单调。

于是便有以下的结构普适性：

设 $J(y, a)$是一族单峰二次函数，即对每个参数 a，函数 $J(y, a)$都是二次单峰函数，比如

$$J(y, a)=ay(1-y)$$

就是二次单峰函数族的特例。记 a_k 为第 k 次倍周期分叉点所对应的参数值。那么，与结论 4.4 类似，此时仍然成立：

（1）序列$\{a_k\}$是收敛的，并且

$$\lim_{k\to\infty} a_k=a_\infty=3.569945672\cdots$$

（2）摩尔比$\dfrac{a_k-a_{k-1}}{a_{k+1}-a_k}$收敛，并且

$$\lim_{k\to\infty}\frac{a_k-a_{k-1}}{a_{k+1}-a_k}=\delta=4.669201609\cdots$$

从本章第 1 节和第 2 节我们已经知道，包括众多的所谓摩尔定律、吉尔德定律、贝尔定律、反摩尔定律、扎克伯格社交分享定律、库梅定律、互联网带宽的尼尔森定律、库伯定律、Edholm 带宽定律、超摩尔定律、新摩尔定律等，它们其实都是一族最简单的映射

$$\frac{dy}{dt}=ay$$

只不过相应的参数 a 略有差别而已。

类似地，如果对赛博链

$$\frac{dy}{dt}=J(y)$$

中的泰勒级数只保留前 2 项，那么，就会得到一族二次映射

$$\frac{dy}{dt}=ay(1-y)$$

所生成的规律。相信今后只要大家多注意，在网络世界中就一定会涌现出更多的、精确度比摩尔定律高的、用二次映射

$$\frac{dy}{dt}=ay(1-y)$$

展现出来的规律。甚至可以预言，互联网世界中的每个人造“指标量”，在一定的时间范围内，在一定的精确度之下，都可用某个映射

$$\frac{dy}{dt}=ay(1-y)$$

来逼近，从而使得相应的管理预测变得非常容易。其实，只需要很少几个采样点数值就行了。而费根鲍姆定理的重要价值在于，赛博管理中千奇百怪的二次映射族的分叉点，可能是相当固定的，即

$$a_{\infty}=3.569945672\cdots$$

并且，这些分叉点的摩尔比例也几乎是常数，即

$$\delta=4.669201609\cdots$$

再来看看另一种不变性，即标度不变性。

考虑一般的单峰映射族 $J(y, a)$，在其递归

$$J^{n+1}(y, a)=J(J^{n}(y, a), a)$$

的分叉图中，存在着明显的无限嵌套自相似几何结构，其示意图如 4-1 所示。这种嵌套，可以形象地比喻为洋葱头的结构：一层包着一层，里面的形状和外面的基本相同；也可用俄罗斯套娃来比喻。更准确地说，这种无限嵌套的自相似几何结构表明：从 1–周期点的失稳到 2–周期点失稳，以至随后出现的 4–周期点失稳，8–周期点失稳，…，$2n$–周期点失稳，$3m2n$–周期点失稳，$5m2n$–周期点失稳，…序列每一次都经历了一个分叉，而分叉前后的几何图像又很相似。形象地说，分叉后的细节被放大 α 倍后，看到的几何图像与原来未分叉前的图像是一样的。这相当于只是变动了一下“测量尺子”的精度而已。这种现象称为标度不变性，而这个放大倍数“α”就是标度变化因子。费根鲍姆发现，这个 α 竟然是一个常数，即

$$\alpha=2.502907875$$

它并不依赖于映射 $J(y, a)$的具体形式，而只与 $J(y, a)$的单峰性有关；这种只与图像整体形状有关的普适性，称为“拓扑普适性”。

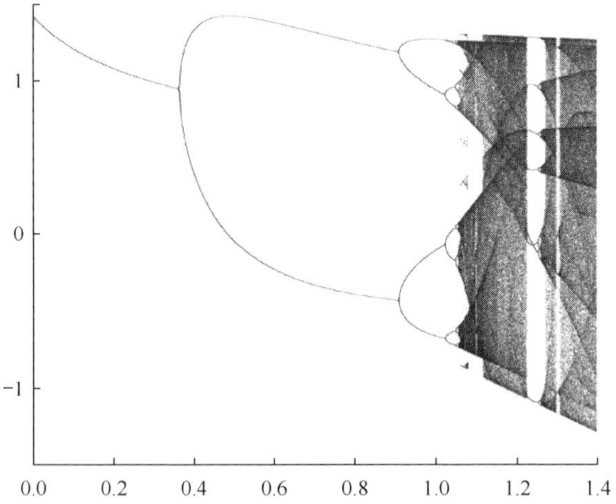

图 4-1　无限嵌套自相似几何结构示意图

第5章 赛博预测

在本书第 1 章开篇，介绍了管理的 12 种定义。其中，第 3 个定义就认为："管理就是决策，管理过程就是决策过程。"而决策的基础却是预测，因此，精确的预测是管理成功的核心。比如，从第 4 章的结论 4.1 和结论 4.2 中可知，在一定时间范围内，在一定的误差度之下，人造系统的任何一个指标量，都可以用"生长系统"（或"资源受限生长系统"）来预测，即

$$\frac{\mathrm{d}y}{\mathrm{d}t}=ay \text{ 或 } \frac{\mathrm{d}y}{\mathrm{d}t}=ay(1-y)$$

于是，全球应用软件的数量也可用"生长系统"（或"资源受限生长系统"）来预测，即应用软件的数量将以指数（或 S 曲线）速度增长；而且每款应用软件的用户数，也是一个"资源受限生长系统"（因为全球人数总是有限的），其值也将以 S 曲线的速度增长。而严格地说，每个用户使用每款应用软件时，相应的口令都应该互不相同；换句话说，全球所需的不同口令个数，也将以指数（或 S 曲线）速度增长。另外，由于全球人口数量基本上是不变的（虽然略有增长），所以，如果大家都严格遵守口令规则的话，那么，每个人必须记忆的口令个数，也将呈指数（或 S 曲线）速度增长。可惜每个人能够精准记住的口令个数，显然是有限的。因此，我们便可以提前做出决策：为了确保网络信息安全，要么对目前身份认证的口令方法进行实质性改进，要么将其淘汰！提醒一

下，目前对网络用户来说，所需口令个数之所以还没出现指数爆发式的崩溃，那是因为：

（1）口令个数的增长还处于“起步期”，比如，S 曲线的缓慢增长阶段，但是，一旦跨过“起步期”，指数爆发就不可避免了；

（2）绝大部分用户，都在违规使用口令，比如，在多个应用软件中使用同一个口令，或使用弱口令等（因此，才造成了“如今，几乎一半的信息安全事件都因口令而起”的严重后果）。

在静态管理学中，“预测”也扮演了非常重要的角色；不过，由于那时的赛博意识不够强（能获得的数据不够多，所以赛博现象不太明显），所以，许多预测方法都显得过于繁杂，甚至还走了不少弯路，比如，花费了不少精力去“构造模型”，而其实模型早就是现成的，即赛博链。为了便于比较和更深刻地理解赛博管理学，本章首先对静态管理中的常见预测法进行归纳，而且还意外发现，过去静态管理中的几乎所有预测方法，其实都是最简单、最粗略的赛博预测特例；然后再介绍赛博系统的其他预测理论和技巧。

第 1 节　静态管理的预测

预测就是对事物的演化预先做出估计，比如，在同一时期，根据已知事物，推测未知事物；根据某一事物的历史和现状，推测其未来，即对事物的未来演化预先做出推测等。常见的预测包括社会预测、人口预测、经济预测、政治预测、科技预测、军事预测、气象预测等。

凡事预则立，不预则废。虽然预测并非一定都是准确的，但是静态管理学认为：历史是连续的，过去、现在和未来都是有规律可循的，预测者就是既立足于过去和现在，同时又使用某种逻辑结构与未来进行联系，以达到预测未来的目的。**预先提醒**：静态管理学的这种“历史连续观”虽然正确，但还不够深入；其实，赛博管理学将更进一步地认为：历史不仅仅是连续的，而且还是赛博式的，即满足

$$\frac{\mathrm{d}y}{\mathrm{d}t}=J(y, w)$$

或

$$y(n+1)=J(y(n), w(n))$$

的“反馈+微调+迭代”模式。静态管理的预测，主要基于三种途径：

一是因果分析，通过研究事物的形成原因，来预测事物未来发展变化的必然结果。

二是类比分析，比如，把正在发展中的事物，同历史上的同类事物相类比，把单项技术的发展，同生物的增长相类比等。通过类比分折，来预测事物的未来发展。**提醒：**静态管理者只局限于“将单项技术的发展，同生物的增长相类比”，却未意识到，其实这根本就不是“类比”，而是像第 4 章中讨论的摩尔定律一样，它本来就是所有赛博系统都会共同遵守的、最粗糙的规律

$$\frac{\mathrm{d}y}{\mathrm{d}t}=ay$$

因为在其泰勒展开式中，只保留了最低的线性项，其他高次项均被略去而已。

三是统计分析，运用一系列数学方法，通过对事物过去和现在的数据资料进行分析，去伪存真，由表及里，挖掘历史数据背后的必然规律，明确未来的发展趋势。

静态管理中的预测种类非常多，比如，按照预测的范围或层次，可分为宏观预测和微观预测；按预测的时间长短，可分为长期预测、中期预测、短期预测和近期预测；按预测方法的性质，可分为定性预测和定量预测；按预测时是否考虑时间因素，可分为静态预测和动态预测（**提醒：**这里的“动态”与赛博管理的“动态”，显然不是一个数量级，它只是很缓慢的“动态”而已）。静态管理中的预测程序，可分为六步：

第一步，明确预测任务，制订预测计划。

第二步，收集、审核和整理资料。

第三步，选择预测方法和建立数学模型。这一步是静态管理预测的关键，但是，由于过去的静态管理学者们并未明确意识到：最有效的数学模型，其实就是赛博链

$$\frac{dy}{dt}=J(y, w)\text{或 }y(n+1)=J(y(n), w(n))$$

所以，走了不少弯路。

第四步，检验模型，进行预测。

第五步，分析预测误差，评价预测结果。

第六步，向决策者提交预测报告。

顺便说一句，不难看出，静态管理的预测程序，其实也是一个赛博过程。

过去数十年来的实践结果已表明：静态管理的各种定性或定量预测方法，还是相当有效的；当然，其前提条件是，管理目标和被管理者，都处于不动或慢速变化的状态。因此，下面介绍静态管理中常用的三大类（共 10 种）定量预测方法，即回归分析预测法、时间序列平滑预测法、趋势外推法等[10]；同时再用赛博管理的思路来对它们重新诠释；这样不但可以加强赛博链的意识，而且还有助于理解本章后面的一般赛博预测。

1. 回归分析预测法

静态管理学者发现，在现实经济现象之间，客观存在着各种各样的有机联系，一种经济现象的存在和发展变化，必然受到与之相联系的其他现象的存在和发展变化的制约与影响。回归分析预测方法，就是从各种经济现象之间的相互关系出发，通过分析那些与预测对象有联系的现象变动趋势，来推算预测对象未来状态的数量。更严谨地说，回归分析预测法是研究自变量与因变量之间关系的分析方法，它根据已知的自变量，来估计和预测因变量；例如，由于农作物产量与施肥量、降雨量和气温等密切相关，因此，便可利用这种依存关系，在已知施肥量、降雨量和气温的条件下，预测农作物的产量等。

变量之间的关系，主要有两类：

（1）函数关系，即对某变量 y 的每个数值，都有另一变量 x 的确定值与之对应，$y=f(x)$；此时的所谓预测，其实只需要计算函数值就行了，关键就是要找到这个函数关系。

（2）相关关系，它反映了客观事物之间的非严格、不确定的依存关系，即一个变量的数值变化后，将影响另一变量的数值；当然，这种依存关系具有某种随机性，即给定自变量的值，因变量将有若干个数值与之对应，并且因变量总是遵循一定的规律，围绕这些数值的平均值上下波动，这是因为“影响因变量发生变化的因素不止一个”。

如果已经确认某些自变量与待预测的因变量之间存在密切的关联关系，那么，便可借助回归分析预测方法，利用自变量的当前值和过去值，来预测因变量的未来值。当然，回归分析的种类很多，比如，根据自变量的多少，可分为一元回归（1 个自变量）和多元回归（多个自变量）；根据回归的形式是否线性，可分为线性回归和非性回归，前者的因变量与自变量之间呈线性关系，后者的因变量与自变量之间呈非线性关系；根据回归是否带有虚拟变量，可分为普通回归和带有虚拟变量的回归，前者的自变量都是数值变量，后者的自变量既有数值变量又有品质变量；根据回归是否用滞后的因变量当作自变量，回归又可分为无自回归现象的回归和自回归；等等。

为了突出重点，我们只介绍最简单的一元线性回归，此时，将根据自变量 x 来预测与之线性相关的因变量 y，即

$$y_i= a+bx_i+\varepsilon_i,\quad i=1, 2, \cdots, n$$

此处，自变量 x 代表影响因素，是可控或可知的；ε 表示各种随机因素对 y 的影响总和，根据概率论中的“中心极限定理”，可以认为它服从正态分布，即 ε 服从 $N(0, \sigma^2)$；因变量 y 就是待预测的目标，由于受到多种随机因素的影响，它将是一个以回归直线上的对应值为中心的正态随机变量，即 y 服从 $N(a+bx, \sigma^2)$。设

$$Y_i=a+bx_i,\quad i=1, 2, \cdots, n$$

为一组由观察值(x_i, y_i)得到的回归方程，这里 Y_i 为 y_i 的估计值，对每个自变量

x_i，都可得到一个估计值

$$Y_i=a+bx_i$$

而 a 和 b 为回归系数，并且按最小二乘法的思想，即在条件

$$\sum(y_i-Y_i)^2=\min\text{（最小）和}\sum(y_i-Y_i)=0$$

之下，求得回归系数 a 和 b 的估计值 A 和 B 分别为（计算细节可参考《管理预测与决策方法》[10]的第 3 章第 2 节）

$$B=\frac{n\sum x_iy_i-\sum x_i\sum y_i}{n\sum x_i^2-(\sum x_i)^2}$$

和

$$A=\frac{\sum y_i-B\sum x_i}{n}$$

在静态管理中，人们曾花费了大量的精力，来判断并选取与因变量 y 强相关的自变量 x，因为它是此种预测是否有效的关键（为突出重点，此处不赘述细节）；但是，如果从赛博管理角度来重新考察该回归预测的话，将会发现一个有趣的事实：此处的线性回归预测，其实与本书第 4 章中结论 4.1 的“赛博管理最简预测法”非常相似。为了说明这一点，可以将上述的线性回归重新写为

$$Y_i=A+Bx_i,\ i=1, 2, \cdots, n$$

如果过去的估计值 $Y_1, Y_2, \cdots, Y_n$ 都已经被计算出来了，那么，与因变量 y 最强相关的“自变量”，当然就是$\{Y_1, Y_2, \cdots, Y_n\}$了！因此，就可以用 $Y_1, Y_2, \cdots, Y_n$ 去代替上面线性回归中的强相关自变量 $x_1, x_2, \cdots, x_n$，而且利用最近的 Y_n，通过 $A+BY_n$ 去代替 Y_{n+1}，于是便有

$$Y_{n+1}=A+BY_n$$

这显然就是结论 4.1 中的“赛博管理最简预测法”，即只需利用公式

$$\frac{Y_{n+1}-Y_n}{Y_n-Y_{n-1}}=a\text{（}a\text{ 为常数）}$$

进行逐步递推，就能从最初的 3 个预测点（比如，Y_0、Y_1、Y_2），推导出所有其他预测点。当然，这里的预测过程，也是一个“反馈+微调+迭代”的赛博过程，即利用刚刚过去的 3 个真实值（或评估后满意的预测值）y_n、y_{n-1}、y_{n-2}，再利用公式

$$\frac{Y_{n+1}-y_n}{y_n-y_{n-1}}=\frac{y_n-y_{n-1}}{y_{n-1}-y_{n-2}}$$

来预测未来的第 1 个预测点的值 Y_{n+1}。

上面的讨论虽然只限于一元线性回归，其实，对多元线性回归，情况也类似；只不过是在赛博系统的多个指标量的泰勒展开式中，仅仅保留线性项而已，即所有的高次项都从泰勒展开式中忽略掉了。

2．时间序列平滑预测法

时间序列平滑预测法，是将预测目标的历史数据，按时间排列成序列；然后分析它随时间的变化趋势，外推预测目标的未来值。常见的时间序列平滑预测法有：简单移动平均法、加权移动平均法、趋势移动平均法、指数平滑法、差分指数平滑法、自适应滤波法等。下面逐一介绍，并用赛博思路来对它们重新诠释。

1）简单移动平均法

设时间序列为 $y_1, y_2, \cdots, y_n, \cdots$；简单移动平均法的公式为

$$M_n=\frac{y_n+y_{n-1}+\cdots+y_{n-N+1}}{N}，\ n\geqslant N$$

式中，M_n 为 n 时刻的移动平均数；N 为移动平均的项数。即当 n 向前移动一个时刻，就会增加一个新数据并去掉一个远期的数据，还会得到一个新的平均数。此时的预测公式为

$$Y_{n+1}=M_n，\ n=N, N+1, \cdots$$

现在重新以赛博管理的角度来看此处的“简单移动平均法”。由于有

$$M_{n-1} = \frac{y_{n-1} + y_{n-2} + \cdots + y_{n-N}}{N}$$

所以有

$$M_n = \frac{y_n}{N} + \frac{y_{n-1} + y_{n-2} + \cdots + y_{n-N}}{N} - \frac{y_{n-N}}{N}$$

即

$$M_n = M_{n-1} + \frac{y_n - y_{n-N}}{N}$$

或等价于

$$Y_{n+1} - Y_n = \frac{y_n - y_{n-N}}{N}$$

于是便有

$$\frac{Y_{n+1} - Y_n}{Y_n - Y_{n-1}} : \frac{y_n - y_{n-N}}{y_{n-1} - y_{n-N-1}} = 1$$

即结果为常数。

与上一章的结论 4.3 相比较，不难发现，原来在“简单移动平均法”中，赛博链 y_i 和 Y_i 竟然是两个等速生长系统，即可以看成两个同类赛博系统

$$\frac{\mathrm{d}y}{\mathrm{d}t} = ay$$

只不过初始状态不同而已。因此，如果能够用某个线性赛博系统去很好地逼近时间序列 y_i，那么，此处所谓的“简单移动平均法”其实就是结论 4.1 中的“赛博管理最简预测法”，只不过进行适当的移位而已。

2）加权移动平均法

设时间序列为 $y_1, y_2, \cdots, y_n, \cdots$；加权移动平均法的公式为

$$M_{nw} = \frac{w_1 y_n + w_2 y_{n-1} + \cdots + w_N y_{n-N+1}}{w_1 + w_2 + \cdots + w_N}, \quad n \geqslant N$$

式中，M_{nw} 为 n 时刻的加权移动平均数；w_N 为 y_{n-N+1} 的权值，它体现了相应的 y_{n-N+1} 在加权平均数中的重要性。利用加权移动平均数来做预测时，其预测公式为

$$Y_{n+1}=M_{nw}$$

现在重新以赛博管理的角度来看此处的“加权移动平均法”。与前面类似，若记

$$W=w_1+w_2+\cdots+w_N$$

则可以验证

$$Y_{n+1}-Y_n=\frac{w_1(y_n-y_{n-1})+w_2(y_{n-1}-y_{n-2})+\cdots+w_N(y_{n-N+1}-y_{n-N})}{W}$$

如果时间序列 y_i 可以用某个生长系统

$$\frac{\mathrm{d}y}{\mathrm{d}t}=ay$$

来逼近，那么，根据结论 4.1 就有

$$\frac{y_m-y_{m-1}}{y_{m-1}-y_{m-2}}=b\text{（}b\text{ 为常数）}$$

于是便有

$$Y_{n+1}-Y_n=\frac{(y_{n-N+1}-y_{n-N})[b^{N-1}w_1+b^{N-2}w_2+\cdots+bw_{N-1}+w_N]}{W}$$

换句话说，此时成立

$$\frac{Y_{n+1}-Y_n}{y_{n-N+1}-y_{n-N}}=\frac{b^{N-1}w_1+b^{N-2}w_2+\cdots+bw_{N-1}+w_N}{W}=c\text{（}c\text{ 为常数）}$$

即

$$\frac{Y_{n+1}-Y_n}{Y_n-Y_{n-1}}:\frac{y_{n-N+1}-y_{n-N}}{y_{n-N}-y_{n-N-1}}=1$$

也就是说，结果是常数。

因此，与本书第 4 章的结论 4.3 相比较，仍然不难发现，原来在“加权平均移动法”中，赛博链 y_i 和 Y_i 竟然也是两个等速生长系统，即可以看成两个同类的赛博系统

$$\frac{\mathrm{d}y}{\mathrm{d}t}=ay$$

如果能够用某个线性赛博系统去很好地逼近时间序列 y_i，那么，此处所谓的“加权移动平均法”其实就是本书结论 4.1 中的“赛博管理最简预测法”，只不过进行适当的移位而已。此外，这里还揭示了另一个意外结果：表面上看，“加权移动平均法”好像应该比前面的“简单移动平均法”准确一些，而且也要复杂一些；但是，事实却并非如此，这两种移动平均法并无实质性的区别。换句话说，当 y_i 是生长系统时，过去若干年来，静态管理专家们采用“加权移动平均法”所付出的计算复杂度，全都白费了。

3）趋势移动平均法

该方法利用移动平均滞后偏差的规律，来建立直线趋势的预测。具体来说，记 y_i 的一次移动平均数为

$$M_n^{(1)}=\frac{y_n+y_{n-1}+\cdots+y_{n-N+1}}{N}$$

在这一次移动平均的基础上，再进行一次移动平均，便得到了二次移动平均 $M_n^{(2)}$，即

$$M_n^{(2)}=\frac{M_n^{(1)}+M_{n-1}^{(1)}+\cdots+M_{n-N+1}^{(1)}}{N}$$

设时间序列$\{y_i\}$从某时刻 t 开始，具有直线趋势，且认为未来时刻也按此直线趋势变化，则可设此直线趋势预测模型为

$$Y_{t+n}=a_t+b_tn，n=1, 2,\cdots$$

其中，t 为当前的时刻，n 为由 t 至预测期的时刻。a_t 和 b_t 称为平滑系数，它们

的值，可由移动平均值来确定（具体计算过程可参见《管理预测与决策方法》[10]中的第 4 章第 2 节），即

$$a_t = 2M_t^{(1)} - M_t^{(2)} ,\quad b_t=2\frac{M_t^{(1)} - M_t^{(2)}}{N-1}$$

现在若重新以赛博管理的角度来看此处的“趋势移动平均法”，情况就更简单：既然 y 将以直线趋势发展，那么它其实就是一个最简单的赛博系统，即由

$$\frac{\mathrm{d}y}{\mathrm{d}t}=c$$

（这里的 c 是某个常数）确定的赛博系统，因此，只需要由它过去最近的两个点的取值，比如，$y(x_1)$和 $y(x_2)$给出未来最近时刻 x_3 的预测值

$$Y=a+bx_3$$

就行了，其中

$$b=\frac{y(x_1)-y(x_2)}{x_1-x_2} ,\quad a=y(x_1)-bx_1$$

4）指数平滑法

指数平滑法根据平滑次数的不同，又分为一次指数平滑法、二次指数平滑法和三次指数平滑法等。具体来说，设时间序列为 $y_1, y_2,\cdots, y_n,\cdots$，那么，一次指数平滑公式就为

$$S_n^{(1)}=ay_n+(1-a)\,S_{n-1}^{(1)}$$

式中，$S_n^{(1)}$ 为一次指数平滑值；a 为加权系数，它是满足 $0<a<1$ 的常数。一次指数平滑法就是以 n 时刻的指数平滑值，作为 $n+1$ 时刻的预测值，即

$$Y_{n+1}= S_n^{(1)}$$

在进行指数平滑时，加权系数 a 的选择很重要，a 的大小决定了在新预测值中，新数据和原预测值所占的比重。a 值越大，新数据所占的比重就越大，原预测值所占的比重就越小；反之亦然。虽无选择 a 值的量化方法，但却有两

条可遵循的原则：

（1）如果时间序列波动不大，比较平稳，则 a 应取小一点，比如 0.1 到 0.3，以减少修正幅度，使预测模型能包含较长时间序列的信息；

（2）如果时间序列具有迅速明显的变动倾向，则 a 应取大一点，比如 0.6 到 0.8，以使预测模型灵敏度高一些，以便迅速跟上数据的变化。当然，在实际应用中，常常多取几个 a 值进行试算，并选择其中预测误差较小的那个 a 值。

二次指数平滑是对一次指数平滑的修正，其计算公式为

$$S_n^{(1)}=ay_n+(1-a)\,S_{n-1}^{(1)}$$

$$S_n^{(2)}=a\,S_n^{(1)}+(1-a)\,S_{n-1}^{(2)}$$

式中，$S_n^{(1)}$ 为一次指数平滑值；$S_n^{(2)}$ 为二次指数平滑值。当时间序列 $\{y_i\}$，从某时刻 t 开始具有直线趋势时，类似于趋势移动平均法，可用直线趋势模型来进行预测，即

$$Y_{t+n}=a_t+b_tn,\quad n=1, 2,\cdots$$

其中

$$a_t=2S_t^{(1)}-S_t^{(2)}\text{ 和 }b_t=a\frac{S_t^{(1)}-S_t^{(2)}}{1-a}$$

三次指数平滑又是对二次指数平滑的修正。当时间序列的变动，从某时刻 t 开始表现为二次曲线趋势时，便可用三次指数平滑法。它的计算公式为

$$S_n^{(1)}=ay_n+(1-a)\,S_{n-1}^{(1)}$$

$$S_n^{(2)}=a\,S_n^{(1)}+(1-a)\,S_{n-1}^{(2)}$$

$$S_n^{(3)}=a\,S_n^{(2)}+(1-a)\,S_{n-1}^{(3)}$$

式中，$S_n^{(3)}$ 为三次指数平滑值。三次指数平滑法的预测模型为

$$Y_{t+n}=a_t+b_tn+c_tn^2$$

此处公式中

$$a_t = 3S_t^{(1)} - 3S_t^{(2)} + S_t^{(3)}$$

$$b_t = a\frac{(6-5a)S_t^{(1)} - 2(5-4a)S_t^{(2)} + (4-3a)S_t^{(3)}}{2(1-a)^2}$$

$$c_t = a^2\frac{S_t^{(1)} - 2S_t^{(2)} + S_t^{(3)}}{2(1-a)^2}$$

现在从赛博管理的角度，分别来考察上面的指数平滑预测法。

在一次指数平滑预测中，由于

$$S_n^{(1)} = ay_n + (1-a)\,S_{n-1}^{(1)}$$

故由递归计算可知：

$$S_n^{(1)} = a\sum_{j=0}^{n-1}(1-a)^j y_{n-j} + (1-a)^n S_0^{(1)}$$

由于 $0<a<1$，所以当 n 趋向于无穷大时，$(1-a)^n$ 就趋向于 0，于是上面的这个公式便可简记为

$$S_n^{(1)} = a\sum_{j=0}^{\infty}(1-a)^j y_{n-j}$$

由此可见，$S_n^{(1)}$ 实际上是

$$y_n, y_{n-1}, \cdots, y_{n-j}, \cdots$$

的加权平均，其加权系数分别为

$$a, a(1-a), a(1-a)^2, \cdots$$

按几何级数衰减。越近的数据，权值越大；越远的数据，权值越小；且权值之和为 1。换句话说，一次指数平滑法，也就是前面已经分析过的“加权移动平均法”；所以，赛博链 y_i 和 Y_i 竟然也是两个等速生长系统，即可以看成同类赛博系统

$$\frac{\mathrm{d}y}{\mathrm{d}t} = ay$$

同时，如果能够用某个线性赛博系统去很好地逼近时间序列 y_i，那么，此处所谓的“一次指数平滑法”其实就是本书结论 4.1 中的“赛博管理最简预测法”。

由于二次指数的平滑预测，适用于线性趋势的时间序列$\{y_i\}$（从某时刻 t 开始），所以，前面已经指出过，这其实就是最简单的赛博系统

$$\frac{\mathrm{d}y}{\mathrm{d}t}=c\text{（}c\text{ 为常数）}$$

的预测问题。

由于三次指数平滑预测，适用于二次曲线趋势的时间序列（从某时刻 t 开始），所以，这其实就是线性赛博系统

$$\frac{\mathrm{d}y}{\mathrm{d}t}=ay+b$$

的预测问题；此时它也是一个“生长系统”，这在本书结论 4.1 中已经深入讨论过了，此处不再重复。

总之，无论是一次、二次还是三次指数平滑法，它们其实都是最简单的赛博系统（$\frac{\mathrm{d}y}{\mathrm{d}t}=f(y)$，$f(y)$要么为常数，要么是线性函数）的预测而已。

5）差分指数平滑法

差分指数平滑法，主要包含一次差分指数平滑法和二次差分指数平滑法。

当时间序列$\{y_i\}$呈直线增加时，可运用一次差分指数平滑法来预测。其公式为

$$\Delta y_n=y_n-y_{n-1}$$

$$\Delta Y_{n+1}=a\Delta y_n+(1-a)\Delta Y_n$$

$$Y_{n+1}=\Delta Y_{n+1}+y_n$$

此处 Δ 是差分的符号，Y_n 表示 y_n 的估计值，ΔY_n 表示 Δy_n 的估计值。

当时间序列$\{y_i\}$呈现二次曲线增长时，可用二阶差分指数平滑法来预测，其计算公式为

$$\Delta y_n=y_n-y_{n-1}$$

$$\Delta^2 y_n=\Delta y_n-\Delta y_{n-1}$$

$$\Delta^2 Y_{n+1}=a^2\Delta y_n+(1-a)\Delta^2 Y_n$$

$$Y_{n+1}=\Delta^2 Y_{n+1}+\Delta y_n+y_n$$

Δ^2是二阶差分符号，$\Delta^2 y_n$和$\Delta^2 Y_n$分别表示二阶差分和二阶差分的估计值。

如果从赛博预测的角度出发，那么将发现：

由于一次差分指数平滑预测，适用于线性趋势的时间序列$\{y_i\}$（从某时刻t开始），所以，前面已经指出过，这其实就是最简单的赛博系统

$$\frac{\mathrm{d}y}{\mathrm{d}t}=c\text{（}c\text{ 为常数）}$$

的预测问题。

由于二次差分指数平滑预测，适用于二次曲线趋势的时间序列（从某时刻t开始），所以，这其实就是线性赛博系统

$$\frac{\mathrm{d}y}{\mathrm{d}t}=ay+b$$

的预测问题；此时它也是一个“生长系统”，这在本书结论 4.1 中已经深入讨论过了，此处不再重复。

总之，无论是一次还是二次差分指数平滑预测法，它们其实都是最简单的赛博系统（$\frac{\mathrm{d}y}{\mathrm{d}t}=f(y)$，$f(y)$要么为常数，要么是线性函数）的预测。

6）自适应滤波法

自适应滤波法也是利用时间序列的历史观测值，进行某种加权平均来做预测；它要寻找一组“最佳”的权值，其办法就是：先用一组给定的权值来计算

一个预测值，然后计算预测误差，再根据预测误差调整权值以减少误差。如此反复，直至找出一组“最佳”权值，使误差减少到最低限度（**提醒一下**：显然，寻找“最佳”权值的过程，也是一个“反馈+微调+迭代”的赛博过程）。

自适应滤波法的基本预测公式为

$$Y_{n+1}=w_1y_n+w_2y_{n-1}+\cdots+w_Ny_{n-N+1}=\sum_{i=1}^{N}w_iy_{n-i+1}$$

式中，Y_{n+1} 为 y_{n+1} 的预测值，w_i 为第 $n-i+1$ 时刻的观察值 y_{n-i+1} 的权重；N 为权值的个数。而对权值的调整公式为

$$w_i^*=w_i+2ke_{i+1}y_{t-i+1}$$

式中，$i=1, 2,\cdots, N$；$t=N, N+1,\cdots, M$，这里 M 为序列数据的个数；w_i 为调整前的第 i 个权值；w_i^*为调整后的第 i 个权值；k 称为学习常数；e_{i+1} 为第 $i+1$ 时刻的预测误差。该调整公式表明：调整后的一组权值，应等于旧的一组权值加上误差调整项；而这个调整项与三个因素相关，它们分别是：预测误差、原观测值和学习常数。学习常数 k 的大小，决定了权值调整的速度。在静态管理预测中，人们还花费了大量的精力，去研究权值的快速、高效调整等问题；为突出重点，此处略去这些内容。

现在重新以赛博管理的角度，来考察上面的自适应滤波预测法。它的预测公式，其实就是一个“加权移动平均”，因此赛博链 y_i 和 Y_i 也是两个等速生长系统。而且，如果能够用某个线性赛博系统去很好地逼近时间序列 y_i，那么，此处的“自适应滤波预测法”其实也是本书结论 4.1 中的“赛博管理最简预测法”，只不过进行适当的移位而已。

3. 趋势外推法

趋势外推法是根据事物的历史和现时资料，寻求事物发展变化规律，从而推测出事物本来状况的常用预测方法。利用趋势外推法进行预测，主要包括六个阶段：

（1）选择应预测的参数；

（2）收集必要的数据；

（3）利用数据拟合曲线；

（4）趋势外推；

（5）预测说明；

（6）将预测结果应用于决策之中。

趋势外推法常用的典型数学模型有：指数曲线预测法、修正指数曲线预测法、生长曲线法等。下面逐一介绍，并用赛博思路来重新诠释。

1）指数曲线预测法

指数曲线预测法中，指数曲线的数学模型为

$$y=a\mathrm{e}^{bt}$$

其中，系数 a 和 b 的值由历史数据利用回归方法求出。对上述公式两边取对数，便有

$$\ln y=\ln a+bt$$

令

$$Y=\ln y，A=\ln a，B=b$$

于是便有

$$Y=A+Bt$$

应用一元线性回归方法，可知

$$A=\frac{\sum t_i^2\sum y_i-\sum t_i\sum t_i y_i}{N\sum t_i^2-(\sum t_i)^2}$$

$$B=\frac{N\sum t_i y_i-\sum t_i\sum y_i}{N\sum t_i^2-(\sum t_i)^2}$$

式中，N 表示共有 N 对数据可用；t_i 表示第 i 时刻。

若重新以赛博管理的角度，来考察此处的指数曲线预测法，不难发现：它就是赛博系统

$$\frac{\mathrm{d}y}{\mathrm{d}t}=by$$

因此，便可用本书结论 4.1 中的“赛博管理最简预测法”就行了。

2）修正指数曲线预测法

此时的预测模型修正为

$$y=A+a\mathrm{e}^{bt}$$

而且，在静态管理中，已经花费了许多精力来对该模型进行预测，特别是如何用历史数据来估计三个系数 A、a、b（比如，可参考《管理预测与决策方法》[10]的第 5 章第 2 节等）。为了节省篇幅，我们不再重复，因为此时的预测问题，压根儿就是本书结论 4.1 中的“赛博管理最简预测法”，即只需要区区三个历史数据，就能对随后的最近数据进行预测了。

3）生长曲线法

生长曲线的一般数学模型是

$$\frac{\mathrm{d}y}{\mathrm{d}t}=Ky(L-y)$$

式中，y 为预测参数值；L 为参数 y 的极限值；K 为常数，$K>0$。

在静态管理中，人们已经花费了许多精力来对该模型进行预测，特别是如何用历史数据来估计系数 L 和 K（比如，可参考《管理预测与决策方法》[10]的第 5 章第 3 节等）。为了节省篇幅，我们不再重复，因为，此时的预测问题，压根儿就是本书结论 4.2 中的“赛博管理的 S−曲线预测法”，即只需要不超过 4 个合适的历史数据，就能对随后的最近数据进行预测了。

至此，我们归纳了静态管理中几乎所有最常用的预测方法（三大类，共 10 种)，同时，还惊奇地发现：无论这些预测法的外形是多么千奇百怪，无论相应的算法是多么令人眼花缭乱，如果从赛博管理的角度重新去审视它们，其实，

它们只不过是三种最简单、最常见的赛博系统

$$\frac{\mathrm{d}y}{\mathrm{d}t}=c \text{ 和 } \frac{\mathrm{d}y}{\mathrm{d}t}=ay \text{ 以及 } \frac{\mathrm{d}y}{\mathrm{d}t}=ay(1-y)$$

的预测问题而已。

那么，对更一般的赛博系统，如何来预测呢？下一节开始，将重点讨论此问题。

第 2 节 赛博系统的转化技巧

本章后面的内容，将集中讨论各种连续赛博系统的预测问题，它们都得益于数学中常微分方程的已有成果（比如，可参考《常微分方程》[11]）。关于离散情形，其实也有类似的结论，只是为了节省篇幅，将其略去而已。

由本书第 2 章中的维纳定律可知，在连续情形下，普通的赛博系统均可记为

$$\frac{\mathrm{d}y}{\mathrm{d}t}=J(y(t), w(t))$$

其中，$w(t)$是由外部环境造成的不可控因素。为便于在符号上与常微分方程保持一致，下面将时间 t 重新记为 x，而将 $J(y, w)$更一般地重新记为 $f(y, x)$，于是，所讨论的问题就变成了求解以下微分方程：

$$\frac{\mathrm{d}y}{\mathrm{d}x}=f(y, x)$$

但是，在一般情况下，赛博系统的预测（或微分方程的求解）都非常困难。不过，有一种实用的技巧，那就是将某些表面上看来十分复杂的赛博系统，进行各种等价转化，将其变成简单易处理的赛博系统。这些等价转化的魅力，已在上一节中表现得淋漓尽致了：静态管理学中许多看似非常复杂的预测，竟然只是几种最简单的赛博系统而已。

下面针对几种特殊的 $f(y, x)$，来简化赛博系统

$$\frac{\mathrm{d}y}{\mathrm{d}x}=f(y,x)$$

的预测问题。用数学语言来说，就是“微分方程的求解”；因为求出解后，y 的函数形式（比如，$y=g(t)$）就确定了，从而预测问题也就变成了简单的求函数值问题了。

情况 1，可分解的情形

如果函数 $f(y,x)$ 可以分解为 $g(x)$ 和 $h(y)$ 的乘积，即

$$f(y,x)=h(y)g(x)$$

并且对任意 y，$h(y)\neq 0$，那么

$$\frac{\mathrm{d}y}{\mathrm{d}x}=h(y)g(x)$$

就可重新写为

$$h^{-1}(y)\mathrm{d}y=g(x)\mathrm{d}x$$

对该等式两边同时进行积分，便知微分方程

$$\frac{\mathrm{d}y}{\mathrm{d}x}=h(y)g(x)$$

的解，就是积分方程

$$\int h^{-1}(y)\mathrm{d}y=\int g(x)\mathrm{d}x+c$$

的解；反之亦然。

情况 2，齐次情形

如果函数 $f(y,x)$ 可以写成 $g\left(\frac{y}{x}\right)$，那么，令 $u=\frac{y}{x}$ 后，就有

$$\mathrm{d}y=x\mathrm{d}u+u\mathrm{d}x$$

于是，原来的微分方程

$$\frac{\mathrm{d}y}{\mathrm{d}x}=g\left(\frac{y}{x}\right)$$

就可重新写为

$$x\frac{\mathrm{d}u}{\mathrm{d}x}+u=g(u)$$

即有新方程

$$\frac{\mathrm{d}u}{\mathrm{d}x}=\frac{g(u)-u}{x}$$

该新方程的求解，显然更容易。若 u 是新方程的解，那么，$y=ux$ 便是原来方程的解。

情况 3，可化为齐次的情形

如果 $\frac{\mathrm{d}y}{\mathrm{d}x}=f(y,x)$ 形如

$$\frac{\mathrm{d}y}{\mathrm{d}x}=g\left(\frac{a_1x+b_1y+c_1}{a_2x+b_2y+c_2}\right)$$

其中，a_1、a_2、b_1、b_2、c_1、c_2 均为实常数，那么便可以对该微分方程进行以下简化：

（1）若 $c_1=c_2=0$，则有

$$\frac{\mathrm{d}y}{\mathrm{d}x}=g\left(\frac{a_1+b_1\frac{y}{x}}{a_2+b_2\frac{y}{x}}\right)=h\left(\frac{y}{x}\right)$$

于是，就可以转化为上面情况 2 的齐次情形了。

（2）若 c_1 和 c_2 中至少有一个为非 0，并且

$$a_1b_2=b_1a_2$$

即

$$\frac{a_1}{a_2}=\frac{b_1}{b_2}=k$$

那么，原来的方程便可写为

$$\frac{\mathrm{d}y}{\mathrm{d}x}=g\left(\frac{k(a_2x+b_2y)+c_1}{(a_2x+b_2y)+c_2}\right)$$

作变量替换

$$u=a_2x+b_2y$$

于是，原来的方程就化为

$$\frac{\mathrm{d}u}{\mathrm{d}x}=a_2+b_2g\left(\frac{ku+c_1}{u+c_2}\right)$$

该新方程的求解，显然比原来的方程简捷。

（3）若 c_1 和 c_2 中至少有一个为非 0，并且

$$a_1b_2\neq b_1a_2$$

那么，如下线性方程组

$$\begin{cases}a_1x+b_1y+c_1=0\\a_2x+b_2y+c_2=0\end{cases}$$

就只有一组唯一的解，记为 $x=a$ 和 $y=b$。然后，再作变量替换

$$X=x-a \text{ 和 } Y=y-b$$

则原来的方程就转化为

$$\frac{\mathrm{d}Y}{\mathrm{d}X}=g\left(\frac{a_1X+b_1Y}{a_2X+b_2Y}\right)$$

它显然就转化为前面（1）中的 $c_1=c_2=0$ 的情形了，当然就可以进一步转化为齐次情形了。

情况 4，一阶线性情形

如果$\frac{\mathrm{d}y}{\mathrm{d}x}=f(y,x)$形如

$$\frac{\mathrm{d}y}{\mathrm{d}x}=P(x)y+Q(x)$$

其中，$P(x)$和$Q(x)$是连续函数，那么

（1）当$Q(x)\equiv 0$时，原方程转化为

$$\frac{\mathrm{d}y}{\mathrm{d}x}=P(x)y$$

于是，直接验证便知，该方程的解为

$$y(x)=c\mathrm{e}^{a(x)}$$

这里，$a(x)=\int_{-\infty}^{x}P(t)\mathrm{d}t$，$c$是任意常数。

（2）当$Q(x)$不恒为 0 时，直接验证可知：微分方程

$$\frac{\mathrm{d}y}{\mathrm{d}x}=P(x)y+Q(x)$$

的解为

$$y(x)=c\mathrm{e}^{a(x)}+\mathrm{e}^{a(x)}\int_{-\infty}^{x}Q(t)\mathrm{e}^{-a(t)}\mathrm{d}t$$

这里，$a(x)=\int_{-\infty}^{x}P(t)\mathrm{d}t$，$c$是任意常数。

情况 5，Bernoulli 方程

如果方程$\frac{\mathrm{d}y}{\mathrm{d}x}=f(y,x)$形如

$$\frac{\mathrm{d}y}{\mathrm{d}x}=P(x)y+Q(x)y^n$$

其中，n为不等于 0 或 1 的实常数，并且$P(x)$和$Q(x)$在某区间I上连续。

为求解此方程，可在 $y\neq 0$ 时，在上述方程的左右两边同时乘 y^{-n}，于是

$$y^{-n}\frac{\mathrm{d}y}{\mathrm{d}x}=P(x)y^{1-n}+Q(x)$$

即

$$\frac{1}{1-n}\frac{\mathrm{d}y^{1-n}}{\mathrm{d}x}=P(x)y^{1-n}+Q(x)$$

作变量替换，令 $u=y^{1-n}$，便有

$$\frac{\mathrm{d}u}{\mathrm{d}x}=(1-n)P(x)u+(1-n)Q(x)$$

这就转化成了上面情形 4 中的“一阶线性情形”；于是，求出此时的解后，再用 $u=y^{1-n}$ 代回去，就求出了原来方程的解。

情况 6，Riccati 方程

如果方程 $\frac{\mathrm{d}y}{\mathrm{d}x}=f(y,x)$形如

$$\frac{\mathrm{d}y}{\mathrm{d}x}=P(x)y^2+Q(x)y+g(x)$$

其中，$P(x)$、$Q(x)$和 $g(x)$在某区间 I 上连续，且 $P(x)$和 $g(x)$都不恒为 0。

如果 $y=h(x)$已经是该方程的一个解，那么，令

$$y=z+h(x)$$

并将它代入原方程，便有

$$\frac{\mathrm{d}y}{\mathrm{d}x}=\frac{\mathrm{d}z}{\mathrm{d}x}+\frac{\mathrm{d}h}{\mathrm{d}x}=P(x)[z+h(x)]^2+Q(x)[z+h(x)]+g(x)$$

展开后，便有以下形式：

$$\frac{\mathrm{d}z}{\mathrm{d}x}+\frac{\mathrm{d}h}{\mathrm{d}x}=P(x)z^2+[2h(x)P(x)+Q(x)]z+P(x)h^2(x)+Q(x)h(x)+g(x)$$

而由于 $y=h(x)$是原方程的一个解，所以有恒等式

$$\frac{\mathrm{d}h}{\mathrm{d}x}=P(x)h^2(x)+Q(x)h(x)+g(x)$$

于是，有

$$\frac{\mathrm{d}z}{\mathrm{d}x}=P(x)z^2+[2h(x)P(x)+Q(x)]z$$

它刚好形如前面已经研究过的 Bernoulli 方程，由此，可求出原方程的通解。

情况 7，全微分方程

在求解微分方程

$$\frac{\mathrm{d}y}{\mathrm{d}x}=f(y,x)$$

时，其实变量 x 和 y 的地位是完全平等的，因此，也可将该方程看成

$$\mathrm{d}y=f(y,x)\mathrm{d}x \text{ 或 } \mathrm{d}y-f(y,x)\mathrm{d}x=0$$

等；更一般地，可以考虑形如

$$M(x,y)\mathrm{d}x+N(x,y)\mathrm{d}y=0$$

的微分方程。为了求解全微分情形下的微分方程，首先介绍全微分的定义。

定义 5.1：称方程

$$M(x,y)\mathrm{d}x+N(x,y)\mathrm{d}y=0$$

为全微分方程，如果有某个连续可微的二元函数 $u(x,y)$，恰好满足

$$\mathrm{d}u(x,y)=M(x,y)\mathrm{d}x+N(x,y)\mathrm{d}y$$

这里的 $\mathrm{d}u(x,y)$意思是指

$$\frac{\partial u(x,y)}{\partial x}\mathrm{d}x+\frac{\partial u(x,y)}{\partial y}\mathrm{d}y$$

而且$\frac{\partial u(x,y)}{\partial x}$意思是指 $u(x,y)$对 x 的偏导数。

关于全微分方程的判别和求解，有以下结论。

定理 5.1（可参考《常微分方程》[11]的定理 2.1）：设函数 $M(x, y)$和 $N(x, y)$在某区域内连续且有连续的一阶偏导数，那么，方程

$$M(x, y)\mathrm{d}x+N(x, y)\mathrm{d}y=0$$

为全微分方程的充分必要条件是

$$\frac{\partial M}{\partial y}=\frac{\partial N}{\partial x}$$

并且此时的二元函数 $u(x, y)$为

$$u(x,y)=\int M\mathrm{d}x+\int\left(N-\frac{\partial}{\partial y}\int M\mathrm{d}x\right)\mathrm{d}y$$

于是，全微分方程

$$M(x, y)\mathrm{d}x+N(x, y)\mathrm{d}y=0$$

的通解，就由方程

$$u(x, y)=c\text{（}c\text{ 是任意常数）}$$

求出，即

$$y=f(x)$$

以隐函数的形式，包含在方程

$$u(x, y)=c$$

之中。

既然定理 5.1 解决了全微分方程的求解问题，因此，如果某个微分方程能够被转化为全微分方程，那么，相应的求解问题也就解决了。为此，先引入积分因子的概念。

定义 5.2：如果方程

$$M(x, y)\mathrm{d}x+N(x, y)\mathrm{d}y=0$$

不是全微分方程，但却存在连续可微的函数

$$h(x, y)\neq 0$$

使得

$$h(x, y)M(x, y)\mathrm{d}x+ h(x, y)N(x, y)\mathrm{d}y=0$$

为全微分方程，则称 $h(x, y)$为原方程

$$M(x, y)\mathrm{d}x+N(x, y)\mathrm{d}y=0$$

的积分因子。

不难看出，从求解角度看，方程

$$M(x, y)\mathrm{d}x+N(x, y)\mathrm{d}y=0$$

与方程

$$h(x, y)M(x, y)\mathrm{d}x+ h(x, y)N(x, y)\mathrm{d}y=0$$

是等价的，即

$$u(x, y)=c$$

是后者的通解，那么它也是前者的通解。什么样的方程才能被转化为全微分方程呢？或者说，如果积分因子存在的话，如何才能求出相应的积分因子呢？下面的结论将给出答案。

定理 5.2（可参考《常微分方程》[11]的定理 2.2）：设 $M(x, y)$、$N(x, y)$和 $h(x, y)$在某区域内连续，且有连续的一阶偏导数，同时

$$h(x, y)\neq 0$$

则 $h(x, y)$是方程

$$M(x, y)\mathrm{d}x+N(x, y)\mathrm{d}y=0$$

的一个积分因子的充分必要条件是

$$\frac{\partial(hM)}{\partial y}=\frac{\partial(hN)}{\partial x}$$

或等价地写为

$$\frac{M\partial h}{\partial y}-\frac{N\partial h}{\partial x}=h\left(\frac{\partial N}{\partial x}-\frac{\partial M}{\partial y}\right)$$

在一般情况下，要想从上面定理 5.2 中求出积分因子 $h(x, y)$，其实并不容易，只能考虑下面几种特例。

定理 5.3（可参考《常微分方程》[11]的定理 2.3）：在以下几种特殊的情况下，可以求出积分因子。

（1）方程

$$M(x, y)\mathrm{d}x+N(x, y)\mathrm{d}y=0$$

有一个仅依赖于 x 的积分因子的充分必要条件是

$$\frac{1}{N}\left(\frac{\partial M}{\partial y}-\frac{\partial N}{\partial x}\right)\equiv g(x)$$

其中，$g(x)$只与 x 有关。此时，积分因子

$$h(x)=\mathrm{e}^{a(x)},\quad a(x)=\int_{-\infty}^{x}g(t)\mathrm{d}t$$

（2）方程

$$M(x, y)\mathrm{d}x+N(x, y)\mathrm{d}y=0$$

有一个仅依赖于 y 的积分因子的充分必要条件是

$$-\frac{1}{M}\left(\frac{\partial M}{\partial y}-\frac{\partial N}{\partial x}\right)\equiv f(y)$$

其中，$f(y)$只与 y 有关。此时，积分因子

$$h(y)=\mathrm{e}^{b(y)},\quad b(y)=\int_{-\infty}^{y}f(t)\mathrm{d}t$$

第 3 节　赛博系统的预测及连续性

上一节研究了赛博系统的转化问题，即把某些看似复杂或不可预测的系统，转化成相对简单甚至可预测的系统。本节再回头考察一般赛博系统

$$\frac{\mathrm{d}y}{\mathrm{d}t}=J(y, w)$$

的预测问题；或者用微分方程的话来说，那就是考察一阶微分方程

$$\frac{\mathrm{d}y}{\mathrm{d}x}=f(x, y)$$

在初值条件

$$y(x_0)=y_0$$

之下的求解问题，即解的存在性和唯一性等。此处 $f(x, y)$ 是闭矩阵

$$\boldsymbol{R}=\{(x, y): |x-x_0|\leqslant a,\ |y-y_0|\leqslant b\}$$

上的连续函数。

定义 5.3：如果存在常数 $L>0$，使得不等式

$$|f(x, y_1)-f(x, y_2)|\leqslant L|y_1-y_2|$$

对任意 (x, y_1)，$(x, y_2)\in\boldsymbol{R}$ 都成立，则称函数 $f(x, y)$ 在区域 $\boldsymbol{R}$ 内关于 y 满足李普希兹（Lipschitz）条件，并称常数 L 为李普希兹常数。

定理 5.4（Picard 存在唯一性定理，可参考《常微分方程》[11]的定理 3.1）：若函数 $f(x, y)$ 在区域

$$\boldsymbol{R}=\{(x, y): |x-x_0|\leqslant a,\ |y-y_0|\leqslant b\}$$

上连续，而且关于 y 满足李普希兹条件，那么，微分方程

$$\frac{\mathrm{d}y}{\mathrm{d}x}=f(x, y)$$

在初值条件

$$y(x_0)=y_0$$

之下，在区间$[x_0-h, x_0+h]$上存在唯一解 $y(x)$。其中，常数

$$h=\min\left\{a,\frac{b}{M}\right\},\quad M=\max_{(x,y)\in\boldsymbol{R}}|f(x,y)|$$

换句话说，此时赛博系统

$$\frac{\mathrm{d}y}{\mathrm{d}x}=f(x,y)$$

可被唯一准确地用显性公式预测。

对某个赛博系统进行预测，当然很重要；但是，判断某两个赛博系统是否相互分离，也很重要。比如，若已经能够预测第一个赛博系统，同时又能断定第二个赛博系统与第一个赛博系统始终是“不离不弃”的，那么，从工程应用角度来看，第二个赛博系统的预测问题也就基本解决了，哪怕从理论角度，这第二个赛博系统很难预测。在实践中确实有这样的情况：从工程应用角度看，某两个赛博系统几乎没差别，但是从理论角度看，它们完全有可能存在天壤之别，甚至一个可解，另一个不可解。所以，这时考虑两个赛博系统是否相分离就显得很有用了，幸好数学家们已经给出了许多现成的结果（可参考《常微分方程》[11]的 3.4.1 节），所以下面进行简要介绍，仍然略去相关的数学证明。

考虑两个从同一时刻，但从不同起始点出发的赛博系统：

$$\frac{\mathrm{d}y}{\mathrm{d}x}=f_1(x,y),\quad y(x_0)=a_0$$

和

$$\frac{\mathrm{d}y}{\mathrm{d}x}=f_2(x,y),\quad y(x_0)=b_0$$

其中 f_1, f_2 是区域$\{(x, y):a\leqslant x\leqslant b, -\infty<y<\infty\}$中的连续函数，并且分别满足对 y 的李普希兹条件，L 为相应的李普希兹常数。又设在开区间(a, b)的任意闭子区

间$[c, d]$中，存在连续函数 $\delta(x)$，使得不等式

$$|f_1(x, y)-f_2(x, y)| \leqslant \delta(x)，\ x \in [c, d]$$

对一切 y 都成立。再设

$$y=g(x) \text{和} y=h(x)$$

分别是上面两个赛博系统的解函数，其中 $a<x_0<b$。那么，在这两个赛博系统启动后（即区间(x_0, b)中），它们的预测函数 $g(x)$和 $h(x)$之间的距离，将始终满足以下不等式：

$$|g(x)-h(x)| \leqslant \int_{x_0}^{x} \mathrm{e}^{L(x-t)}\mathrm{d}t$$

若将该结果应用于同一个赛博系统的、经过两个不同起始点的预测时，将得到以下定理。

定理 5.5（可参考《常微分方程》[11]的定理 3.6）：考虑赛博系统

$$\frac{\mathrm{d}y}{\mathrm{d}x}=f(x, y)$$

其中，$f(x, y)$在区域 D 中连续，并且满足李普希兹条件。如果 $y=g(x)$是满足初始条件

$$y(x_0)=a_0$$

的解，定义于区间$[a_0, X]$，则对任意 $\varepsilon>0$，存在 $\delta>0$，使得当$|a_0-b_0|<\delta$ 时，该赛博系统经过另一个点(x_0, b_0)的解曲线 $y=h(x)$也在区间$[x_0, X]$上有定义，并且

$$|g(x)-h(x)| \leqslant \varepsilon，\ x_0 \leqslant x \leqslant X$$

换句话说，此时可以在经过任意初始点的预测函数 $g(x)$附近，找到另一个经过另一个初始点的预测函数 $h(x)$，使得这两个预测函数 $g(x)$和 $h(x)$任意相互接近。

定理 5.6（可参考《常微分方程》[11]的定理 3.7）：设

$$y=g(x)，\ x \in [x_0, X]$$

是上面定理 5.5 中赛博系统

$$\frac{\mathrm{d}y}{\mathrm{d}x}=f(x,y)$$

的满足初始条件

$$y(x_0)=a_0$$

的解函数。则对任意 $\varepsilon>0$，存在区间$[x_0, X]$上的连续非负函数 $\delta(x)\geqslant 0$，使得对任何方程

$$\frac{\mathrm{d}y}{\mathrm{d}x}=p(x,y)$$

只要 $p(x, y)$在区域 D 中连续，满足局部李普希兹条件及不等式

$$|f(x,y)-p(x,y)|\leqslant\delta(x)，\quad x_0\leqslant x\leqslant X，\quad -\infty<y<\infty$$

那么，赛博系统

$$\frac{\mathrm{d}y}{\mathrm{d}x}=p(x,y)$$

的满足初始条件

$$y(x_0)=b_0$$

的解函数 $y=h(x)$也必在区间$[x_0, X]$上有定义，并且在该区间$[x_0, X]$上还满足不等式

$$|g(x)-h(x)|\leqslant\varepsilon，\quad x_0\leqslant x\leqslant X$$

接下来，再考虑赛博系统族的预测问题，即带有参数 λ 的微分方程

$$\frac{\mathrm{d}y}{\mathrm{d}x}=f(x,y,\lambda)$$

记 $D_\lambda=\{(x, y, \lambda):(x, y)\in D, \alpha<\lambda<\beta\}$。设 $f(x, y, \lambda)$在 D_λ 内连续，且关于 y 满足局部李普希兹条件，其李普希兹常数 L 与参数 λ 无关，那么就有定理 5.7。

定理 5.7（可参考《常微分方程》[11]的定理 3.8）：设 $f(x, y, \lambda)$在上述区域 D_λ

内连续，并且在 D_λ 内关于 y 一致地满足局部李普希兹条件。

$$(x_0, a_0, \lambda_0)\in D_\lambda，\ y=g(x)$$

是方程

$$\frac{\mathrm{d}y}{\mathrm{d}x}=f(x, y, \lambda_0)$$

的满足初始条件

$$g(x_0)=a_0$$

且参数 λ 取为 λ_0 的解函数，其中 $x\in[x_0, X]$，则对任意 $\varepsilon>0$，存在 $\delta>0$，使得当 $|\lambda_1-\lambda_0|<\delta$ 时，方程

$$\frac{\mathrm{d}y}{\mathrm{d}x}=f(x, y, \lambda_1)$$

也存在解函数

$$y=h(x)，\ x\in[x_0, X]$$

满足初始条件 $h(x_0)=a_0$，并且还满足不等式

$$|g(x)-h(x)|\leqslant\varepsilon，\ x_0\leqslant x\leqslant X$$

更进一步，其实在赛博系统族中，对初值和参数也可能具有连续可微性。即在微分方程

$$\frac{\mathrm{d}y}{\mathrm{d}x}=f(x, y, \lambda)$$

的满足

$$y(x_0)=y_0$$

的解函数 $y(x, x_0, y_0, \lambda)$中，将 x_0、y_0 和 λ 也看成变量，那么将有定理 5.8。

定理 5.8（可参考《常微分方程》[11]的定理 3.9）：当$(x, y)\in D$、$\lambda\in(\alpha, \beta)$时，如果 $f(x, y, \lambda)$关于 x、y、λ 既是连续函数，又具连续偏导数，那么赛博系统

$$\frac{\mathrm{d}y}{\mathrm{d}x}=f(x,y,\lambda)$$

的解 $y(x,x_0,y_0,\lambda)$，也有关于 x_0、y_0 和 λ 的连续偏导数。

第4节　赛博预测的稳定性

上一节研究了赛博预测的连续性，包括对初值的连续性和对族参数的连续性等。本节将继续考虑赛博预测的稳定性。为突出时间角色，我们改用 t 来替代 x，因此将赛博系统记为

$$\frac{\mathrm{d}y}{\mathrm{d}t}=f(t,y)$$

其中，函数 $f(t,y)$ 对于 $y\in I$（长度不超过 K 的闭区间）和 $t\in[0,+\infty)$ 连续，对 y 满足局部李普希兹条件，并且

$$f(t,0)=0$$

于是，有

$$y(t)=0$$

是该赛博系统的一个解，且对任意(t,y_0)，根据定理 5.4，赛博系统

$$\frac{\mathrm{d}y}{\mathrm{d}t}=f(t,y)$$

将存在唯一解 $y(t)$ 满足初始条件

$$y(0)=y_0$$

定义 5.4：设 $y=g(t)$ 是赛博系统

$$\frac{\mathrm{d}y}{\mathrm{d}t}=f(t,y)$$

在区间$[0,+\infty)$上定义的一个特解，对任给的 $\varepsilon>0$，存在 $\delta(\varepsilon)>0$，使得：

（1）对于满足

$$|y_0-g(0)|<\delta(\varepsilon)$$

的初值 $y(0)=y_0$，对应的解 $h(t;0,y_0)$在$[0,+\infty)$上存在；

（2）对一切 $t\in[0,+\infty)$，有

$$|h(t;0,y_0)-g(t)|<\varepsilon$$

则称特解 $g(t)$在李雅普诺夫意义下稳定。形象地说，此时，起始点相近的赛博预测之间的距离，也很相近。

定义 5.5：若赛博系统

$$\frac{\mathrm{d}y}{\mathrm{d}t}=f(t,y)$$

的解 $y=g(t)$是稳定的，且存在 $\delta>0$，当$|y_0-g(0)|<\delta$ 时，有

$$\lim_{t\to\infty}|h(t;0,y_0)-g(0)|=0$$

则称 $g(t)$在李雅普诺夫意义下是渐近稳定的；如果 $\delta>0$ 可以任取，则称 $g(t)$是全局渐近稳定的。

形象地说，只要初值波动足够小，则解的波动也可以限制在事先给定的范围内，这就是解的（渐近）稳定性。

其实，前面有关普通解 $y=h(t;t_0,y_0)$的稳定性问题，可以转化为特殊的零解的稳定性问题；实际上，记

$$y=h(t;t_0,y_0),\quad g(t)=g(t;t_0,y_0)$$

如上所述，进行变量代换，令

$$x(t)=y(t)-g(t)$$

则

$$\frac{\mathrm{d}x}{\mathrm{d}t}=\frac{\mathrm{d}y}{\mathrm{d}t}-\frac{\mathrm{d}g}{\mathrm{d}t}$$

$$
\begin{aligned}
&= f(t, y(t)) - f(t, g(t)) \\
&= f(t, g(t)+x(t)) - f(t, g(t)) \\
&\equiv F(t, x)
\end{aligned}
$$

于是，原来的方程

$$\frac{\mathrm{d}y}{\mathrm{d}t}=f(t, y)$$

就转化为新方程

$$\frac{\mathrm{d}x}{\mathrm{d}t}=F(t, x)$$

同时，原方程的解 $y=g(t)$的稳定性问题，就转化为新方程的零解稳定性问题。因此，下面就聚焦于赛博系统

$$\frac{\mathrm{d}y}{\mathrm{d}t}=f(t, y)$$

的零解 $y=0$ 稳定性。

首先来看线性齐次赛博系统的稳定性，方程

$$\frac{\mathrm{d}y}{\mathrm{d}t}=ay$$

其中，$a\neq 0$ 是常系数。该方程是最简单的一阶常系数线性微分方程。它的基本解为

$$y(t)=\mathrm{e}^{at}$$

其稳定性已经在本书第 3 章介绍过了，即：当 a 为负数时，零解全局渐近稳定；当 a 为正数时，零解不稳定。

再来看线性近似赛博系统的稳定性，此时的系统为

$$\frac{\mathrm{d}y}{\mathrm{d}t}=ay+N(t, y)$$

假定 $N(t, 0)=0$，且 $N(t, y)$对 y 有一阶连续偏导数，a 为常数。此时还称

$$\frac{\mathrm{d}y}{\mathrm{d}t}=ay$$

为赛博系统

$$\frac{\mathrm{d}y}{\mathrm{d}t}=ay+N(t,y)$$

的线性近似系统。于是，便有定理 5.9。

定理 5.9（可参考《常微分方程》[11]的定理 6.1）：如果赛博系统

$$\frac{\mathrm{d}y}{\mathrm{d}t}=ay+N(t,y)$$

的线性近似系统

$$\frac{\mathrm{d}y}{\mathrm{d}t}=ay$$

中 a 为负数，又 $N(t,y)$在 $y\in I$（某个闭区间）和 $t\geqslant 0$ 上连续，关于 y 满足李普希兹条件，且

$$N(t,0)=0 \text{ 和 } \lim_{|y|\to 0}\frac{|N(t,y)|}{|y|}=0$$

那么，赛博系统

$$\frac{\mathrm{d}y}{\mathrm{d}t}=ay+N(t,y)$$

的零解是渐近稳定的。但是，如果 a 为正数，那么，赛博系统

$$\frac{\mathrm{d}y}{\mathrm{d}t}=ay+N(t,y)$$

的零解就不稳定。

为了介绍自治系统（即形如 $\frac{\mathrm{d}y}{\mathrm{d}t}=f(y)$的赛博系统，或普通的赛博系统经过工程简化 I 和工程简化 II 处理后的系统）的稳定性结果，先引入如下概念。

定义 5.6：设 $V(x)$是闭区间 H 上的连续函数，若

$$V(0)=0，V(x)\geqslant 0（\leqslant 0）$$

则称 $V(x)$为常正（负）函数；若

$$V(0)=0，当 x\neq 0 时，V(x)>0（<0）$$

则称 $V(x)$为定正（负）函数。

关于自治系统的零解稳定性，有定理 5.10。

定理 5.10（李雅普诺夫判别法，可参考《常微分方程》[11]的定理 6.2）：若 $f(0)=0$，$f(y)$在闭区间 H 上连续，$V(y)$是闭区间 H 上的定正（负）函数，且 $V(y)$在 H 上连续可导，则当

$$u(y)\equiv\frac{\mathrm{d}V(y)}{\mathrm{d}y}f(y)$$

常负（正）时，赛博系统

$$\frac{\mathrm{d}y}{\mathrm{d}t}=f(y)$$

的零解是稳定的；

当 $u(y)$定负（正）时，赛博系统

$$\frac{\mathrm{d}y}{\mathrm{d}t}=f(y)$$

的零解渐近稳定。

关于自治系统的零解非稳定性，有定理 5.11。

定理 5.11（可参考《常微分方程》[11]的定理 6.3）：如果在 0 点附近的某个邻域 I 内，存在连续可导函数 $V(x)$，$V(0)=0$，满足在 0 点的任何邻域内，$V(x)$总可取到正值（负值），且沿

$$\frac{\mathrm{d}y}{\mathrm{d}t}=f(y)$$

的解

$$\frac{\mathrm{d}V}{\mathrm{d}t}=\frac{\mathrm{d}V}{\mathrm{d}y}f(y)$$

定正（定负），则赛博系统

$$\frac{\mathrm{d}y}{\mathrm{d}t}=f(y)$$

的零解不稳定，其中 $f(y)$在 I 内连续且 $f(0)=0$。

至此，本章介绍了在数学（主要是常微分方程）、管理学中已经知道了的主要赛博预测结果。但是，必须指出，与实际需求相比，这些成果还远远不够。换句话说，赛博管理学才刚刚开始，急需各方面的专家共同努力。

第6章
对抗性预测

在静态管理中，管理者与被管理者之间的关系，相对而言比较温和。比如，被管理者可能会配合管理者实施相关的管理措施，至少不会有意与管理者对抗；即使他想对抗，但由于自身实力较弱，其对抗的效果也几乎可以忽略不计。但是，在赛博管理中，被管理者却经常故意与管理者对抗，其实力甚至可能与管理者“旗鼓相当”；比如，在网络空间安全的场景中，作为管理者的红客，与被管理者黑客之间的关系，肯定是针锋相对的，而且有时他们也是势均力敌的。在这种情况下，如何预测系统的走势，便是本章的主题。

第1节　对抗场景的描述

在赛博管理中，管理者和被管理者分别记为$J_1(y, w)$和$J_0(x, w)$。回忆一下本书第3章、第4章和第5章中的场景，也许对本章有帮助。

首先，在本书第3章和第4章中，能被工程简化I和工程简化II处理的场景，其实就意味着被管理者很弱。也就是说，$J_0(x, w)$在反馈、微调和迭代方面的灵活性都远不如$J_1(y, w)$，以至于管理者是否成功，完全取决于自身的操作，即目标是否在自己的赛博轨迹的有效管道范围内。

其次，在本书第5章中，被管理者已相对较强了，以致来不及进行工程简化 II 的处理了（当然还可以进行工程简化 I 的处理），不过被管理者还不能改变管理者的行为，所以，只要能够准确预测管理者，即

$$\frac{\mathrm{d}y}{\mathrm{d}t}=J(y, w(t))$$

的行为，就能知道管理结果了。其实，根据数学中已有的微分方程结果，在本书第 5 章中，考虑的是更广泛的管理者，即

$$\frac{\mathrm{d}y}{\mathrm{d}t}=J(y, t)$$

在本章中，被管理者已经与管理者势均力敌了，即管理者和被管理者的轨迹，都已经能够相互影响了。这也可解释为：管理者收到的反馈中，主要包含的是被管理者的行为信息；反之亦然。因此，若分别用 y 和 x 来表示他们的行为，那么就应该有

$$\begin{cases}\frac{\mathrm{d}y}{\mathrm{d}t}=J_1(y,x,w)\\\frac{\mathrm{d}x}{\mathrm{d}t}=J_0(y,x,w)\end{cases}$$

比如，这里 x 和 y 可分别扮演黑客和红客的角色，w 仍然是环境中的不可控因素（也包括随机影响等）。换句话说，管理者（红客）y 的轨迹随时间变化 $\frac{\mathrm{d}y}{\mathrm{d}t}$ 的情况，会受到被管理者（黑客）x 以 $J_1(y, x, w)$的方式影响；同理，被管理者（黑客）x 的轨迹随时间变化 $\frac{\mathrm{d}x}{\mathrm{d}t}$ 的情况，会受到管理者（红客）y 以 $J_0(y, x, w)$ 的方式影响。当然，无论是被管理者还是管理者，他们的轨迹都会受到环境因素 w 的影响。换句话说，在连续情况下，管理者（红客）和被管理者（黑客）的综合对抗结果所导致的轨迹，将由以下微分方程组

$$\begin{cases}\frac{\mathrm{d}y}{\mathrm{d}t}=J_1(y,x,w)\\\frac{\mathrm{d}x}{\mathrm{d}t}=J_0(y,x,w)\end{cases}$$

的解来确定。当然，由于不可控甚至随机因素 w 的存在，上述二元微分方程组

几乎是不可解的。好在我们可以利用数学中已有的微分方程组成果，在一定的假定条件下，给出（红客和黑客）对抗性的综合路径预测结果。比如，考虑以 x 为横轴、y 为纵轴的坐标系（也叫作相平面），若微分方程组的解 x 和 y 所形成的二维点（x, y）的曲线（或满足 $R(x, y)=0$ 的曲线）主要在对角线 $y=x$ 的上方，那么管理者（红客）就在整体上处于优势地位（因为此时 y 的影响力更大）；反之，若曲线主要在对角线 $y=x$ 的下方，那么被管理者（黑客）就在整体上处于优势地位（因为此时 x 的影响力更大）。另外，若单独看微分方程组的解 $y(t)$和 $x(t)$，它们也可以分别表示在 t 时刻，管理者（红客）和被管理者（黑客）的状态。

在离散情况下，管理者（红客）和被管理者（黑客）的综合对抗结果所导致的轨迹，将由下列差分递归方程组

$$\begin{cases} y_{n+1} = J_1(y_n, x_n, w_n) \\ x_{n+1} = J_0(y_n, x_n, w_n) \end{cases}$$

所确定。这里$\{y_n\}$和$\{x_n\}$分别是管理者（红客）和被管理者（黑客）的轨迹，w_n 是 n 时刻系统的不可控（随机）因素。由于存在不可控因素，因此，在一般情况下，$\{y_n\}$和$\{x_n\}$是不可求解的，所以本书第 7 章，我们将在某些合理的假定下，充分利用已有的滤波器理论，来考虑系统的综合轨迹$\{x_n, y_n\}$的求解问题。与连续情形类似，若二维点序列（x_n, y_n）在相平面中所绘出的曲线主要在对角线 $y=x$ 的上方，那么，整体上红客处于优势地位；反之，则整体上黑客处于优势地位。

第 2 节　受环境影响时的对抗

本章只考虑连续情况，由于在管理者（红客）和被管理者（黑客）的对抗性微分方程组描述中，含有不可控因素 w，所以在一般情况下，正如在上一节已经说过的那样，微分方程组

$$\begin{cases} \dfrac{\mathrm{d}y}{\mathrm{d}t} = J_1(y, x, w) \\ \dfrac{\mathrm{d}x}{\mathrm{d}t} = J_0(y, x, w) \end{cases}$$

其实是不可解的。但是，如果 w 中的随机因素相对很弱，以至于它可以近似成时间的确定性函数 $w(t)$，那么，借用常微分方程组的习惯和已有结果，管理者（红客）和被管理者（黑客）的综合对抗结果便可描述为

$$\begin{cases}\dfrac{\mathrm{d}x}{\mathrm{d}t}=f(t,x,y)\\[2mm]\dfrac{\mathrm{d}y}{\mathrm{d}t}=g(t,x,y)\end{cases}$$

的初值问题，即在初始条件

$$x(t_0)=x_0,\quad y(t_0)=y_0$$

下，上述方程组的解；换句话说，就是要找到一组函数 $x(t)$和 $y(t)$，它们能够满足上述的微分方程组和初始条件。另外，微分方程组含有一组常数 c_1，c_2 的解：

$$\begin{cases}x(t)=a(t,c_1,c_2)\\ y(t)=b(t,c_1,c_2)\end{cases}$$

就称为通解。

定义 6.1：定义域 G 中的函数组 $f(t, x, y)$和 $g(t, x, y)$，称为关于（x, y）满足李普希兹条件，如果存在李普希兹常数 $L>0$，使得对于 G 中的任意两点（t, x_1, y_1）和（t, x_2, y_2）都有

$$|f(t, x_1, y_1)-f(t, x_2, y_2)|+|g(t, x_1, y_1)-g(t, x_2, y_2)|\leqslant L(|x_1-x_2|+|y_1-y_2|)$$

关于对抗性微分方程组的解，有以下重要的存在性和唯一性定理（可参考《常微分方程组与运动稳定性理论》[12]中第 1 章的定理 1)，即结论 6.1。

结论 6.1：如果在微分方程组

$$\begin{cases}\dfrac{\mathrm{d}x}{\mathrm{d}t}=f(t,x,y)\\[2mm]\dfrac{\mathrm{d}y}{\mathrm{d}t}=g(t,x,y)\end{cases}$$

中，函数 $f(t, x, y)$和 $g(t, x, y)$在定义域

$$R=\{(t, x, y): |t-t_0| \leqslant a, |x-x_0|+|y-y_0| \leqslant b\}$$

中连续，并且关于（x, y）满足李普希兹条件，那么，该微分方程组在区间$|t-t_0| \leqslant h$ 内，存在唯一的满足初始条件

$$x(t_0)=x_0,\quad y(t_0)=y_0$$

的连续解 $x(t)$和 $y(t)$。此处，有

$$h=\min\left(a, \frac{b}{M}\right)$$

其中

$$M=\max_{(t,x,y)\in R}\{|f(t,x,y)|+|g(t,x,y)|\}$$

该结论是本章最基本的定理，因为在一般情况下，都无法求得微分方程组的精确解，而只能求出其近似解（当然，从工程应用角度看，近似解也就足够了）。结论 6.1 给出的解的存在唯一性，则是能够计算近似解的前提。如果根本不存在解，那么就更谈不上求近似解了；如果解存在但不唯一，那么由于不知道要确定的是哪一个解，因而求近似解的提法也是不明确的。解的存在唯一性定理，保证了所要求的解存在且唯一，因此它也是近似求解的前提和理论基础。

不过，结论 6.1 中的连续解 $x(t)$和 $y(t)$都只是局部的，即限于$|t-t_0| \leqslant h$ 内，下面在一定的条件下，将该解的定义域进行适当的扩展。

结论 6.2（可参考《常微分方程组与运动稳定性理论》[12]中第 1 章的定理 2）：如果在微分方程组

$$\begin{cases} \dfrac{\mathrm{d}x}{\mathrm{d}t} = f(t,x,y) \\ \dfrac{\mathrm{d}y}{\mathrm{d}t} = g(t,x,y) \end{cases}$$

中，函数 $f(t, x, y)$和 $g(t, x, y)$在区域 G 内连续，且在区域 G 内关于（x, y）满足局部的李普希兹条件，那么该微分方程组通过区域 G 内任意点（t_0, x_0, y_0）的解 $x(t)$和 $y(t)$都可以向左右扩展，即：

（1）当区域 G 是有界域时，解 $x(t)$和 $y(t)$可以扩展到使得点（$t, x(t), y(t)$）任意接近区域 G 的边界。比如，以向 t 增大方向的扩展来说，如果 $x(t)$和 $y(t)$只能扩展到区间 $t_0 \leqslant t < m$ 上，则当 $t \to m$ 时，点（$t, x(t), y(t)$）就趋于区域 G 的边界。

（2）当区域 G 为无界时，以向 t 增大方向扩展来说，解 $x(t)$和 $y(t)$可以扩展到区间$[t_0, \infty]$，或扩展到区间$[t_0, m]$，其中 m 是有限数；并且当 $t \to m$ 时，或者 $x(t)$和 $y(t)$无界，或者点（$t, x(t), y(t)$）趋于区域 G 的边界。

下面再来考虑微分方程组的解，对初值的连续性问题，即把上述微分方程组需满足初值条件

$$\begin{cases} x(t_0) = x_0 \\ y(t_0) = y_0 \end{cases}$$

的解重新记为 $x(t, t_0, x_0, y_0)$和 $y(t, t_0, x_0, y_0)$，此时需要研究它们对于变量 t_0、x_0、y_0 的连续性。

定义 6.2：设初值问题

$$\begin{cases} \dfrac{\mathrm{d}x}{\mathrm{d}t} = f(t, x, y) \\ \dfrac{\mathrm{d}y}{\mathrm{d}t} = g(t, x, y) \\ x(t_1) = x_1 \\ y(t_1) = y_1 \end{cases}$$

的解 $x(t, t_1, x_1, y_1)$、$y(t, t_1, x_1, y_1)$在区间$[a, b]$上存在，如果对任意 $\varepsilon > 0$，存在 $\delta(\varepsilon, t_1, x_1, y_1) > 0$，使得对于满足

$$|t_0 - t_1| < \delta, \quad |x_0 - x_1| + |y_0 - y_1| < \delta$$

的一切点（t_0, x_0, y_0），初值问题

$$\begin{cases}\dfrac{\mathrm{d}x}{\mathrm{d}t}=f(t,x,y)\\ \dfrac{\mathrm{d}y}{\mathrm{d}t}=g(t,x,y)\\ x(t_0)=x_0\\ y(t_0)=y_0\end{cases}$$

的解 $x(t, t_0, x_0, y_0)$、$y(t, t_0, x_0, y_0)$在区间$[a, b]$上都存在，且对 $t\in[a, b]$有

$$|x(t, t_0, x_0, y_0)-x(t, t_1, x_1, y_1)|+|y(t, t_0, x_0, y_0)-y(t, t_1, x_1, y_1)|<\varepsilon$$

则称初值问题的解 $x(t, t_0, x_0, y_0)$、$y(t, t_0, x_0, y_0)$在点（t_1, x_1, y_1）处连续地依赖于初值 t_0、x_0、y_0。

关于微分方程组的解，对初值的连续性和可导性，有结论 6.3。

结论 6.3（可参考《常微分方程组与运动稳定性理论》[12]中第 1 章的定理 3 和定理 4）：设 $f(t, x, y)$、$g(t, x, y)$在区域 G 内连续，且关于（x, y）满足局部李普希兹条件，$(t_1, x_1, y_1)\in G$，$t_1\in[a, b]$，那么，初值问题

$$\begin{cases}\dfrac{\mathrm{d}x}{\mathrm{d}t}=f(t,x,y)\\ \dfrac{\mathrm{d}y}{\mathrm{d}t}=g(t,x,y)\\ x(t_0)=x_0\\ y(t_0)=y_0\end{cases}$$

的解 $x(t, t_0, x_0, y_0)$、$y(t, t_0, x_0, y_0)$在点（t_1, x_1, y_1）处连续地依赖于初值 t_0、x_0、y_0。如果更进一步地假设偏导数 $\dfrac{\partial f}{\partial x}$、$\dfrac{\partial f}{\partial y}$、$\dfrac{\partial g}{\partial x}$、$\dfrac{\partial g}{\partial y}$ 也都在区域 G 连续，则上述初值问题的解 $x(t, t_0, x_0, y_0)$、$y(t, t_0, x_0, y_0)$作为 t、t_0、x_0、y_0 的函数，在其存在的范围内，也是连续可导的。

根据本书第 2 章中的泰勒级数展开式可知：若只考虑两个指标（分别对应于黑客 x 和红客 y）的赛博系统，那么，在最粗糙的简化下（即只保留泰勒级数中的线性项），该赛博系统的综合轨迹，将满足以下线性齐次微分方程组：

$$\begin{cases}\dfrac{\mathrm{d}x}{\mathrm{d}t}=a_{11}x+a_{12}y\\ \dfrac{\mathrm{d}y}{\mathrm{d}t}=a_{21}x+a_{22}y\end{cases}$$

下面介绍一种求解该线性齐次微分方程组的技巧，称为初等积分法。

对其中第 1 个方程的左右两边，同时对 t 再做一次微分，并将第 2 个方程代入，便有

$$\frac{\mathrm{d}^2x}{\mathrm{d}t^2}=a_{11}\frac{\mathrm{d}x}{\mathrm{d}t}+a_{12}\frac{\mathrm{d}y}{\mathrm{d}t}=a_{11}\frac{\mathrm{d}x}{\mathrm{d}t}+a_{12}(a_{21}x+a_{22}y)$$

该等式可以重新写为

$$\frac{\mathrm{d}^2x}{\mathrm{d}t^2}-a_{11}\frac{\mathrm{d}x}{\mathrm{d}t}=a_{12}a_{21}x+a_{12}a_{22}y$$

将该等式和上面的第 1 个方程

$$\frac{\mathrm{d}x}{\mathrm{d}t}=a_{11}x+a_{12}y$$

看成关于 x 和 y 的联立方程组，若其系数矩阵

$$\boldsymbol{B}=[b_{ij}]$$

可逆，这里

$$b_{11}=a_{11},\ b_{12}=a_{12},\ b_{21}=a_{12}a_{21},\ b_{22}=a_{12}a_{22}$$

那么，便可以用 $\frac{\mathrm{d}x}{\mathrm{d}t}$ 和 $\frac{\mathrm{d}^2x}{\mathrm{d}t^2}$ 的线性组合来表示 x 和 y，比如

$$\begin{cases}x=c_{11}\dfrac{\mathrm{d}x}{\mathrm{d}t}+c_{12}\dfrac{\mathrm{d}^2x}{\mathrm{d}t^2}\\ y=c_{21}\dfrac{\mathrm{d}x}{\mathrm{d}t}+c_{22}\dfrac{\mathrm{d}^2x}{\mathrm{d}t^2}\end{cases}$$

于是，从这里的第 1 个方程，便可求出通解

$$x=b_1\mathrm{e}^{ut}+b_2\mathrm{e}^{vt}$$

其中，b_1 和 b_2 是常数，而 u 和 v 则是关于 s 的二次方程

$$1=c_{11}s+c_{12}s^2$$

的两个解。将 x 的通解代入这里的第 2 个方程

$$y=c_{21}\frac{\mathrm{d}x}{\mathrm{d}t}+c_{22}\frac{\mathrm{d}^2x}{\mathrm{d}t^2}$$

便可得到 y 的通解。于是，最粗糙情况下的赛博系统的对抗性轨迹问题就解决了。

其实，上述的初等积分法技巧，对任意对抗性赛博系统都可能有效，此时的微分方程组为

$$\begin{cases}\dfrac{\mathrm{d}x}{\mathrm{d}t}=f(t,x,y)\\ \dfrac{\mathrm{d}y}{\mathrm{d}t}=g(t,x,y)\end{cases}$$

对这里的第 1 个方程两边，同时对 t 再求 1 次导数，并将第 2 个方程代入，便有

$$\begin{aligned}\frac{\mathrm{d}^2x}{\mathrm{d}t^2}&=\frac{\partial f}{\partial t}+\frac{\partial f}{\partial x}\frac{\mathrm{d}x}{\mathrm{d}t}+\frac{\partial f}{\partial y}\frac{\mathrm{d}y}{\mathrm{d}t}\\ &=\frac{\partial f}{\partial t}+\frac{\partial f}{\partial x}f(t,x,y)+\frac{\partial f}{\partial y}g(t,x,y)\\ &\equiv F(t,x,y)\end{aligned}$$

于是得到

$$\begin{cases}\dfrac{\mathrm{d}x}{\mathrm{d}t}=f(t,x,y)\\ \dfrac{\mathrm{d}^2x}{\mathrm{d}t^2}=F(t,x,y)\end{cases}$$

若将该方程组看成关于 x 和 y 的联立方程组，那么，在一定的条件下（即

雅可比行列式$\dfrac{D(f,F)}{D(y)}$不为 0)，便可以用 t、x、$\dfrac{dx}{dt}$和$\dfrac{d^2x}{dt^2}$显性地将 y 表示出来，比如

$$y=G\left(t,x,\frac{dx}{dt},\frac{d^2x}{dt^2}\right)$$

再将该显性表达式代入第 1 个方程

$$\frac{dx}{dt}=f(t, x, y)$$

中，便可得到关于 t、x、$\dfrac{dx}{dt}$和$\dfrac{d^2x}{dt^2}$的某个关系式，比如

$$H\left(t,x,\frac{dx}{dt},\frac{d^2x}{dt^2}\right)=0$$

若能从中求出 x 的通解，再将它代入前面 y 的显性表达式，便可求出赛博系统的最终综合轨迹。

当然，必须指出的是：上述的初等积分法只是一种思路，并非总是可行；比如，若雅可比行列式为 0 时，这种思路就无效了。虽然还有其他一些求解微分方程组的积分方法，但限于篇幅，我们就不再赘述了。

下面再考虑对抗情况下的线性赛博系统，此时双方（红客与黑客）的轨迹满足

$$\begin{cases}\dfrac{dx}{dt}=a_{11}(t)x+a_{12}(t)y+f_1(t)\\ \dfrac{dy}{dt}=a_{21}(t)x+a_{22}(t)y+f_2(t)\end{cases}$$

于是，此时有下面的存在唯一性结论，即结论 6.4（可参考《常微分方程组与运动稳定性理论》[12]中第 1 章的定理 5)。

结论 6.4：如果 $a_{ij}(t)$、$f_i(t)$都在区间$[a, b]$中连续，那么，对任意 $t_0\in[a, b]$及任意常数 x_0 和 y_0，线性赛博系统

$$\begin{cases}\dfrac{\mathrm{d}x}{\mathrm{d}t}=a_{11}(t)x+a_{12}(t)y+f_1(t)\\ \dfrac{\mathrm{d}y}{\mathrm{d}t}=a_{21}(t)x+a_{22}(t)y+f_2(t)\end{cases}$$

在区间$[a, b]$上都存在唯一解 $x(t)$和 $y(t)$，并满足初始条件

$$\begin{cases}x(t_0)=x_0\\ y(t_0)=y_0\end{cases}$$

接着，再介绍对抗情况下，齐次线性赛博系统

$$\begin{cases}\dfrac{\mathrm{d}x}{\mathrm{d}t}=a_{11}(t)x+a_{12}(t)y\\ \dfrac{\mathrm{d}y}{\mathrm{d}t}=a_{21}(t)x+a_{22}(t)y\end{cases}$$

的解的结构。此处仍然假定 $a_{ij}(t)$在区间$[a, b]$中连续。首先很容易验证，如果（x_1, y_1）和（x_2, y_2）是该方程组的两组解，那么，对任意常数 c_1 和 c_2，线性组合

$$c_1(x_1, y_1)+c_2(x_2, y_2)\equiv(c_1x_1+c_2x_2, c_1y_1+c_2y_2)$$

也是一组新解。更进一步，下面对朗斯基矩阵进行定义。

定义 6.3：若（x_1, y_1）和（x_2, y_2）是上述齐次线性方程组的两组解，那么称以下二阶矩阵

$$\boldsymbol{W}(t)=[W_{ij}(t)]$$

为这两组解的朗斯基矩阵。这里

$$\begin{cases}W_{11}(t)=x_1(t)\\ W_{12}(t)=y_1(t)\\ W_{21}(t)=x_2(t)\\ W_{22}(t)=y_2(t)\end{cases}$$

结论 6.5（可参考《常微分方程组与运动稳定性理论》[12]中第 1 章的定理 7 和定理 8）：上述朗斯基矩阵的行列式 $\det[\boldsymbol{W}(t)]$在区间 $t\in[a, b]$中，要么恒为 0，要么永远不为 0。

结论 6.6（可参考《常微分方程组与运动稳定性理论》[12]中第 1 章的定理 10 和定理 11）：若 $a_{ij}(t)$在区间$[a, b]$中连续，则上述齐次线性方程组一定存在这样两组解（x_1, y_1）和（x_2, y_2），它们满足以下两个特性：

（1）它们的朗斯基矩阵的行列式，在区间 $t\in[a, b]$上永远不为 0；称这样的两组解（x_1, y_1）和（x_2, y_2）为基解，因为它们满足下面的特性（2）。

（2）对该齐次线性方程组的任意一组解（$x(t), y(t)$），都一定存在两个常数 c_1 和 c_2，使得

$$\begin{cases} x(t)=c_1x_1(t)+c_2x_2(t) \\ y(t)=c_1y_1(t)+c_2y_2(t) \end{cases}$$

这也是该齐次线性微分方程组的通解。

综合结论 6.5 和结论 6.6 可知，判断某组解是否为基解的充分必要条件是：任取 $t_0\in[a, b]$，如果在该点 t_0 相应的朗斯基矩阵

$$\det[\boldsymbol{W}(t_0)]=0$$

那么，它们就不是基解；否则，它们就一定是基解，此时称 $\boldsymbol{W}(t)$为基解矩阵。此外，不难验证，如果 $\boldsymbol{W}(t)$是基解矩阵，$\boldsymbol{B}$ 是任意二阶可逆矩阵，那么乘积矩阵 $\boldsymbol{BW}(t)$也是基解矩阵；另外，若 $\boldsymbol{W}_1(t)$和 $\boldsymbol{W}_2(t)$就是上述齐次线性微分方程组的两个基解矩阵，那么，一定存在某个可逆矩阵 $\boldsymbol{B}$，使得

$$\boldsymbol{W}_1(t)=\boldsymbol{BW}_2(t)$$

至此，齐次线性微分方程组的解的结构，就非常清晰了。

下面再考虑非齐次情形，也就是以下方程组所对应的赛博系统

$$\begin{cases} \dfrac{\mathrm{d}x}{\mathrm{d}t}=a_{11}(t)x+a_{12}(t)y+f_1(t) \\ \dfrac{\mathrm{d}y}{\mathrm{d}t}=a_{21}(t)x+a_{22}(t)y+f_2(t) \end{cases}$$

其实，很容易验证以下结果：

（1）如果（$x(t), y(t)$）是该非齐次方程的一组解，而（$b(t), c(t)$）是与之对

应的齐次方程组的解，即

$$\begin{cases}\dfrac{\mathrm{d}b(t)}{\mathrm{d}t}=a_{11}(t)b(t)+a_{12}(t)c(t)\\ \dfrac{\mathrm{d}c(t)}{\mathrm{d}t}=a_{21}(t)b(t)+a_{22}(t)c(t)\end{cases}$$

那么，（$x(t)+b(t), y(t)+c(t)$）也是非齐次方程组的一组解。

（2）如果（x_1, y_1）和（x_2, y_2）是非齐次方程组的两组解，那么，（x_1-x_2, y_1-y_2）就是与之相对应的齐次方程组的一组解。

（3）如果（x, y）是非齐次方程组的一个解，（x_1, y_1）和（x_2, y_2）是与之对应的齐次方程组的一组基解，那么，该非齐次方程组的任何一个解都可表示为（$x+c_1x_1+c_2x_2, y+c_1y_1+c_2y_2$）。

于是，非齐次情形时，微分方程组的解的结构也很清晰了，即只要利用与之对应的齐次方程组的基解，那么，从任何一个非齐次解出发，就可轻松求出所有的非齐次解。

稳定性是存在环境影响时，对抗性赛博系统

$$\begin{cases}\dfrac{\mathrm{d}x}{\mathrm{d}t}=f(t,x,y)\\ \dfrac{\mathrm{d}y}{\mathrm{d}t}=g(t,x,y)\end{cases}$$

的重要研究课题，将在下一节中深入研究。不过，作为预备，此处先介绍一些一般性的概念。为了简捷，将此时的对抗性赛博系统，用以下微分方程组重新记为

$$\frac{\mathrm{d}\boldsymbol{Y}}{\mathrm{d}t}=\boldsymbol{G}(t, \boldsymbol{Y})$$

这里 $\boldsymbol{Y}$ 代表二维列向量（x, y）^{T}，$\dfrac{\mathrm{d}\boldsymbol{Y}}{\mathrm{d}t}$ 表示对列向量中的每个元素独立求导后的二维列向量；

$$\boldsymbol{G}(t, \boldsymbol{Y})=[f(t, x, y), g(t, x, y)]^{\mathrm{T}}$$

是二维列向量函数。假如 $\boldsymbol{H}(t)$是该微分方程组的一个解，即

$$\frac{\mathrm{d}\boldsymbol{H}}{\mathrm{d}t}=\boldsymbol{G}(t, \boldsymbol{H})$$

那么，若令

$$\boldsymbol{X}(t)=\boldsymbol{Y}(t)-\boldsymbol{H}(t)$$

则

$$\frac{\mathrm{d}\boldsymbol{Y}}{\mathrm{d}t}=\boldsymbol{G}(t, \boldsymbol{Y})$$

就等价于

$$\frac{\mathrm{d}\boldsymbol{X}}{\mathrm{d}t}=\frac{\mathrm{d}\boldsymbol{Y}}{\mathrm{d}t}-\frac{\mathrm{d}\boldsymbol{H}}{\mathrm{d}t}=\boldsymbol{G}(t, \boldsymbol{Y})-\boldsymbol{G}(t, \boldsymbol{H})=\boldsymbol{G}(t, \boldsymbol{X}+\boldsymbol{H})-\boldsymbol{G}(t, \boldsymbol{H})\equiv\boldsymbol{F}(t, \boldsymbol{X})$$

这里，$\boldsymbol{F}(t, \boldsymbol{0})=\boldsymbol{0}$（这里 $\boldsymbol{0}$ 表示二维零向量）。换句话说，微分方程组

$$\frac{\mathrm{d}\boldsymbol{Y}}{\mathrm{d}t}=\boldsymbol{G}(t, \boldsymbol{Y})$$

的求解问题，其实就等价于微分方程组

$$\frac{\mathrm{d}\boldsymbol{X}}{\mathrm{d}t}=\boldsymbol{F}(t, \boldsymbol{X})$$

的零解问题。

下面就在 $\boldsymbol{F}(t, \boldsymbol{X})$连续且具有连续偏导和 $\boldsymbol{F}(t, 0)=0$ 的假定下，来考虑微分方程组

$$\frac{\mathrm{d}\boldsymbol{X}}{\mathrm{d}t}=\boldsymbol{F}(t, \boldsymbol{X})$$

的解的稳定性问题。首先给出零解稳定、渐近稳定、稳定域、全局稳定、不稳定等的精确定义。

定义 6.4：若对任意给定的 $\varepsilon>0$，存在 $\delta(\varepsilon)>0$，使得当任意一个 $\boldsymbol{X}_0=(x_{01}, x_{02})^{\mathrm{T}}$

满足

$$|x_{01}|+|x_{02}|<\delta(\varepsilon)$$

时，微分方程组

$$\frac{\mathrm{d}\boldsymbol{X}}{\mathrm{d}t}=\boldsymbol{F}(t,\boldsymbol{X})$$

的满足初始条件 $\boldsymbol{X}(t_0)=\boldsymbol{X}_0$ 的解

$$\boldsymbol{X}=\boldsymbol{X}(t)=(x_1(t),x_2(t))^{\mathrm{T}}=\boldsymbol{X}(t;t_0,\boldsymbol{X}_0)$$

在区间 $t\geqslant t_0$ 上有定义，并且对一切 $t\geqslant t_0$ 都恒有不等式

$$|x_1(t)|+|x_2(t)|<\varepsilon$$

则称方程组

$$\frac{\mathrm{d}\boldsymbol{X}}{\mathrm{d}t}=\boldsymbol{F}(t,\boldsymbol{X})$$

的零解是稳定的。

如果

$$\frac{\mathrm{d}\boldsymbol{X}}{\mathrm{d}t}=\boldsymbol{F}(t,\boldsymbol{X})$$

的零解稳定，且存在这样的 $\delta_0>0$，使得当

$$|x_{01}|+|x_{02}|<\delta_0$$

时，满足初始条件

$$\boldsymbol{X}(t_0)=\boldsymbol{X}_0\equiv(x_{01},x_{02})^{\mathrm{T}}$$

的解 $\boldsymbol{X}(t)$恒有

$$\lim_{t\to\infty}\boldsymbol{X}(t)=\boldsymbol{0}$$

则称零解 $\boldsymbol{X}=\boldsymbol{0}$ 为渐近稳定的。这里极限 $\lim\limits_{t\to\infty}\boldsymbol{X}(t)$是指对二维向量的每个元素求

极限。

如果零解 $\boldsymbol{X}=\mathbf{0}$ 渐近稳定，且对二维区域 $\boldsymbol{D}_0$，当且仅当 $\boldsymbol{X}_0\in\boldsymbol{D}_0$ 时，满足初始条件 $\boldsymbol{X}(t_0)=\boldsymbol{X}_0$ 的解 $\boldsymbol{X}(t)$成立

$$\lim_{t\to\infty}\boldsymbol{X}(t)=\mathbf{0}$$

则称区域 $\boldsymbol{D}_0$ 为（渐近）稳定域或吸引域。若稳定域为整个二维平面，则称 $\boldsymbol{X}=\mathbf{0}$ 为全局渐近稳定，简称全局稳定。

如果对于某个给定的 $\varepsilon>0$，不管 $\delta>0$ 是多么小，总有 $\boldsymbol{X}_0=(x_{01}, x_{02})^{\mathrm{T}}$ 存在，它满足

$$|x_{01}|+|x_{02}|<\delta$$

而由初始条件

$$\boldsymbol{X}(t_0)=\boldsymbol{X}_0$$

所确定的解

$$\boldsymbol{X}(t)=(x_1(t), x_2(t))^{\mathrm{T}}$$

至少存在一个 $t_1>t_0$，使得

$$|x_1(t_1)|+|x_2(t_1)|\geqslant\varepsilon$$

则称微分方程组

$$\frac{\mathrm{d}\boldsymbol{X}}{\mathrm{d}t}=\boldsymbol{F}(t, \boldsymbol{X})$$

的零解是不稳定的。

第 3 节　纯对抗情形：轨线的分布与趋势

在对抗性赛博管理中，管理者与被管理者之间的相互影响和相互博弈关系，本来应该是本章第 1 节中的

$$\begin{cases}\dfrac{\mathrm{d}y}{\mathrm{d}t}=J_1(y,x,w)\\ \dfrac{\mathrm{d}x}{\mathrm{d}t}=J_0(y,x,w)\end{cases}$$

但由于这里的 w 中包含了不可控的随机因素，所以根本无处下手。于是，只好进行了简化，即忽略 w 中的随机因素，而只将它看成时间的函数。这便是本章第 2 节中研究的微分方程组

$$\frac{\mathrm{d}\boldsymbol{X}}{\mathrm{d}t}=\boldsymbol{F}(t,\boldsymbol{X})$$

如果再进一步地假定：外部环境因素对管理者（红客）和被管理者（黑客）的影响很小，甚至可以忽略（即对 x 的影响，主要来自 y；同理，对 y 的影响也主要来自 x），那么，便可在 $\boldsymbol{F}(t,\boldsymbol{X})$中去掉时间变量，成为 $\boldsymbol{F}(\boldsymbol{X})$；即在 $\boldsymbol{F}$ 中，时间 t 只以隐式出现，这便是本节要研究的问题，即考虑微分方程组

$$\frac{\mathrm{d}\boldsymbol{X}}{\mathrm{d}t}=\boldsymbol{F}(\boldsymbol{X})$$

在数学中，这样的赛博系统称为自治系统。为了更清楚，我们将该方程组重新记为以下等价考虑的微分方程组

$$\begin{cases}\dfrac{\mathrm{d}x}{\mathrm{d}t}=f(x,y)\\ \dfrac{\mathrm{d}y}{\mathrm{d}t}=g(x,y)\end{cases}$$

首先考虑解曲线（$x(t), y(t)$）在相平面上的投影情况。仍然假定 $f(x, y)$和 $g(x, y)$的所有偏导都连续。于是，只要 $f(x, y)$和 $g(x, y)$不同时为 0，便知：当 $f(x, y)\neq 0$ 时，有

$$\frac{\mathrm{d}y}{\mathrm{d}x}=\frac{g(x,y)}{f(x,y)}$$

或者，当 $g(x, y)\neq 0$ 时，有

$$\frac{\mathrm{d}x}{\mathrm{d}y}=\frac{f(x,y)}{g(x,y)}$$

由于函数 $\frac{y}{x}$ 或 $\frac{x}{y}$ 存在连续偏导，所以给定初始条件后，方程

$$\frac{\mathrm{d}y}{\mathrm{d}x}=\frac{g(x,y)}{f(x,y)}$$

或

$$\frac{\mathrm{d}x}{\mathrm{d}y}=\frac{f(x,y)}{g(x,y)}$$

的解存在且唯一。换句话说，对相平面（x, y）中的任意一个点（x_0, y_0），只要 $f(x_0, y_0)$和 $g(x_0, y_0)$不同时为 0，那么，就存在唯一的一条曲线（由方程

$$\frac{\mathrm{d}y}{\mathrm{d}x}=\frac{g(x,y)}{f(x,y)}$$

或

$$\frac{\mathrm{d}x}{\mathrm{d}y}=\frac{f(x,y)}{g(x,y)}$$

的解

$$\begin{cases} y=h(x) \\ y_0=h(x_0) \end{cases}$$

所确定的曲线）穿过该点（x_0, y_0）。其实，这条曲线就是上述自治系统的解（$x(t)$, $y(t)$）在相平面上的投影。

因此，余下只考虑同时满足

$$\begin{cases} f(x_0,y_0)=0 \\ g(x_0,y_0)=0 \end{cases}$$

的点（这样的点称为上面自治系统的平衡点或奇点），显然，此时 $x=x_0$ 和 $y=y_0$ 就是一组解。根据解的存在唯一性定理（见本书结论 6.1）便知：在（x, y）平面上，过奇点（x_0, y_0）也是有且只有一条轨线（即奇点本身）穿过。这是因为，如果有任何异于奇点

$$\begin{cases} x = x_0 \\ y = y_0 \end{cases}$$

的解的某个时刻 s 通过点（x_0, y_0），那么，选取时刻 s 为初始时刻，则在该时刻，自治系统通过同一点（x_0, y_0）的解将有两个而出现矛盾。

综合上面的两种情况便知：若将自治系统的每一个解（$x(t), y(t)$），看成三维坐标中沿时间变化而得的曲线，那么，这些曲线都互不相交；另外，这些曲线在二维相平面上的投影曲线（x, y），称为轨线，也是互不相交的。但是，这些轨线不相交并不意味着它们就没有分布规律。为了揭示这些规律，先来考虑最简单的常系数线性微分方程的求解问题，即

$$\begin{cases} \dfrac{\mathrm{d}x}{\mathrm{d}t} = a_{11}x + a_{12}y \\ \dfrac{\mathrm{d}y}{\mathrm{d}t} = a_{21}x + a_{22}y \end{cases}$$

前面其实已经说过，它就是纯对抗情形的最粗糙近似，即在泰勒级数中只保留了线性项，而略去了所有高阶项。为了更深入地研究其解，将该微分方程组重新记为

$$\boldsymbol{X}'=\boldsymbol{A}\boldsymbol{X}$$

其中

$$\boldsymbol{X}=(x, y)^{\mathrm{T}},\ \boldsymbol{X}'=\left[\frac{\mathrm{d}x}{\mathrm{d}t},\frac{\mathrm{d}y}{\mathrm{d}t}\right]^{\mathrm{T}}$$

$\boldsymbol{A}=[a_{ij}]$就是常系数二阶矩阵。于是，得出下列结论 6.7（可参考《常微分方程组与运动稳定性理论》[12]中第 1 章的定理 16）。

结论 6.7：常系数齐次微分方程组

$$\boldsymbol{X}'=\boldsymbol{A}\boldsymbol{X}$$

的基解矩阵是

$$\boldsymbol{G}(t)=\mathrm{e}^{\boldsymbol{A}t}$$

并且 $\boldsymbol{G}(0)$是二阶单位矩阵 $\boldsymbol{E}$。反之，满足 $\boldsymbol{G}(0)=\boldsymbol{E}$ 的基解矩阵就是 $\mathrm{e}^{\boldsymbol{A}t}$。这里 $\mathrm{e}^{\boldsymbol{A}}$ 和 $\mathrm{e}^{\boldsymbol{A}t}$ 分别定义为

$$\begin{cases}\mathrm{e}^{\boldsymbol{A}}=\sum\limits_{k=0}^{\infty}\dfrac{\boldsymbol{A}^k}{k!}=\boldsymbol{E}+\boldsymbol{A}+\dfrac{\boldsymbol{A}^2}{2}+\cdots+\dfrac{\boldsymbol{A}^n}{n!}+\cdots\\ \mathrm{e}^{\boldsymbol{A}t}=\sum\limits_{k=0}^{\infty}\dfrac{\boldsymbol{A}^k\cdot t^k}{k!}=\boldsymbol{E}+\boldsymbol{A}\cdot t+\boldsymbol{A}^2\cdot\dfrac{t^2}{2}+\cdots+\boldsymbol{A}^n\cdot\dfrac{t^n}{n!}+\cdots\end{cases}$$

式中，$\boldsymbol{A}^k$ 表示矩阵 $\boldsymbol{A}$ 的 k 次幂；$\boldsymbol{A}\cdot t$ 表示矩阵中的每个元素都乘以 t 后，所得到的矩阵。

上述结论虽看起来很简捷，但其实基解矩阵 $\mathrm{e}^{\boldsymbol{A}t}$ 是一个级数，直接计算很难出结果。因此，需要再考虑其他办法，为此先给出如下定义。

定义 6.5：设 $\boldsymbol{A}$ 是 n 阶矩阵，$\boldsymbol{E}$ 是 n 阶单位矩阵，称多项式

$$p(s)=\det(\boldsymbol{A}-s\boldsymbol{E})$$

为矩阵 $\boldsymbol{A}$ 的特征多项式；称方程

$$p(s)=0$$

的根 s 为特征根；若非零列向量 $\boldsymbol{U}$ 满足

$$(\boldsymbol{A}-s\boldsymbol{E})\boldsymbol{U}=0$$

则称 $\boldsymbol{U}$ 为矩阵 $\boldsymbol{A}$ 的、对应于特征根 s 的特征向量。

根据线性代数的已知结果有，如果矩阵 $\boldsymbol{A}$ 有 n 个不同的特征根，或者

$$p(s)=0$$

的每一个重根所对应的线性无关的特征向量的个数与特征根的重数相同，那么，矩阵 $\boldsymbol{A}$ 就刚好有 n 个线性无关的特征向量。于是，得出下列结论 6.8（可参考《常微分方程组与运动稳定性理论》[12]中第 1 章的定理 17 和定理 18）。

结论 6.8：考虑纯对抗性常系数赛博系统

$$\boldsymbol{X}'=\boldsymbol{AX}$$

这里 $\boldsymbol{A}$ 是二阶矩阵，那么：

（1）若 $\boldsymbol{A}$ 有 2 个线性无关的特征向量 $\boldsymbol{U}_1$、$\boldsymbol{U}_2$，它们对应的特征根分别为 a、b，那么，该微分方程组 $\boldsymbol{X}'=\boldsymbol{AX}$ 的基解矩阵 $\boldsymbol{G}(t)$就是（$\mathrm{e}^{at}\boldsymbol{U}_1$, $\mathrm{e}^{bt}\boldsymbol{U}_2$）。**提醒**：与结论 6.7 相比，此处基解矩阵的计算，显然更容易。当然，它们所指的基解矩阵并不相同，不过一定有某个可逆矩阵 $\boldsymbol{B}$，使得

$$\mathrm{e}^{\boldsymbol{A}t}=(\mathrm{e}^{at}\boldsymbol{U}_1, \mathrm{e}^{bt}\boldsymbol{U}_2)\boldsymbol{B}$$

（2）若 $\boldsymbol{A}$ 的特征根的实部都为负，则当 $t\to\infty$时，$\boldsymbol{X}'=\boldsymbol{AX}$ 的任一解都趋于 0。

（3）若 $\boldsymbol{A}$ 的特征根的实部都为非正，且实部为 0 的特征根的重数与所对应的线性无关特征向量的个数相同，则当 $t\to\infty$时，$\boldsymbol{X}'=\boldsymbol{AX}$ 的任一解都保持有界。

（4）若 $\boldsymbol{A}$ 的特征根至少有一个具有正实部，则当 $t\to\infty$时，$\boldsymbol{X}'=\boldsymbol{AX}$ 至少有一个解趋于无穷。

顺便说明一下，有了结论 6.8 中的齐次常系数线性微分方程组的解之后，非齐次情况就很容易了。此时，有

$$\begin{cases}\dfrac{\mathrm{d}x}{\mathrm{d}t}=a_{11}x+a_{12}y+f_1(t)\\\dfrac{\mathrm{d}y}{\mathrm{d}t}=a_{21}x+a_{22}y+f_2(t)\end{cases}$$

或者将它简记为

$$\boldsymbol{X}'=\boldsymbol{AX}+\boldsymbol{F}(t)$$

其中，$\boldsymbol{A}$ 和 $\boldsymbol{X}$ 的含义与上面的齐次情形相同，而

$$F(t)\equiv[f_1(t), f_2(t)]^{\mathrm{T}}$$

是连续的列向量函数。于是，该微分方程组的满足初值条件

$$X(a)=b\equiv(b_1, b_2)^{\mathrm{T}}$$

的解就等于

$$X(t)=e^{A(t-a)}b+\int_a^t e^{A(t-s)}F(s)ds$$

这里对列向量的积分，就是对列向量的每个元素分别进行积分后所获得的列向量。

纯对抗赛博系统

$$\frac{dX}{dt}=AX$$

的求解问题解决后，就来考虑轨线的一些细节，这些形象的结果有助于理解纯对抗赛博系统的态势。具体来说，我们将揭示在奇点的邻域内，轨线的趋势规律。首先考虑最简单的线性齐次情况，此时，系统就变成

$$\begin{cases}\dfrac{dx}{dt}=a_{11}x+a_{12}y\\ \dfrac{dy}{dt}=a_{21}x+a_{22}y\end{cases}$$

显然，坐标原点（0, 0）是奇点。如果二阶矩阵 $A=[a_{ij}]$可逆，即

$$a_{11}a_{22}-a_{12}a_{21}\neq0$$

则此奇点是唯一的。在矩阵 A 可逆的前提下，根据特征方程

$$\det(A-\lambda E)=0$$

的 2 个特征根的情况，便可揭示奇点邻域内轨线（x, y）的走向规律，并以此对奇点进行分类。

情况 1，*A* 的特征根 λ_1 和 λ_2 为同号相异实根。此时系统

$$\frac{\mathrm{d}\boldsymbol{X}}{\mathrm{d}t}=\boldsymbol{AX}$$

等价于

$$\begin{cases}\dfrac{\mathrm{d}\xi}{\mathrm{d}t}=\lambda_1\xi\\[2mm]\dfrac{\mathrm{d}\eta}{\mathrm{d}t}=\lambda_2\eta\end{cases}$$

其解为

$$\begin{cases}\xi=a\mathrm{e}^{\lambda_1 t}\\ \eta=b\mathrm{e}^{\lambda_2 t}\end{cases}$$

其中，a、b 为任意实常数。当 a=0 时，解变成

$$\begin{cases}\xi=0\\ \eta=b\mathrm{e}^{\lambda_2 t}\end{cases}$$

这意味着：η 轴的上、下半轴均为轨线；同理，当 b=0 时，ξ 轴的左、右半轴也是轨线。

当 λ_1 和 λ_2 同为负实数时，零解是渐近稳定的。当 $\lambda_2<\lambda_1<0$ 时，由于

$$\frac{\mathrm{d}\eta}{\mathrm{d}\xi}=\frac{\lambda_2\eta}{\lambda_1\xi}=\frac{b\lambda_2\mathrm{e}^{\lambda_2 t}}{a\lambda_1\mathrm{e}^{\lambda_1 t}}\to 0 \quad （当 t\to\infty）$$

因此，轨线将与 ξ 轴相切于原点（与 η 轴重合的轨线除外），这里相平面的轨线如图 6-1（a）所示。类似地，当 $\lambda_1<\lambda_2<0$ 时，有

$$\frac{\mathrm{d}\xi}{\mathrm{d}\eta}\to 0 \quad （当 t\to\infty）$$

因此，轨线与 η 轴相切于原点，如图 6-1（b）所示。故从图 6-1 可见，当特征根为同号相异实数时，除个别轨线外，所有轨线均与同一直线相切于原点。

在其邻域内轨线具有该性态的奇点，称为结点。当 λ_1 和 λ_2 同为负时，方程的零解渐近稳定，称对应的奇点为稳定结点。

同理，若 λ_1 和 λ_2 同为正数时，原点将为不稳定的结点；当 $t\to-\infty$时，轨线趋于原点（在图 6-1 中，我们约定箭头均指向时间 t 增大的方向）。

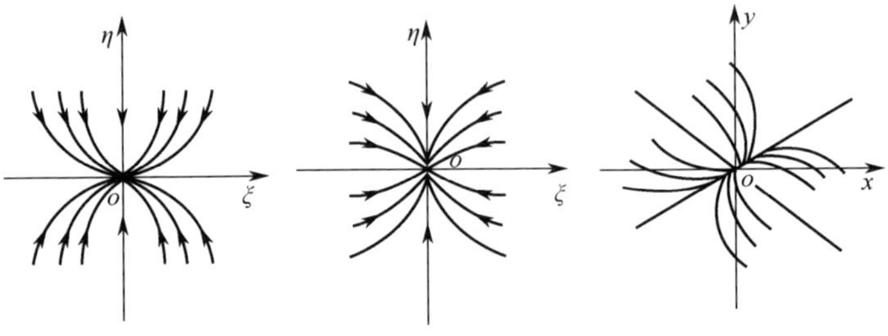

(a) $\lambda_2<\lambda_1<0$　(b) $\lambda_1<\lambda_2<0$　(c)

图 6-1　结点邻域内的轨线趋势

情况 2，$\boldsymbol{A}$ 的特征根 λ_1 和 λ_2 为异号实根。此时与情况 1 类似，系统也等价于

$$\begin{cases}\dfrac{\mathrm{d}\xi}{\mathrm{d}t}=\lambda_1\xi\\[2mm]\dfrac{\mathrm{d}\eta}{\mathrm{d}t}=\lambda_2\eta\end{cases}$$

同理，ξ 轴的左、右半轴是轨线，η 轴的上、下半轴也是轨线。在原点附近，轨线的趋势如图 6-2 所示。因其形状如鞍，这样的奇点称为鞍点，它是不稳定的。

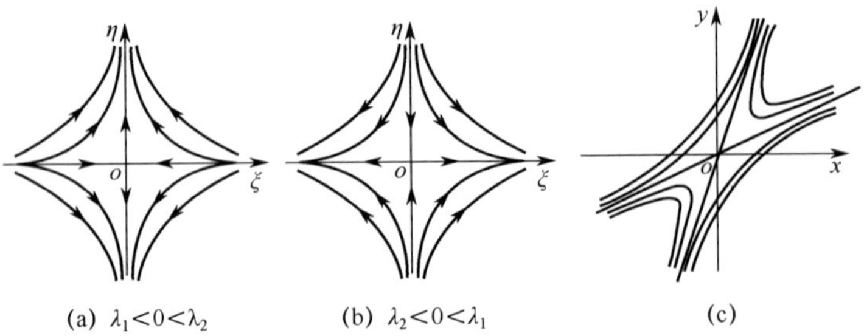

(a) $\lambda_1<0<\lambda_2$　(b) $\lambda_2<0<\lambda_1$　(c)

图 6-2　鞍点邻域内的轨线趋势

情况 3，矩阵 $\boldsymbol{A}=[a_{ij}]$的特征根为重根。这时又可再细分为两种情况：

第一，当（a_{12}, a_{21}）≠（0, 0）时，方程

$$\frac{\mathrm{d}\boldsymbol{X}}{\mathrm{d}t}=\boldsymbol{AX}$$

可等价于以下标准形式

$$\begin{cases}\dfrac{\mathrm{d}\xi}{\mathrm{d}t}=\lambda\xi+\eta\\ \dfrac{\mathrm{d}\eta}{\mathrm{d}t}=\lambda\eta\end{cases}$$

其解为

$$\begin{cases}\xi=(at+b)\mathrm{e}^{\lambda t}\\ \eta=a\mathrm{e}^{\lambda t}\end{cases}$$

其中，λ 为实特征根，a、b 为任意实常数。取 a=0 可知，无论 λ 是正或负，ξ 轴的左、右半轴都是轨线。

当 $\lambda<0$ 时，零解是渐近稳定的。在 $a\neq0$ 且当 $t\to\infty$时，有

$$\frac{\eta(t)}{\xi(t)}=\frac{a}{at+b}\to0$$

又当 $t=\dfrac{-b}{a}$ 时，有

$$\begin{cases}\xi=0\\ \eta=a\mathrm{e}^{\frac{-b\lambda}{a}}\end{cases}$$

且当 t 由小到大经过 $\dfrac{-b}{a}$ 时，ξ 要变号，因此，轨线将越过 η 轴而切 ξ 轴于原点，如图 6-3（a）所示。所有轨线分别按两个相对的方向趋向奇点时，这样的奇点就称为稳定的退化结点。

当 $\lambda>0$ 时，所对应的奇点称为不稳定的退化结点，如图 6-3（b）所示。

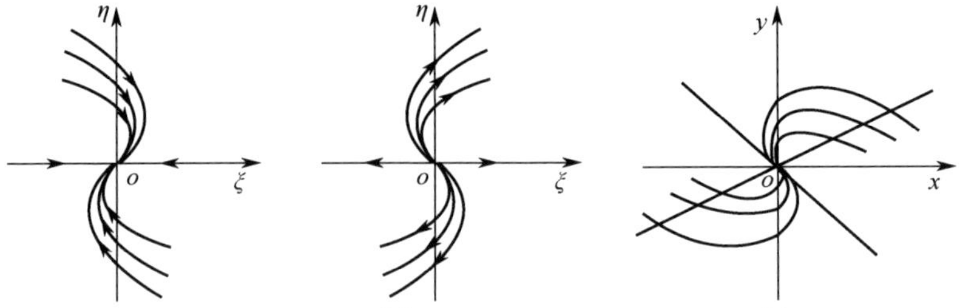

(a) $\lambda<0$　　(b) $\lambda>0$　　(c)

图 6-3　退化结点邻域内的轨线趋势

第二，当（a_{12}, a_{21}）=（0, 0）时，此时必有

$$a_{11}=a_{22}=\lambda$$

方程

$$\frac{\mathrm{d}\boldsymbol{X}}{\mathrm{d}t}=\boldsymbol{AX}$$

本身就是以下标准形式

$$\begin{cases}\dfrac{\mathrm{d}x}{\mathrm{d}t}=\lambda x\\ \dfrac{\mathrm{d}y}{\mathrm{d}t}=\lambda y\end{cases}$$

其解为

$$\begin{cases}x=a\mathrm{e}^{\lambda t}\\ y=b\mathrm{e}^{\lambda t}\end{cases}$$

a、b 为实常数。分别取 a=0 或 b=0 可知：y 轴的上、下半轴，x 轴的左、右半轴都是轨线。当 $a\neq0$ 时，轨线方程可写成：

$$y=\frac{bx}{a}$$

因此，轨线是趋向（或远离）奇点的半射线，如图 6-4 所示。与前面两种结点不同，此时，对每一方向，皆有轨线沿它趋向或远离奇点，这样的奇点称为奇结点。

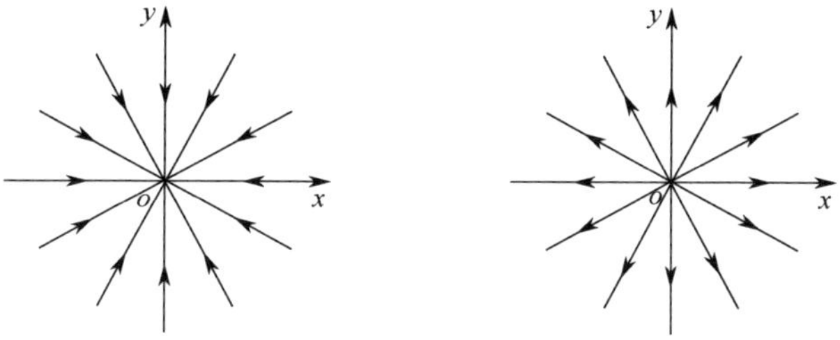

(a) $\lambda<0$　　(b) $\lambda>0$

图 6-4　奇结点邻域内的轨线趋势

情况 4，矩阵 $\boldsymbol{A}$ 的特征根为实部非零的复根，即

$$\begin{cases}\lambda_1=\alpha+\mathrm{i}\beta\\ \lambda_2=\alpha-\mathrm{i}\beta\end{cases}$$

这里 α、β 均不为 0。此时的微分方程组可等价为

$$\begin{cases}\dfrac{\mathrm{d}\xi}{\mathrm{d}t}=\alpha\xi+\beta\eta\\ \dfrac{\mathrm{d}\eta}{\mathrm{d}t}=-\beta\xi+\alpha\eta\end{cases}$$

若再引入极坐标，即可以令

$$\begin{cases}\xi=r\cos\theta\\ \eta=r\sin\theta\end{cases}$$

那么，微分方程组又可进一步等价为

$$\begin{cases}\dfrac{\mathrm{d}r}{\mathrm{d}t}=\alpha r\\ \dfrac{\mathrm{d}\theta}{\mathrm{d}t}=-\beta\end{cases}$$

其解为

$$\begin{cases} r = u\mathrm{e}^{\alpha t} \\ \theta = -\beta t + v \end{cases}$$

其中，$u>0$，v 为任意常数。从该解的形式可知，轨线为一族对数螺旋线，盘旋着趋向或远离原点，如图 6-5 所示，这种奇点，称为焦点。

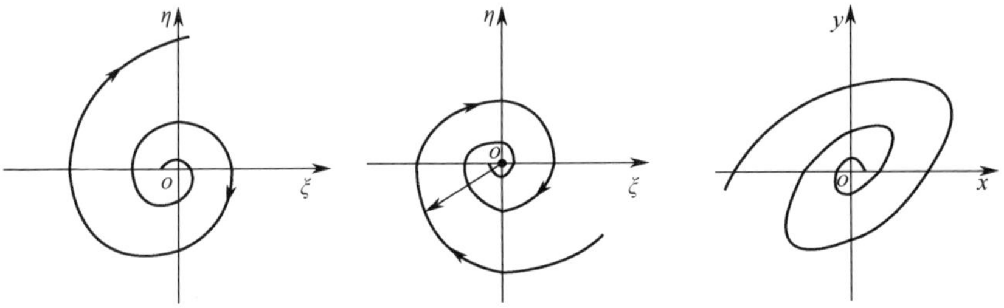

图 6-5　焦点邻域内的轨线趋势

情况 5，矩阵 $\boldsymbol{A}$ 的 2 个特征根为纯虚根，即

$$\begin{cases} \lambda_1 = \beta \mathrm{i} \\ \lambda_2 = -\beta \mathrm{i} \end{cases}$$

这时方程组可等价于

$$\begin{cases} \dfrac{\mathrm{d}\xi}{\mathrm{d}t} = \beta\eta \\ \dfrac{\mathrm{d}\eta}{\mathrm{d}t} = -\beta\xi \end{cases}$$

于是

$$\xi\frac{\mathrm{d}\xi}{\mathrm{d}t} + \eta\frac{\mathrm{d}\eta}{\mathrm{d}t} = 0$$

或者等价于

$$\xi^2 + \eta^2 = C^2$$

所以，轨线是一族以原点为中心，C 为半径的圆，如图 6-6 所示，这时的奇点叫中心，它是稳定的，但非渐近稳定。

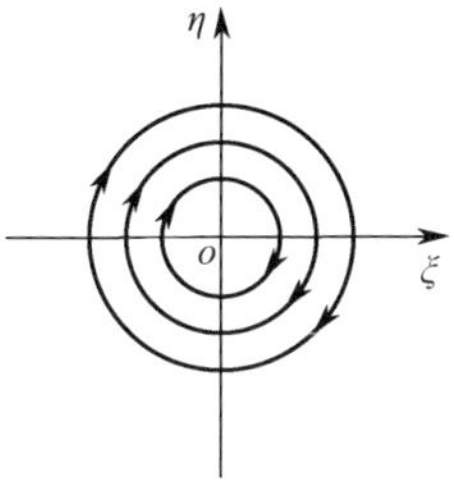

(a) $\alpha=0$，$\beta>0$

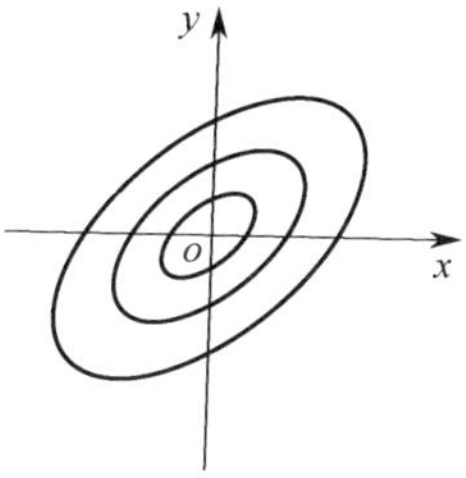

(b)

图 6-6　中心邻域内的轨线趋势

综合以上 5 种情况，我们可以将线性齐次纯对抗系统

$$\begin{cases}\dfrac{\mathrm{d}x}{\mathrm{d}t}=a_{11}x+a_{12}y\\ \dfrac{\mathrm{d}y}{\mathrm{d}t}=a_{21}x+a_{22}y\end{cases}$$

的奇点（0, 0）的特性和分类，用表 6-1 来归纳。

表 6-1　线性齐次纯对抗系统的零奇点分类与特性

p	q	p^2-4q	λ_1,λ_2	奇点类型
	<0		$\lambda_1\lambda_2<0$	鞍点
>0	>0	>0	$\lambda_1<0$，$\lambda_2<0$，$\lambda_1\neq\lambda_2$	稳定结点
>0	>0	=0	$\lambda_1=\lambda_2<0$	稳定临界结点或稳定退化结点
>0	>0	<0	$\lambda_{1,2}=\mu\pm v\mathrm{i}$，$\mu<0$，$v\neq0$	稳定焦点
=0	>0	<0	$\lambda_{1,2}=\pm v\mathrm{i}$，$v\neq0$	中心
<0	>0	<0	$\lambda_{1,2}=\mu\pm v\mathrm{i}$，$\mu>0$，$v\neq0$	不稳定焦点
<0	>0	=0	$\lambda_1=\lambda_2>0$	不稳定临界结点或不稳定退化结点
<0	>0	>0	$\lambda_1>0$，$\lambda_2>0$，$\lambda_1\neq\lambda_2$	不稳定结点

其中，$p=-(a_{11}+a_{22})$，$q=a_{11}a_{22}-a_{12}a_{21}$，$\lambda_1=-\dfrac{p}{2}+\dfrac{1}{2}\sqrt{p^2-4q}$，$\lambda_2=-\dfrac{p}{2}-\dfrac{1}{2}\sqrt{p^2-4q}$。

至此，已经花费了不少篇幅，全面分析了最简单的、纯对抗赛博系统

$$\frac{\mathrm{d}\boldsymbol{X}}{\mathrm{d}t}=\boldsymbol{AX}$$

的 0 解奇点邻域内轨线的趋势，形象地刻画了轨线的细节。其实，在某些假定

下，更一般的自治系统

$$\begin{cases}\dfrac{\mathrm{d}x}{\mathrm{d}t}=a_{11}x+a_{12}y+P(x,y)\\ \dfrac{\mathrm{d}y}{\mathrm{d}t}=a_{21}x+a_{22}y+Q(x,y)\end{cases}$$

的奇点邻域的轨线，也有类似的趋势。具体来说，假若 $P(x, y)$和 $Q(x, y)$对 x 和 y 都有二阶连续偏导，并且

$$P(0, 0)=Q(0, 0)=0$$

还有 $P(x, y)$和 $Q(x, y)$在原点附近是关于 x 和 y 的高阶无穷小。同时可以得出（可参考《常微分方程组与运动稳定性理论》[12]中第 2 章定理 1）：如果矩阵

$$\boldsymbol{A}=[a_{ij}]$$

可逆，且当（x, y）趋于（0, 0）时，$P(x, y)$、$Q(x, y)$是关于$\left(\sqrt{x^2+y^2}\right)^{1+\varepsilon}$的高阶无穷小（$\varepsilon$ 为确定的正数），则当原点是其对应的线性齐次方程组

$$\begin{cases}\dfrac{\mathrm{d}x}{\mathrm{d}t}=a_{11}x+a_{12}y\\ \dfrac{\mathrm{d}y}{\mathrm{d}t}=a_{21}x+a_{22}y\end{cases}$$

的结点（鞍点、焦点）时，它也是该一般自治系统的结点（鞍点、焦点）且稳定性也不变。而当原点是对应齐次线性情况的中心时，则该一般自治系统的原点可能是中心，也可能成为稳定焦点或不稳定焦点。

第 4 节　纯对抗情形：轨线的稳定性

上一节详细介绍了纯对抗赛博系统零解（即各种奇点）邻域内轨线的分布和趋势细节。本节将转向零解的稳定性分析。

仍然先考虑最简单的常系数线性齐次情形

$$\frac{\mathrm{d}\boldsymbol{X}}{\mathrm{d}t}=\boldsymbol{A}\boldsymbol{X}$$

于是，可以得出结论 6.9（可参考《常微分方程组与运动稳定性理论》[12]中第 2 章的定理 2）。

结论 6.9：微分方程组

$$\frac{\mathrm{d}\boldsymbol{X}}{\mathrm{d}t}=\boldsymbol{A}\boldsymbol{X}$$

的零解稳定性，按下列情况，取决于矩阵 $\boldsymbol{A}$ 的特征根：

（1）若 $\boldsymbol{A}$ 的特征根均具有负实部，则方程组

$$\frac{\mathrm{d}\boldsymbol{X}}{\mathrm{d}t}=\boldsymbol{A}\boldsymbol{X}$$

的零解是渐近稳定的。

（2）若 $\boldsymbol{A}$ 有正实部的特征根，则方程组

$$\frac{\mathrm{d}\boldsymbol{X}}{\mathrm{d}t}=\boldsymbol{A}\boldsymbol{X}$$

的零解是不稳定的。

（3）若矩阵 $\boldsymbol{A}$ 没有正实部的特征根，但有纯虚特征根（包括零根）。这时，有：

① 若所有纯虚特征根的重数等于其所对应的特征向量的个数，则方程组

$$\frac{\mathrm{d}\boldsymbol{X}}{\mathrm{d}t}=\boldsymbol{A}\boldsymbol{X}$$

的零解是稳定的，但非渐近稳定。

② 若至少有一个纯虚特征根的重数大于其所对应的特征向量的个数，则方程组

$$\frac{\mathrm{d}\boldsymbol{X}}{\mathrm{d}t}=\boldsymbol{A}\boldsymbol{X}$$

的零解是不稳定的。

上面的结论 6.9 解决了常系数线性齐次方程组

$$\frac{\mathrm{d}\boldsymbol{X}}{\mathrm{d}t}=\boldsymbol{AX}$$

的零解的稳定性问题，下面再考虑更一般的情况

$$\frac{\mathrm{d}\boldsymbol{X}}{\mathrm{d}t}=\boldsymbol{AX}+\boldsymbol{R}(\boldsymbol{X})$$

其中

$$\begin{cases}\boldsymbol{X}=(x,y)^{\mathrm{T}}\\ \boldsymbol{R}(\boldsymbol{X})=(f(x,y),g(x,y))^{\mathrm{T}}\\ \boldsymbol{R}(\boldsymbol{0})=(0,0)^{\mathrm{T}}\equiv\boldsymbol{0}\end{cases}$$

且满足当 $|x|+|y|\to 0$ 时，有

$$\frac{|f(x,y)|+|g(x,y)|}{|x|+|y|}\to 0$$

同时可知（可参考《常微分方程组与运动稳定性理论》[12]中第 2 章的定理 3），该方程组

$$\frac{\mathrm{d}\boldsymbol{X}}{\mathrm{d}t}=\boldsymbol{AX}+\boldsymbol{R}(\boldsymbol{X})$$

零解的稳定性，与它的一次近似方程组

$$\frac{\mathrm{d}\boldsymbol{X}}{\mathrm{d}t}=\boldsymbol{AX}$$

的零解的稳定性密切相关。具体来说有下列结论 6.10。

结论 6.10：若矩阵 $\boldsymbol{A}$ 的特征根均具有负实部，或至少有一个特征根具有正实部，则满足上述条件的微分方程组

$$\frac{\mathrm{d}\boldsymbol{X}}{\mathrm{d}t}=\boldsymbol{AX}+\boldsymbol{R}(\boldsymbol{X})$$

的零解的稳定性，与其一次近似方程组

$$\frac{\mathrm{d}\boldsymbol{X}}{\mathrm{d}t}=\boldsymbol{AX}$$

的零解稳定性相同。

接下来考虑一般的常系数纯对抗性赛博系统

$$\frac{\mathrm{d}\boldsymbol{X}}{\mathrm{d}t}=\boldsymbol{F}(\boldsymbol{X})$$

$$\boldsymbol{X}=(x, y)^{\mathrm{T}}，\boldsymbol{F}(\boldsymbol{X})=(f(x, y), g(x, y))^{\mathrm{T}}，\boldsymbol{F}(\boldsymbol{0})=(0, 0)^{\mathrm{T}}$$

设 $f(x, y)$、$g(x, y)$在某个区域

$$G=\{(x, y): |x|+|y| \leqslant H\}$$

（H 为一个正值常数）内对 x 和 y 有连续偏导数，因而方程组

$$\frac{\mathrm{d}\boldsymbol{X}}{\mathrm{d}t}=\boldsymbol{F}(\boldsymbol{X})$$

由初始条件

$$\boldsymbol{X}(t_0)=\boldsymbol{X}_0=(x_0, y_0)^{\mathrm{T}}$$

所确定的解，在原点的某个邻域内存在且唯一；而且

$$\boldsymbol{X}=(x, y)^{\mathrm{T}}=(0, 0)^{\mathrm{T}}$$

还是该方程组的一个特解。为了研究零解的稳定性，先给出定义 6.6。

定义 6.6：设

$$V(\boldsymbol{X})=V(x, y)$$

是定义在坐标原点$(0, 0)^{\mathrm{T}}$的某邻域

$$G=\{(x, y): |x|+|y| \leqslant H\}$$

内的实值连续函数（其中，H 为一个正值常数），且具有关于 x 和 y 的连续偏导

数，$V(0, 0)=0$。如果在此邻域 G 内恒有

$$V(\boldsymbol{X})\geqslant 0$$

则称函数 V 为常正的。如果对一切 $\boldsymbol{X}\neq(0, 0)^{\mathrm{T}}$ 都有

$$V(\boldsymbol{X})>0$$

则称函数 V 为定正的。如果$-V(\boldsymbol{X})$是定正（或常正）的，则称函数 V 为定负（或常负）的。如果它既非定号也非常号，那就称 $V(\boldsymbol{X})$为变号的，即无论 H 多么小，函数 $V(\boldsymbol{X})$在邻域 G 中，都既有正值，也有负值。

将微分方程组

$$\frac{\mathrm{d}\boldsymbol{X}}{\mathrm{d}t}=\boldsymbol{F}(\boldsymbol{X})$$

的某组解（x, y）代入 $V(\boldsymbol{X})$，然后对 t 求导数，就有

$$\frac{\mathrm{d}V}{\mathrm{d}t}=\frac{\partial V}{\partial x}\frac{\mathrm{d}x}{\mathrm{d}t}+\frac{\partial V}{\partial y}\frac{\mathrm{d}y}{\mathrm{d}t}=\frac{\partial V}{\partial x}f(x,y)+\frac{\partial V}{\partial y}g(x,y)$$

这里的$\dfrac{\mathrm{d}V}{\mathrm{d}t}$就叫作函数 V 通过方程组

$$\frac{\mathrm{d}\boldsymbol{X}}{\mathrm{d}t}=\boldsymbol{F}(\boldsymbol{X})$$

的全导数。

于是，可得出结论 6.11（可参考《常微分方程组与运动稳定性理论》[12]中第 2 章的定理 5 至定理 10）。

结论 6.11：关于方程组

$$\frac{\mathrm{d}\boldsymbol{X}}{\mathrm{d}t}=\boldsymbol{F}(\boldsymbol{X})$$

的零解稳定性，有：

（1）如果对微分方程组

$$\frac{\mathrm{d}\boldsymbol{X}}{\mathrm{d}t}=\boldsymbol{F}(\boldsymbol{X})$$

可以找到一个定正（定负）函数 $V(\boldsymbol{X})$，它通过

$$\frac{\mathrm{d}\boldsymbol{X}}{\mathrm{d}t}=\boldsymbol{F}(\boldsymbol{X})$$

的全导数为常负（常正）的或恒等于零，则方程组

$$\frac{\mathrm{d}\boldsymbol{X}}{\mathrm{d}t}=\boldsymbol{F}(\boldsymbol{X})$$

的零解就是稳定的。

（2）如果可以找到一个定正（定负）函数 $V(\boldsymbol{X})$，它通过

$$\frac{\mathrm{d}\boldsymbol{X}}{\mathrm{d}t}=\boldsymbol{F}(\boldsymbol{X})$$

的全导数为定负（定正）的，则方程组

$$\frac{\mathrm{d}\boldsymbol{X}}{\mathrm{d}t}=\boldsymbol{F}(\boldsymbol{X})$$

的零解就是渐近稳定的。

（3）如果存在一个函数 $V(\boldsymbol{X})$，使得它通过方程组

$$\frac{\mathrm{d}\boldsymbol{X}}{\mathrm{d}t}=\boldsymbol{F}(\boldsymbol{X})$$

的全导数是定正的（定负的），且在坐标原点的任何邻域中，V 总能取得正值（负值），则方程组

$$\frac{\mathrm{d}\boldsymbol{X}}{\mathrm{d}t}=\boldsymbol{F}(\boldsymbol{X})$$

的零解是不稳定的。

（4）如果可以找到满足以下两个条件的函数 $V(\boldsymbol{X})$，那么，方程组

$$\frac{\mathrm{d}\boldsymbol{X}}{\mathrm{d}t}=\boldsymbol{F}(\boldsymbol{X})$$

的零解就是不稳定的。其中，条件 1 是，在坐标原点的任意小邻域中，都存在 $V>0$ 的区域 K，使得在该区域 K 的边界上 $V=0$；条件 2 是，对于在该区域 K 内的所有点，$\frac{\mathrm{d}V}{\mathrm{d}t}$ 取正值。

（5）如果存在一个函数 $V(\boldsymbol{X})$和一个正数 β，使得在区域 G 内恒有

$$\frac{\mathrm{d}V}{\mathrm{d}t}\geqslant\beta V$$

且函数 V 在坐标原点的任一邻域内总能取得正值，则方程组

$$\frac{\mathrm{d}\boldsymbol{X}}{\mathrm{d}t}=\boldsymbol{F}(\boldsymbol{X})$$

的零解是不稳定的。

（6）如果存在定正函数 $V(\boldsymbol{X})$，它通过方程组

$$\frac{\mathrm{d}\boldsymbol{X}}{\mathrm{d}t}=\boldsymbol{F}(\boldsymbol{X})$$

的全导数 $\frac{\mathrm{d}V}{\mathrm{d}t}$ 为常负，且使在集合 $\left\{(a,b):\left.\frac{\mathrm{d}V}{\mathrm{d}t}\right|_{\substack{x=a\\y=b}}=0\right\}$ 中，除零解（$\boldsymbol{X}=\boldsymbol{0}$）外，不含有方程组

$$\frac{\mathrm{d}\boldsymbol{X}}{\mathrm{d}t}=\boldsymbol{F}(\boldsymbol{X})$$

的整条轨线，则方程组

$$\frac{\mathrm{d}\boldsymbol{X}}{\mathrm{d}t}=\boldsymbol{F}(\boldsymbol{X})$$

的零解是渐近稳定的。

（7）如果存在函数 $V(\boldsymbol{X})$，它在坐标原点的任一邻域内不是常负的，而通过方程组

$$\frac{\mathrm{d}\boldsymbol{X}}{\mathrm{d}t}=\boldsymbol{F}(\boldsymbol{X})$$

的全导数 $\frac{\mathrm{d}V}{\mathrm{d}t}$ 是常正的，且在使

$$\frac{\mathrm{d}V}{\mathrm{d}t}=0$$

的点的集合中，除原点外，不包含方程组

$$\frac{\mathrm{d}\boldsymbol{X}}{\mathrm{d}t}=\boldsymbol{F}(\boldsymbol{X})$$

的整条轨线，则方程组

$$\frac{\mathrm{d}\boldsymbol{X}}{\mathrm{d}t}=\boldsymbol{F}(\boldsymbol{X})$$

的零解是不稳定的。

定义 6.7：如果函数 $V(\boldsymbol{X})=V(x, y)$在整个二维平面上有定义，且对任何实数 $M>0$，恒存在 $R>0$，使得当

$$|x|+|y|>R$$

时，有不等式

$$V(\boldsymbol{X})=V(x, y)>M$$

则称函数 $V(\boldsymbol{X})$是无穷大的。

于是，可得出零解全局稳定性结果，即结论 6.12（可参考《常微分方程组与运动稳定性理论》[12]中第 2 章的定理 11 和定理 12）。

结论 6.12：如果在微分方程组

$$\frac{\mathrm{d}\boldsymbol{X}}{\mathrm{d}t}=\boldsymbol{F}(\boldsymbol{X})$$

中，函数

$$\boldsymbol{F}(\boldsymbol{X})=\boldsymbol{F}(x, y)$$

在整个平面上连续，处处满足解的存在唯一性条件，且原点（0, 0）是方程组

$$\frac{\mathrm{d}\boldsymbol{X}}{\mathrm{d}t}=\boldsymbol{F}(\boldsymbol{X})$$

的唯一奇点，那么便有：

（1）如果存在定正的、具有无穷大性质的函数 $V(\boldsymbol{X})$，它对于系统

$$\frac{\mathrm{d}\boldsymbol{X}}{\mathrm{d}t}=\boldsymbol{F}(\boldsymbol{X})$$

的全导数 $\frac{\mathrm{d}V}{\mathrm{d}t}$ 在整个平面上是定负的，则方程组

$$\frac{\mathrm{d}\boldsymbol{X}}{\mathrm{d}t}=\boldsymbol{F}(\boldsymbol{X})$$

的零解就是全局渐近稳定的；

（2）如果存在定正的、具有无穷大性质的函数 $V(\boldsymbol{X})$，它对于系统

$$\frac{\mathrm{d}\boldsymbol{X}}{\mathrm{d}t}=\boldsymbol{F}(\boldsymbol{X})$$

的全导数 $\frac{\mathrm{d}V}{\mathrm{d}t}$ 是常负的，且在使

$$\frac{\mathrm{d}V}{\mathrm{d}t}=0$$

的点的集合中，除原点（0, 0）之外，不包含方程组

$$\frac{\mathrm{d}\boldsymbol{X}}{\mathrm{d}t}=\boldsymbol{F}(\boldsymbol{X})$$

的整条轨线，则方程组

$$\frac{\mathrm{d}\boldsymbol{X}}{\mathrm{d}t}=\boldsymbol{F}(\boldsymbol{X})$$

的零解是全局渐近稳定的。

前面的结论 6.9 讨论了齐次线性方程组

$$\frac{\mathrm{d}\boldsymbol{X}}{\mathrm{d}t}=\boldsymbol{AX}$$

的局部稳定性，作为结论 6.12 的特例，可以得出方程组

$$\frac{\mathrm{d}\boldsymbol{X}}{\mathrm{d}t}=\boldsymbol{F}(\boldsymbol{X})$$

的全局稳定性结果（可参考《常微分方程》[11]中第 2 章的定理 13），即结论 6.13。

结论 6.13：在线性齐次纯对抗赛博系统

$$\frac{\mathrm{d}\boldsymbol{X}}{\mathrm{d}t}=\boldsymbol{AX}$$

中，如果矩阵 $\boldsymbol{A}=[a_{ij}]$的所有 2 个特征根均具有负实部，则方程组

$$\frac{\mathrm{d}\boldsymbol{X}}{\mathrm{d}t}=\boldsymbol{AX}$$

的零解就是全局渐近稳定的。

第 5 节 纯对抗情形：周期解和极限圈

在本节中，讨论纯对抗赛博系统的另外两个重要方面：周期解和极限圈。它们也很形象地描述了管理者（红客）和被管理者（黑客）综合博弈的最终走势。当然，也事先假定该系统

$$\frac{\mathrm{d}\boldsymbol{X}}{\mathrm{d}t}=\boldsymbol{F}(\boldsymbol{X})=(f(x,y),g(x,y))^{\mathrm{T}}$$

中的函数 $f(x,y)$和 $g(x,y)$都具有一阶连续偏导数。

前面已经说过，对于方程组

$$\frac{\mathrm{d}\boldsymbol{X}}{\mathrm{d}t}=\boldsymbol{F}(\boldsymbol{X})$$

的所有解

$$(x, y)=(x(t), y(t))$$

形成的曲线，无论是从三维空间（t, x, y）的角度，还是从二维平面（x, y）（即三维空间在二维平面上的投影）来看，这些曲线都是互不相交的。因此，可以得出结论 6.14 和结论 6.15（可参考《常微分方程组与运动稳定性理论》[12]中第 2 章第 5 节的性质 1 和性质 2）。

结论 6.14：若

$$\begin{cases} x = x(t) \\ y = y(t) \end{cases}$$

是纯对抗系统

$$\frac{\mathrm{d}\boldsymbol{X}}{\mathrm{d}t}=\boldsymbol{F}(\boldsymbol{X})$$

的解，则对任意常数 a，函数组（$x(t+a), y(t+a)$）也是方程组

$$\frac{\mathrm{d}\boldsymbol{X}}{\mathrm{d}t}=\boldsymbol{F}(\boldsymbol{X})$$

的解，而且，它们都位于同一条解轨线上。

由结论 6.14 可知，今后在考虑初始条件（t_0, x_0, y_0），即 $x(t_0)=x_0$ 和 $y(t_0)=y_0$ 时，可以只考虑 $t_0=0$ 的情况，因为别的情况只是它的某个移位而已。换句话说

$$\frac{\mathrm{d}\boldsymbol{X}}{\mathrm{d}t}=\boldsymbol{F}(\boldsymbol{X})$$

的解都可以一般性地记为 $x(t; x_0, y_0)$和 $y(t; x_0, y_0)$。

结论 6.15：纯对抗系统

$$\frac{\mathrm{d}\boldsymbol{X}}{\mathrm{d}t}=\boldsymbol{F}(\boldsymbol{X})$$

的任一解 $x(t; x_0, y_0)$和 $y(t; x_0, y_0)$都满足以下重要的递归式

$$\begin{cases}x(t_2+t_1;x_0,y_0)=x(t_2;x(t_1;x_0,y_0),y(t_1;x_0,y_0))\\y(t_2+t_1;x_0,y_0)=y(t_2;x(t_1;x_0,y_0),y(t_1;x_0,y_0))\end{cases}$$

该结论有非常形象的物理意义：纯对抗的双方在 t=0 时开始博弈，并在 t_1 时刻到达状态

$$\begin{cases}x_1=x(t_1;x_0,y_0)\\y_1=y(t_1;x_0,y_0)\end{cases}$$

接着，又在该时刻从状态（x_1, y_1）出发，经过 t_2 时刻后，到达的状态为

$$\begin{cases}x_2=(t_2;x_1,y_1)\\y_2=(t_2;x_1,y_1)\end{cases}$$

其实，这也相当于双方直接在 t=0 时刻，从（x_0, y_0）出发，并在 t_1+t_2 时刻，也到达状态（x_2, y_2）。

根据上面的结论 6.14 和结论 6.15 可知，纯对抗系统的综合博弈状态走势，就很像稳定的水流一样，在同一条轨线上存在着无穷多个运动（对应于

$$\frac{\mathrm{d}\boldsymbol{X}}{\mathrm{d}t}=\boldsymbol{F}(\boldsymbol{X})$$

的无穷多个解)，它们在同一条曲线上流动；同一轨线上每两个不同的运动，经过同一点的时间差是一个定数。而且后面将指出：

$$\frac{\mathrm{d}\boldsymbol{X}}{\mathrm{d}t}=\boldsymbol{F}(\boldsymbol{X})$$

的轨线其实只有三种，即奇点、不自交的轨线、闭轨线。

关于奇点，我们在前面已经指出：纯对抗系统

$$\frac{\mathrm{d}\boldsymbol{X}}{\mathrm{d}t}=\boldsymbol{F}(\boldsymbol{X})$$

的任何异于奇点的解，都不可能在有限时间内到达奇点，虽然它们可能无限逼近奇点。反过来，将得出结论 6.16（可参考《常微分方程组与运动稳定性理论》[12]中第 2 章的定理 14）。

结论 6.16：如果纯对抗系统

$$\frac{\mathrm{d}\boldsymbol{X}}{\mathrm{d}t}=\boldsymbol{F}(\boldsymbol{X})$$

的解

$$\begin{cases} x = x(t) \\ y = y(t) \end{cases}$$

满足，当 $t \to +\infty$（或 $t \to -\infty$）时，有 $x(t) \to x_0$，$y(t) \to y_0$，那么（x_0, y_0）必定是

$$\frac{\mathrm{d}\boldsymbol{X}}{\mathrm{d}t}=\boldsymbol{F}(\boldsymbol{X})$$

的一个奇点。

关于纯对抗系统

$$\frac{\mathrm{d}\boldsymbol{X}}{\mathrm{d}t}=\boldsymbol{F}(\boldsymbol{X})$$

的另外二类轨线，定义如下。

定义 6.8：纯对抗系统

$$\frac{\mathrm{d}\boldsymbol{X}}{\mathrm{d}t}=\boldsymbol{F}(\boldsymbol{X})$$

的解轨线（$x(t), y(t)$）称为不自交，如果不存在互异的 t_1、t_2（即 $t_1 \neq t_2$）使得同时成立

$$\begin{cases} x(t_1) = x(t_2) \\ y(t_1) = y(t_2) \end{cases}$$

一般来说，这种轨线的两端是不同的，但也有可能当 $t \to +\infty$ 和 $t \to -\infty$ 时，（$x(t)$,

$y(t)$）趋于同一个奇点（x_0, y_0）。这时，轨线（$x(t), y(t)$）与奇点（x_0, y_0）一起就构成了一条封闭曲线，称之为奇闭轨线。

定义 6.9：纯对抗系统

$$\frac{\mathrm{d}\boldsymbol{X}}{\mathrm{d}t}=\boldsymbol{F}(\boldsymbol{X})$$

的解轨线（$x(t), y(t)$）称为闭轨线，如果存在一个常数 $T>0$，使得对一切 t 值都成立

$$\begin{cases} x(t+T)=x(t) \\ y(t+T)=y(t) \end{cases}$$

并且当 $|t_1-t_2|<T$ 时，有

$$x(t_1)\neq x(t_2) \text{或} y(t_1)\neq y(t_2)$$

这时，也称解

$$\begin{cases} x=x(t) \\ y=y(t) \end{cases}$$

为纯对抗系统

$$\frac{\mathrm{d}\boldsymbol{X}}{\mathrm{d}t}=\boldsymbol{F}(\boldsymbol{X})$$

的周期解，称 T 为其最小周期。

闭轨迹的几何图形是一条简单的封闭曲线，显然它不含奇点，其时间的变化范围是（$-\infty$, $+\infty$）。根据前面的结论 6.14 和结论 6.15 可知，在闭轨线上的任一运动所对应的解，也都同样是以 T 为周期的周期解，它们的全体可用

$$\{x(t+a), y(t+a):0\leqslant a<T\}$$

表示出来。**提醒**：即使是闭轨线（$x(t)$, $y(t)$），从三维空间的角度看过去时，它也不是封闭曲线，而是以（$x(t), y(t)$）为准线，母线平行于 t 轴的柱面上的螺旋线，它们的两端都伸向无穷远。

还可以得出以下结论（可参考《常微分方程组与运动稳定性理论》[12]中第 2 章的定理 15），即结论 6.17。

结论 6.17：若纯对抗系统

$$\frac{\mathrm{d}\boldsymbol{X}}{\mathrm{d}t}=\boldsymbol{F}(\boldsymbol{X})$$

定义在某个单连通区域 D 上，则它在 D 内的任何闭轨线的内域中（即它围成的区域内），均含有奇点。换句话说，若在某个单连通域 S 中不含有

$$\frac{\mathrm{d}\boldsymbol{X}}{\mathrm{d}t}=\boldsymbol{F}(\boldsymbol{X})$$

的奇点，那么，在域 S 中就不会有闭轨线。

定义 6.10：从平面上的大圆中切除一个同心小圆后，余下的区域就叫环域 G，即

$$G=\{(x, y):r<x^2+y^2<R\}$$

叫作环域。如果对某条闭轨线 L，存在一个包含 L 的环域 G，使得在该环域内，除 L 之外，不含其他闭轨线，则称该闭轨线 L 是孤立的闭轨线。在相平面上的这种孤立闭轨线，称为极限圈。当极限圈附近的轨线均正向（即 $t\to\infty$时）盘旋逼近于该圈时，称该极限圈是稳定的；当极限圈附近的轨线均负向（即 $t\to-\infty$时）盘旋逼近于该圈时，称该极限圈是不稳定的；当极限圈的一侧轨线是正向盘旋逼近，而另一侧是负向盘旋逼近时，则称此极限圈是半稳定的。**提醒**：此处极限圈的稳定性，与前面已经介绍过的方程组

$$\frac{\mathrm{d}\boldsymbol{X}}{\mathrm{d}t}=\boldsymbol{F}(\boldsymbol{X})$$

的解的稳定性（即李雅普诺夫稳定性），不是同一个概念。实际上，极限圈上存在着无穷多个运动，它们中每两个不同的运动经过同一点的时间差，是一个与 t 无关的定数。因此，位于极限圈上的任一特定的运动，都不是渐近稳定的。如果将它与极限圈附近的轨线上的运动相比较，则它甚至可能是不稳定的；因为，按照李雅普诺夫稳定性，应该将两者在同一时刻进行比较。但是，对于稳

定的极限圈来说，虽然它周围的轨线盘旋逼近于它，但对于它们上面的任何一个运动来说，尽管在初始时刻可能足够接近，但在随后的各个时刻，两者所到达的位置可能相差很远。同时还可得出以下结论（可参考《常微分方程组与运动稳定性理论》[12]中第 2 章的定理 16 和定理 17），即结论 6.18 和结论 6.19。

结论 6.18： 设在相平面中存在某个环域 G，它不含方程组

$$\frac{\mathrm{d}\boldsymbol{X}}{\mathrm{d}t}=\boldsymbol{F}(\boldsymbol{X})$$

的奇点，并且凡是与 G 的边界线 L_1 和 L_2 相交的轨线，当 t 增大时，都从 G 的外部进入其内部，则 G 内至少存在一个外稳定极限圈和一个内稳定极限圈。它们都包含内边界线 L_2 在其内部，并且有可能重合而成一个稳定的极限圈。在环域中，不可能存在不包含 L_2 在其内部的闭轨线。这里的外（内）稳定极限圈，是指从外（内）边界线 L_1（L_2）进入环域 G 的轨线之盘旋逼近的闭轨线。

结论 6.19： 设在相平面上，存在单连通域 G；在 G 内，函数 $\frac{\partial f(x,y)}{\partial x}+\frac{\partial g(x,y)}{\partial y}$ 不变号，而且在 G 内的任何子域上不恒等于零。则方程组

$$\frac{\mathrm{d}\boldsymbol{X}}{\mathrm{d}t}=\boldsymbol{F}(\boldsymbol{X})=(f(x,y),g(x,y))^{\mathrm{T}}$$

在 G 内不存在闭轨线。更一般地，若 $f(x,y)$ 和 $g(x,y)$ 在单连通区域 G 内一阶连续可微，且存在一阶连续可微函数 $b(x,y)$，使得在 G 内恒有

$$\frac{\partial}{\partial x}(b(x,y)f(x,y))+\frac{\partial}{\partial y}(b(x,y)g(x,y))\geqslant 0\text{（或}\leqslant 0\text{）}$$

但在 G 的任一子区域内，$\frac{\partial}{\partial x}(b(x,y)f(x,y))+\frac{\partial}{\partial y}(b(x,y)g(x,y))$ 恒不为 0，则方程组

$$\frac{\mathrm{d}\boldsymbol{X}}{\mathrm{d}t}=\boldsymbol{F}(\boldsymbol{X})$$

不存在整个位于 G 内的闭轨线。

同时还可得出以下结论（可参考《常微分方程组与运动稳定性理论》[12]中第 2 章的定理 18），即结论 6.20。

结论 6.20：考虑以下特殊的纯对抗赛博系统

$$\begin{cases}\dfrac{\mathrm{d}x}{\mathrm{d}t}=y-f(x)\\ \dfrac{\mathrm{d}y}{\mathrm{d}t}=-g(x)\end{cases}$$

如果以下三个条件被满足，那么，该方程组就必有唯一稳定的极限圈。

条件 1，$f(x)$和 $g(x)$对一切 x 连续，$g(x)$对 x 的任一有限范围均满足李普希兹条件（见定义 6.1）。

条件 2，$f(x)$为偶函数（即 $f(x)=f(-x)$），$f(0)<0$；$g(x)$为奇函数（即 $g(-x)=-g(x)$），且当 $x\neq0$ 时，$xg(x)>0$。

条件 3，当 $x\to\infty$（$x\to-\infty$）时，$f(x)\to\infty$（$f(x)\to-\infty$）；$f(x)$有唯一正零点 $x=a>0$（即 a 是唯一使 $f(a)=0$ 的正数），且对 $x\geqslant a$，$f(x)$是单调递增的。

第7章 随机环境对抗预测

在本书第6章中，我们借用微分方程组的已有结果，详细讨论了在赛博管理中，管理者和被管理者之间的综合对抗。既涉及环境因素的确定性影响（即环境影响是时间的函数），又涉及无环境影响的所谓自治微分方程组。但是，始终没有触及环境的随机影响。本章将借用数字滤波器理论，来研究在环境的随机影响之下，管理者与被管理者之间的综合对抗轨迹问题，或更准确地说，就是要尽可能准确地预测或估计综合对抗的结果。

第1节 问题描述

回忆本书第6章可知：在赛博管理中，在连续情况下，管理者 $J_1(y, w)$和被管理者 $J_0(x, w)$的综合对抗结果所导致的轨迹，将由以下微分方程组

$$
\begin{cases}
\dfrac{\mathrm{d}y}{\mathrm{d}t} = J_1(y,x,w) \\
\dfrac{\mathrm{d}x}{\mathrm{d}t} = J_0(y,x,w)
\end{cases}
$$

的解轨线来确定，其中，w 是来自环境的干扰因素，它主要分为两大部分：以时间 t 的确定函数形式出现的非随机部分和随机部分（为保持普遍性，将第1

个方程和第 2 个方程中的随机影响，分别记为随机过程 $u_1(t)$和 $u_2(t)$）。本书第 6 章已经详细研究了随机影响不存在时，即 $u_1(t)=u_2(t)=0$ 时的对抗轨迹；本章将研究存在随机影响时的情况，此时的微分方程组就变成

$$\begin{cases} \dfrac{\mathrm{d}y}{\mathrm{d}t} = J_1(y,x,t,u_1(t)) \\ \dfrac{\mathrm{d}x}{\mathrm{d}t} = J_0(y,x,t,u_2(t)) \end{cases}$$

为了形式更简捷，我们采用矩阵形式，令

$$\boldsymbol{X}=(y, x)^{\mathrm{T}}$$

$$\boldsymbol{U}(t)=(u_1(t), u_2(t))^{\mathrm{T}}$$

$$\boldsymbol{J}=(J_1, J_0)^{\mathrm{T}}$$

于是，上面的微分方程组就可简写为

$$\frac{\mathrm{d}\boldsymbol{X}}{\mathrm{d}t}=\boldsymbol{J}(\boldsymbol{X}, \boldsymbol{U}(t), t)，\quad t\geqslant t_0，\quad \boldsymbol{X}(t_0)=\boldsymbol{X}_0$$

由于该式中 $\boldsymbol{U}(t)$是随机过程，所以不可能像本书第 6 章那样，从中求出解函数 $\boldsymbol{X}(t)$的解析表达式，只能另想办法。于是，我们就借用卡尔曼滤波的技巧，根据获得的有关 $\boldsymbol{X}(t)$的观察值 $\boldsymbol{Z}(t)$（当然也是一个二维列向量），来努力求出当前 $\boldsymbol{X}(t)$的最佳估计值 $\boldsymbol{X}^*(t)$（也是一个二维列向量），使得在某种意义下（比如，最小二乘法），估计误差

$$\Delta\boldsymbol{X}(t)\equiv\boldsymbol{X}^*(t)-\boldsymbol{X}(t)$$

（的均方差）的值达到最小。

但是，由于随机因素的干扰，无法直接观察 $\boldsymbol{X}(t)$，即观察值 $\boldsymbol{Z}(t)$也只能写成

$$\boldsymbol{Z}(t)=\boldsymbol{H}(\boldsymbol{X}(t), \boldsymbol{V}(t), t)$$

换句话说，$\boldsymbol{Z}(t)$是根据 $\boldsymbol{X}(t)$，由一个二维随机过程 $\boldsymbol{V}(t)$和 t 时刻的某些确定性影响而获得的，其中 $\boldsymbol{H}(\cdot)$ 是一个二维列函数。

概括而言，在连续情形下，对管理者（红客）和被管理者（黑客）的最终对抗轨迹 $\boldsymbol{X}(t)$的预测问题，就变成了以下的滤波问题，即

$$\frac{\mathrm{d}\boldsymbol{X}}{\mathrm{d}t}=\boldsymbol{J}(\boldsymbol{X}, \boldsymbol{U}(t), t), t \geqslant t_0$$

$$\boldsymbol{Z}(t)=\boldsymbol{H}(\boldsymbol{X}(t), \boldsymbol{V}(t), t)$$

其中，第 1 个方程称为动态方程，第 2 个方程称为观测方程；二维列向量 $\boldsymbol{U}(t)$、$\boldsymbol{V}(t)$都是随机过程，$\boldsymbol{X}(t_0)=\boldsymbol{X}_0$ 为一个确定概率分布的二维随机变量。也就是说，根据观测方程中的观察值 $\boldsymbol{Z}(t)$，来努力求出满足动态方程中 $\boldsymbol{X}(t)$的最佳估计值 $\boldsymbol{X}^*(t)$，使得在均方差意义下，估计误差

$$\Delta\boldsymbol{X}(t)\equiv\boldsymbol{X}^*(t)-\boldsymbol{X}(t)$$

的值达到最小，即 $E[\Delta\boldsymbol{X}(t)\,\Delta\boldsymbol{X}^{\mathrm{T}}(t)]$的值达到最小。

在离散情况下，管理者（红客）和被管理者（黑客）的综合对抗结果所导致的轨迹，将由以下差分递归方程组所确定

$$\begin{cases} y_{n+1} = J_1(y_n, x_n, w_n) \\ x_{n+1} = J_0(y_n, x_n, w_n) \end{cases}$$

这里，$\{y_n\}$和$\{x_n\}$分别是管理者（红客）和被管理者（黑客）的轨迹；w_n 是 n 时刻系统的干扰因素，它主要分为两大部分：以时间 n 的确定函数形式出现的非随机部分和随机部分（为保持普遍性，将第 1 个方程和第 2 个方程中的随机影响分别记为随机过程 $w_1(n)$和 $w_2(n)$），于是，此时的差分递归方程组就变成

$$\begin{cases} y_{n+1} = J_1(y_n, x_n, w_1(n), n) \\ x_{n+1} = J_0(y_n, x_n, w_2(n), n) \end{cases}$$

为了形式更简捷，我们采用矩阵形式，令

$$\boldsymbol{X}_n = (y_n, x_n)^{\mathrm{T}}，\ \boldsymbol{W}_n = (w_1(n), w_2(n))^{\mathrm{T}}$$
$$\boldsymbol{F}_n(\boldsymbol{X}_n, \boldsymbol{W}_n) = (J_1(y_n, x_n, w_1(n), n), J_0(y_n, x_n, w_2(n), n))^{\mathrm{T}}$$

于是，上面的差分递归方程组就可简写为

$$\boldsymbol{X}_{n+1}=\boldsymbol{F}_n(\boldsymbol{X}_n, n, \boldsymbol{W}_n),\quad n=0, 1, 2, \cdots$$

由于该式中 $\boldsymbol{W}_n$ 是随机序列，所以不可能从中求出 $\boldsymbol{X}_n$ 的解析表达式，只能另想办法。于是，我们就借用卡尔曼滤波的技巧，根据获得的 $\boldsymbol{X}_n$ 的观察值 $\boldsymbol{Z}_n$（当然也是一个二维列向量），来努力求出当前 $\boldsymbol{X}_n$ 的最佳估计值 $\boldsymbol{X}_n^*$（也是一个二维列向量），使得在某种意义下（比如，最小二乘法），估计误差

$$\Delta\boldsymbol{X}_n\equiv \boldsymbol{X}_n^*-\boldsymbol{X}_n$$

的均方差达到最小，即 $E\left[\Delta\boldsymbol{X}_n\Delta\boldsymbol{X}_n^{\mathrm{T}}\right]$的值达到最小。

但是，由于随机因素的干扰，也无法直接观察到 $\boldsymbol{X}_n$，能观察到的值 $\boldsymbol{Z}_n$ 也只能写成

$$\boldsymbol{Z}_n=\boldsymbol{H}(\boldsymbol{X}_n, \boldsymbol{V}_n, n)$$

即 $\boldsymbol{Z}_n$ 基于 $\boldsymbol{X}_n$，由一个二维随机序列 $\boldsymbol{V}_n$ 和 n 时刻的某些确定性影响而获得，其中 $\boldsymbol{H}(\cdot)$ 是一个二维列函数。

概括而言，在离散情形下，对管理者（红客）和被管理者（黑客）的最终对抗轨迹 $\boldsymbol{X}_n$ 的预测问题，就变成了以下的滤波问题，即

$$\boldsymbol{X}_{n+1}=\boldsymbol{F}_n(\boldsymbol{X}_n, n, \boldsymbol{W}_n)$$

$$\boldsymbol{Z}_n=\boldsymbol{H}(\boldsymbol{X}_n, \boldsymbol{V}_n, n),\quad n=0, 1, 2, \cdots$$

其中，第 1 个方程称为动态方程，第 2 个方程称为观测方程；二维列向量 $\boldsymbol{W}_n$、$\boldsymbol{V}_n$ 都是随机序列，$\boldsymbol{X}_0$ 为一个确定概率分布的二维随机变量。也就是说，根据观测方程中的 $\boldsymbol{Z}_n$，来努力求出满足动态方程中 $\boldsymbol{X}_n$ 的最佳估计值 $\boldsymbol{X}_n^*$，使得在均方差意义下，估计误差

$$\Delta\boldsymbol{X}_n\equiv \boldsymbol{X}_n^*-\boldsymbol{X}_n$$

达到最小，即 $E\left[\Delta\boldsymbol{X}_n\Delta\boldsymbol{X}_n^{\mathrm{T}}\right]$的值达到最小。

其实，离散情形和连续情形的滤波是可以相互转化的。

一方面，连续情形可通过采样转化为离散情形。比如，考虑连续线性的特

例，此时的动态方程和观测方程为

$$\frac{\mathrm{d}\boldsymbol{X}(t)}{\mathrm{d}t}=\boldsymbol{F}(t)\boldsymbol{X}(t)+\boldsymbol{G}(t)\boldsymbol{U}(t)$$

$$\boldsymbol{Z}(t)=\boldsymbol{H}(t)\boldsymbol{X}(t)+\boldsymbol{V}(t),\quad t\geqslant t_0$$

其中，$\boldsymbol{F}(t)$、$\boldsymbol{H}(t)$和 $\boldsymbol{G}(t)$都是已知的 2×2 阶矩阵函数，且各分量都为关于 t 的连续函数；二维列向量 $\boldsymbol{U}(t)$和 $\boldsymbol{V}(t)$是随机过程。为了进行离散化，我们选定一个满足以下初始条件的特殊解 $\boldsymbol{\Phi}(t, b)$，即

$$\frac{\mathrm{d}\boldsymbol{\Phi}(t,b)}{\mathrm{d}t}=\boldsymbol{F}(t)\boldsymbol{\Phi}(t, b),\quad t\geqslant b$$

$$\boldsymbol{\Phi}(b, b)=\boldsymbol{I}$$

这里 $\boldsymbol{I}$ 为二阶单位矩阵。

由本书第 6 章的微分方程组解的存在唯一性定理可知，这样的解 $\boldsymbol{\Phi}(t, b)$是存在且唯一的，并且还满足

$$\boldsymbol{\Phi}(t, b)\boldsymbol{\Phi}(b, t_0)=\boldsymbol{\Phi}(t, t_0),\quad t_0\leqslant b\leqslant t$$

$$\boldsymbol{\Phi}(t, b)^{-1}=\boldsymbol{\Phi}(b, t)$$

于是，动态方程组需满足初始条件 $\boldsymbol{X}(t_0)=\boldsymbol{X}_0$ 的解，可写为

$$\boldsymbol{X}(t)=\boldsymbol{\Phi}(t,t_0)\boldsymbol{X}_0+\int\boldsymbol{\Phi}(t,\tau)\boldsymbol{G}(\tau)\boldsymbol{U}(\tau)\mathrm{d}\tau$$

此处的积分区间为$[t_0, t]$，而且对矩阵的积分就是分别对矩阵各元素的积分。现在考虑 $\boldsymbol{X}(t)$在离散采样时刻 $t_0<t_1<\cdots<t_k<\cdots$ 的值 $\boldsymbol{X}(t_k)$，于是有

$$\boldsymbol{X}(t_k)=\boldsymbol{\Phi}(t_k, t_{k-1})\boldsymbol{X}(t_{k-1})+\int\boldsymbol{\Phi}(t_k, \tau)\boldsymbol{G}(\tau)\boldsymbol{U}(\tau)\mathrm{d}\tau$$

积分区间为$[t_{k-1}, t_k]$。

令 $\boldsymbol{X}_k=\boldsymbol{X}(t_k)$，$\boldsymbol{\Phi}_{k, k-1}=\boldsymbol{\Phi}(t_k, t_{k-1})$，$\boldsymbol{W}_{k-1}=\int\boldsymbol{\Phi}(t_k, \tau)\boldsymbol{G}(\tau)\boldsymbol{U}(\tau)\mathrm{d}\tau$，积分区间为$[t_{k-1}, t_k]$。

于是，连续的线性动态方程就离散化为

$$\boldsymbol{X}_k=\boldsymbol{\Phi}_{k,\,k-1}\boldsymbol{X}_{k-1}+\boldsymbol{W}_{k-1},\quad k\geqslant 1,\quad \boldsymbol{X}_0=\boldsymbol{X}(t_0)$$

其中，$\boldsymbol{\Phi}_{k,\,k-1}$ 是二阶可逆矩阵，$\boldsymbol{W}_k$ 是二阶随机序列。同理，令

$$\boldsymbol{Z}_k=\boldsymbol{Z}(t_k)$$
$$\boldsymbol{H}_k=\boldsymbol{H}(t_k)$$
$$\boldsymbol{V}_k=\boldsymbol{V}(t_k)$$

于是，前面连续的线性观测方程也就离散化为

$$\boldsymbol{Z}_k=\boldsymbol{H}_k\boldsymbol{X}_k+\boldsymbol{V}_k$$

其中，二阶矩阵 $\boldsymbol{H}_k$ 称为第 k 时刻的观测矩阵，二维列向量 $\boldsymbol{V}_k$ 是随机序列。至此，连续线性滤波问题，就采样为离散线性滤波问题了。

反过来，离散滤波问题情形，也可通过逼近方式转化为连续情形。具体说来，当离散采样变得非常稠密或采样间隔趋于 0 时，取离散过程的极限后，就可把离散情形的滤波，转化成为连续情形的滤波。但限于篇幅，为突出重点，此处略去细节。

第 2 节　线性对抗的最优预测

当动态方程和观测方程均为线性方程时，相应的综合对抗轨迹预测问题研究得最深刻，这也是本节介绍的重点。下面分为离散和连续两种情况来叙述。

首先考虑离散情形。

如果暂时不考虑环境的非随机影响，那么，在线性情况下，管理者（红客）和被管理者（黑客）的最终对抗轨迹 $\boldsymbol{X}_n$，可以描述为

$$\boldsymbol{X}_k=\boldsymbol{\Phi}_{k-1}\boldsymbol{X}_{k-1}+\boldsymbol{T}_{k-1}\boldsymbol{W}_{k-1}$$

$$\boldsymbol{Z}_k=\boldsymbol{H}_k\boldsymbol{X}_k+\boldsymbol{V}_k,\quad k=1,2,\ \cdots$$

其中，第 1 个方程是动态方程，第 2 个方程是观测方程；$\boldsymbol{\Phi}_{k-1}$、$\boldsymbol{T}_{k-1}$ 和 $\boldsymbol{H}_k$ 都是确定性的 2×2 阶矩阵。由于干扰管理者和被管理者之间对抗的随机因素很多，

而且没有哪一种因素占主导地位，因此，根据大数定律，就有理由假设：二维随机列向量序列$\{\boldsymbol{W}_k\}$和$\{\boldsymbol{V}_k\}$是互不相关的零均值白噪声序列，分别称为动态噪声和观测噪声，即对所有的整数 k、j 满足以下统计性质

$$E\{\boldsymbol{W}_k\}=0，\mathrm{Cov}(\boldsymbol{W}_k, \boldsymbol{W}_j)=E[\boldsymbol{W}_k\boldsymbol{W}_j^{\mathrm{T}}]=\boldsymbol{Q}_k\delta_{kj}$$

$$E\{\boldsymbol{V}_k\}=0，\mathrm{Cov}(\boldsymbol{V}_k, \boldsymbol{V}_j)=E[\boldsymbol{V}_k\boldsymbol{V}_j^{\mathrm{T}}]=\boldsymbol{R}_k\delta_{kj}$$

$$\mathrm{Cov}(\boldsymbol{W}_k, \boldsymbol{V}_j)=E[\boldsymbol{W}_k\boldsymbol{V}_j^{\mathrm{T}}]=0$$

这里 δ_{kj} 是脉冲函数，即：$k=j$ 时，$\delta_{kj}=1$；$k\neq j$ 时，$\delta_{kj}=0$。

又设初始状态二维随机变量 $\boldsymbol{X}_0$ 的统计特性为

$$E\boldsymbol{X}_0=\mu_0，\mathrm{Var}\boldsymbol{X}_0=E\{(\boldsymbol{X}_0-\mu_0)(\boldsymbol{X}_0-\mu_0)^{\mathrm{T}}\}=\boldsymbol{P}_0$$

且 $\boldsymbol{X}_0$ 与$\{\boldsymbol{W}_k\}$和$\{\boldsymbol{V}_k\}$都不相关，即

$$\begin{cases}\mathrm{Cov}(\boldsymbol{X}_0,\boldsymbol{W}_k)=0\\ \mathrm{Cov}(\boldsymbol{X}_0,\boldsymbol{V}_k)=0\end{cases}$$

于是，在上述各种假设之下，此时管理者（红客）和被管理者（黑客）的最终对抗轨迹 $\boldsymbol{X}_n$ 的最优预测问题就变成：根据观测值

$$\boldsymbol{Z}_k=\boldsymbol{H}_k\boldsymbol{X}_k+\boldsymbol{V}_k$$

求出满足状态方程

$$\boldsymbol{X}_k=\boldsymbol{\Phi}_{k-1}\boldsymbol{X}_{k-1}+\boldsymbol{T}_{k-1}\boldsymbol{W}_{k-1}$$

的 $\boldsymbol{X}_k$ 的估计值 $\boldsymbol{X}_k^*$，使得估计误差

$$\Delta\boldsymbol{X}_k\equiv \boldsymbol{X}_k^*-\boldsymbol{X}_k$$

的均方误差

$$\boldsymbol{P}_k\equiv E\{\Delta\boldsymbol{X}_k(\Delta\boldsymbol{X}_k)^{\mathrm{T}}\}$$

达到最小值。这样求得的估计值 $\boldsymbol{X}_k^*$，就称为线性最优离散卡尔曼滤波。由

此可得出以下结论（可参考《卡尔曼滤波》[13]中的表 3.1 和表 3.3），即本书结论 7.1。

结论 7.1：在上述各种假定之下，线性最优离散卡尔曼滤波 $\boldsymbol{X}_k^*$，满足以下递归关系，即

$$\boldsymbol{X}_k^*=\boldsymbol{\Phi}_{k-1}\boldsymbol{X}_{k-1}^*+\boldsymbol{K}_k(\boldsymbol{Z}_k-\boldsymbol{H}_k\boldsymbol{\Phi}_{k-1}\boldsymbol{X}_{k-1}^*)$$

其中，$\boldsymbol{K}_k$ 称为滤波增益矩阵，它可以由两套等价的递归公式求出。

第一套：$\boldsymbol{K}_k$ 由以下递归式给出

$$\boldsymbol{K}_k=\boldsymbol{F}_{k-1}\boldsymbol{H}_k^{\mathrm{T}}[\boldsymbol{H}_k\boldsymbol{F}_{k-1}\boldsymbol{H}_k^{\mathrm{T}}+\boldsymbol{R}_k]^{-1}$$

这里 $\boldsymbol{F}_{k-1}\equiv\boldsymbol{\Phi}_{k-1}\boldsymbol{P}_{k-1}\boldsymbol{\Phi}_{k-1}^{\mathrm{T}}+\boldsymbol{T}_{k-1}\boldsymbol{Q}_{k-1}\boldsymbol{T}_{k-1}^{\mathrm{T}}$，而且

$$\boldsymbol{P}_k\equiv E[(\boldsymbol{X}_k^*-\boldsymbol{X}_k)(\boldsymbol{X}_k^*-\boldsymbol{X}_k)^{\mathrm{T}}]$$

称为均方误差矩阵，它满足以下递归式

$$\boldsymbol{P}_k=[\boldsymbol{I}-\boldsymbol{K}_k\boldsymbol{H}_k]\boldsymbol{F}_{k-1}$$

第二套：K_k 由以下递归式给出

$$\boldsymbol{K}_k=\boldsymbol{P}_k\boldsymbol{H}_k^{\mathrm{T}}\boldsymbol{R}_k^{-1}$$

其中，$\boldsymbol{P}_k^{-1}=\boldsymbol{F}_{k-1}^{-1}+\boldsymbol{H}_k^{\mathrm{T}}\boldsymbol{R}_k^{-1}\boldsymbol{H}_k$，并且

$$\boldsymbol{F}_{k-1}^{-1}=(\boldsymbol{\Phi}_{k-1}\boldsymbol{P}_{k-1}\boldsymbol{\Phi}_{k-1}^{\mathrm{T}}+\boldsymbol{T}_{k-1}\boldsymbol{Q}_{k-1}\boldsymbol{T}_{k-1}^{\mathrm{T}})^{-1}$$

提醒：上面的第一套滤波增益矩阵 $\boldsymbol{K}_k$（以及与它相配套的均方误差矩阵 $\boldsymbol{P}_k$ 和 $\boldsymbol{F}_{k-1}$)，与第二套 $\boldsymbol{K}_k$（以及与它相配套的 $\boldsymbol{P}_k$ 和 $\boldsymbol{F}_{k-1}$）在数学上虽是等价的，但是，在工程计算时，无论从计算量还是从先验知识等方面来看，它们都各有优势。比如，在正常的递归计算情况下，第二套参数需要计算 $\boldsymbol{P}_k$ 和 $\boldsymbol{F}_{k-1}$ 的逆，因此就远比第一套参数的计算困难得多；但是，如果初始条件的先验知识很少，那就最好先用第二套参数，然后再转入第一套参数。比如，若对初始状态一无所知，那就仅相当于知道

$$P_0=\frac{I}{\varepsilon}$$

这里 ε 是一个很小的数，换句话说，这相当于 $P_0\to\infty$，因此，当用第一套递归式时，就会遇到处理无穷大的问题；但是，当用第二套递归式时，就没有这个问题了。因此，就可以用取长补短的办法：先用第二套递归式，求出第 1 时刻的相关参数；然后从第 2、第 3……时刻起，再换用第一套递归式就行了。另外，在理论研究时，第二套递归式在研究观测误差对估计值性能的影响时，有利于排除其他参数的影响。

由结论 7.1 还可知：均方误差矩阵 P_k 和滤波增益矩阵 K_k 都不依赖于观测值，因而，在必要时，它们可以事先被计算出来，以使最终的预测估计值 X_k^* 的计算更快捷。此外，结论 7.1 中的卡尔曼滤波，还满足以下一些简单性质（可参考《卡尔曼滤波》[13]的第 3.2.3 节）。

性质 1：结论 7.1 中的卡尔曼滤波估计 X_k^* 是无偏估计，即

$$EX_k^*=EX_k$$

均方误差矩阵 P_k 基于观测值 $Z_1, Z_2, \cdots, Z_k$，它也是 X_k^* 的所有线性估计中，均方误差最小的估计。如果动态噪声 $\{W_k\}$ 和观测噪声 $\{V_k\}$ 都是正态白噪声序列，且初始状态 X_0 也是正态分布的，那么 P_k 就还是基于观测值 $Z_1, Z_2, \cdots, Z_k$ 的 X_k 的所有估计（不再限于线性估计）中均方误差最小的估计，即 X_k^* 是 X_k 的最小方差估计。

性质 2：滤波增益矩阵 K_k 在滤波的递归计算中扮演着关键角色，它具有以下的几个定性特点：

（1）当初始方差矩阵 P_0、动态噪声 Q_{k-1}、观测噪声 $R_k(k=1, 2, \cdots)$ 同时乘以任何一个标量时，卡尔曼滤波增益矩阵 K_k 保持不变。这也反映出，若对管理者和被管理者的先验知识了解很差（相当于 P_0、Q_{k-1} 和 R_k 的增大），那么，对双方对抗的综合最终结果（即综合对抗轨迹的滤波估计 X_k^*）的误差也会增大，但是，这里的卡尔曼滤波增益矩阵 K_k 却能保持不变。

（2）当 R_k 增大时，K_k 会变小。直观地说，如果观测的噪声增大，则增益

就会取得小一些，以此减弱观测噪声的影响。

（3）当 $\boldsymbol{P}_0$ 变小，或 $\boldsymbol{Q}_{k-1}$ 变小，或 $\boldsymbol{P}_0$ 和 $\boldsymbol{Q}_{k-1}$ 都变小时，$\boldsymbol{F}_{k-1}$ 会变小，$\boldsymbol{P}_k$ 也会变小，进而 $\boldsymbol{K}_k$ 也变小。直观地说，$\boldsymbol{P}_0$ 小，意味着初始估计较好，即对管理者和被管理者的初始状态很了解；$\boldsymbol{Q}_{k-1}$ 变小，意味着状态转移的随机波动较小，于是，新获得的观测值，对状态预测的校正作用便减弱，因而滤波增益矩阵 $\boldsymbol{K}_k$ 也应当变小。极端地说，如果

$$\begin{cases}\boldsymbol{P}_0 = 0\\ \boldsymbol{Q}_{k-1} = 0\end{cases}$$

即不依赖观测而是仅仅根据初始值就可准确地进行预测时，滤波增益矩阵 $\boldsymbol{K}_k$ 应该变小到零。

综合以上性质 1 和性质 2，可以直观地说：$\boldsymbol{K}_k$ 与 $\boldsymbol{Q}_{k-1}$ 成正比，而与 $\boldsymbol{R}_k$ 成反比；如果把动态噪声与观测噪声的能量比称为信噪比，那么 $\boldsymbol{K}_k$ 与信噪比的大小也成正比。

现在若再将环境的非随机影响考虑进去，那么在线性情况下，此时管理者（红客）和被管理者（黑客）的最终对抗轨迹 $\boldsymbol{X}_n$，可以描述为

$$\begin{cases}\boldsymbol{X}_k = \boldsymbol{\Phi}_{k-1}\boldsymbol{X}_{k-1} + \boldsymbol{B}_{k-1}\boldsymbol{U}_{k-1} + \boldsymbol{T}_{k-1}\boldsymbol{W}_{k-1}\\ \boldsymbol{Z}_k = \boldsymbol{H}_k\boldsymbol{X}_k + \boldsymbol{Y}_k + \boldsymbol{V}_k,\ k=1,2,\cdots\end{cases}$$

其中，$\{\boldsymbol{U}_k\}$和$\{\boldsymbol{Y}_k\}$都是已知的非随机序列，比如，可以将 $\boldsymbol{U}_{k-1}$ 理解为除管理者（红客）和被管理者（黑客）的对抗之外，第三方的确定性干涉；可以将 $\boldsymbol{Y}_k$ 理解为观测的确定性误差。至于这里的其他项 $\boldsymbol{\Phi}$、$\boldsymbol{T}$、$\boldsymbol{H}$ 等系数矩阵，以及$\{\boldsymbol{W}_k\}$和$\{\boldsymbol{V}_k\}$也满足结论 7.1 处所做的假定，其方差序列分别为$\{\boldsymbol{Q}_k\}$和$\{\boldsymbol{R}_k\}$，它们与初始状态 $\boldsymbol{X}_0$ 之间的关系也和前面的假设相同；唯一的区别在于：同一时刻的 $\boldsymbol{W}_k$ 和 $\boldsymbol{V}_k$ 之间可以是相关的，其协方差矩阵记为

$$\mathrm{Cov}(\boldsymbol{W}_k, \boldsymbol{V}_t)=\boldsymbol{S}_k\delta_{kt}$$

于是，便有以下结论（可参考《卡尔曼滤波》[13]中第 3.3 节的定理），即本书结论 7.2。

结论 7.2：基于上述假设，在同时考虑随机和非随机因素影响下，管理者和被管理者之间对抗的最终综合轨迹 $\boldsymbol{X}_k$ 的最优估计 $\boldsymbol{X}_k^*$ 满足以下递归关系，即

$$\boldsymbol{X}_k^*=\boldsymbol{F}_{k-1}+\boldsymbol{K}_k(\boldsymbol{Z}_k-\boldsymbol{Y}_k-\boldsymbol{H}_k\boldsymbol{F}_{k-1})$$

其中

$$\boldsymbol{F}_{k-1}=\boldsymbol{\Phi}_{k-1}\boldsymbol{X}_{k-1}^*+\boldsymbol{B}_{k-1}\boldsymbol{U}_{k-1}+\boldsymbol{J}_{k-1}(\boldsymbol{Z}_{k-1}-\boldsymbol{Y}_{k-1}-\boldsymbol{H}_{k-1}\boldsymbol{X}_{k-1}^*)$$

初始滤波列向量值为

$$\boldsymbol{X}_0^*=E(\boldsymbol{X}_0)$$

而且

$$\boldsymbol{J}_{k-1}=\boldsymbol{T}_{k-1}\boldsymbol{S}_{k-1}\boldsymbol{R}_{k-1}^{-1}$$

此外，滤波增益矩阵 $\boldsymbol{K}_k$、滤波误差矩阵

$$\boldsymbol{P}_k\equiv E[(\boldsymbol{X}_k^*-\boldsymbol{X}_k)(\boldsymbol{X}_k^*-\boldsymbol{X}_k)^{\mathrm{T}}]$$

及预测误差方差矩阵 $\boldsymbol{F}_{k-1}$ 之间的递归关系为

$$\begin{cases}\boldsymbol{K}_k=\boldsymbol{F}_{k-1}\boldsymbol{H}_k^{\mathrm{T}}(\boldsymbol{H}_k\boldsymbol{F}_{k-1}\boldsymbol{H}_k^{\mathrm{T}}+\boldsymbol{R}_k)^{-1}\\ \boldsymbol{P}_k=(\boldsymbol{I}-\boldsymbol{K}_k\boldsymbol{H}_k)\boldsymbol{F}_{k-1}\\ \boldsymbol{P}_0=\mathrm{Var}\boldsymbol{X}_0\\ \boldsymbol{F}_{k-1}=(\boldsymbol{\Phi}_{k-1}-\boldsymbol{J}_{k-1}\boldsymbol{H}_{k-1})\boldsymbol{P}_{k-1}(\boldsymbol{\Phi}_{k-1}-\boldsymbol{J}_{k-1}\boldsymbol{H}_{k-1})^{\mathrm{T}}+\boldsymbol{T}_{k-1}\boldsymbol{Q}_{k-1}\boldsymbol{T}_{k-1}^{\mathrm{T}}-\boldsymbol{J}_{k-1}\boldsymbol{R}_{k-1}\boldsymbol{J}_{k-1}^{\mathrm{T}}\end{cases}$$

这里的结论 7.2，显然是结论 7.1 的推广。实际上，若令

$$\boldsymbol{U}_k=\boldsymbol{Y}_k=0$$

（即环境中不存在确定性的影响因素），并且$\{\boldsymbol{W}_k\}$与$\{\boldsymbol{V}_k\}$不相关（即 $\boldsymbol{S}_k=0$），那么，结论 7.2 就退化成结论 7.1 了。重复一下，结论 7.2 中的估计也是最优估计，即 $\boldsymbol{X}_k$ 的估计值 $\boldsymbol{X}_k^*$，能够使得估计误差

$$\Delta\boldsymbol{X}_k\equiv\boldsymbol{X}_k^*-\boldsymbol{X}_k$$

的均方误差

$$\boldsymbol{P}_k \equiv E[\Delta \boldsymbol{X}_k (\Delta \boldsymbol{X}_k)^{\mathrm{T}}]$$

达到最小值。

在结论 7.1 和结论 7.2 的讨论中，我们都假定动态噪声和观测噪声，都是均值为 0 的正态白噪声序列。这种假设的优点是处理过程简单，但缺点就是：当各种随机影响因素之间有较强的相关性时，结论 7.1 和结论 7.2 给出的预测将带来较大的估计误差，甚至导致滤波发散，使得状态 $\boldsymbol{X}_k$ 的估计完全失效。于是，就必须再考虑所谓的有色噪声情况，即管理者和被管理者所受到的各种随机干扰之间是和时间相关的，也就是说，某一时刻的随机干扰（噪声）与另一时刻的随机干扰（噪声）之间是相关的。当然，由于数学手段的缺乏，我们只能考虑较特殊的情况，即所谓的一阶马尔可夫过程。更具体地说，将考虑三种情况：

（1）动态方程中的随机干扰（噪声）为有色噪声；

（2）观测方程中的随机干扰（噪声）为有色噪声；

（3）动态方程和观测方程中的随机干扰（噪声）都为有色噪声。

为了简明考虑，我们再一次略去了环境的确定性影响因素，因此，管理者和被管理者的最终对抗轨迹的动态方程和观测方程就分别为

$$\boldsymbol{X}_{k+1} = \boldsymbol{\Phi}_k \boldsymbol{X}_k + \boldsymbol{T}_k \boldsymbol{W}_k$$

$$\boldsymbol{Z}_k = \boldsymbol{H}_k \boldsymbol{X}_k + \boldsymbol{V}_k,\quad k=1, 2, \cdots$$

假定有色噪声 $\boldsymbol{W}_k$ 和 $\boldsymbol{V}_k$ 分别由以下线性关系生成

$$\boldsymbol{W}_k = \boldsymbol{F}_{k-1} \boldsymbol{W}_{k-1} + \boldsymbol{C}_{k-1} \boldsymbol{\eta}_{k-1},\quad \boldsymbol{V}_k = \boldsymbol{G}_{k-1} \boldsymbol{V}_{k-1} + \boldsymbol{D}_{k-1} \xi_{k-1}$$

其中，$\boldsymbol{\eta}_k$ 和 ξ_k 都是零均值的正态白噪声（见本书结论 7.1 前的统计特性描述）。

情况 1，仅动态方程中的随机干扰（噪声）为有色噪声的情形

此时，观测方程中的随机干扰 $\boldsymbol{V}_k$ 仍然像结论 7.1 中的零均值正态白噪声。若令 $\boldsymbol{X}_k^+$ 是一个四维列向量，它的上 2 行是 $\boldsymbol{X}_k$，下 2 行是 $\boldsymbol{W}_k$；$\boldsymbol{T}_k^+$ 是一个 4×2 矩阵，它的上 2 行是 0，下 2 行是 $\boldsymbol{C}_k$；$\boldsymbol{\Phi}_k^+$ 是一个 4×4 矩阵，它的左上对角子矩阵是 $\boldsymbol{\Phi}_k$，右下对角子矩阵是 $\boldsymbol{F}_k$，右上角的子矩阵是 $\boldsymbol{T}_k$，左下角的 2×2 阶子

矩阵是 0。那么，将动态方程

$$\boldsymbol{X}_{k+1}=\boldsymbol{\Phi}_k\boldsymbol{X}_k+\boldsymbol{T}_k\boldsymbol{W}_k$$

和有色噪声

$$\boldsymbol{W}_k=\boldsymbol{F}_{k-1}\boldsymbol{W}_{k-1}+\boldsymbol{C}_{k-1}\boldsymbol{\eta}_{k-1}$$

结合起来后，便有以下新的关于 $\boldsymbol{X}_k^+$ 的动态方程

$$\boldsymbol{X}_{k+1}^+=\boldsymbol{\Phi}_k^+\ \boldsymbol{X}_k^++\boldsymbol{T}_k^+\boldsymbol{\eta}_k$$

若再令 2×4 阶矩阵为

$$\boldsymbol{H}_k^+=[\boldsymbol{H}_k, 0]$$

于是，原来的动态方程和观测方程为

$$\boldsymbol{X}_{k+1}=\boldsymbol{\Phi}_k\boldsymbol{X}_k+\boldsymbol{T}_k\boldsymbol{W}_k$$

$$\boldsymbol{Z}_k=\boldsymbol{H}_k\boldsymbol{X}_k+\boldsymbol{V}_k,\ k=1, 2, \cdots$$

$$\boldsymbol{W}_k=\boldsymbol{F}_{k-1}\boldsymbol{W}_{k-1}+\boldsymbol{C}_{k-1}\boldsymbol{\eta}_{k-1}$$

就可以等价地写为以下的动态方程和观测方程组，即

$$\begin{cases}\boldsymbol{X}_{k+1}^+=\boldsymbol{\Phi}_k^+\boldsymbol{X}_k^++\boldsymbol{T}_k^+\boldsymbol{\eta}_k\\ \boldsymbol{Z}_k=\boldsymbol{H}_k^+\boldsymbol{X}_k^++\boldsymbol{V}_k,\ k=1,2,\cdots\end{cases}$$

于是，仿照结论 7.1 便有结论 7.3。

结论 7.3：如果只有动态方程中的随机干扰（噪声）为有色噪声，管理者与被管理者对抗的最终轨迹状态估计 $\boldsymbol{X}_k^*$，就是下面线性最优离散卡尔曼滤波 $\boldsymbol{X}_k^{+*}$ 的上 2 行，而 $\boldsymbol{X}_k^{+*}$ 满足以下递归关系

$$\boldsymbol{X}_k^{+*}=\boldsymbol{\Phi}_{k-1}^+\ \boldsymbol{X}_{k-1}^{+*}+\boldsymbol{K}_k(\boldsymbol{Z}_k-\boldsymbol{H}_k^+\ \boldsymbol{\Phi}_{k-1}^+\ \boldsymbol{X}_{k-1}^{+*})$$

其中，$\boldsymbol{K}_k$ 称为滤波增益矩阵，它可以由两套等价的递归公式求出（下面的 $\boldsymbol{Q}_k$ 由

$$\mathrm{Cov}(\boldsymbol{\eta}_k, \boldsymbol{\eta}_j)=E[\boldsymbol{\eta}_k\boldsymbol{\eta}_j^{\mathrm{T}}]=\boldsymbol{Q}_k\delta_{kj}$$

确定，$\boldsymbol{R}_k$ 与结论 7.1 相同）。

第一套：$\boldsymbol{K}_k$ 由以下递归式给出，即

$$\boldsymbol{K}_k=\boldsymbol{F}_{k-1}\,\boldsymbol{H}_k^{+\mathrm{T}}[\,\boldsymbol{H}_k^{+}\,\boldsymbol{F}_{k-1}\,\boldsymbol{H}_k^{+\mathrm{T}}+\boldsymbol{R}_k]^{-1}$$

这里

$$\boldsymbol{F}_{k-1}\equiv\boldsymbol{\Phi}_{k-1}^{+}\,\boldsymbol{P}_{k-1}\,\boldsymbol{\Phi}_{k-1}^{+\mathrm{T}}+\boldsymbol{T}_{k-1}^{+}\,\boldsymbol{Q}_{k-1}\,\boldsymbol{T}_{k-1}^{+\mathrm{T}}$$

而且，均方误差 $\boldsymbol{P}_k$ 满足以下递归式

$$\boldsymbol{P}_k=（\boldsymbol{I}-\boldsymbol{K}_k\,\boldsymbol{H}_k^{+}）\boldsymbol{F}_{k-1}$$

第二套：$\boldsymbol{K}_k$ 由以下递归式给出，即

$$\boldsymbol{K}_k=\boldsymbol{P}_k\,\boldsymbol{H}_k^{+\mathrm{T}}\,\boldsymbol{R}_k^{-1}$$

其中，$\boldsymbol{P}_k^{-1}=\boldsymbol{F}_{k-1}^{-1}+\boldsymbol{H}_k^{+\mathrm{T}}\,\boldsymbol{R}_k^{-1}\,\boldsymbol{H}_k^{+}$，并且

$$\boldsymbol{F}_{k-1}^{-1}=(\boldsymbol{\Phi}_{k-1}^{+}\,\boldsymbol{P}_{k-1}\,\boldsymbol{\Phi}_{k-1}^{+\mathrm{T}}+\boldsymbol{T}_{k-1}^{+}\,\boldsymbol{Q}_{k-1}\,\boldsymbol{T}_{k-1}^{+\mathrm{T}})^{-1}$$

重复一下，结论 7.3 中估计是最优估计，意思是指 $\boldsymbol{X}_k$ 的估计值 $\boldsymbol{X}_k^{*}$（即最优估计 $\boldsymbol{X}_k^{+*}$ 的上 2 行），能够使得估计误差

$$\Delta\boldsymbol{X}_k\equiv\boldsymbol{X}_k^{*}-\boldsymbol{X}_k$$

的均方误差

$$\boldsymbol{P}_k\equiv E[\Delta\boldsymbol{X}_k(\Delta\boldsymbol{X}_k)^{\mathrm{T}}]$$

达到最小值。

情况 2，仅观测方程中的随机干扰（噪声）为有色噪声的情形

此时的动态方程和观测方程分别如下

$$\boldsymbol{X}_{k+1}=\boldsymbol{\Phi}_k\boldsymbol{X}_k+\boldsymbol{T}_k\boldsymbol{W}_k$$

$$\boldsymbol{Z}_k=\boldsymbol{H}_k\boldsymbol{X}_k+\boldsymbol{V}_k,\quad \boldsymbol{V}_k=\boldsymbol{G}_{k-1}\boldsymbol{V}_{k-1}+\boldsymbol{D}_{k-1}\,\xi_{k-1},\quad k=1,2,\cdots$$

其中，ξ_k 是零均值的正态白噪声，其他各随机变量之间还满足以下统计关系，即

$$E\{\boldsymbol{W}_k\}=E\{\boldsymbol{\xi}_k\}=\{\boldsymbol{V}_0\}=0,\ E\{\boldsymbol{X}_0\}=\boldsymbol{\mu}_0$$

$$\mathrm{Cov}\{\boldsymbol{W}_k,\boldsymbol{W}_j\}=\boldsymbol{Q}_k\delta_{kj},\ \mathrm{Cov}\{\boldsymbol{\xi}_k,\boldsymbol{\xi}_j\}=\boldsymbol{R}_k\delta_{kj}$$

$$\mathrm{Cov}\{\boldsymbol{\xi}_k,\boldsymbol{X}_0\}=\mathrm{Cov}\{\boldsymbol{\xi}_k,\boldsymbol{V}_0\}=\mathrm{Cov}\{\boldsymbol{\xi}_j,\boldsymbol{W}_j\}=0$$

$$\mathrm{Var}\{\boldsymbol{X}_0\}=\boldsymbol{B}_0,\ \mathrm{Var}\{\boldsymbol{V}_0\}=\boldsymbol{R}_0$$

结论 7.4（可参考《卡尔曼滤波》[13]中第 3.4 节的表 3.5）：在上述各种假定之下，如果只是观测方程中的随机干扰（噪声）为有色噪声，那么，管理者和被管理者之间对抗的最终综合轨迹 $\boldsymbol{X}_k$ 的最优估计 $\boldsymbol{X}_k^*$ 满足以下递归关系，即

$$\boldsymbol{X}_{k+1}^*=\boldsymbol{\Phi}_k\boldsymbol{X}_k^*+\boldsymbol{K}_{k+1}(\boldsymbol{Z}_k^*-\boldsymbol{H}_k^{**}\boldsymbol{X}_k^*)$$

这里

$$\boldsymbol{K}_{k+1}=[\boldsymbol{\Phi}_k\boldsymbol{P}_k(\boldsymbol{H}_k^{**})^{\mathrm{T}}+\boldsymbol{T}_k\boldsymbol{S}_k^{T}][\boldsymbol{H}_k^{**}\boldsymbol{P}_k(\boldsymbol{H}_k^{**})^{\mathrm{T}}+\boldsymbol{R}_k^*]^{-1}$$

$$\boldsymbol{P}_{k+1}=(\boldsymbol{\Phi}_k\boldsymbol{P}_k\boldsymbol{\Phi}_k^{\mathrm{T}}+\boldsymbol{T}_k\boldsymbol{Q}_k\boldsymbol{T}_k^{\mathrm{T}})-\boldsymbol{K}_{k+1}(\boldsymbol{H}_k^{**}\boldsymbol{P}_k\boldsymbol{\Phi}_k^{\mathrm{T}}+\boldsymbol{S}_k\boldsymbol{T}_k^{\mathrm{T}})$$

其中

$$\boldsymbol{H}_k^{**}=\boldsymbol{H}_{k+1}\boldsymbol{\Phi}_k-\boldsymbol{G}_k\boldsymbol{H}_k$$

$$\boldsymbol{R}_k^*=\boldsymbol{D}_k\boldsymbol{R}_k\boldsymbol{D}_k^{\mathrm{T}}+\boldsymbol{H}_{k+1}\boldsymbol{T}_k\boldsymbol{Q}_k\boldsymbol{T}_k^{\mathrm{T}}\boldsymbol{H}_{k+1}^{\mathrm{T}}$$

$$\boldsymbol{S}_k=\boldsymbol{H}_{k+1}\boldsymbol{T}_k\boldsymbol{Q}_k,\quad \boldsymbol{Z}_k^*=\boldsymbol{Z}_{k+1}-\boldsymbol{G}_k\boldsymbol{Z}_k$$

并且初始条件确定的初值分别为

$$\boldsymbol{X}_0^*=E\{\boldsymbol{X}_0\}+\boldsymbol{B}_0\boldsymbol{H}_0^{\mathrm{T}}(\boldsymbol{H}_0\boldsymbol{B}_0\boldsymbol{H}_0^{\mathrm{T}}+\boldsymbol{R}_0)^{-1}(\boldsymbol{Z}_0-\boldsymbol{H}_0\boldsymbol{\mu}_0)$$

$$\boldsymbol{P}_0=\boldsymbol{B}_0-\boldsymbol{B}_0\boldsymbol{H}_0^{\mathrm{T}}(\boldsymbol{H}_0\boldsymbol{B}_0\boldsymbol{H}_0^{\mathrm{T}}+\boldsymbol{R}_0)^{-1}\boldsymbol{H}_0\boldsymbol{B}_0=(\boldsymbol{B}_0+\boldsymbol{H}_0^{\mathrm{T}}\boldsymbol{R}_0^{-1}\boldsymbol{H}_0)^{-1}$$

重复一下，结论 7.4 中的估计是最优估计，意思是指 $\boldsymbol{X}_k$ 的估计值 $\boldsymbol{X}_k^*$，能够使得估计误差 $\Delta\boldsymbol{X}_k\equiv\boldsymbol{X}_k^*-\boldsymbol{X}_k$ 的均方误差 $\boldsymbol{P}_k\equiv E\{\Delta\boldsymbol{X}_k(\Delta\boldsymbol{X}_k)^{\mathrm{T}}\}$达到最小值。

情况 3，动态方程和观测方程中的随机干扰（噪声）都为有色噪声的情形

此时的动态方程和观测方程分别如下

$$X_{k+1}=\boldsymbol{\Phi}_k X_k+T_k W_k$$

$$Z_k=H_k X_k+V_k,\quad k=1, 2, \cdots$$

这里，有色噪声 W_k 和 V_k 分别由以下线性关系生成，即

$$W_k=F_{k-1}W_{k-1}+C_{k-1}\boldsymbol{\eta}_{k-1},\quad V_k=G_{k-1}V_{k-1}+D_{k-1}\xi_{k-1}$$

其中，$\boldsymbol{\eta}_k$ 和 ξ_k 都是零均值的正态白噪声，也假定 X_0 和 V_0 都是零均值的正态随机变量，即满足以下统计特性

$$E\left\{\boldsymbol{\eta}_k\boldsymbol{\eta}_j^{\mathrm{T}}\right\}=N_{11}(k)\delta_{kj},\quad E\left\{\xi_k\xi_j^{\mathrm{T}}\right\}=N_{22}(k)\delta_{kj},$$

$$E\left\{\boldsymbol{\eta}_k\xi_j^{\mathrm{T}}\right\}=N_{12}(k)\delta_{kj},\quad E\left\{\xi_k\boldsymbol{\eta}_j^{\mathrm{T}}\right\}=N_{21}(k)\delta_{kj},$$

$$E\{X_0 W_0^{\mathrm{T}}\}=P_{XW}(0),\quad E\{X_0 V_0^{\mathrm{T}}\}=P_{XV}(0),\quad E\{W_0 V_0^{\mathrm{T}}\}=P_{WV}(0),$$

$$E\{W_k^{+}\, W_j^{+\mathrm{T}}\}=Q_k\delta_{kj}$$

其中，W_k^{+} 是四维列向量，其上 2 行为 $\boldsymbol{\eta}_k$，下 2 行为 ξ_k；而 Q_k 是 4×4 阶矩阵，其上 2 行是（N_{11}, N_{12}），下 2 行是（N_{21}, N_{22}）。于是，有结论 7.5（可参考《卡尔曼滤波》[13]中第 3.4 节的表 3.6）。

结论 7.5：在上述假定下，当动态方程和观测方程中的随机干扰（噪声）都为有色噪声时，那么，在初始条件 $X_0=0$，P_0 之下，管理者和被管理者之间对抗的最终综合轨迹 X_k 的最优估计 X_k^{*}，就是以下六维列向量，即

$$Y_k\equiv(X_k,W_k,V_k)^{\mathrm{T}}$$

的最优卡尔曼滤波 Y_k^{*} 中的最上面 2 行，而 Y_k^{*} 满足以下递归关系，即

$$Y_{k+1}^{*}=\boldsymbol{\Phi}_k^{+}\, Y_k^{*}+K_{k+1}(Z_{k+1}-H_{k+1}^{+}\,\boldsymbol{\Phi}_k^{+}\, Y_k^{*})$$

其中

$$K_{k+1}=B_k H_{k+1}^{+}(H_{k+1}^{+} B_k H_{k+1}^{+\mathrm{T}})^{-1}$$

$$B_k=\boldsymbol{\Phi}_k^{+} P_k\boldsymbol{\Phi}_k^{+\mathrm{T}}+T_k^{+} Q_k T_k^{+\mathrm{T}}$$

$$\boldsymbol{P}_{k+1}=(\boldsymbol{I}-\boldsymbol{K}_{k+1}\boldsymbol{H}_{k+1}^{+})\boldsymbol{B}_k$$

并且 $\boldsymbol{H}_{k+1}^{+}$ 是由 $\boldsymbol{H}_{k+1}$、0 和 $\boldsymbol{I}$ 拼成的 2×6 阶矩阵，即

$$\boldsymbol{H}_{k+1}^{+}=[\boldsymbol{H}_{k+1}\quad 0\quad \boldsymbol{I}]$$

$\boldsymbol{T}_k^{+}$ 是 6×4 阶矩阵，它的上 2 行是（0　0），中间 2 行是（$\boldsymbol{C}_k$　0），底端的 2 行是（0　$\boldsymbol{D}_k$）；$\boldsymbol{\Phi}_k^{+}$ 是 6×6 阶矩阵，它的上 2 行是（$\boldsymbol{\Phi}_k$　$\boldsymbol{T}_k$　0），中间 2 行是（0 $\boldsymbol{F}_k$　0），底端的 2 行是（0　0　$\boldsymbol{G}_k$）。

重复一下，结论 7.5 中的估计是最优估计，意思是指 $\boldsymbol{X}_k$ 的估计值 $\boldsymbol{X}_k^{*}$，能够使得估计误差

$$\Delta\boldsymbol{X}_k\equiv \boldsymbol{X}_k^{*}-\boldsymbol{X}_k$$

的均方误差

$$\boldsymbol{P}_k\equiv E\{\Delta\boldsymbol{X}_k(\Delta\boldsymbol{X}_k)^{\mathrm{T}}\}$$

达到最小值。

至此，离散情形下的线性对抗预测就介绍完了，下面转向连续情形的线性对抗预测问题。

与离散线性情形相似，我们首先考虑管理者与被管理者相互对抗时，外界的影响只包含随机因素（即没有确定性的影响），而且还是零均值的白噪声的情况。于是，此时的动态方程和观测方程就分别是

$$\frac{\mathrm{d}\boldsymbol{X}(t)}{\mathrm{d}t}=\boldsymbol{F}(t)\boldsymbol{X}(t)+\boldsymbol{G}(t)\boldsymbol{W}(t)$$

$$\boldsymbol{Z}(t)=\boldsymbol{H}(t)\boldsymbol{X}(t)+\boldsymbol{V}(t)$$

其中，$\boldsymbol{X}(t)$是由管理者和被管理者的状态形成的二维状态向量；$\boldsymbol{W}(t)$是二维零均值白噪声过程，表示外界对管理者和被管理者对抗的随机影响；$\boldsymbol{Z}(t)$是二维观测向量；$\boldsymbol{V}(t)$是二维零均值白噪声过程，表示外界对观测的随机影响；$\boldsymbol{F}(t)$是动态方程中的 2×2 阶矩阵，其每个元素都是分段连续的已知函数（即不含有随机因素，下同）；$\boldsymbol{H}(t)$是观测方程中的 2×2 阶矩阵，其每个元素也都是分段连续的

已知函数；$\boldsymbol{G}(t)$是动态方程中 2×2 阶矩阵，它的每个元素也是分段连续的已知函数。假定，外界的上述各种随机影响的统计特性为

$$E\{\boldsymbol{W}(t)\}=0，E\{\boldsymbol{W}(t)\boldsymbol{W}^{\mathrm{T}}(s)\}=\boldsymbol{Q}(t)\delta(t-s)$$

$$E\{\boldsymbol{V}(t)\}=0，E\{\boldsymbol{V}(t)\boldsymbol{V}^{\mathrm{T}}(s)\}=\boldsymbol{R}(t)\delta(t-s)$$

$$E\{\boldsymbol{W}(t)\boldsymbol{V}^{\mathrm{T}}(s)\}=0；\ t,s\geqslant t_0$$

由于这里 $\boldsymbol{Q}(t)$为动态噪声的协方差矩阵，所以它是 2×2 阶非负定矩阵（见随后的数学知识补充），它的每个元素也都是分段连续函数。$\boldsymbol{R}(t)$是 2×2 阶的正定矩阵，是观测噪声的协方差矩阵，它的每个元素也是分段连续函数。$\delta(t-s)$是单位脉冲函数。为了更完备，下面补充一点数学上的正定、负定等矩阵概念。

设 $\boldsymbol{A}$ 为 n 阶对称矩阵，如果二次型函数 $\boldsymbol{x}^{\mathrm{T}}\boldsymbol{A}\boldsymbol{x}$ 恒为正（负），则称 $\boldsymbol{A}$ 为正（负）定矩阵，记为 $\boldsymbol{A}>0$（$\boldsymbol{A}<0$）；如果二次型函数 $\boldsymbol{x}^{\mathrm{T}}\boldsymbol{A}\boldsymbol{x}$ 恒为非正（非负），则称 $\boldsymbol{A}$ 为非正（非负）定矩阵，记为 $\boldsymbol{A}\leqslant 0$（$\boldsymbol{A}\geqslant 0$）。若 $\boldsymbol{A}$、$\boldsymbol{B}$ 都为 n 阶对称矩阵，如果 $\boldsymbol{A}-\boldsymbol{B}$ 为正（负）定矩阵，则可记为 $\boldsymbol{A}>\boldsymbol{B}$（$\boldsymbol{A}<\boldsymbol{B}$）；如果 $\boldsymbol{A}-\boldsymbol{B}$ 为非正（非负）定矩阵，则可记为 $\boldsymbol{A}\leqslant\boldsymbol{B}$（$\boldsymbol{A}\geqslant\boldsymbol{B}$）。

此外，还假定 $\boldsymbol{X}(t_0)$是一个已知其一阶和二阶矩的随机向量，即

$$\boldsymbol{\mu}_X(t_0)=E\{\boldsymbol{X}(t_0)\}$$

这里为了不失一般性，可假定 $\boldsymbol{\mu}_X(t_0)=0$。

$$\boldsymbol{P}(t_0)=E\{\boldsymbol{X}(t_0)\boldsymbol{X}^{\mathrm{T}}(t_0)\}=\mathrm{Var}\{\boldsymbol{X}(t_0)\}$$

并且，$\boldsymbol{X}(t_0)$与 $\boldsymbol{W}(t)(t\geqslant t_0)$是不相关的，即对于 $t\geqslant t_0$，有

$$E\{\boldsymbol{X}(t_0)\boldsymbol{W}^{\mathrm{T}}(t)\}=0$$

这说明动态噪声与系统的初始状态不相关。还有，$\boldsymbol{X}(t_0)$与 $\boldsymbol{V}(t)(t\geqslant t_0)$也是不相关的，即对于 $t\geqslant t_0$，有

$$E\{\boldsymbol{X}(t_0)\boldsymbol{V}^{\mathrm{T}}(t)\}=0$$

这说明观测噪声与系统的初始状态无关。这种假设是合理的，因为观测噪声反

映的是观测仪器的特性，当然可以认为它与系统的初始状态无关。

于是，现在的预测估计问题就变成了：在给定观测值 $\boldsymbol{Z}(t)(t \geqslant t_0)$，即得到一段时间内的观测数据后，如何求出动态方程

$$\frac{\mathrm{d}\boldsymbol{X}(t)}{\mathrm{d}t}=\boldsymbol{F}(t)\boldsymbol{X}(t)+\boldsymbol{G}(t)\boldsymbol{W}(t)$$

中，管理者与被管理者综合状态 $\boldsymbol{X}(t)$的预测估计值 $\boldsymbol{X}^*(t)$，使得估计的误差

$$\Delta\boldsymbol{X}(t)\equiv\boldsymbol{X}^*(t)-\boldsymbol{X}(t)$$

的均方差

$$\boldsymbol{P}(t)\equiv E\{\Delta\boldsymbol{X}(t)\Delta\boldsymbol{X}^{\mathrm{T}}(t)\}$$

为最小的线性估计。在此，可得出结论 7.6（可参考《卡尔曼滤波》[13]中第 3.5 节的表 3.5）。

结论 7.6：在上述假设之下，当只考虑环境的随机影响时，由连续的动态方程和观测方程

$$\frac{\mathrm{d}\boldsymbol{X}(t)}{\mathrm{d}t}=\boldsymbol{F}(t)\boldsymbol{X}(t)+\boldsymbol{G}(t)\boldsymbol{W}(t)$$

$$\boldsymbol{Z}(t)=\boldsymbol{H}(t)\boldsymbol{X}(t)+\boldsymbol{V}(t)$$

所描述的管理者和被管理者对抗的综合轨迹的最优卡尔曼预测 $\boldsymbol{X}^*(t)$为

$$\frac{\mathrm{d}\boldsymbol{X}^*(t)}{\mathrm{d}t}=\boldsymbol{F}(t)\boldsymbol{X}^*(t)+\boldsymbol{K}(t)[\boldsymbol{Z}(t)-\boldsymbol{H}(t)\boldsymbol{X}^*(t)]$$

其中

$$\boldsymbol{K}(t)=\boldsymbol{P}(t)\boldsymbol{H}^{\mathrm{T}}(t)\boldsymbol{R}^{-1}(t)$$

这里 $\boldsymbol{P}(t)$满足

$$\frac{\mathrm{d}\boldsymbol{P}(t)}{\mathrm{d}t}=\boldsymbol{F}(t)\boldsymbol{P}(t)+\boldsymbol{P}(t)\boldsymbol{F}^{\mathrm{T}}(t)-\boldsymbol{P}(t)\boldsymbol{H}^{\mathrm{T}}(t)\boldsymbol{R}^{-1}(t)\boldsymbol{H}(t)\boldsymbol{P}(t)+\boldsymbol{G}(t)\boldsymbol{Q}(t)\boldsymbol{G}^{\mathrm{T}}(t)$$

并且初始条件为

$$\boldsymbol{X}^{*}(t_0)=E\{\boldsymbol{X}(t_0)\}$$

$$\boldsymbol{P}(t_0)=\mathrm{Var}\{\boldsymbol{X}(t_0)\}=\boldsymbol{P}_X(t_0)$$

重复一下，结论 7.6 中的估计是最优估计，意思是指管理者与被管理者综合状态 $\boldsymbol{X}(t)$的预测估计值 $\boldsymbol{X}^{*}(t)$满足估计的误差

$$\Delta\boldsymbol{X}(t)\equiv\boldsymbol{X}^{*}(t)-\boldsymbol{X}(t)$$

的均方差

$$\boldsymbol{P}(t)\equiv E\{\Delta\boldsymbol{X}(t)\Delta\boldsymbol{X}^{\mathrm{T}}(t)\}$$

已经达到最小。

再考虑管理者和被管理者在对抗时，不但有环境的随机影响，而且还有确定性的影响，于是相应的动态方程和观测方程就变为

$$\frac{\mathrm{d}\boldsymbol{X}(t)}{\mathrm{d}t}=\boldsymbol{F}(t)\boldsymbol{X}(t)+\boldsymbol{G}(t)\boldsymbol{W}(t)+\boldsymbol{E}(t)\boldsymbol{U}(t)$$

$$\boldsymbol{Z}(t)=\boldsymbol{H}(t)\boldsymbol{X}(t)+\boldsymbol{V}(t)+\boldsymbol{Y}(t)$$

此处的 $\boldsymbol{U}(t)$和 $\boldsymbol{Y}(t)$是已知的确定性时间函数（即不含随机因素）；关于随机干扰 $\boldsymbol{W}(t)$和 $\boldsymbol{V}(t)$的假设条件也适当放宽，$\boldsymbol{W}(t)$和 $\boldsymbol{V}(t)$的均值不为 0，且相关。具体来说，这些随机因素满足以下的统计关系，即

$$E\{\boldsymbol{W}(t)\}=\boldsymbol{\mu}_W(t)$$

$$E\{\boldsymbol{V}(t)\}=\boldsymbol{\mu}_V(t)$$

$$E\{\boldsymbol{X}(t_0)\}=\boldsymbol{\mu}_X(t_0)$$

$$\mathrm{Cov}\{\boldsymbol{W}(t),\ \boldsymbol{W}(s)\}=\boldsymbol{Q}(t)\delta_D(t-s)$$

$$\mathrm{Cov}\{\boldsymbol{V}(t),\ \boldsymbol{V}(s)\}=\boldsymbol{R}(t)\delta_D(t-s)$$

$$\mathrm{Cov}\{\boldsymbol{W}(t),\ \boldsymbol{V}(s)\}=\boldsymbol{S}(t)\delta_D(t-s)$$

$$\mathrm{Var}\{\boldsymbol{X}(t_0)\}=\boldsymbol{P}(t_0)=\boldsymbol{P}_X(t_0)$$

$$\mathrm{Cov}\{\boldsymbol{X}(t_0), \boldsymbol{V}(t)\}=\mathrm{Cov}\{\boldsymbol{X}(t_0), \boldsymbol{W}(t)\}=0$$

这里和今后，$\delta_D(t-s)$定义为$\lim\limits_{t\to s}\delta_D(t-s)=D$，否则 $\delta_D(t-s)=0$。于是，可得出结论 7.7（可参考《卡尔曼滤波》[13]中第 3.5 节的表 3.6）。

结论 7.7：在上述的假定之下，管理者和被管理者之间综合对抗状态 $\boldsymbol{X}(t)$的最优预测估计 $\boldsymbol{X}^*(t)$由以下微分方程而定，即

$$\frac{\mathrm{d}\boldsymbol{X}^*(t)}{\mathrm{d}t}=\boldsymbol{F}(t)\boldsymbol{X}^*(t)+\boldsymbol{G}(t)\boldsymbol{\mu}_W(t)+\boldsymbol{E}(t)\boldsymbol{U}(t)+\boldsymbol{K}(t)[\boldsymbol{Z}(t)-\boldsymbol{\mu}_V(t)-\boldsymbol{Y}(t)-\boldsymbol{H}(t)\boldsymbol{X}^*(t)]$$

其中

$$\boldsymbol{K}(t)=[\boldsymbol{P}(t)\boldsymbol{H}^{\mathrm{T}}(t)+\boldsymbol{G}(t)\boldsymbol{S}(t)]\boldsymbol{R}^{-1}(t)$$

而 $\boldsymbol{P}(t)$由以下微分方程决定

$$\frac{\mathrm{d}\boldsymbol{P}(t)}{\mathrm{d}t}=\boldsymbol{F}(t)\boldsymbol{P}(t)+\boldsymbol{P}(t)\boldsymbol{F}^{\mathrm{T}}(t)+\boldsymbol{G}(t)\boldsymbol{Q}(t)\boldsymbol{G}^{\mathrm{T}}(t)-\boldsymbol{K}(t)\boldsymbol{R}(t)\boldsymbol{K}^{\mathrm{T}}(t)$$

并且初始条件为

$$\boldsymbol{X}^*(t_0)=E\{\boldsymbol{X}(t_0)\}=\boldsymbol{\mu}_X(t_0)$$

$$\boldsymbol{P}(t_0)=\mathrm{Var}\{\boldsymbol{X}^*(t_0)-\boldsymbol{X}(t_0)\}=\boldsymbol{P}_X(t_0)$$

重复一下，结论 7.7 中的估计是最优估计，意思是指管理者与被管理者综合状态 $\boldsymbol{X}(t)$的预测估计值 $\boldsymbol{X}^*(t)$满足估计的误差

$$\Delta\boldsymbol{X}(t)\equiv\boldsymbol{X}^*(t)-\boldsymbol{X}(t)$$

的均方差

$$\boldsymbol{P}(t)\equiv E\{\Delta\boldsymbol{X}(t)\Delta\boldsymbol{X}^{\mathrm{T}}(t)\}$$

已经达到最小。

在上面的结论 7.6 和结论 7.7 中，最优预测 $\boldsymbol{X}^*(t)$都是以微分方程解的形式

出现的，在一般情况下，其计算并不容易。但是，如果再做一些简化，便有可能给出可行的 $\boldsymbol{X}^*(t)$的预测结果。比如，在结论 7.6 所涉及的动态方程和观测方程中，如果假定 $\boldsymbol{F}(t)$、$\boldsymbol{G}(t)$和 $\boldsymbol{H}(t)$都是与 t 无关的常数矩阵（分别记为 $\boldsymbol{F}$、$\boldsymbol{G}$ 和 $\boldsymbol{H}$），那么，在结论 7.6 中与之相应的 $\boldsymbol{Q}(t)$和 $\boldsymbol{R}(t)$也都是常数矩阵（分别记为 $\boldsymbol{Q}$ 和 $\boldsymbol{R}$）。此时，动态方程和观测方程分别为

$$\frac{\mathrm{d}\boldsymbol{X}(t)}{\mathrm{d}t}=\boldsymbol{FX}(t)+\boldsymbol{GW}(t)$$

$$\boldsymbol{Z}(t)=\boldsymbol{HX}(t)+\boldsymbol{V}(t)$$

若设 $\boldsymbol{W}(t)$和 $\boldsymbol{V}(t)$是平稳的零均值不相关的白噪声过程，即

$$E\{\boldsymbol{W}(t)\}=0，E\{\boldsymbol{V}(t)\}=0，\mathrm{Cov}\{\boldsymbol{W}(t),\boldsymbol{V}(s)\}=0$$

$$\mathrm{Cov}\{\boldsymbol{W}(t),\boldsymbol{W}(s)\}=\boldsymbol{Q}\delta_D(t-s)，\mathrm{Cov}\{\boldsymbol{V}(t),\boldsymbol{V}(s)\}=\boldsymbol{R}\delta_D(t-s)$$

此外，还可假定所涉及的过程已经达到稳态，即假定观测区间开始于 $t=-\infty$，虽然在实际中不可能从$-\infty$开始，但是，只要过去的观测时间足够长，使得所有的瞬变现象接近消失，那么，从工程角度看，就可认为已经达到了稳态。

由于已经假定随机过程均为平稳的，而且估计过程也已达稳态，那么，结论 7.6 中最小方差滤波的以下方程（称为黎卡提微分方程）

$$\frac{\mathrm{d}\boldsymbol{P}(t)}{\mathrm{d}t}=\boldsymbol{F}(t)\boldsymbol{P}(t)+\boldsymbol{P}(t)\boldsymbol{F}^{\mathrm{T}}(t)-\boldsymbol{P}(t)\boldsymbol{H}^{\mathrm{T}}(t)\boldsymbol{R}^{-1}(t)\boldsymbol{H}(t)\boldsymbol{P}(t)+\boldsymbol{G}(t)\boldsymbol{Q}(t)\boldsymbol{G}^{\mathrm{T}}(t)$$

中的 $\boldsymbol{P}(t)$就与时间无关，即

$$\frac{\mathrm{d}\boldsymbol{P}(t)}{\mathrm{d}t}=0$$

于是，该黎卡提微分方程就退化为（以下简称为退化方程）

$$0=\boldsymbol{FP}+\boldsymbol{PF}^{\mathrm{T}}-\boldsymbol{PH}^{\mathrm{T}}\boldsymbol{R}^{-1}\boldsymbol{HP}+\boldsymbol{GQG}^{\mathrm{T}}$$

令该退化方程关于 $\boldsymbol{P}$ 的解为 $\boldsymbol{P}_\infty$，那么，管理者与被管理者对抗的综合轨迹预测 $\boldsymbol{X}^*(t)$，就由以下微分方程组确定

$$\frac{\mathrm{d}\boldsymbol{X}^*(t)}{\mathrm{d}t}=\boldsymbol{F}\boldsymbol{X}^*(t)+\boldsymbol{K}[\boldsymbol{Z}(t)-\boldsymbol{H}\boldsymbol{X}^*(t)]$$

其中

$$\boldsymbol{K}=\boldsymbol{P}_{\infty}\boldsymbol{H}^{\mathrm{T}}\boldsymbol{R}^{-1}$$

即按此微分方程所求得的$\boldsymbol{X}^*(t)$能够使得估计误差

$$\Delta\boldsymbol{X}(t)\equiv\boldsymbol{X}^*(t)-\boldsymbol{X}(t)$$

的均方差

$$\boldsymbol{P}(t)\equiv E\{\Delta\boldsymbol{X}(t)\Delta\boldsymbol{X}^{\mathrm{T}}(t)\}$$

已经达到最小。

第 3 节　最优预测的渐近性

最优预测的渐近性体现在多个方面，比如稳定性、可控制性、可观察性、误差性、发散性等。下面逐一考虑并介绍。

1．最优预测的稳定性、可控制性、可观察性

在对管理者和被管理者对抗的综合轨迹 $\boldsymbol{X}_k$ 进行估计时（即求最优估计 $\boldsymbol{X}_k^*$），如果对初始状态 $\boldsymbol{X}_0$ 的统计特性不够了解，那么就可能随意选取这些初始值，从而产生与本该取的 $E\boldsymbol{X}_0$ 和 $\boldsymbol{P}_0=\mathrm{Var}(\boldsymbol{X}_0)$有一定的误差，这种误差，对随后的预测估计将会产生什么影响呢？是误差必须充分小，还是只要时间足够长，其预测值将不断逼近最优预测值呢？换句话说，这里的稳定性问题，就是要考虑：是否当时间足够长后，初值的影响可以忽略不计？

关于稳定性，我们重点考虑结论 7.1 和结论 7.6 的讨论中所涉及的情况，即只考虑环境对动态方程和观测方程的随机影响（不考虑确定性影响）。

关于离散情形，先给出几个定义。

定义 7.1：考虑 n 维线性差分方程

$$\boldsymbol{y}_k=\boldsymbol{\psi}_{k,k-1}\boldsymbol{y}_{k-1}+\boldsymbol{u}_{k-1}$$

其中，可逆矩阵 $\boldsymbol{\psi}_{k,k-1}$ 称为转移阵。再定义矩阵 $\boldsymbol{\psi}_{kj}$ 为（注意，这里的 k 和 j 之间没有逗号）：当 $k=j$ 时，$\boldsymbol{\psi}_{kj}=\boldsymbol{I}$（单位矩阵）；当 $k>j$ 时，$\boldsymbol{\psi}_{kj}=\prod\limits_{k\geqslant s>t\geqslant j}\boldsymbol{\psi}_{s,t}$；当 $k<j$ 时，$\boldsymbol{\psi}_{kj}=(\boldsymbol{\psi}_{jk})^{-1}$。于是，可验证 $\boldsymbol{\psi}_{jk}\boldsymbol{\psi}_{kt}=\boldsymbol{\psi}_{jt}$。关于离散情形的稳定性有以下几种定义：

如果存在常数 $c>0$，使得对所有 $k\geqslant0$，都有$\|\boldsymbol{\psi}_{k0}\|\leqslant c$，则称 n 维线性差分系统

$$\boldsymbol{y}_k=\boldsymbol{\psi}_{k,k-1}\boldsymbol{y}_{k-1}+\boldsymbol{u}_{k-1}$$

是稳定的。这里，$\boldsymbol{y}_k$、$\boldsymbol{u}_k$ 都是 n 维列向量，$\|\boldsymbol{A}\|$表示矩阵 $\boldsymbol{A}=[a_{ij}]$的范数，即

$$\|\boldsymbol{A}\|\equiv\left(\sum_{1\leqslant i,j\leqslant n}a_{ij}^2\right)^{\frac{1}{2}}$$

如果当 $k\to\infty$ 时，有$\|\boldsymbol{\psi}_{k0}\|\to0$，则称系统

$$\boldsymbol{y}_k=\boldsymbol{\psi}_{k,k-1}\boldsymbol{y}_{k-1}+\boldsymbol{u}_{k-1}$$

是渐近稳定的。

如果存在常数 $c_1>0$ 和 $c_2>0$，使得对所有 $k\geqslant j\geqslant0$，都有

$$\|\boldsymbol{\psi}_{kj}\|\leqslant c_2\,\mathrm{e}^{-c_1(k-j)}$$

则称系统

$$\boldsymbol{y}_k=\boldsymbol{\psi}_{k,k-1}\boldsymbol{y}_{k-1}+\boldsymbol{u}_{k-1}$$

是一致渐近稳定的。

从该定义中可知：由一致渐近稳定，可推出渐近稳定；由渐近稳定，可推出稳定。该定义中的稳定性，其实是体现在初始误差对系统方程

$$\boldsymbol{y}_k=\boldsymbol{\psi}_{k,k-1}\boldsymbol{y}_{k-1}+\boldsymbol{u}_{k-1}$$

解的稳定性影响。实际上，若设 $\boldsymbol{y}_k$ 和 $\boldsymbol{Y}_k$ 分别是以 $\boldsymbol{y}_0$ 和 $\boldsymbol{Y}_0$ 为初值，从同一个系统方程

$$\boldsymbol{y}_k=\boldsymbol{\psi}_{k,k-1}\boldsymbol{y}_{k-1}+\boldsymbol{u}_{k-1}$$

所求出的解，即

$$\begin{cases}\boldsymbol{Y}_k=\boldsymbol{\psi}_{k0}\boldsymbol{Y}_0+\sum\limits_{j=1}^{k}\boldsymbol{\psi}_{kj}\boldsymbol{u}_{j-1}\\ \boldsymbol{y}_k=\boldsymbol{\psi}_{k0}\boldsymbol{y}_0+\sum\limits_{j=1}^{k}\boldsymbol{\psi}_{kj}\boldsymbol{u}_{j-1}\end{cases}$$

于是

$$\boldsymbol{Y}_k-\boldsymbol{y}_k=\boldsymbol{\psi}_{k0}(\boldsymbol{Y}_0-\boldsymbol{y}_0)$$

对该等式的两边都取矩阵范数，则有

$$\|\boldsymbol{Y}_k-\boldsymbol{y}_k\|\leqslant\|\boldsymbol{\psi}_{k0}\|\cdot\|\boldsymbol{Y}_0-\boldsymbol{y}_0\|$$

由该不等式就可清楚地看出定义 7.1 中，各种稳定性的直观含义了，也就是说，如果系统方程的解

$$\boldsymbol{y}_k=\boldsymbol{\psi}_{k,k-1}\boldsymbol{y}_{k-1}+\boldsymbol{u}_{k-1}$$

是稳定的，即

$$\|\boldsymbol{\psi}_{k0}\|\leqslant c$$

那么，对任意 $\varepsilon>0$，只要初值的差

$$\|\boldsymbol{Y}_0-\boldsymbol{y}_0\|<\delta\equiv\frac{\varepsilon}{c}$$

就可保证预测估计值的差

$$\|\boldsymbol{Y}_k-\boldsymbol{y}_k\|<\varepsilon$$

换句话说，只要初值的差值充分小，就能保证从这两个初值出发，所获得的差分系统方程的解之差任意小。

如果系统方程的解

$$\boldsymbol{y}_k=\boldsymbol{\psi}_{k,\,k-1}\boldsymbol{y}_{k-1}+\boldsymbol{u}_{k-1}$$

是渐近稳定的，即当 $k\to\infty$ 时，有 $\|\boldsymbol{\psi}_{k0}\|\to 0$，那么就有：对任何初始值 $\boldsymbol{y}_0$ 和 $\boldsymbol{Y}_0$，当 $k\to\infty$ 时，$\|\boldsymbol{Y}_k-\boldsymbol{y}_k\|\to 0$ 成立。换句话说，无论初值怎么选取，只要 k 足够大（即时间足够长），那么相应的解值 $\boldsymbol{Y}_k$ 和 $\boldsymbol{y}_k$ 就可以任意接近。

如果

$$\boldsymbol{y}_k=\boldsymbol{\psi}_{k,\,k-1}\boldsymbol{y}_{k-1}+\boldsymbol{u}_{k-1}$$

是一致渐近稳定的，即对所有 $k\geqslant j\geqslant 0$，都有

$$\|\boldsymbol{\psi}_{kj}\|\leqslant c_2\,\mathrm{e}^{-c_1(k-j)}$$

那么，该系统不但是稳定的和渐近稳定的，而且还有另一个重要性质：若 $\boldsymbol{u}_k$ 有界，则 $\boldsymbol{y}_k$ 也有界。实际上，若存在正数 r，使得对所有 $k\geqslant 0$，都有

$$\|\boldsymbol{u}_k\|\leqslant r，\|\boldsymbol{y}_0\|\leqslant r$$

那么，根据范数的性质就有

$$\|\boldsymbol{y}_k\|\leqslant \frac{c_2 r}{1-\mathrm{e}^{-c_1}}$$

稳定性概念清楚后，下面再来介绍可控制性和可观测性两个概念。为此，先考虑以下无随机影响的动态方程和观测方程组

$$\begin{cases}\boldsymbol{x}_k=\boldsymbol{\Phi}_{k,k-1}\boldsymbol{x}_{k-1}+\boldsymbol{T}_{k-1}\boldsymbol{w}_{k-1}\\ \boldsymbol{z}_k=\boldsymbol{H}_k\boldsymbol{x}_k,\quad k=1,2,\cdots\end{cases}$$

这里，$\boldsymbol{x}$、$\boldsymbol{z}$ 是 n 维列向量；$\boldsymbol{\Phi}$、$\boldsymbol{T}$ 和 $\boldsymbol{H}$ 都是 n 阶方阵；$\boldsymbol{w}_k$ 中不含有随机因素，它是确定性的 n 维列向量，称为控制项。在该方程组中，就可形象地定义：

如果存在某个正整数 N，使得从任意的 $\boldsymbol{x}_{k-N}$ 出发，只要适当选取控制项 $\boldsymbol{w}_{k-N}$，$\boldsymbol{w}_{k-N+1}$，$\cdots$，$\boldsymbol{w}_{k-1}$，就可以使 $\boldsymbol{x}_k$ 达到任何状态，则称上面的非随机系统方程组是完全可控制的。

如果存在某个正整数 N，使得由观测值 $\boldsymbol{z}_{k-N+1}, \boldsymbol{z}_{k-N+2}, \cdots, \boldsymbol{z}_k$，可以唯一确定状态 $\boldsymbol{x}_k$，则称上面的非随机系统方程组是完全可观测的。

其实可以验证（可参考《卡尔曼滤波》[13]中第 4.1 节的定义 2），上述的形象定义可以从数学上等价于以下定义 7.2。

定义 7.2：如果存在正整数 N 和正数 $\beta>0$ 和 $\alpha>0$，使得对所有 $k\geqslant N$ 都有

$$\alpha\boldsymbol{I}\leqslant\sum_{i=k-N+1}^{k}\boldsymbol{\Phi}_{ki}\,\boldsymbol{T}_{i-1}\boldsymbol{T}_{i-1}^{\mathrm{T}}\boldsymbol{\Phi}_{ki}^{\mathrm{T}}\leqslant\beta\boldsymbol{I}$$

则称上面的非随机系统方程组是一致完全可控制的。这里 $\boldsymbol{\Phi}_{ki}$（注意，k 与 i 之间没有逗号）的定义可参见定义 7.1。

如果存在正整数 N 和正数 $\beta>0$ 和 $\alpha>0$，使得对所有 $k\geqslant N$ 都有

$$\alpha\boldsymbol{I}\leqslant\sum_{j=k-N+1}^{k}\boldsymbol{\Phi}_{jk}^{\mathrm{T}}\boldsymbol{H}_j^{\mathrm{T}}\,\boldsymbol{H}_j\boldsymbol{\Phi}_{jk}\leqslant\beta\boldsymbol{I}$$

则称上面的非随机系统方程组是一致完全可观测的。

有了上述各方面的准备后，现在就可以考虑只存在随机干扰时，管理者与被管理者之间对抗的综合轨迹预测的可控制性和可观察性了。此时的动态方程和观测方程都与结论 7.1 中的相同（只是把原来的 $\boldsymbol{\Phi}_{k-1}$ 替换成了 $\boldsymbol{\Phi}_{k,\,k-1}$ 而已），即

$$\boldsymbol{X}_k=\boldsymbol{\Phi}_{k,k-1}\boldsymbol{X}_{k-1}+\boldsymbol{T}_{k-1}\boldsymbol{W}_{k-1}$$

$$\boldsymbol{Z}_k=\boldsymbol{H}_k\boldsymbol{X}_k+\boldsymbol{V}_k$$

并且还满足以下统计特性，即

$$E\boldsymbol{W}_k=0,\ E(\boldsymbol{W}_k\boldsymbol{W}_j^{\mathrm{T}})=\boldsymbol{Q}_k\delta_{kj},\ \boldsymbol{Q}_k>0$$

$$E\boldsymbol{V}_k=0,\ E(\boldsymbol{V}_k\boldsymbol{V}_j^{\mathrm{T}})=\boldsymbol{R}_k\delta_{kj},\ \boldsymbol{R}_k>0$$

$$E(\boldsymbol{X}_0\boldsymbol{W}_k^{\mathrm{T}})=0,\ E(\boldsymbol{X}_0\boldsymbol{V}_k^{\mathrm{T}})=0,\ E(\boldsymbol{W}_k\boldsymbol{V}_j^{\mathrm{T}})=0$$

针对该动态方程和观测方程确定的系统方程组（简称为离散随机干扰系统），下面给出定义 7.3。

定义 7.3：如果存在正整数 N，使得

$$C(k-N+1,k)\equiv\sum_{i=k-N+1}^{k}\boldsymbol{\Phi}_{ki}\,\boldsymbol{T}_{i-1}\boldsymbol{Q}_{i-1}\,\boldsymbol{T}_{i-1}^{\mathrm{T}}\,\boldsymbol{\Phi}_{ki}^{\mathrm{T}}>0$$

则称上述离散随机干扰系统在 k 时刻是完全可控制的。如果存在正整数 N 和正数 $\beta>0$、$\alpha>0$，使得对所有 $k\geqslant N$ 都有

$$\alpha\boldsymbol{I}\leqslant C(k-N+1,\ k)\leqslant\beta\boldsymbol{I}$$

则称上面的离散随机干扰系统是一致完全可控制的。

如果存在正整数 N，使得

$$O(k-N+1,k)\equiv\sum_{j=k-N+1}^{k}\boldsymbol{\Phi}_{jk}^{\mathrm{T}}\boldsymbol{H}_{j}^{\mathrm{T}}\boldsymbol{R}_{j}^{-1}\boldsymbol{H}_{j}\boldsymbol{\Phi}_{jk}>0$$

则称上述离散随机干扰系统在 k 时刻是完全可观测的。如果存在正整数 N 和正数 $\beta>0$、$\alpha>0$，使得对所有 $k\geqslant N$ 都有

$$\alpha\boldsymbol{I}\leqslant O(k-N+1,\ k)\leqslant\beta\boldsymbol{I}$$

则称上面的离散随机干扰系统是一致完全可观测的。

从形式上看，无随机因素的定义 7.2 和有随机因素的定义 7.3 中的可控制性和可观测性定义很相似，只是后者中多插入了 $\boldsymbol{Q}_{i-1}$ 和 $\boldsymbol{R}_{j}^{-1}$ 而已。其实，它们并无本质区别，因为在所涉及的概率分布若都为正态分布时，定义 7.3 中的完全可控性条件

$$C(k-N+1,\ k)>0$$

就可以解释为：从任意给定的状态 $\boldsymbol{X}_{k-N}$ 出发，到时刻 k，轨迹 $\boldsymbol{X}_k$ 以某一概率达到任何状态。同理，定义 7.3 中的完全可观测条件 $O(k-N+1,\ k)>0$ 也可以等价地解释为：存在着基于观测值 $\boldsymbol{Z}_{k-N+1}, \boldsymbol{Z}_{k-N+2},\ \cdots, \boldsymbol{Z}_k$（而不依赖于 $\boldsymbol{X}_k$ 的先验知识的）的 $\boldsymbol{X}_k$ 的线性无偏估计。至于定义 7.3 中，一致完全可控性和一致完全可观

测性的条件，只不过是进一步要求对于所有的 $k \geqslant N$，使得 $C(k-N+1, k)$和 $O(k-N+1, k)$都有一致的有限上界和一致的正定下界罢了。

关于结论 7.6 中所涉及的连续动态方程和观测方程组，即

$$\begin{cases}\dfrac{\mathrm{d}\boldsymbol{X}(t)}{\mathrm{d}t}=\boldsymbol{F}(t)\boldsymbol{X}(t)+\boldsymbol{G}(t)\boldsymbol{W}(t)\\ \boldsymbol{Z}(t)=\boldsymbol{H}(t)\boldsymbol{X}(t)+\boldsymbol{V}(t)\end{cases}$$

这里，方程组中相关的统计假设可详见结论 7.6 前的介绍，此处不再重复。其相应的一致完全可控制和可观测性的充分必要条件分别是

$$\begin{cases}\alpha\boldsymbol{I}\leqslant\int_{t-\sigma}^{t}\boldsymbol{\Phi}(t,\tau)\boldsymbol{G}(\tau)\boldsymbol{Q}(\tau)\boldsymbol{G}^{\mathrm{T}}(\tau)\boldsymbol{\Phi}^{\mathrm{T}}(t,\tau)\mathrm{d}\tau=\boldsymbol{S}(t-\sigma,t)\leqslant\beta\boldsymbol{I}\\ \alpha\boldsymbol{I}\leqslant\int_{t-\sigma}^{t}\boldsymbol{\Phi}^{\mathrm{T}}(\tau,t)\boldsymbol{H}^{\mathrm{T}}(\tau)\boldsymbol{R}^{-1}(\tau)\boldsymbol{H}(\tau)\boldsymbol{\Phi}(\tau,t)\mathrm{d}\tau=\mu(t-\sigma,t)\leqslant\beta\boldsymbol{I}\end{cases}$$

仍然针对结论 7.1 中所涉及的管理者和被管理者之间的对抗系统，如果它还是一致完全可控制和一致完全可观测的，那么，它的最优线性卡尔曼预测估计的误差方差矩阵 $\boldsymbol{P}_k$（见结论 7.1 中所述），对 k 有一致的有限上界和正定下界。具体地说，可得出结论 7.8（可参考《卡尔曼滤波》[13]中第 4.1 节的公式 4.18）。

结论 7.8：考虑结论 7.1 中的方程组

$$\begin{cases}\boldsymbol{X}_k=\boldsymbol{\Phi}_{k,k-1}\boldsymbol{X}_{k-1}+\boldsymbol{T}_{k-1}\boldsymbol{W}_{k-1}\\ \boldsymbol{Z}_k=\boldsymbol{H}_k\boldsymbol{X}_k+\boldsymbol{V}_k\end{cases}$$

除结论 7.1 中的已有假定之外，如果再假设它是一致完全可控制和一致完全可观测的，那么，在结论 7.1 中给出的最优线性卡尔曼预测 $\boldsymbol{X}_k^*$ 的误差方差矩阵 $\boldsymbol{P}_k$ 满足：当 $k \geqslant 2N$ 时，恒满足以下不等式

$$\frac{\alpha}{1+(n\beta)^2}\boldsymbol{I}\leqslant\boldsymbol{P}_k\leqslant\frac{1+(n\beta)^2}{\alpha}\boldsymbol{I}$$

其中的正整数 N 及 $\alpha>0$、$\beta>0$ 由定义 7.3 给出。针对结论 7.6 中的连续系统，除结论 7.6 中的假定之外，如果还假定它是一致完全可控制和一致完全可观测的，并且 $\boldsymbol{P}(t_0)$是非负定的，那么，在结论 7.6 中给出的最优线性卡尔曼预测 $\boldsymbol{X}^*(t)$

的误差方差 $\boldsymbol{P}(t)$满足：对所有 $t \geqslant t_0+\sigma$，$\boldsymbol{P}(t)$为正定的；同时有正定的下界及一致的上界，即

$$\boldsymbol{S}^{-1}(t-\sigma, t)+\boldsymbol{\mu}^{-1}(t-\sigma, t) \leqslant \boldsymbol{P}(t) \leqslant \boldsymbol{\mu}^{-1}(t-\sigma, t)+\boldsymbol{S}(t-\sigma, t)$$

其中，$\boldsymbol{\mu}(t-\sigma, t)$和 $\boldsymbol{S}(t-\sigma, t)$分别由上面连续情形一致完全可控制和可观测性的充分必要条件中的不等式确定。

于是，便有以下稳定性结论（可参考《卡尔曼滤波》[13]中第 4.1 节的定理 1 和定理 2），即结论 7.9。

结论 7.9：考虑结论 7.1 中的方程组

$$\begin{cases} \boldsymbol{X}_k = \boldsymbol{\Phi}_{k,k-1}\boldsymbol{X}_{k-1} + \boldsymbol{T}_{k-1}\boldsymbol{W}_{k-1} \\ \boldsymbol{Z}_k = \boldsymbol{H}_k\boldsymbol{X}_k + \boldsymbol{V}_k, \quad k = 1,2,\cdots \end{cases}$$

除结论 7.1 中的已有假定之外，如果再假设它是一致完全可控制和一致完全可观测的，那么有：

（1）结论 7.1 中给出的最优预测 $\boldsymbol{X}_k^*$ 可以等价地重新写为

$$\boldsymbol{X}_k^* = \boldsymbol{\psi}_{k,k-1}\boldsymbol{X}_{k-1}^* + \boldsymbol{K}_k\boldsymbol{Z}_k$$

其中

$$\boldsymbol{\psi}_{k,k-1} \equiv (\boldsymbol{I}-\boldsymbol{K}_k\boldsymbol{H}_k)\boldsymbol{\Phi}_{k,k-1}$$

并且 $\boldsymbol{X}_k^*$ 还是渐近稳定的，即存在常数 $c_1>0$，$c_2>0$，使得对所有 $k \geqslant j \geqslant 0$，都有

$$\|\boldsymbol{\psi}_{kj}\| \leqslant c_2 \mathrm{e}^{-c_1(k-j)}$$

换句话说，此时当时间充分长之后，最优预测估计值 $\boldsymbol{X}_k^*$ 将渐近地不依赖于初始值

$$\begin{cases} E\boldsymbol{X}_0 = \boldsymbol{\mu}_0 \\ \mathrm{Var}\boldsymbol{X}_0 = \boldsymbol{P}_0 \end{cases}$$

的选取，而且有界的观测 $\boldsymbol{Z}_k$ 将导致有界的滤波预测 $\boldsymbol{X}_k^*$。

（2）如果 $\boldsymbol{P}_0^{(1)}$ 和 $\boldsymbol{P}_0^{(2)}$ 是两个不同的初始误差方差矩阵（见结论 7.1 中的描述），并且 $\boldsymbol{P}_k^{(1)}$ 和 $\boldsymbol{P}_k^{(2)}$ 分别表示从它们出发，按卡尔曼滤波公式（见结论 7.1 中的描述）算出的第 k 时刻的误差方差矩阵，则存在常数 $c_3>0$ 和 $c_4>0$，使得对所有 $k\geqslant j\geqslant 0$，有

$$\left\|\boldsymbol{P}_k^{(2)}-\boldsymbol{P}_k^{(1)}\right\|\leqslant c_4\mathrm{e}^{-c_3(k-j)}\left\|\boldsymbol{P}_j^{(2)}-\boldsymbol{P}_j^{(1)}\right\|$$

该不等式意味着：对于一致完全可控制和一致完全可观测的线性对抗系统，当 $k\to\infty$ 时，有

$$\left\|\boldsymbol{P}_k^{(2)}-\boldsymbol{P}_k^{(1)}\right\|\leqslant c_4\mathrm{e}^{-c_3(k-j)}\left\|\boldsymbol{P}_j^{(2)}-\boldsymbol{P}_j^{(1)}\right\|\to 0$$

即当时间 t 充分长后，滤波误差方差矩阵 $\boldsymbol{P}_k$（从而增益矩阵 $\boldsymbol{K}_k$），也将渐近地不依赖于初始方差矩阵的选取。

再考虑一种最简单的情形，即所谓的定常系统。此时在结论 7.9 所讨论的动态方程和观测方程中，各矩阵都是定常的，即

$$\begin{cases}\boldsymbol{\Phi}_{k,k-1}\equiv\boldsymbol{\Phi}\\ \boldsymbol{T}_k\equiv\boldsymbol{T}\\ \boldsymbol{H}_k\equiv\boldsymbol{H}\\ \boldsymbol{Q}_k\equiv\boldsymbol{Q},\ \ \boldsymbol{Q}>0\\ \boldsymbol{R}_k\equiv\boldsymbol{R},\ \ \boldsymbol{R}>0\end{cases}$$

它们都与 k 无关。于是，当 $k\geqslant N$ 时，有

$$C(k-N+1,k)=\sum_{i=k-N+1}^{k}\boldsymbol{\Phi}^{k-i}\ \boldsymbol{TQT}^{\mathrm{T}}(\boldsymbol{\Phi}^{k-i})^{\mathrm{T}}=\sum_{j=0}^{N-1}\boldsymbol{\Phi}^{j}\ \boldsymbol{TQT}^{\mathrm{T}}(\boldsymbol{\Phi}^{j})^{\mathrm{T}}$$

$$O(k-N+1,k)=\sum_{i=k-N+1}^{k}(\boldsymbol{\Phi}^{j-k})^{\mathrm{T}}\ \boldsymbol{H}^{\mathrm{T}}\boldsymbol{R}^{-1}\boldsymbol{H}\boldsymbol{\Phi}^{j-k}=(\boldsymbol{\Phi}^{-N+1})^{\mathrm{T}}\sum_{j=0}^{N-1}(\boldsymbol{\Phi}^{j})^{\mathrm{T}}\ \boldsymbol{H}^{\mathrm{T}}\boldsymbol{R}^{-1}\boldsymbol{H}\boldsymbol{\Phi}^{j}(\boldsymbol{\Phi}^{-N+1})$$

由于 $\boldsymbol{Q}>0$，$\boldsymbol{R}>0$（即它们都是正定的），所以便有结论 7.10。

结论 7.10： 定常线性系统

$$\begin{cases} \boldsymbol{X}_k = \boldsymbol{\Phi}\boldsymbol{X}_{k-1} + \boldsymbol{T}\boldsymbol{W}_{k-1} \\ \boldsymbol{Z}_k = \boldsymbol{H}\boldsymbol{X}_k + \boldsymbol{V}_k \end{cases}$$

为一致完全可控制和一致完全可观测的充分必要条件分别是

$$\sum_{j=0}^{n-1} \boldsymbol{\Phi}^j \boldsymbol{T}\boldsymbol{T}^{\mathrm{T}}(\boldsymbol{\Phi}^j)^{\mathrm{T}} > 0$$

$$\sum_{j=0}^{n-1} (\boldsymbol{\Phi}^j)^{\mathrm{T}} \boldsymbol{H}^{\mathrm{T}}\boldsymbol{H}\boldsymbol{\Phi}^j > 0$$

其中，n 是状态的维数。在赛博管理学中，在管理者和被管理者的对抗系统中，n=2。

根据结论 7.10 可知，对于定常线性系统来说，一致完全可控制、一致完全可观测，分别与完全可控制、完全可观测是等价的。于是，便有结论 7.11（可参考《卡尔曼滤波》[13]中第 4.1 节的定理 3）。

结论 7.11：对于完全可控制和完全可观测的定常线性系统，存在一个唯一的正定矩阵 $\boldsymbol{P}>0$，使得从任意的初始方差矩阵 $\boldsymbol{P}_0$ 出发，当 $k\to\infty$时，恒有 $\boldsymbol{P}_k\to\boldsymbol{P}$。换句话说，对于完全可控制和完全可观测的定常线性系统，无论怎样选取初值，当时间足够长之后，它的卡尔曼最优预测估计的误差方差矩阵，将趋于一个唯一确定的正定矩阵，从而相应的增益矩阵 $\boldsymbol{K}_k$ 也将趋于一个唯一确定的增益矩阵，这称为预测滤波达到稳态。这时在计算预测估计时，可以免去对增益矩阵的递归计算，因而可以大大减少相应的计算工作量。

本章前面所研究的最优卡尔曼滤波估计，意思是指估计值与本来值的均方误差达到最小；而且，当线性系统是一致完全可控制和一致完全可观测时，相应的预测估计也是稳定的。但是，所有这些结果都建立在系统的动态方程和观测方程比较精确的基础上，即对系统模型和随机干扰等的先验统计量都做了精确的了解。但是，一般来说，在实际工程应用情况下，常常由于对问题的认识不完全，或为了简化计算，而包含了某些近似。所以，有必要考虑由于系统模型不准确、噪声统计特性选取不当等对预测滤波结果的影响。为此，假设本来的动态方程和观测方程组是

$$\begin{cases} \boldsymbol{X}_k = \boldsymbol{\Phi}_{k,\,k-1}\boldsymbol{X}_{k-1} + \boldsymbol{T}_{k-1}\boldsymbol{W}_{k-1} \\ \boldsymbol{Z}_k = \boldsymbol{H}_k\boldsymbol{X}_k + \boldsymbol{V}_k \end{cases}$$

但是，由于各种近似和简化造成了误差，使得该方程组变为（为了对比方便，其中的变量改用相应的小写字母表示）

$$\boldsymbol{x}_k=\boldsymbol{\varphi}_{k,\,k-1}\boldsymbol{x}_{k-1}+\boldsymbol{t}_{k-1}\boldsymbol{w}_{k-1}$$

$$\boldsymbol{z}_k=\boldsymbol{h}_k\boldsymbol{x}_k+\boldsymbol{v}_k$$

其中

$$E\{\boldsymbol{w}_k\}=0,\ \mathrm{Cov}(\boldsymbol{w}_k, \boldsymbol{w}_j)=E[\boldsymbol{w}_k\boldsymbol{w}_j^{\mathrm{T}}]=\boldsymbol{q}_k\delta_{kj}$$

$$E\{\boldsymbol{v}_k\}=0,\ \mathrm{Cov}(\boldsymbol{v}_k, \boldsymbol{v}_j)=E[\boldsymbol{v}_k\boldsymbol{v}_j^{\mathrm{T}}]=\boldsymbol{r}_k\delta_{kj}$$

$$\mathrm{Cov}(\boldsymbol{w}_k, \boldsymbol{v}_j)=E[\boldsymbol{w}_k\boldsymbol{v}_j^{\mathrm{T}}]=0,\ \mathrm{Cov}(\boldsymbol{x}_0, \boldsymbol{w}_k)=\mathrm{Cov}(\boldsymbol{x}_0, \boldsymbol{v}_k)=0$$

初值分别为

$$\boldsymbol{x}_0^*=E\boldsymbol{x}_0$$

$$\boldsymbol{p}_0=\mathrm{Var}\boldsymbol{x}_0$$

仿照结论 7.1，可以在形式上求出此方程组中 $\boldsymbol{x}_k$ 的最优卡尔曼预测估计值 $\boldsymbol{x}_k^*$，以及相应的均方误差矩阵 $\boldsymbol{p}_k$。当然，这里的估计值 $\boldsymbol{x}_k^*$ 并非本来方程中的最优卡尔曼滤波 $\boldsymbol{X}_k^*$，这里的 $\boldsymbol{p}_k$ 也并非本来方程中的均方误差矩阵 $\boldsymbol{P}_k$。

我们关心的是本来的状态 $\boldsymbol{X}_k$ 与有误差后的估计值 $\boldsymbol{x}_k^*$ 之差（$\boldsymbol{X}_k-\boldsymbol{x}_k^*$）的均方误差

$$\boldsymbol{P}_k^{(a)}\equiv E[(\boldsymbol{X}_k-\boldsymbol{x}_k^*)(\boldsymbol{X}_k-\boldsymbol{x}_k^*)^{\mathrm{T}}]$$

于是，可得出结论 7.12（可参考《卡尔曼滤波》[13]中第 4.2.2 节的定理 1、定理 2 及其推论）。

结论 7.12： 如果误差仅仅出现在初值 $\boldsymbol{X}_0^*$，初始方差阵 $\boldsymbol{P}_0$，以及噪声的统计特性 $\boldsymbol{Q}_k$ 和 $\boldsymbol{R}_k$ 中（因此就有 $\boldsymbol{\Phi}_{k,\,k-1}=\boldsymbol{\varphi}_{k,\,k-1}$、$\boldsymbol{H}_k=\boldsymbol{h}_k$ 和 $\boldsymbol{T}_k=\boldsymbol{t}_k$），那么，关于本来

状态 $\boldsymbol{X}_k$ 与有误差后的估计值 $\boldsymbol{x}_k^*$ 之差($\boldsymbol{X}_k-\boldsymbol{x}_k^*$)的均方误差

$$\boldsymbol{P}_k^{(a)}\equiv E[(\boldsymbol{X}_k-\boldsymbol{x}_k^*)(\boldsymbol{X}_k-\boldsymbol{x}_k^*)^{\mathrm{T}}]$$

的界，有：

（1）若取 $\boldsymbol{p}_0\geqslant\boldsymbol{P}_0^{(a)}$，且对所有 k，取 $\boldsymbol{q}_k\geqslant\boldsymbol{Q}_k$，$\boldsymbol{r}_k\geqslant\boldsymbol{R}_k$；则对所有 k，$\boldsymbol{p}_k\geqslant\boldsymbol{P}_k^{(a)}$ 成立。

（2）若取 $\boldsymbol{p}_0\leqslant\boldsymbol{P}_0^{(a)}$，且对所有 k，取 $\boldsymbol{q}_k\leqslant\boldsymbol{Q}_k$，$\boldsymbol{r}_k\leqslant\boldsymbol{R}_k$；则对所有 k，$\boldsymbol{p}_k\leqslant\boldsymbol{P}_k^{(a)}$ 成立。

（3）若取 $\boldsymbol{p}_0\geqslant\boldsymbol{P}_0^{(a)}$，且对所有 k，取 $\boldsymbol{q}_k\geqslant\boldsymbol{Q}_k$，$\boldsymbol{r}_k\geqslant\boldsymbol{R}_k$，若再设系统是一致完全可控制和一致完全可观测的，那么，$\boldsymbol{P}_k^{(a)}$ 就一致有上界。

与结论 7.12 的离散情形类似，我们再来考虑连续情形下的误差界限问题。即系统方程可以像结论 7.6 所描述的那样，即

$$\begin{cases}\dfrac{\mathrm{d}\boldsymbol{X}(t)}{\mathrm{d}t}=\boldsymbol{F}(t)\boldsymbol{X}(t)+\boldsymbol{G}(t)\boldsymbol{W}(t)\\ \boldsymbol{Z}(t)=\boldsymbol{H}(t)\boldsymbol{X}(t)+\boldsymbol{V}(t)\end{cases}$$

但是，由于各种误差，使得方程组被改变为（仍然为了对比方便，我们用相应的小写字母来替代）

$$\begin{cases}\dfrac{\mathrm{d}\boldsymbol{x}(t)}{\mathrm{d}t}=\boldsymbol{f}(t)\boldsymbol{x}(t)+\boldsymbol{g}(t)\boldsymbol{w}(t)\\ \boldsymbol{z}(t)=\boldsymbol{h}(t)\boldsymbol{x}(t)+\boldsymbol{v}(t)\end{cases}$$

其中

$$E\{\boldsymbol{w}(t)\}=0,\quad E\{\boldsymbol{w}(t)\boldsymbol{w}^{\mathrm{T}}(s)\}=\boldsymbol{q}(t)\delta(t-s)$$

$$E\{\boldsymbol{v}(t)\}=0,\quad E\{\boldsymbol{v}(t)\boldsymbol{v}^{\mathrm{T}}(s)\}=\boldsymbol{r}(t)\delta(t-s)$$

$$E\{\boldsymbol{w}(t)\boldsymbol{v}^{\mathrm{T}}(s)\}=0;\quad t,s\geqslant t_0$$

从形式上仿照结论 7.6，便可在形式上求出非真实状态 $\boldsymbol{x}(t)$的卡尔曼滤波 $\boldsymbol{x}^*(t)$，而我们真正关心的是：真实状态 $\boldsymbol{X}(t)$与有误差后的滤波 $\boldsymbol{x}^*(t)$之差 $\boldsymbol{X}(t)-\boldsymbol{x}^*(t)$

的均方误差值

$$\boldsymbol{P}_a(t)\equiv E\{[\boldsymbol{X}(t)-\boldsymbol{x}^*(t)][\boldsymbol{X}(t)-\boldsymbol{x}^*(t)]^{\mathrm{T}}\}$$

的界限问题。于是，可得出类似于结论 7.12 的结果（可参考《卡尔曼滤波》[13]中第 4.2.3 节的定理 1 和定理 2），即结论 7.13。

结论 7.13：如果误差仅仅出现在初始值 $\boldsymbol{x}^*(0)$、初始方差阵 $\boldsymbol{p}(0)$、$\boldsymbol{q}(t)$和 $\boldsymbol{r}(t)$之中（因此，$\boldsymbol{F}(t)=\boldsymbol{f}(t)$、$\boldsymbol{G}(t)=\boldsymbol{g}(t)$和 $\boldsymbol{H}(t)=\boldsymbol{h}(t)$），那么就有：

（1）如果当 $t\geqslant s\geqslant 0$ 时，有 $\boldsymbol{q}(s)\geqslant\boldsymbol{Q}(s)$和 $\boldsymbol{r}(s)\geqslant\boldsymbol{R}(s)$，并且 $\boldsymbol{p}(0)\geqslant\boldsymbol{P}_a(0)$；则当 $t\geqslant 0$ 时，有 $\boldsymbol{p}(t)\geqslant\boldsymbol{P}_a(t)$。

（2）如果当 $t\geqslant s\geqslant 0$ 时，有 $\boldsymbol{q}(s)\leqslant\boldsymbol{Q}(s)$和 $\boldsymbol{r}(s)\leqslant\boldsymbol{R}(s)$，并且 $\boldsymbol{p}(0)\leqslant\boldsymbol{P}_a(0)$；则当 $t\geqslant 0$ 时，有 $\boldsymbol{p}(t)\leqslant\boldsymbol{P}_a(t)$。

第 4 节　非线性对抗的预测

根据本章第 1 节可知，在离散情况下，管理者（红客）和被管理者（黑客）对抗的综合轨迹，可用差分递归方程组描述为

$$\begin{cases} y_{n+1}=J_1(y_n, x_n, w_1(n), n) \\ x_{n+1}=J_0(y_n, x_n, w_2(n), n) \end{cases}$$

或更简捷地用矩阵形式，描述为以下的动态方程：

$$\boldsymbol{X}_{n+1}=\boldsymbol{F}_n(\boldsymbol{X}_n, n, \boldsymbol{W}_n),\ n=0, 1, 2, \cdots$$

其中，$\boldsymbol{X}_0$ 称为初值，它既可以是任意随机向量，也可以是非随机的；由于 $\boldsymbol{W}_n$ 是随机序列，所以不可能从中求出 $\boldsymbol{X}_n$ 的解析表达式，只好借用卡尔曼滤波的技巧，根据获得的 $\boldsymbol{X}_n$ 的观察值 $\boldsymbol{Z}_n$（当然也是一个二维列向量），来努力求出当前 $\boldsymbol{X}_n$ 最佳预测估计值 $\boldsymbol{X}_n^*$（也是一个二维列向量），使得估计误差

$$\Delta\boldsymbol{X}_n\equiv \boldsymbol{X}_n^*-\boldsymbol{X}_n$$

的均方差达到最小。在本章第 2 节和第 3 节中，已经考虑了当二维列向量函数

$\boldsymbol{F}_n(\cdot)$ 是线性函数时（即 $\boldsymbol{F}_n(\cdot)$ 的每一行中的函数都是线性函数），如何计算最优的预测估计 $\boldsymbol{X}_n^*$。本节将继续考虑当 $\boldsymbol{F}_n(\cdot)$ 是非线性函数时的情况。

此时，为了使得预测问题可能有解，就必须对上述动态方程中的随机序列 $\{\boldsymbol{W}_k\}$，再做些既符合实际又便于数学处理的假设；比如：假设 $\{\boldsymbol{W}_k\}$ 为正态白噪声序列，并与 $\boldsymbol{X}_0$ 独立；于是，在给定 $\boldsymbol{X}_{k-1}$ 的条件下，$\boldsymbol{X}_k$ 将只依赖于 $\boldsymbol{W}_{k-1}$，而且 $\boldsymbol{W}_{k-1}$ 与 $\boldsymbol{X}_{k-2}, \boldsymbol{X}_{k-3}, \cdots, \boldsymbol{X}_0$ 相互独立。因此，状态序列 $\{\boldsymbol{X}_k\}$ 就构成了马尔可夫序列，即对任意常数 a，成立以下的条件概率分布公式

$$P\{\boldsymbol{X}_k < a \mid \boldsymbol{X}_{k-1}, \boldsymbol{X}_{k-2}, \cdots, \boldsymbol{X}_0\} = P\{\boldsymbol{X}_k < a \mid \boldsymbol{X}_{k-1}\}$$

或等价地，用概率密度函数来表示，便有以下公式

$$p\{\boldsymbol{x}_k \mid \boldsymbol{x}_{k-1}, \boldsymbol{x}_{k-2}, \cdots, \boldsymbol{x}_0\} = P\{\boldsymbol{x}_k \mid \boldsymbol{x}_{k-1}\}$$

下面的讨论还要再对非线性进行限定，即只考虑以下带“加性”动态随机干扰的随机差分方程，即

$$\boldsymbol{X}_k = \boldsymbol{f}(\boldsymbol{X}_{k-1}, k-1) + \boldsymbol{g}(\boldsymbol{X}_{k-1}, k-1)\boldsymbol{W}_{k-1}，\ k \geqslant 1$$

其中，状态列向量 $\boldsymbol{X}_k$ 是二维的，$\boldsymbol{f}(\cdot)$ 是二维列向量函数，$\boldsymbol{g}(\cdot)$ 为 2×2 阶矩阵函数；$\{\boldsymbol{W}_k\}$ 为二维正态白噪声序列 $N(0, \boldsymbol{Q}_k)$，即 $\boldsymbol{W}_k$ 的均值为 0，方差矩阵为 $\boldsymbol{Q}_k$；初始状态 $\boldsymbol{X}_0$ 是服从 $N(\boldsymbol{\mu}_0, \boldsymbol{P}_0)$ 的正态分布，且 $\boldsymbol{X}_0$ 与 $\{\boldsymbol{W}_k\}$ 相互独立。因此，状态序列 $\{\boldsymbol{X}_k\}$ 是马尔可夫序列。

设非线性的观测方程为

$$\boldsymbol{Z}_k = \boldsymbol{h}(\boldsymbol{X}_k, k) + \boldsymbol{V}_k，\ k \geqslant 1$$

其中，观测列向量 $\boldsymbol{Z}_k$ 是二维的，$\boldsymbol{h}(\cdot)$ 是二维的列向量函数；列向量 $\{\boldsymbol{V}_k\}$ 是二维正态白噪声序列，服从 $N(0, \boldsymbol{R}_k)$，且 $\boldsymbol{R}_k > 0$；同时 $\{\boldsymbol{V}_k\}$ 与 $\{\boldsymbol{W}_k\}$ 及 $\boldsymbol{X}_0$ 相互独立。于是，$\boldsymbol{X}_k$ 的基于观测值

$$\boldsymbol{Z}_1 = z_1, \boldsymbol{Z}_2 = z_2, \cdots, \boldsymbol{Z}_k = z_k$$

的最小方差估计 $\boldsymbol{X}_k^*$，就是以下条件均值

$$\boldsymbol{X}_k^*=E(\boldsymbol{X}_k|\boldsymbol{Z}_1=z_1,\boldsymbol{Z}_2=z_2,\ \cdots,\boldsymbol{Z}_k=z_k)\equiv E(\boldsymbol{X}_k|\ \boldsymbol{z}_1^k)$$

该条件均值也由条件概率密度

$$p(\boldsymbol{x}_k|\boldsymbol{Z}_1=z_1,\boldsymbol{Z}_2=z_2,\ \cdots,\boldsymbol{Z}_k=z_k)\equiv p(\boldsymbol{x}_k|\ \boldsymbol{z}_1^k)$$

完全确定。换句话说，此处的非线性滤波预测问题，从数学上就等价于求解条件概率密度 $p(\boldsymbol{x}_k|\ \boldsymbol{z}_1^k)$的问题。于是，便有结论 7.14（可参考《卡尔曼滤波》[13]中第 5.1 节的定理）。

结论 7.14： 由以下非线性动态方程和观测方程组

$$\begin{cases}\boldsymbol{X}_k=\boldsymbol{f}(\boldsymbol{X}_{k-1},k-1)+\boldsymbol{g}(\boldsymbol{X}_{k-1},k-1)\boldsymbol{W}_{k-1}\\ \boldsymbol{Z}_k=\boldsymbol{h}(\boldsymbol{X}_k,k)+\boldsymbol{V}_k,\ \ k\geqslant 1\end{cases}$$

组成的预测系统中，如果上述的各种假设都成立，那么就有

$$p(\boldsymbol{x}_k|\ \boldsymbol{z}_1^k)=\frac{p(z_k\mid \boldsymbol{x}_k)p(\boldsymbol{x}_k\mid \boldsymbol{z}_1^{k-1})}{\int p(z_k\mid \boldsymbol{x}_k)p(\boldsymbol{x}_k\mid \boldsymbol{z}_1^{k-1})\mathrm{d}\boldsymbol{x}_k}$$

当 k=0 时，可以取

$$p(\boldsymbol{x}_0|\ \boldsymbol{z}_1^0)=p(\boldsymbol{x}_0)$$

从理论上说，根据结论 7.14，确实可以根据上述公式，从给定的初始状态分布 $p(\boldsymbol{x}_0)$，逐步计算出条件概率密度 $p(\boldsymbol{x}_k|\ \boldsymbol{z}_1^k)$。但是，在真实的计算过程中，其实相关的运算非常困难，甚至变得不可为。于是，就只好考虑以下几种近似方法。

第一种近似，称为基于标称状态的线性化。

此时非线性动态方程和观测方程组仍然为

$$\begin{cases}\boldsymbol{X}_k=\boldsymbol{f}(\boldsymbol{X}_{k-1},k-1)+\boldsymbol{g}(\boldsymbol{X}_{k-1},k-1)\boldsymbol{W}_{k-1}\\ \boldsymbol{Z}_k=\boldsymbol{h}(\boldsymbol{X}_k,k)+\boldsymbol{V}_k,\ \ k\geqslant 1\end{cases}$$

其中，$\boldsymbol{W}_k$服从正态分布 $N(0,\boldsymbol{Q}_k)$，$\boldsymbol{V}_k$服从正态分布 $N(0,\boldsymbol{R}_k)$，$\boldsymbol{X}_0$服从正态分布

$N(\boldsymbol{\mu}_0, \boldsymbol{P}_0)$，并且$\{\boldsymbol{V}_k\}$与$\{\boldsymbol{W}_k\}$及$\boldsymbol{X}_0$都相互独立。

所谓的标称序列，记为$\{\boldsymbol{X}_k(0)\}$，它由动态方程中的函数$\boldsymbol{f}(\cdot)$按以下方式定义，即

$$\boldsymbol{X}_k(0)\equiv\boldsymbol{f}[\boldsymbol{X}_{k-1}(0), k-1]，\boldsymbol{X}_0(0)\equiv\boldsymbol{\mu}_0=E\boldsymbol{X}_0$$

真实状态$\boldsymbol{X}_k$与标称状态$\boldsymbol{X}_k(0)$之差，记为

$$\boldsymbol{X}_k(\varDelta)\equiv\boldsymbol{X}_k-\boldsymbol{X}_k(0)$$

称为状态偏离。

根据函数$\boldsymbol{f}(\cdot)$的一次泰勒近似展开，得出

$$\begin{aligned}\boldsymbol{X}_k(\varDelta)&=\boldsymbol{f}(\boldsymbol{X}_{k-1}, k-1)+\boldsymbol{g}(\boldsymbol{X}_{k-1}, k-1)\boldsymbol{W}_{k-1}-\boldsymbol{f}(\boldsymbol{X}_{k-1}(0), k-1)\\&\approx\frac{\partial\boldsymbol{f}(\boldsymbol{X}_{k-1}(0),k-1)}{\partial\boldsymbol{X}_{k-1}(0)}\boldsymbol{X}_{k-1}(\varDelta)+\boldsymbol{g}(\boldsymbol{X}_{k-1}, k-1)\boldsymbol{W}_{k-1}\end{aligned}$$

对该近似再做一次近似，即把其中的$\boldsymbol{g}(\boldsymbol{X}_{k-1}, k-1)$替换成$\boldsymbol{g}(\boldsymbol{X}_{k-1}(0), k-1)$，于是，状态偏离$\boldsymbol{X}_k(\varDelta)$就近似地满足以下差分方程

$$\boldsymbol{X}_k(\varDelta)\approx\frac{\partial\boldsymbol{f}(\boldsymbol{X}_{k-1}(0),k-1)}{\partial\boldsymbol{X}_{k-1}(0)}\boldsymbol{X}_{k-1}(\varDelta)+\boldsymbol{g}(\boldsymbol{X}_{k-1}(0), k-1)\boldsymbol{W}_{k-1}$$

其初值为

$$\boldsymbol{X}_0(\varDelta)=\boldsymbol{X}_0-\boldsymbol{\mu}_0$$

再将该不等式简记为以下的线性方程

$$\boldsymbol{X}_k(\varDelta)\approx\boldsymbol{\varPhi}_{k-1}\boldsymbol{X}_{k-1}(\varDelta)+\boldsymbol{T}_{k-1}\boldsymbol{W}_{k-1}$$

其中

$$\boldsymbol{\varPhi}_{k-1}\equiv\frac{\partial\boldsymbol{f}(\boldsymbol{X}_{k-1}(0),k-1)}{\partial\boldsymbol{X}_{k-1}(0)}，\boldsymbol{T}_{k-1}\equiv\boldsymbol{g}(\boldsymbol{X}_{k-1}(0), k-1)$$

类似地，对观测方程进行近似，令观测偏离为

$$\boldsymbol{Z}_k(\varDelta)\equiv\boldsymbol{Z}_k-\boldsymbol{h}[\boldsymbol{X}_k(0),k]$$

则 $\boldsymbol{Z}_k(\varDelta)$就近似地满足以下线性方程

$$\boldsymbol{Z}_k\approx\boldsymbol{H}_k\boldsymbol{X}_k(\varDelta)+\boldsymbol{V}_k,\quad k=1,2,\ \cdots$$

其中

$$\boldsymbol{H}_k\equiv\frac{\partial\boldsymbol{h}(\boldsymbol{X}_k(0),k)}{\partial\boldsymbol{X}_k(0)}$$

于是，上述的关于 $\boldsymbol{X}_k$ 的非线性系统，就近似为以下的关于 $\boldsymbol{X}_k(\varDelta)$的类似于结论 7.1 中的动态方程和观测方程组，即

$$\begin{cases}\boldsymbol{X}_k(\varDelta)\approx\boldsymbol{\varPhi}_{k-1}\boldsymbol{X}_{k-1}(\varDelta)+\boldsymbol{T}_{k-1}\boldsymbol{W}_{k-1}\\ \boldsymbol{Z}_k\approx\boldsymbol{H}_k\boldsymbol{X}_k(\varDelta)+\boldsymbol{V}_k,\quad k=1,2,\cdots\end{cases}$$

对该近似的线性系统，利用结论 7.1，便可求出 $\boldsymbol{X}_k(\varDelta)$的最优卡尔曼预测估计 $\boldsymbol{X}_k^*(\varDelta)$。于是，关于 $\boldsymbol{X}_k$ 的非线性系统的最优估计 $\boldsymbol{X}_k^*$ 就可近似为

$$\boldsymbol{X}_k^*=\boldsymbol{X}_k^*(\varDelta)+\boldsymbol{X}_k(0)$$

第二种近似，称为广义卡尔曼滤波。

此时的非线性动态方程和观测方程组仍然为

$$\begin{cases}\boldsymbol{X}_k=\boldsymbol{f}(\boldsymbol{X}_{k-1},k-1)+\boldsymbol{g}(\boldsymbol{X}_{k-1},k-1)\boldsymbol{W}_{k-1}\\ \boldsymbol{Z}_k=\boldsymbol{h}(\boldsymbol{X}_k,k)+\boldsymbol{V}_k,\quad k\geqslant 1\end{cases}$$

只不过假定：在观测时刻 k 之前，已经得到滤波预测估计 $\boldsymbol{X}_{k-1}^*$。现将上述动态方程中的 $\boldsymbol{f}(\cdot)$ 围绕 $\boldsymbol{X}_{k-1}^*$ 展开成泰勒级数，并取其线性项；然后，用 $\boldsymbol{g}(\boldsymbol{X}_{k-1}^*,k-1)$ 代替 $\boldsymbol{g}(\boldsymbol{X}_{k-1},k-1)$得到近似的表示式为

$$\boldsymbol{X}_k\approx\boldsymbol{f}(\boldsymbol{X}_{k-1}^*,k-1)+\frac{\partial\boldsymbol{f}(\boldsymbol{X}_{k-1}^*,k-1)}{\partial\boldsymbol{X}_{k-1}^*}(\boldsymbol{X}_{k-1}-\boldsymbol{X}_{k-1}^*)+\boldsymbol{g}(\boldsymbol{X}_{k-1}^*,k-1)\boldsymbol{W}_{k-1}$$

类似地，再将上述观测方程中的 $\boldsymbol{h}(\cdot)$ 围绕

$$\boldsymbol{b}_k \equiv \boldsymbol{f}(\boldsymbol{X}_{k-1}^*, k-1)$$

展开成泰勒级数，并取其线性项，又可得到近似表示式为

$$\boldsymbol{Z}_k \approx \boldsymbol{h}(\boldsymbol{b}_k, k) + \frac{\partial \boldsymbol{h}(\boldsymbol{b}_k, k)}{\partial \boldsymbol{b}_k}(\boldsymbol{X}_k - \boldsymbol{b}_k) + \boldsymbol{V}_k$$

于是，上面的关于动态方程和观测方程的近似公式就可以写为与结论 7.2 中相似的动态方程和观测方程组，即

$$\begin{cases} \boldsymbol{X}_k \approx \boldsymbol{\Phi}_{k-1}\boldsymbol{X}_{k-1} + \boldsymbol{B}_{k-1}\boldsymbol{U}_{k-1} + \boldsymbol{T}_{k-1}\boldsymbol{W}_{k-1} \\ \boldsymbol{Z}_k \approx \boldsymbol{H}_k\boldsymbol{X}_k + \boldsymbol{Y}_k + \boldsymbol{V}_k,\ \ k=1, 2, \cdots \end{cases}$$

这里

$$\boldsymbol{B}_{k-1}\boldsymbol{U}_{k-1} \equiv \boldsymbol{f}(\boldsymbol{X}_{k-1}^*, k-1) - \frac{\partial \boldsymbol{f}(\boldsymbol{X}_{k-1}^*, k-1)}{\partial \boldsymbol{X}_{k-1}^*}\boldsymbol{X}_{k-1}^*$$

$$\boldsymbol{T}_{k-1} \equiv \boldsymbol{g}(\boldsymbol{X}_{k-1}^*, k-1)$$

$$\boldsymbol{\Phi}_{k-1} \equiv \frac{\partial \boldsymbol{f}(\boldsymbol{X}_{k-1}^*, k-1)}{\partial \boldsymbol{X}_{k-1}^*}$$

$$\boldsymbol{H}_k \equiv \frac{\partial \boldsymbol{h}(\boldsymbol{b}_k, k)}{\partial \boldsymbol{b}_k}$$

$$\boldsymbol{Y}_k \equiv \boldsymbol{h}(\boldsymbol{b}_k, k) - \frac{\partial \boldsymbol{h}(\boldsymbol{b}_k, k)}{\partial \boldsymbol{b}_k}\boldsymbol{b}_k$$

于是，仿照结论 7.2，便可以求出近似的最优卡尔曼滤波预测估计值 $\boldsymbol{X}_k^*$ 等。

说明：在上面的两种近似中，我们只考虑了泰勒级数展开的最粗糙情况，即只保留了泰勒展开式中的线性项。其实，也可以再保留泰勒级数中的二次项，将相关的动态方程和观测方程近似为第 3 节中已经讨论过的某种线性滤波问题。不过，由于相关的表达式太冗长，此处略去不述。

第三种近似，连续非线性动态系统的离散化卡尔曼滤波。

此时的动态方程是连续的，观测方程是离散的，即

$$\frac{\mathrm{d}\boldsymbol{X}(t)}{\mathrm{d}t}=\boldsymbol{f}(\boldsymbol{X}(t))+\boldsymbol{T}(t)\boldsymbol{W}(t)$$

$$\boldsymbol{Z}_{k+1}=\boldsymbol{H}(\boldsymbol{X}_{k+1})+\boldsymbol{V}_{k+1}$$

其中，二维列向量 $\boldsymbol{X}(t)$是状态向量；函数 $\boldsymbol{f}(\cdot)$ 是二维列向量函数；$\boldsymbol{T}(t)$为 2×2 阶干扰矩阵；$\boldsymbol{W}(t)$为二维模型噪声向量，假定它是零均值高斯白噪声，其方差矩阵为

$$E(\boldsymbol{W}(t)\boldsymbol{W}^{\mathrm{T}}(s))=\boldsymbol{Q}(t)\delta(t-s)$$

$\boldsymbol{H}(\cdot)$ 是二维列向量函数；$\boldsymbol{Z}_{k+1}$ 表示 k+1 时刻的观测二维列向量；$\boldsymbol{V}_{k+1}$ 为观测噪声，假定它为零均值高斯白噪声，即有方差矩阵

$$E(\boldsymbol{V}_{k+1}\boldsymbol{V}_{k+1}^{\mathrm{T}})=\boldsymbol{R}_{k+1}，\boldsymbol{R}_{k+1}>0$$

还有

$$\boldsymbol{X}_{k+1}\equiv\boldsymbol{X}(t(k+1))$$

为在时间点 $t(k+1)$处对 $\boldsymbol{X}(t)$的采样，$t(1), t(2), \cdots, t(k), \cdots$ 为采样时间点。于是，根据上述连续型动态方程，便有

$$\boldsymbol{X}_k=\boldsymbol{X}(t(k))=\int_0^{t(k)}(\boldsymbol{f}(\boldsymbol{X}(t))+\boldsymbol{T}(t)\boldsymbol{W}(t))\mathrm{d}t$$

因此

$$\boldsymbol{X}_{k+1}-\boldsymbol{X}_k=\int_{t(k)}^{t(k+1)}\boldsymbol{f}(\boldsymbol{X}(t))\mathrm{d}t+\int_{t(k)}^{t(k+1)}\boldsymbol{T}(t)\boldsymbol{W}(t)\mathrm{d}t$$

当采样间隔为等距，即

$$t(k+1)-t(k)=b$$

且较小时，在区间$[t(k), t(k+1)]$内可把 $\boldsymbol{f}(\boldsymbol{X}(t))$近似地展开为

$$\boldsymbol{F}(\boldsymbol{X}(t))=\boldsymbol{f}(\boldsymbol{X}_k)+\boldsymbol{A}(\boldsymbol{X}_k)\boldsymbol{f}(\boldsymbol{X}_k)[t-t(k)]$$

其中

$$\boldsymbol{A}(\boldsymbol{X})=\frac{\partial \boldsymbol{f}(\boldsymbol{X})}{\partial \boldsymbol{X}}$$

将该式代入上述的积分，可得差分式

$$\boldsymbol{X}_{k+1}-\boldsymbol{X}_k=\boldsymbol{f}(\boldsymbol{X}_k)b+\frac{1}{2}\boldsymbol{A}(\boldsymbol{X}_k)\boldsymbol{f}(\boldsymbol{X}_k)b^2+\int_{t(k)}^{t(k+1)}\boldsymbol{T}(t)\boldsymbol{W}(t)\mathrm{d}t$$

该式右端第三项为模型噪声，它的方差矩阵约为 $b\boldsymbol{T}_k\boldsymbol{Q}_k\boldsymbol{T}_k^{\mathrm{T}}$，其中

$$\boldsymbol{T}_k=\boldsymbol{T}(t(k))$$

$$\boldsymbol{Q}_k=\boldsymbol{Q}(t(k))$$

因此，若记

$$\boldsymbol{T}_k\boldsymbol{B}_k=\int_{t(k)}^{t(k+1)}\boldsymbol{T}(t)\boldsymbol{W}(t)\mathrm{d}t$$

则 $\boldsymbol{B}_k$ 就为零均值高斯白噪声，有方差矩阵

$$E(\boldsymbol{B}_k\boldsymbol{B}_k^{\mathrm{T}})=b\boldsymbol{Q}_k$$

于是，上述的差分式可以表示为

$$\boldsymbol{X}_{k+1}=\boldsymbol{X}_k+\boldsymbol{f}(\boldsymbol{X}_k)b+\frac{1}{2}\boldsymbol{A}(\boldsymbol{X}_k)\boldsymbol{f}(\boldsymbol{X}_k)b^2+\boldsymbol{T}_k\boldsymbol{B}_k$$

现在假定已经求出了 k 时刻的状态估计 $\boldsymbol{X}_k^*$，因此，只需要据此和 $\boldsymbol{Z}_k, \boldsymbol{Z}_{k-1}, \cdots$，求出状态 $\boldsymbol{X}_{k+1}$ 的预测估计 $\boldsymbol{X}_{k+1}^*$。为此，令

$$\boldsymbol{Y}_{k+1}\equiv\boldsymbol{X}_k^*+\boldsymbol{f}(\boldsymbol{X}_k^*)b+\frac{1}{2}\boldsymbol{A}(\boldsymbol{X}_k^*)\boldsymbol{f}(\boldsymbol{X}_k^*)b^2$$

由前面离散化的动态方程

$$\boldsymbol{X}_{k+1}=\boldsymbol{X}_k+\boldsymbol{f}(\boldsymbol{X}_k)b+\frac{1}{2}\boldsymbol{A}(\boldsymbol{X}_k)\boldsymbol{f}(\boldsymbol{X}_k)b^2+\boldsymbol{T}_k\boldsymbol{B}_k$$

右端，围绕 $\boldsymbol{X}_k^*$ 线性化，便有

$$\boldsymbol{X}_{k+1}-\boldsymbol{Y}_{k+1}=\boldsymbol{\Phi}(\boldsymbol{X}_k^*)(\boldsymbol{X}_k-\boldsymbol{X}_k^*)+0(2)+\boldsymbol{T}_k\boldsymbol{B}_k$$

其中

$$\boldsymbol{\Phi}(\boldsymbol{X})=\boldsymbol{I}+\boldsymbol{A}(\boldsymbol{X})b+\frac{b^2}{2}\frac{\mathrm{d}(\boldsymbol{A}(\boldsymbol{X})\boldsymbol{f}(\boldsymbol{X}))}{\mathrm{d}\boldsymbol{X}}$$

若该 $\boldsymbol{\Phi}(\boldsymbol{X})$右端的第三项很小时，便可取近似值为

$$\boldsymbol{\Phi}(\boldsymbol{X})=\boldsymbol{I}+\boldsymbol{A}(\boldsymbol{X})b$$

这里，0(2)表示与$|\boldsymbol{X}_k-\boldsymbol{X}_k^*|^2$ 同阶的项，意思是指由非线性动态方程的线性化所引起的误差。至此，非线性连续动态方程的离散线性化工作就完成了。

接下来再对观测方程进行线性化。为此，将观测方程

$$\boldsymbol{Z}_{k+1}=\boldsymbol{H}(\boldsymbol{X}_{k+1})+\boldsymbol{V}_{k+1}$$

右端，围绕 $\boldsymbol{X}_{k+1}^*$ 线性化（**提醒**，此时已经利用前面求出的 $\boldsymbol{X}_k^*$ 和 $\boldsymbol{Z}_k, \boldsymbol{Z}_{k-1}$，…，求出了状态 $\boldsymbol{X}_{k+1}^*$），可得

$$\boldsymbol{Z}_{k+1}-\boldsymbol{H}(\boldsymbol{X}_{k+1}^*)=\boldsymbol{C}(\boldsymbol{X}_{k+1}^*)(\boldsymbol{X}_{k+1}-\boldsymbol{X}_{k+1}^*)+0(2)+\boldsymbol{V}_{k+1}$$

其中

$$\boldsymbol{C}(\boldsymbol{X})\equiv\frac{\partial\boldsymbol{H}(\boldsymbol{X})}{\partial\boldsymbol{X}}$$

0(2)表示与$|\boldsymbol{X}_{k+1}-\boldsymbol{X}_{k+1}^*|^2$ 同阶的项，意思是指由非线性观测方程的线性化引起的误差。

综上所述，此时连续非线性的动态方程和观测方程就线性化为

$$\begin{cases}\boldsymbol{X}_{k+1}\approx\boldsymbol{\Phi}(\boldsymbol{X}_k^*)(\boldsymbol{X}_k-\boldsymbol{X}_k^*)+\boldsymbol{Y}_{k+1}+0(2)+\boldsymbol{T}_k\boldsymbol{B}_k\\ \boldsymbol{Z}_{k+1}\approx\boldsymbol{C}(\boldsymbol{X}_{k+1}^*)(\boldsymbol{X}_{k+1}-\boldsymbol{X}_{k+1}^*)+\boldsymbol{H}(\boldsymbol{X}_{k+1}^*)+0(2)+\boldsymbol{V}_{k+1}\end{cases}$$

利用结论 7.2 便可求出该近似后的线性化最优卡尔曼预测结果。当然，其逻辑顺序是：先由 $\boldsymbol{X}_k^*$ 和 $\boldsymbol{Z}_k, \boldsymbol{Z}_{k-1}$，…，求出了状态 $\boldsymbol{X}_{k+1}^*$；再由 $\boldsymbol{X}_{k+1}^*$ 等求出 $\boldsymbol{Z}_{k+1}$；最后，再由 $\boldsymbol{X}_{k+1}^*$ 和 $\boldsymbol{Z}_{k+1}$，$\boldsymbol{Z}_k$，…，求出了状态 $\boldsymbol{X}_{k+2}^*$；如此循环往复，便可最终完成管理者和被管理者对抗的综合轨迹$\{\boldsymbol{X}_k\}$的近似最优预测估计$\{\boldsymbol{X}_k^*\}$。

第 8 章

博弈突变

在赛博管理中，管理者（红客）与被管理者（黑客）之间充满了对抗博弈。当管理者（红客）占绝对优势时，便是本书第 3 章和第 4 章的研究主题；此时，赛博管理是否成功，完全取决于管理者（红客）自身的行为。当被管理者（黑客）已经比较强，以至于可以影响管理者（红客）的行为时，便是本书第 5 章的研究主题；此时，管理者（红客）的行为将受到被管理者（黑客）的适当影响，因此，赛博管理的实质就转化为对管理者（红客）的行为结果的预测。当被管理者（黑客）已经与管理者（红客）势均力敌时，便是本书第 6 章的研究主题；此时，双方处于针锋相对的直接较量中，赛博管理的最终结果的预测，完全取决于管理者（红客）、被管理者（黑客），以及外部环境的非随机性影响三者一起形成的系统的状态变化轨迹。当被管理者（黑客）与管理者势均力敌，并且他们还要受到外界的随机影响时，便是本书第 7 章的研究主题；此时，赛博管理的最终结果预测，其实就是相应的系统滤波；当然，由于随机因素的影响，此时的预测精准度，虽然在均方差误差值最小的意义下，已经是最佳情况，但是，整体的预测精准度，肯定低于第 5 章和第 6 章的情况。

本章和下面的第 9 章、第 10 章，将研究另一种重要场景：管理者（红客）与被管理者（黑客）不但势均力敌，而且双方的对抗也已处于难解难分的胶着状态；这时，谁胜谁负，谁可能会瞬间崩溃等，可能取决于某些非常微妙的外力。这些外力或者以连续变化的系统参数方式出现，这便是本章的主题；或者以确定性甚至随机性的加性方式出现，这便是下一章的主题。这些外力的奇妙之处，至少表现在两个方面：在其他状态下，这些外力可能毫无作用，更甭想影响对抗的最终结果；这些外力或者来自于某种或某几种很明显的外界影响，而不是像第 7 章那样“众多的、分不清主次的影响，因此不得不被最终整合成了白噪声或有色噪声”，即以系统连续参数的形式出现；这些外力以加性方式出现胶着状态时，称为扰动；这些外力甚至也可能含有随机因素的扰动等。本章的数学工具，将主要是突变理论和分叉理论（比如，可参考《突变理论及其应用》[14]、《非线性振动系统的分叉和混沌理论》[15]和《常微分方程的定性方法和分叉》[16]等文献）；下一章的数学工具，则是协同学（协同理论）中的某些技巧。

第 1 节　问题描述

大家都有过这样的经验：当甲乙两方进行拔河比赛时，若绳子的中心点处于运动之中，那么，即使是小孩也基本上能准确估计出，下一刻绳子将移动的方向，即继续沿上一刻移动的方向发展；但是，当甲乙双方势均力敌，相持不下，绳子的中心点处于静止状态时，就最难预测下一刻绳子的移动方向。而且，还常常有这样的情况：一旦双方僵持状态被打破，某方可能瞬间就会以摧枯拉朽之力突然“秒胜”对方。更奇妙的是：打破这种僵持状态的力量，可能竟然非常小，甚至本是微乎其微；形象地说，这股起决定性作用的力量，也许只是那“压死骆驼的最后一根稻草”，或者说只是“太平洋对岸一只蝴蝶翅膀的轻轻一扇”。那么，在赛博管理中，管理者（红客）与被管理者（黑客）之间的对抗，是否也会有这种突然“秒胜”的情况，或僵局被突然打破的情况，或系统突然崩溃的情况呢？如果有，那么这“压死骆驼的最后一根稻草”是什么样子的呢？骆驼的突然死法，或僵局的破法又有哪几种呢？本章将要努力回答这些问题。由于已有的数学工具（突变理论和分叉理论）都只是针对连续情况，所以，本章也只好考虑连续情况。

由本书第 6 章可知，在赛博管理中，在势均力敌的连续情况下，管理者（红

客）$J_1(y, w)$和被管理者（黑客）$J_0(x, w)$的综合对抗结果所导致的轨迹，将由以下微分方程组

$$\begin{cases} \dfrac{\mathrm{d}y}{\mathrm{d}t} = J_1(y,x,w) \\ \dfrac{\mathrm{d}x}{\mathrm{d}t} = J_0(y,x,w) \end{cases}$$

的解轨线来确定，其中，w 是来自环境的干扰因素。关于这个干扰 w，前面各章已经考虑了以下几种情况：

（1）当完全没有外界干扰时，即 $w=0$，这便是本书第 6 章中考虑的所谓自治系统

$$\begin{cases} \dfrac{\mathrm{d}y}{\mathrm{d}t} = J_1(y,x) \\ \dfrac{\mathrm{d}x}{\mathrm{d}t} = J_0(y,x) \end{cases}$$

（2）当外界干扰可以等价为时间 t 的确定性函数时，即 $w=w(t)$，这便等价于本书第 6 章中所考虑的一般时变系统

$$\begin{cases} \dfrac{\mathrm{d}y}{\mathrm{d}t} = J_1(y,x,t) \\ \dfrac{\mathrm{d}x}{\mathrm{d}t} = J_0(y,x,t) \end{cases}$$

（3）当外界的干扰源有许许多多，但又没有哪一种干扰起主导作用时，根据概率论中的大数定律便知，此时的外界干扰便可以综合起来，当作白噪声（或有色噪声）处理，于是，此时便是本书第 7 章所考虑的随机系统

$$\begin{cases} \dfrac{\mathrm{d}y}{\mathrm{d}t} = J_1(y,x,t,u_1(t)) \\ \dfrac{\mathrm{d}x}{\mathrm{d}t} = J_0(y,x,t,u_2(t)) \end{cases}$$

但是，除上述情况之外，还有一种很重要的场景：外界干扰 w 只是有限的几个主要因素，其他因素的影响力都很小，以至于可以忽略不计，即此时的外

界干扰可写为 $\boldsymbol{w}=\boldsymbol{w}(c_1, c_2, \cdots, c_r)$。于是，管理者（红客）与被管理者（黑客）之间对抗的最终轨迹可描述为

$$\begin{cases}\dfrac{\mathrm{d}y}{\mathrm{d}t}=J_1(y,x,c_1,c_2,\cdots c_r)\\ \dfrac{\mathrm{d}x}{\mathrm{d}t}=J_0(y,x,c_1,c_2,\cdots c_r)\end{cases}$$

其中，$c_1, c_2, \cdots, c_r$ 是一些参数，为了便于研究，假定这些参数连续变化。比如，在网络攻防对抗中，这些参数 $c_1, c_2, \cdots, c_r$ 所产生的影响，可以看作除直接攻防的双方之外的其他外界力量，包括但不限于：网络传输速度、可被调动或借用的计算资源和存储量等力量，其中有些力量可能帮助红客，有些力量可能帮助黑客；还有些力量可能是“江湖侠士”，谁弱就帮谁等。在其他更直观的对抗中，这些影响还有许多情况，比如，短跑比赛时的风向，长跑比赛时的天气，甚至观众的情绪和现场的噪声分贝的高低等因素。如果竞争双方已经处于一边倒的状态时，那么这些因素基本上不会发生作用；但是，当竞争双方处于谁也不能动弹的胶着状态时，这些看起来微不足道的因素，也许就成了决定胜负的关键！其实关于这种“参数微小变化而引发系统的实质性变化”的例子，在本书已经多次谈过，比如，第 3 章第 3 节的逻辑斯谛赛博链、第 4 章第 4 节的赛博普适性等。

那么，什么叫作“对抗双方处于胶着状态”呢？形象地说，此时对抗的双方都不能动弹了。从数学上看，那就是同时满足

$$\frac{\mathrm{d}y}{\mathrm{d}t}=0 \text{ 和 } \frac{\mathrm{d}x}{\mathrm{d}t}=0$$

即这时管理者 y 和被管理者 x 的状态，都不会随着时间的变化而变化了。换句话说，处于胶着状态时，将成立

$$\frac{\mathrm{d}y}{\mathrm{d}t}=J_1(y, x, c_1, c_2, \cdots, c_r)=0$$

$$\frac{\mathrm{d}x}{\mathrm{d}t}=J_0(y, x, c_1, c_2, \cdots, c_r)=0$$

提醒：若只是$\frac{\mathrm{d}y}{\mathrm{d}t}=0$（或只是$\frac{\mathrm{d}x}{\mathrm{d}t}=0$），那么，就还不算处于胶着状态，因为此时，至少还有某一方能够动弹。比如，在摔跤中，一方不能动，另一方还可以围绕对手转动时，就不算是胶着状态。事实上，在这种情况下，随后的博弈将按照清晰的轨迹运动起来，详见本书第 6 章的第 3 节中，有关轨迹的分布与趋势分析部分。具体地说，考虑

$$\frac{\mathrm{d}\boldsymbol{X}}{\mathrm{d}t}=\boldsymbol{J}(\boldsymbol{X},\boldsymbol{C})$$

的解曲线（$x(t), y(t)$）在相平面上的投影情况。仍然假定$J_0(x, y, \boldsymbol{C})$和$J_1(x, y, \boldsymbol{C})$的所有偏导都连续。于是，只要在某点（$x_0, y_0$）有$J_0(x_0, y_0, \boldsymbol{C})$和$J_1(x_0, y_0, \boldsymbol{C})$不同时为 0，便知在（$x_0, y_0$）的足够小邻域内，当$J_0(x_0, y_0, \boldsymbol{C})\neq 0$时，有

$$\frac{\mathrm{d}y}{\mathrm{d}x}=\frac{J_1(x,y,\boldsymbol{C})}{J_0(x,y,\boldsymbol{C})}$$

或者当$J_1(x_0, y_0, \boldsymbol{C})\neq 0$时，有

$$\frac{\mathrm{d}x}{\mathrm{d}y}=\frac{J_0(x,y,\boldsymbol{C})}{J_1(x,y,\boldsymbol{C})}$$

由于函数$\frac{y}{x}$或$\frac{x}{y}$存在连续偏导，所以给定初始条件后，在（x_0, y_0）点的足够小邻域内，方程

$$\frac{\mathrm{d}y}{\mathrm{d}x}=\frac{J_1(x,y,\boldsymbol{C})}{J_0(x,y,\boldsymbol{C})}$$

或

$$\frac{\mathrm{d}x}{\mathrm{d}y}=\frac{J_0(x,y,\boldsymbol{C})}{J_1(x,y,\boldsymbol{C})}$$

的曲线存在且唯一；其实，这条曲线就是对抗系统

$$\frac{\mathrm{d}\boldsymbol{X}}{\mathrm{d}t}=\boldsymbol{J}(\boldsymbol{X},\boldsymbol{C})$$

的解（$x(t), y(t)$）在相平面上的投影。

前面第 6 章中已经说过，如果对某个（$y_0, x_0, c_1, c_2, \cdots, c_r$）成立

$$\frac{\mathrm{d}y}{\mathrm{d}t}=J_1(y_0, x_0, c_1, c_2, \cdots, c_r)=0$$

$$\frac{\mathrm{d}x}{\mathrm{d}t}=J_0(y_0, x_0, c_1, c_2, \cdots, c_r)=0$$

那么，只需要简单地做一个移位 $y-y_0$ 和 $x-x_0$，就能将胶着状态的位置移到原点，所以，下面就只考虑（x, y）=（0, 0）的胶着情况。

其实，胶着状态

$$\frac{\mathrm{d}y}{\mathrm{d}t}=0 \text{ 和 } \frac{\mathrm{d}x}{\mathrm{d}t}=0$$

还可以再细分；因为，随后系统的发展趋势也可能稀奇古怪，包括但不限于：若无外力作用，那么双方的博弈就此结束，即系统状态永远停留在胶着点处；由系统参数的微小变动，而引发的博弈系统实质性巨变，即当前系统“死亡”，而全新的博弈系统“诞生”；由确定性或随机性的微小扰动，使得双方的博弈进入新的轨迹，但博弈系统的本质并未发生变化；等等。

本章仅限于讨论博弈系统参数因外力微调，而可能引发的突变。但是，即使在此限定下，针对不同的胶着状态，由外界影响造成（$c_1, c_2, \cdots, c_r$）的细微变化，所引发的突变情况也不相同。关于“突变”的含义，形象地说，就是胶着双方的博弈系统被突然打破；从理论上说，那就是在突变点（$c_1, c_2, \cdots, c_r$）的邻域内，函数族 $J_1(y, x, c_1, c_2, \cdots, c_r)$、$J_0(y, x, c_1, c_2, \cdots, c_r)$的拓扑结构，突然发生了实质性的改变。比如，包括但不限于后面即将研究的：由于外界因素的微小变动，而引发的临界点变动、平衡点变动、系统结构稳定性被打破等。

下面各节将针对不同的胶着状态，分析突变将在哪里发生，以及将如何发生，即突变时（$c_1, c_2, \cdots, c_r$）等于什么，并将引发什么突变等。在数学中，将发生突变时的参数（$c_1, c_2, \cdots, c_r$）称为分叉点；分叉点所组成的集合称为分叉集。

第 2 节　临界点突变

为了便于借用突变理论的已有成果（如《突变理论及其应用》[14]），本节将分别单独考虑管理者（红客）$J_1(0, 0, c_1, c_2, \cdots, c_r)$和被管理者（黑客）$J_0(0, 0, c_1, c_2, \cdots, c_r)$的情况，而且，将 $J_1(\cdot)$ 和 $J_0(\cdot)$ 无区别地统一记为 $f(x, y, c_1, c_2, \cdots, c_r)$，即以（$c_1, c_2, \cdots, c_r$）为参数的二元函数族。

此时也可将 $f(x, y, c_1, c_2, \cdots, c_r)$，看成一个映射 $\mathbf{R}^2\times\mathbf{R}^r\to\mathbf{R}$，即 $2+r$ 元函数，并且

$$f(0, 0, c_1, c_2, \cdots, c_r)=0$$

即博弈双方都已经不能动弹了。当然，此节重点考虑外界影响因素的个数 r 较小的情况，即 $r\leqslant 5$。

作为预备知识，下面首先介绍几个定义和已知的“突变理论”结论。

定义 8.1：设 U 和 V 都是 $\mathbf{R}^n$ 中的开集，则映射 $f: U\to\mathbf{R}^n$ 称为一个同胚，如果存在逆映射 $g: V\to\mathbf{R}^n$，即对所有 $X\in U$ 和 $Y\in V$，都有

$$f(g(Y))=Y \text{ 和 } g(f(X))=X$$

更进一步地，如果 $f(\cdot)$ 和 $g(\cdot)$ 都是光滑的，即存在任意阶的连续偏导数，那么就称 $f(\cdot)$ 是一个微分同胚。如果一个映射在（包含 X 的）一个邻域中是一个微分同胚，那么称这个映射为（在某个点 X 的）局部微分同胚。

定义 8.2：称两个函数 $f, g: \mathbf{R}^n\to\mathbf{R}$ 在原点（0 点）的邻域内等价，若存在局部微分同胚 $y: \mathbf{R}^n\to\mathbf{R}^n$ 和常数 h，使得在该邻域内恒有

$$g(X)=f(y(X))+h$$

类似地，两个函数族 $f, g: \mathbf{R}^n\times\mathbf{R}^r\to\mathbf{R}$ 称为在原点（$0\in\mathbf{R}^{n+r}$）的某个邻域内，对所有$(X, S)\in\mathbf{R}^n\times\mathbf{R}^r$ 等价，如果在原点的该邻域中存在：

（1）一个微分同胚 $e: \mathbf{R}^r\to\mathbf{R}^r$；

（2）一个光滑映射 y: $\mathbf{R}^n\times\mathbf{R}^r\to\mathbf{R}^n$，使得对每个 $S\in\mathbf{R}^r$，由 $y_S(X)\equiv y(X, S)$定义的映射 y_S: $\mathbf{R}^n\to\mathbf{R}^n$ 是一个微分同胚；

（3）一个光滑映射 h: $\mathbf{R}^r\to\mathbf{R}$，使得下式成立，即

$$g(X, S)=f(y_S(X), e(S))+h(S)$$

形象地说，若两个函数族 f、g 在原点的某个邻域内等价，那么，从几何意义上说就是：在该邻域中，它们有大致相同的图形。比如，在赛博管理（即 n=2）中，当 r=1（即只有一个外部影响因素）时，所谓函数族 $f(x, y, a)$和 $g(x, y, a)$ 等价，其实就相当于将 $f(\cdot)$ 绘在某块橡皮上，然后，通过挤压该橡皮使其变形后，就能变成 $g(\cdot)$。

定义 8.3：对于映射 $f(x_1, x_2, \cdots, x_n)$: $\mathbf{R}^n\to\mathbf{R}$，一个点 $u\in\mathbf{R}^n$ 称为临界点，如果在该点的所有偏导数均为 0，即

$$\left.\frac{\partial f}{\partial x_1}\right|_u=\left.\frac{\partial f}{\partial x_2}\right|_u=\cdots=\left.\frac{\partial f}{\partial x_n}\right|_u=0$$

如果在该点的二阶偏导数不但存在，而且还满足矩阵

$$\boldsymbol{B}=[b_{ij}]\equiv\left[\left.\frac{\partial^2 f}{\partial x_i\partial x_j}\right|_u\right]$$

可逆，那么就称该临界点是非退化的；反之，如果矩阵 $\boldsymbol{B}$ 不可逆（即其行列式为 0），那么，就称该临界点是退化的。这里的矩阵 $\boldsymbol{B}$ 也称为函数 $f(\cdot)$ 的 Hesse 矩阵；另外，显然也可经简单的移位，将临界点移到原点 0，所以下面也只考虑原点的情况。

本节将重点考虑在临界点处，是否会发生突变；如果有突变，它将在哪里（即函数族的参数等于什么）发生；甚至，突变将如何变；等等。

关于临界点，有下列 Morse 引理（可参考《突变理论及其应用》[14]中的定理 2-2)：

结论 8.1（Morse 引理）：设光滑函数 f: $\mathbf{R}^n\to\mathbf{R}$ 有非退化临界点 u，则可以

在 u 的一个邻域 U 中，找到某个局部坐标系（$y_1, y_2, \cdots, y_n$），使得

$$f=f(u)-y_1^2-y_2^2-\cdots-y_t^2+y_{t+1}^2+y_{t+2}^2+\cdots+y_n^2$$

且对所有 i，有 $y_i(u)=0$。这也意味着，在任意非退化临界点附近，函数 f 都可以写成以下形式

$$z_1^2+z_2^2+\cdots+z_{n-t}^2-z_{n-t+1}^2-z_{n-t+2}^2-\cdots-z_n^2$$

非退化的临界点也称为 Morse（临界）点，退化的临界点称为非 Morse（临界）点；在非 Morse 点，函数的 Hesse 矩阵也是退化的，后面将指出，其退化程度由矩阵$\left[\left.\dfrac{\partial^2 f}{\partial x_i \partial x_j}\right|_u\right]$的秩数确定。

设在函数 f 的临界点 0 处，函数 p 的所有偏导数也为 0。若原点 0 是 f 的一个 Morse 点（即其 Hesse 矩阵$\left[\left.\dfrac{\partial^2 f}{\partial x_i \partial x_j}\right|_0\right]$可逆），那么，如果函数 p 的作用足够小，就有矩阵$\left[\left.\dfrac{\partial^2 (f+p)}{\partial x_i \partial x_j}\right|_0\right]$也可逆，即函数 $f+p$ 也在原点 0 有 Morse 点。更准确地，可以给出函数结构稳定性的定义。

定义 8.4：若函数 f: $\mathbf{R}^n \to \mathbf{R}$ 等价于函数 $f+p$: $\mathbf{R}^n \to \mathbf{R}$，其中 p: $\mathbf{R}^n \to \mathbf{R}$ 是任意的且充分小的函数，即 p 及其各阶偏导数都充分接近于 0，则称函数 f 是结构稳定的。类似地，若函数族 f: $\mathbf{R}^n \times \mathbf{R}^r \to \mathbf{R}$ 等价于函数族 $f+p$: $\mathbf{R}^n \times \mathbf{R}^r \to \mathbf{R}$，其中 p: $\mathbf{R}^n \times \mathbf{R}^r \to \mathbf{R}$ 是任意的且充分小，即 p 及其各阶偏导数都充分接近于 0，则称函数族 f 是结构稳定的。

于是，可以得出结论 8.2（可参考《突变理论及其应用》[14]中的定理 4-1）。

结论 8.2：设函数族 F: $\mathbf{R}^n \times \mathbf{R}^r \to \mathbf{R}$ 是光滑的，记 $\mathbf{R}^n \times \mathbf{R}^r$ 中的一点为

$$(\boldsymbol{X}, \boldsymbol{C}) \equiv (x_1, x_2, \cdots, x_n, c_1, c_2, \cdots, c_r)$$

若 F 在$(\boldsymbol{X}, \boldsymbol{C})=0$ 处（即原点）有退化的临界点，且在原点其 Hesse 矩阵

$$\boldsymbol{H} \equiv \left[\left. \frac{\partial^2 F}{\partial x_i \partial x_j} \right|_0 \right]$$

的秩为 $n-m$，那么，F 就等价于以下形式的函数族，即

$$F^*[y_1(\boldsymbol{X}, \boldsymbol{C}), y_2(\boldsymbol{X}, \boldsymbol{C}), \cdots, y_m(\boldsymbol{X}, \boldsymbol{C}), \boldsymbol{C}]+b_{m+1} y_{m+1}^2 + b_{m+2} y_{m+2}^2 + \cdots + b_n y_n^2$$

其中，b_i=1 或−1，$m+1 \leqslant i \leqslant n$。有时也称这里的 $y_1, y_2, \cdots, y_m$ 为实质性变量，而称 $y_{m+1}, y_{m+2}, \cdots, y_n$ 为非实质性变量；因为在许多情况下，都可以忽略非实质性变量。特别地，如果该函数族 F 在原点（$\boldsymbol{X}, \boldsymbol{C}$）=0 处有非退化临界点，即在原点其 Hesse 矩阵

$$\boldsymbol{H} \equiv \left[\left. \frac{\partial^2 F}{\partial x_i \partial x_j} \right|_0 \right]$$

的秩为 n（即可逆），那么，F 就等价于函数族 $b_1 y_1^2 + b_2 y_2^2 + \cdots + b_n y_n^2$，其中 b_i=1 或−1，$1 \leqslant i \leqslant n$；此时，参数 $\boldsymbol{C} \in \mathbf{R}^r$ 不再出现于其等价的形式中。

基于结论 8.2 可知，在赛博管理中 n=2，因此，退化的 Hesse 矩阵就只有两种情况：

（1）$\boldsymbol{H} \equiv \left[\left. \frac{\partial^2 F}{\partial x_i \partial x_j} \right|_0 \right]$ 的秩为 0，于是 m=2，此时不存在非实质性变量，即 F 就等价于函数族 $F^*[y_1(\boldsymbol{X}, \boldsymbol{C}), y_2(\boldsymbol{X}, \boldsymbol{C}), \boldsymbol{C}]$；

（2）$\boldsymbol{H} \equiv \left[\left. \frac{\partial^2 F}{\partial x_i \partial x_j} \right|_0 \right]$ 的秩为 1，即

$$\left. \frac{\partial^2 F}{(\partial x_1)^2} \right|_0 \cdot \left. \frac{\partial^2 F}{(\partial x_2)^2} \right|_0 = \left. \frac{\partial^2 F}{\partial x_1 \partial x_2} \right|_0 \cdot \left. \frac{\partial^2 F}{\partial x_2 \partial x_1} \right|_0$$

于是 m=1，此时刚好有一个实质性变量和一个非实质性变量，即 F 就等价于函数族 $F^*(y_1(\boldsymbol{X}, \boldsymbol{C}), \boldsymbol{C})+b_2 y_2^2$。

有了上述预备知识后，现在就可以介绍外界影响因素较少的情况下，在赛

博管理中管理者（红客）或被管理者（黑客）的临界点突变情况了。更具体地说，主要考虑参数的微小变动，将如何引发退化临界点的突变。

情况1，只有一个外界影响因素，即$f(x, y, c)$中只含一个连续参数c的情况。此时，便可得到以下信息（可参考《突变理论及其应用》[14]中的第5.1节）。

（1）在$f(\cdot)$的非临界点附近，该函数$f(x, y, c)$等价于u_1，它与参数c无关，因此，不会出现因外界影响而产生的突变，即用数学语言来说“没有分叉点”；或形象地说，不会出现“压死骆驼的最后一根稻草”。此处和今后的“压死”，意思是指一个函数或系统，被变成另一个与其不等价的函数或系统了；或者说，将前后两个函数（系统）“套在”橡皮上后，无法仅仅通过挤压橡皮，而把一个函数（系统）变成另一个。

（2）在$f(\cdot)$的Morse点附近，该函数$f(x, y, c)$等价于$b_1 u_1^2 + b_2 u_2^2$（这里b_i=1或−1），它也与参数c无关，因此，也不会出现因外界影响而产生的突变，即也没有分叉点，或形象地说，也不会出现“压死骆驼的最后一根稻草”。

（3）在$f(\cdot)$的孤立非Morse点附近，Hesse矩阵$\boldsymbol{H}$的秩为1，该函数$f(x, y, c)$等价于以下形式

$$u_1^3 - cu_1 + b_2 u_2^2$$

其中，b_2=1或−1。因此，其临界点将满足

$$\frac{\partial}{\partial u_1}(u_1^3 - cu_1 + b_2 u_2^2) = 3u_1^2 - c = 0$$

换句话说，单参数c在c=0点是出现突变的关键点（分叉点），或更具体地称为折叠分叉突变点。因为，当$c<0$时，将没有临界点；而$c>0$时，将突然出现两个临界点$+\left(\frac{c}{3}\right)^{\frac{1}{2}}$和$-\left(\frac{c}{3}\right)^{\frac{1}{2}}$，并且它们分别对应于函数的极大值$\left(\frac{c}{3}\right)^{\frac{3}{2}} + c\left(\frac{c}{3}\right)^{\frac{1}{2}} = 4\left(\frac{c}{3}\right)^{\frac{3}{2}}$和极小值$-4\left(\frac{c}{3}\right)^{\frac{3}{2}}$。因此，当$c$在0点附近做微小的变动时，函数就会在极大值或极小值之间跳变，或者说，将在赛博管理中，出现对管理者

或被管理者极有利或极不利的情况发生；更准确地说，c 在 0 点附近的微小变化，将把原来的函数变成新的、与之不再等价的函数，即发生了实质性的变化。

情况 2，有两个外界影响因素，即 $f(x, y, c_1, c_2)$中含两个连续参数 c_1 和 c_2 的情况。此时，便可得到以下信息（可参考《突变理论及其应用》[14]中的第 5.2 节）。

与情况 1 类似，在非临界点和非退化的临界点处，外界影响因素 c_1 和 c_2 不会导致突变发生，即此时没有分叉点，或不会出现“压死骆驼的最后一根稻草”。所以，下面只考虑原点为退化临界点的情况，此时在原点的邻域内，将有两种可能情况：

其一，出现突变折叠线，即函数 $f(x, y, c_1, c_2)$等价于 $u_1^3+d_1u_1+b_2u_2^2$。这里 b_2=1 或−1，即 Hesse 矩阵 $\boldsymbol{H}$ 的秩为 1。因此，两个外界影响因素 c_1 和 c_2 被整合成一个外界影响因素

$$d_1=g(c_1, c_2)$$

当 c_1 和 c_2 连续变化时，由

$$d_1=g(c_1, c_2)=0$$

画出一条曲线，它由分叉点组成，称为分叉突变折叠曲线。仿照上面情况 1 的分析，该突变折叠曲线上的每一个点，就对应于一个单参数的情况，即用 d_1 替代情况 1 的 c 而已，细节就不再重复了。

其二，出现尖点突变，即函数 $f(x, y, c_1, c_2)$等价于 $u_1^4+c_2u_1^2+c_1u_1+b_2u_2^2$（正则尖点突变，矩阵 $\boldsymbol{H}$ 的秩为 1），或$-(u_1^4+c_2u_1^2+c_1u_1+b_2u_2^2)$（对偶尖点突变，矩阵 $\boldsymbol{H}$ 的秩为 1）。

情况 3，有 3、4、5 个外界影响因素，即 $f(\cdot)$ 分别为 $f(x, y, c_1, c_2, c_3)$、$f(x, y, c_1, c_2, c_3, c_4)$或 $f(x, y, c_1, c_2, c_3, c_4, c_5)$。此时，便可得到以下信息（可参考《突变理论及其应用》[14]中的第 5.3 节）。

仍然与前面两种情况类似，在非临界点和非退化的临界点处，外界影响因

素不会导致突变的发生，即没有分叉点，或不会出现“压死骆驼的最后一根稻草”。所以，下面只考虑原点为退化的临界点的情况。此时在原点的邻域内，可能出现如下情况：

其一，出现尖点类突变，即函数$f(\cdot)$等价于$u_1^5+c_3u_1^3+c_2u_1^2+c_1u_1+b_2u_2^2$（称为燕尾突变，矩阵$\boldsymbol{H}$的秩为1），或$u_1^6+c_4u_1^4+c_3u_1^3+c_2u_1^2+c_1u_1+b_2u_2^2$（称为蝴蝶突变，矩阵$\boldsymbol{H}$的秩为1），或$u_1^7+c_5u_1^5+c_4u_1^4+c_3u_1^3+c_2u_1^2+c_1u_1+b_2u_2^2$（称为印第安茅屋突变，矩阵$\boldsymbol{H}$的秩为1）。这里$b_2$=1或−1。

其二，出现脐点突变，即函数$f(\cdot)$等价于$u_1^2u_2+u_2^3+c_3u_1^2+c_2u_2+c_1u_1$（双曲脐点突变，矩阵$\boldsymbol{H}$的秩为0），或$u_1^2u_2-u_2^3+c_3u_1^2+c_2u_2+c_1u_1$（椭圆脐点突变，矩阵$\boldsymbol{H}$的秩为0）。

其三，出现抛物脐点突变及其对偶，矩阵$\boldsymbol{H}$的秩为0，即函数$f(\cdot)$等价于$u_1^2u_2+u_2^4+c_4u_1^2+c_3u_2^2+c_2u_1+c_1u_2$，或$-(u_1^2u_2+u_2^4+c_4u_1^2+c_3u_2^2+c_2u_1+c_1u_2)$。

其四，在5参数函数族时出现的突变，矩阵$\boldsymbol{H}$的秩为0，即$f(\cdot)$等价于$u_1^2u_2+u_2^5+c_5u_2^3+c_4u_2^2+c_3u_1^2+c_2u_2+c_1u_1$（第二双曲脐点突变），或$u_1^2u_2-u_2^5+c_5u_2^3+c_4u_2^2+c_3u_1^2+c_2u_2+c_1u_1$（第二椭圆脐点突变），或$u_1^3+u_2^4+c_5u_1u_2^2+c_4u_2^2+c_3u_1u_2+c_2u_2+c_1u_1$（符号脐点突变），或其对偶$-(u_1^3+u_2^4+c_5u_1u_2^2+c_4u_2^2+c_3u_1u_2+c_2u_2+c_1u_1)$。

于是，结合前面的各种情况，便有结论8.3［可参考《突变理论及其应用》[14]中的定理5-1（Thom分类定理）］。

结论8.3：光滑函数族$f(x, y, c_1, c_2, \cdots, c_r)$，$r\leqslant 5$是结构稳定的，且局部地等价于以下诸形式之一：

在非临界点附近，等价于u_1；在非退化临界点（即Morse点）附近，等价于$b_1u_1^2+b_2u_2^2$（这里b_i=1或−1）；这两种形式都不是突变形式的，即它们都与参数的变化无关；此时没有分叉点，或形象地说，不会因为外界影响因素而造成“压死骆驼的最后一根稻草”的情况。而在退化临界点附近，则可能等价于以下11种标准形式：

折叠突变（B_1）：$u_1^3+c_1u_1+b_2u_2^2$

尖点突变（B_2）：$b(u_1^4+c_2u_1^2+c_1u_1+b_2u_2^2)$, $b=\pm1$

燕尾突变（B_3）：$u_1^5+c_3u_1^3+c_2u_1^2+c_1u_1+b_2u_2^2$

蝴蝶突变（B_4）：$b(u_1^6+c_4u_1^4+c_3u_1^3+c_2u_1^2+c_1u_1+b_2u_2^2)$，$b=\pm1$

印第安茅屋突变（B_5）：$u_1^7+c_5u_1^5+c_4u_1^4+c_3u_1^3+c_2u_1^2+c_1u_1+b_2u_2^2$

椭圆脐点突变（B_6）：$u_1^2u_2-u_2^3+c_3u_1^2+c_2u_2+c_1u_1$

双曲脐点突变（B_7）：$u_1^2u_2+u_2^3+c_3u_1^2+c_2u_2+c_1u_1$

抛物脐点突变（B_8）：$b(u_1^2u_2+u_2^4+c_4u_1^2+c_3u_2^2+c_2u_1+c_1u_2)$，$b=\pm1$

第二椭圆脐点突变（B_9）：$u_1^2u_2-u_2^5+c_5u_2^3+c_4u_2^2+c_3u_1^2+c_2u_2+c_1u_1$

第二双曲脐点突变（B_{10}）：$u_1^2u_2+u_2^5+c_5u_2^3+c_4u_2^2+c_3u_1^2+c_2u_2+c_1u_1$

符号脐点突变（B_{11}）：$b(u_1^3+u_2^4+c_5u_1u_2^2+c_4u_2^2+c_3u_1u_2+c_2u_2+c_1u_1)$，$b=\pm1$。

若从赛博管理角度，重新审视结论 8.3，就会得出以下意外的结果，即结论 8.4。

结论 8.4：在赛博管理中，当外界影响因素的个数较少（即 $r\leqslant5$），那么，若管理者（红客）和被管理者（黑客）在临界原点（0）处于胶着状态，即

$$\frac{\mathrm{d}y}{\mathrm{d}t}=J_1(y, x, c_1, c_2, \cdots, c_r)=0$$

$$\frac{\mathrm{d}x}{\mathrm{d}t}=J_0(y, x, c_1, c_2, \cdots, c_r)=0$$

时，表面上看起来千变万化的博弈演变，其实是非常有规律的。

如果原点 0 是管理者 J_1 和被管理者 J_0 的非临界点，那么，在原点附近函数 J_1 和 J_0 都有相同的等价形式 u_1；这时，外界影响因素可被忽略，即外界影响不会造成博弈的突然崩溃（从此处开始，本章的“崩溃”意思是指当前的博弈系统，被变成了另一个与之不再等价的新博弈系统）；此时，没有分叉点，或形象

地说，不会因为外界影响因素而造成“压死骆驼的最后一根稻草”的情况。

如果原点 0 是管理者 J_1 和被管理者 J_0 的非退化临界点（即 Morse 点），那么，在原点附近函数 J_1 或 J_0 将等价于 $b_1u_1^2+b_2u_2^2$（这里 b_i=±1），因此，管理者或被管理者中，至少有一方不是突变形式，即他与参数的变化无关，没有分叉点，或者说，他不会突变（即既不会突然崩溃，也不会突然获胜），从而另一方也不会突变；或形象地说，此时也不会因为外界影响因素而造成“压死骆驼的最后一根稻草”的情况。

如果原点同时是管理者和被管理者的退化临界点，那么，此时 J_1 和 J_0 将只可能等价于结论 8.3 中的 11 种标准形式之一（即 B_1 至 B_{11}）。换句话说，在原点同为 J_1 和 J_0 的退化临界点附近，管理者和被管理者的对抗演变关系就被锁定为以下有限的 121 种情况，即

$$\frac{\mathrm{d}y}{\mathrm{d}t}=B_i$$

$$\frac{\mathrm{d}x}{\mathrm{d}t}=B_j$$

其中，B_i 和 B_j（i, j=1, 2, …, 11）分别取自结论 8.3 中的 11 种标准形式之一。

至此，本以为最难预测的“管理者与被管理者之间的临界点胶着博弈”，竟然意外地变得最容易预测，因为所有可能的变化情况最多只有 121（11^2=121）种。只要能够穷尽所有这 121 种情况，那么，赛博管理的临界原点胶着崩溃情况，就搞清楚了（**提醒**：这 121 种情况，不包含非临界点处的胶着博弈，因此，一般胶着点的博弈问题还远远未解决）。当然，限于篇幅，也为了避免过于烦琐的细节，我们不打算罗列所有的 121 种排列情况，下面只是单独考虑管理者或被管理者的突变情况，即考虑下列 11 种 B_i 的突变情况。

关于 B_1： $u_1^3+c_1u_1+b_2u_2^2$。此时，u 点是临界点就相当于

$$\frac{\partial B_1}{\partial u_1}=3u_1^2+c_1=0$$

u 是退化点就相当于矩阵

$$\boldsymbol{H}\equiv\left[\frac{\partial^2 B_1}{\partial u_i \partial u_j}\right]$$

的行列式为 0，即

$$\frac{\partial^2 B_1}{(\partial u_1)^2}=6u_1=0$$

因此，能够使得（u_1, u_2）点是退化的临界点的参数集，即临界点分叉集，就相当于同时满足

$$\begin{cases}3u_1^2+c_1=0\\6u_1=0\end{cases}$$

的参数解，即 $c_1=0$。在前面的情况 1 中已经指出，$c_1=0$ 确实是引发突变的一个分叉点：它将导致临界点的个数从 0 突然跃变到 2，从而引发临界点的博弈突变，出现“压死骆驼的最后一根稻草”的情况。

关于 $\boldsymbol{B_2}$：$b(u_1^4+c_2u_1^2+c_1u_1+b_2u_2^2)$，$b=\pm1$。与 B_1 的分析类似，此时，u 是临界点就相当于

$$4u_1^3+2c_2u_1+c_1=0$$

u 是退化点就相当于

$$12u_1^2+2c_2=0$$

因此，使 u 为退化临界点的参数集（c_1，c_2），即临界分叉点集，就同时满足

$$\begin{cases}4u_1^3+2c_2u_1+c_1=0\\12u_1^2+2c_2=0\end{cases}$$

于是，从方程组中消去 u_1 后，就有

$$F_2(c_1, c_2)\equiv8c_2^3+27c_1^2=0$$

换句话说，当参数（c_1, c_2）刚好满足

$$F_2(c_1, c_2)=0$$

时，就可能发生突变。也就是说，哪怕参数（c_1, c_2）有微小的变化，使得 $F_2(c_1, c_2)$ 跨过 0 值（比如，由 $F_2(c_1, c_2)=0$ 变为 $F_2(c_1, c_2)\neq 0$ 等），那么，就会出现临界点的博弈突变，或形象地说，出现“压死骆驼的最后一根稻草”的情况。

关于 B_3： $u_1^5+c_3u_1^3+c_2u_1^2+c_1u_1+b_2u_2^2$。与前面类似，$u$ 是临界点就相当于满足

$$5u_1^4+3c_3u_1^2+2c_2u_1+c_1=0$$

u 是退化点就相当于

$$20u_1^3+6c_3u_1+2c_2=0$$

能够使 u 是退化的临界点的参数集（c_1, c_2, c_3）就是同时满足方程组

$$\begin{cases} 5u_1^4+3c_3u_1^2+2c_2u_1+c_1=0 \\ 20u_1^3+6c_3u_1+2c_2=0 \end{cases}$$

的关于（c_1, c_2, c_3）的解集，分叉集。从中消去 u_1 后，这个方程组可推出以下三元关系式，即

$$F_3(c_1, c_2, c_3)\equiv 3c_3(3c_3^2c_2+20c_2c_1)^2-3c_2(3c_3^2c_2+20c_2c_1)(30c_2^2+$$

$$9c_3^3-20c_3c_1)+2c_1(30c_2^2+9c_3^3-20c_3c_1)^2=0$$

于是，当参数（c_1, c_2, c_3）跨过

$$F_3(c_1, c_2, c_3)=0$$

时（比如，使得 $F_3(c_1, c_2, c_3)$由 0 变为非 0 等），就会出现临界点的博弈突变。

关于 B_4： $b(u_1^6+c_4u_1^4+c_3u_1^3+c_2u_1^2+c_1u_1+b_2u_2^2)$，$b=\pm 1$。与前面类似，参数（$c_1, c_2, c_3, c_4$）使得 u 为临界点，就相当于

$$6u_1^5+4c_4u_1^3+3c_3u_1^2+2c_2u_1+c_1=0$$

使得 u 为退化点，就相当于

$$30u_1^4+12c_4u_1^2+6c_3u_1+2c_2=0$$

因此，参数（c_1, c_2, c_3, c_4）使得 u 为退化临界点时，就必须同时满足

$$\begin{cases}6u_1^5+4c_4u_1^3+3c_3u_1^2+2c_2u_1+c_1=0\\30u_1^4+12c_4u_1^2+6c_3u_1+2c_2=0\end{cases}$$

从中消去 u_1 后，就可以得到某个四元关系式，比如

$$F_4(c_1, c_2, c_3, c_4)=0$$

由于消去 u_1 获得 $F_4(c_1, c_2, c_3, c_4)$的方法简单却过程烦琐，而且 $F_4(c_1, c_2, c_3, c_4)$的表达式也很冗长，故在此略去。于是，当参数（c_1, c_2, c_3, c_4）跨过

$$F_4(c_1, c_2, c_3, c_4)=0$$

时，比如使得 $F_4(c_1, c_2, c_3, c_4)$由 0 变为非 0，就会出现临界点的博弈突变。

关于 B_5： $u_1^7+c_5u_1^5+c_4u_1^4+c_3u_1^3+c_2u_1^2+c_1u_1+b_2u_2^2$。与前面类似，参数（$c_1, c_2, c_3, c_4, c_5$）使得 u 为临界点，就相当于

$$7u_1^6+5c_5u_1^4+4c_4u_1^3+3c_3u_1^2+2c_2u_1+c_1=0$$

使得 u 为退化点，就相当于

$$42u_1^5+20c_5u_1^3+12c_4u_1^2+6c_3u_1+2c_2=0$$

因此，参数（c_1, c_2, c_3, c_4, c_5）使得 u 为退化临界点时，就必须同时满足

$$\begin{cases}7u_1^6+5c_5u_1^4+4c_4u_1^3+3c_3u_1^2+2c_2u_1+c_1=0\\42u_1^5+20c_5u_1^3+12c_4u_1^2+6c_3u_1+2c_2=0\end{cases}$$

从中消去 u_1 后，就可以得到某个五元关系式，比如

$$F_5(c_1, c_2, c_3, c_4, c_5)=0$$

由于消去 u_1 的方法简单却过程烦琐，而且 $F_5(c_1, c_2, c_3, c_4, c_5)$的表达式也很冗长，故在此略去。于是，当参数（$c_1, c_2, c_3, c_4, c_5$）跨过

$$F_5(c_1, c_2, c_3, c_4, c_5)=0$$

时，比如使得 $F_5(c_1, c_2, c_3, c_4, c_5)$由 0 变为非 0，就会出现临界点的博弈突变。

关于 B_6： $u_1^2 u_2-u_2^3+c_3 u_1^2+c_2u_2+c_1u_1$。参数（$c_1, c_2, c_3$）使得 u 为临界点，就相当于

$$\begin{cases}\dfrac{\partial B_6}{\partial u_1}=0\\ \dfrac{\partial B_6}{\partial u_2}=0\end{cases}$$

即

$$\begin{cases}2u_1u_2+2c_3u_1+c_1=0\\ u_1^2-3u_2^2+c_2=0\end{cases}$$

u 为退化点就相当于矩阵$\left[\dfrac{\partial^2 B_6}{\partial u_i \partial u_j}\right]$的秩为 0，即

$$2u_2+2c_3=0，2u_1=0，6u_2=0$$

因此，只有当$(c_1, c_2, c_3)=(0, 0, 0)$时，才能使得 u 为退化的临界点。换句话说，当参数（c_1, c_2, c_3）跨过（0, 0, 0）点时，就会出现临界点的博弈突变。

关于 B_7： $u_1^2 u_2+u_2^3+c_3 u_1^2+c_2u_2+c_1u_1$。与 B_6 类似，参数（c_1, c_2, c_3）使得 u 为临界点，就相当于

$$\begin{cases}\dfrac{\partial B_7}{\partial u_1}=0\\ \dfrac{\partial B_7}{\partial u_2}=0\end{cases}$$

即

$$\begin{cases}2u_1u_2+2c_3u_1+c_1=0\\ u_1^2+3u_2^2+c_2=0\end{cases}$$

u 为退化点就相当于矩阵$\left[\dfrac{\partial^2 B_7}{\partial u_i \partial u_j}\right]$的秩为 0，即

$$2u_2+2c_3=0，2u_1=0，6u_2=0$$

因此，只有当$(c_1, c_2, c_3)=(0, 0, 0)$时，才能使得 u 为退化的临界点。换句话说，当参数（c_1, c_2, c_3）跨过（0, 0, 0）点时，就会出现临界点的博弈突变。

关于 $\boldsymbol{B_8}$：$b(u_1^2 u_2+u_2^4+c_4 u_1^2+c_3 u_2^2+c_2u_1+c_1u_2)$，$b=\pm 1$。参数（$c_1, c_2, c_3, c_4$）使得 u 为临界点，就相当于

$$\begin{cases} \dfrac{\partial B_8}{\partial u_1}=0 \\ \dfrac{\partial B_8}{\partial u_2}=0 \end{cases}$$

即

$$\begin{cases} 2u_1u_2+2c_4u_1+c_2=0 \\ u_1^2+4u_2^3+2c_3u_2+c_1=0 \end{cases}$$

u 为退化点就相当于矩阵$\left[\dfrac{\partial^2 B_8}{\partial u_i \partial u_j}\right]$的秩为 0，即

$$2u_2+2c_4=0，2u_1=0，12u_2^2+2c_3=0$$

因此，只有当（c_1, c_2, c_3, c_4）同时满足以下方程组时

$$\begin{cases} 2u_1u_2+2c_4u_1+c_2=0 \\ u_1^2+4u_2^3+2c_3u_2+c_1=0 \\ 2u_2+2c_4=0 \\ 2u_1=0 \\ 12u_2^2+2c_3=0 \end{cases}$$

或等价地，从中消去 u_1 和 u_2 后得到参数（c_1, c_2, c_3, c_4）必须同时满足下列方程组，即

$$\begin{cases} c_1=-8c_4^3 \\ c_2=0 \\ c_3=-6c_4^2 \end{cases}$$

换句话说，当参数（c_1, c_2, c_3, c_4）同时满足这个方程组时，就是即将发生突变的时刻，即哪怕参数（c_1, c_2, c_3, c_4）有非常细微的变化，使得这个方程组中的某一个方程不再成立，那么，就会出现临界点的博弈突变。

关于 B_9： $u_1^2u_2-u_2^5+c_5u_2^3+c_4u_2^2+c_3u_1^2+c_2u_2+c_1u_1$。参数（$c_1, c_2, c_3, c_4, c_5$）使得 u 为临界点，就相当于

$$\begin{cases} \dfrac{\partial B_9}{\partial u_1}=0 \\ \dfrac{\partial B_9}{\partial u_2}=0 \end{cases}$$

即

$$\begin{cases} 2u_1u_2+2c_3u_1+c_1=0 \\ u_1^2-5u_1^4+3c_5u_2^2+2c_4u_2+c_2=0 \end{cases}$$

u 为退化点就相当于矩阵$\left[\dfrac{\partial^2 B_9}{\partial u_i \partial u_j}\right]$的秩为 0，即

$$2u_2+2c_3=0，2u_1=0，-20u_2^3+6c_5u_2+2c_4=0$$

因此，只有当（c_1, c_2, c_3, c_4, c_5）同时满足以下方程组时

$$\begin{cases} 2u_1u_2+2c_3u_1+c_1=0 \\ u_2^2-5u_2^4+3c_5u_2^2+2c_4u_2+c_2=0 \\ 2u_2+2c_3=0 \\ 2u_1=0 \\ -20u_2^3+6c_5u_2+2c_4=0 \end{cases}$$

从中消去 u_1 和 u_2 后得到参数（c_1, c_2, c_3, c_4, c_5）必须同时满足以下方程组，即

$$\begin{cases} c_1=0 \\ c_2=5c_3^4-3c_5c_3^2+2c_4c_3 \\ c_4=3c_3c_5-10c_3^3 \end{cases}$$

换句话说，当参数（c_1, c_2, c_3, c_4, c_5）同时满足这三个方程时，就是即将发生突变的时刻，即哪怕参数（c_1, c_2, c_3, c_4, c_5）有非常细微的变化，使得这个方程组中的某一个方程不再成立，那么，就会出现临界点的博弈突变。

关于 B_{10}： $u_1^2u_2+u_2^5+c_5u_2^3+c_4u_2^2+c_3u_1^2+c_2u_2+c_1u_1$。参数（$c_1, c_2, c_3, c_4, c_5$）使得 u 为临界点，就相当于

$$\begin{cases} \dfrac{\partial B_{10}}{\partial u_1}=0 \\ \dfrac{\partial B_{10}}{\partial u_2}=0 \end{cases}$$

即

$$\begin{cases} 2u_1u_2+2c_3u_1+c_1=0 \\ u_1^2+5u_2^4+3c_5u_2^2+2c_4u_2+c_2=0 \end{cases}$$

u 为退化点就相当于矩阵$\left[\dfrac{\partial^2 B_{10}}{\partial u_i \partial u_j}\right]$的秩为 0，即

$$2u_2+2c_3=0,\ 2u_1=0,\ 20u_2^3+6c_5u_2+2c_4=0$$

因此，只有当（c_1, c_2, c_3, c_4, c_5）同时满足以下方程组时

$$\begin{cases} 2u_1u_2+2c_3u_1+c_1=0 \\ u_1^2+5u_2^4+3c_5u_2^2+2c_4u_2+c_2=0 \\ 2u_2+2c_3=0 \\ 2u_1=0 \\ 20u_2^3+6c_5u_2+2c_4=0 \end{cases}$$

从中消去 u_1 和 u_2 后得到参数（c_1, c_2, c_3, c_4, c_5）必须同时满足以下方程组，即

$$\begin{cases} c_1=0 \\ c_2=2c_4c_3-5c_3^4-3c_5c_3^2 \\ c_4=3c_3c_5+10c_3^3 \end{cases}$$

换句话说，当参数（c_1, c_2, c_3, c_4, c_5）同时满足这个方程组时，就是即将发生突变的时刻，即哪怕参数（c_1, c_2, c_3, c_4, c_5）有非常细微的变化，使得这个方程组中的某一个方程不再成立，那么，就会出现临界点的博弈突变。

关于 $\boldsymbol{B_{11}}$：$b(u_1^3+u_2^4+c_5u_1u_2^2+c_4u_2^2+c_3u_1u_2+c_2u_2+c_1u_1)$，$b=\pm1$。参数（$c_1, c_2, c_3, c_4, c_5$）使得 u 为临界点，就相当于

$$\begin{cases} \dfrac{\partial B_{11}}{\partial u_1}=0 \\ \dfrac{\partial B_{11}}{\partial u_2}=0 \end{cases}$$

即

$$\begin{cases} 3u_1^2+c_5u_2^2+c_3u_2+c_1=0 \\ 4u_2^3+2c_5u_1u_2+2c_4u_2+c_3u_1+c_2=0 \end{cases}$$

u 为退化点就相当于矩阵$\left[\dfrac{\partial^2 B_{11}}{\partial u_i \partial u_j}\right]$的秩为 0，即

$$6u_1=0，\quad 2c_5u_2+c_3=0，\quad 12u_2^2+2c_5u_1+2c_4=0$$

因此，只有当（c_1, c_2, c_3, c_4, c_5）同时满足以下方程组时

$$\begin{cases} 3u_1^2+c_5u_2^2+c_3u_2+c_1=0 \\ 4u_2^3+2c_5u_1u_2+2c_4u_2+c_3u_1+c_2=0 \\ 6u_1=0 \\ 2c_5u_2+c_3=0 \\ 12u_2^2+2c_5u_1+2c_4=0 \end{cases}$$

从中消去 u_1 和 u_2 后得到参数（c_1, c_2, c_3, c_4, c_5）必须同时满足以下方程组，即

$$\begin{cases} 6c_1c_5=c_5^2c_4+3c_3^2 \\ 3c_2c_5=2c_4c_3 \\ 3c_3^2+c_4c_5^2=0 \end{cases}$$

换句话说，当参数（c_1, c_2, c_3, c_4, c_5）同时满足这个方程组时，就是即将发生突变的时刻，即哪怕参数（c_1, c_2, c_3, c_4, c_5）有非常细微的变化，使得这个方程组中的某一个方程不再成立，那么，就会出现临界点的博弈突变。

第 3 节　静态分叉突变

为了充分利用“突变理论”的已有成果，在第 2 节中，我们不得不把本该联立考虑的微分方程组

$$\begin{cases} \dfrac{\mathrm{d}y}{\mathrm{d}t}=J_1(y,x,c_1,c_2,\cdots,c_r) \\ \dfrac{\mathrm{d}x}{\mathrm{d}t}=J_0(y,x,c_1,c_2,\cdots,c_r) \end{cases}$$

分拆成多元函数族 $f(x, y, c_1, c_2, \cdots, c_r)$来考虑。在本节中，再重新将管理者和被管理者的博弈轨迹恢复成以下微分方程组

$$\frac{\mathrm{d}\boldsymbol{X}}{\mathrm{d}t}=\boldsymbol{F}(\boldsymbol{X}, \boldsymbol{C})$$

其中

$$\boldsymbol{C}\equiv(c_1, c_2, \cdots, c_r)$$

是连续的外界影响参数，$\boldsymbol{X}\equiv(x, y)^{\mathrm{T}}$ 代表博弈双方，有

$$\begin{aligned} \boldsymbol{F}(\boldsymbol{X}, \boldsymbol{C}) &\equiv(f(x, y, \boldsymbol{C}), g(x, y, \boldsymbol{C}))^{\mathrm{T}} \\ &\equiv(J_1(y, x, c_1, c_2, \cdots, c_r), J_0(y, x, c_1, c_2, \cdots, c_r))^{\mathrm{T}} \end{aligned}$$

于是，该博弈处于双方都不能动弹的胶着状态，就意味着在 $\mathbf{R}^2$ 中的某个点 $\boldsymbol{X}_0$

处，有

$$\frac{\mathrm{d}\boldsymbol{X}}{\mathrm{d}t}=\boldsymbol{F}(\boldsymbol{X}_0, \boldsymbol{C})=0$$

成立。与第 2 节类似，仍然可以假定这里的 $\boldsymbol{X}_0=(0, 0)$，即经过一个简单的移位，就能将胶着点移动到平面上的原点。

当参数 $\boldsymbol{C}$ 连续变动时，如果处于胶着状态的系统

$$\frac{\mathrm{d}\boldsymbol{X}}{\mathrm{d}t}=\boldsymbol{F}(\boldsymbol{X}, \boldsymbol{C})$$

的结构在某点 $\boldsymbol{C}_0$ 突然发生实质性变化时，就称为在 $\boldsymbol{C}_0$ 处出现了分叉，并称 $\boldsymbol{C}_0$ 是一个分叉点，由分叉点组成的集合称为分叉集。比如，在第 2 节中，“系统结构突然发生实质性变化”就指临界点的突变：由“退化的临界点”变成不再是“退化的临界点”，或相反；分叉点就是同时满足“临界点”和“退化的临界点”两个条件的参数点集。当然，“实质性变化”绝非仅限于“临界点的变化”，因此，分叉点的含义也不仅限于“退化的临界点”。

为了便捷，在本节中，我们约定函数族 $\boldsymbol{F}(\boldsymbol{X}, \boldsymbol{C})$满足所需的可微性，并记函数组的集合为

$$D\equiv\{\boldsymbol{F}(\boldsymbol{X}, \boldsymbol{C}): \boldsymbol{F} \text{ 有关于 } \boldsymbol{X}=(x, y) \text{的所有一阶连续偏导数}\}$$

定义 8.5： 设 $\boldsymbol{C}_0$ 是 $\boldsymbol{F}(\boldsymbol{X}, \boldsymbol{C})$的一个分叉点（无论是何种“实质性突变”含义下的分叉点）。由于 $\boldsymbol{F}\equiv(J_1, J_0)$可看成是二维平面中的点，所以可以考虑 $\boldsymbol{F}$ 在 D 中的邻域。如果存在 D 中 $\boldsymbol{F}$ 的某个邻域 $\boldsymbol{W}$，使得对于任何 $\boldsymbol{G}\in\boldsymbol{W}$ 都存在一个同胚 H: $\mathbf{R}^{2+r}\to\mathbf{R}^{2+r}$，$(\boldsymbol{X}, \boldsymbol{C})\to(\boldsymbol{Y}(\boldsymbol{X}, \boldsymbol{C}), \boldsymbol{P}(\boldsymbol{C}))$，它将 $\boldsymbol{F}(\boldsymbol{X}, \boldsymbol{C})$的轨线映射成 $\boldsymbol{G}(\boldsymbol{Y}, \boldsymbol{P})$的轨线，并保持时间定向，则称 $\boldsymbol{F}$ 在 $\boldsymbol{C}_0$ 处的分叉是非退化的；否则，称 $\boldsymbol{F}$ 在 $\boldsymbol{C}_0$ 处的分叉是退化的。

该定义其实是第 2 节中，非退化（或退化）临界点的定义（即定义 8.3）的推广，只是在此处的定义 8.5 中，不再限于任何具体的分叉含义而已。不难看出，在 D 中的微小扰动，不会改变非退化分叉点邻域内系统的定性行为，但是，退化分叉点则不然。因此，可以定性地认为：非退化分叉是“结构稳定的”，退

化分叉才是“结构不稳定的”。还有一点需要指出：我们始终只考虑分叉点的邻域，而不是全局；因为，我们只关心管理者和被管理者对抗的胶着状态，是如何被打破的，以及被打破的那一瞬间的情况，而并不在乎打破胶着状态后，系统将如何长期演变。

分叉突变又可再分为两大类：静态分叉突变、动态分叉突变。静态分叉，主要研究以下分叉方程，即

$$\boldsymbol{F}(\boldsymbol{X},\boldsymbol{C})\equiv(f(x,y,\boldsymbol{C}),g(x,y,\boldsymbol{C}))^{\mathrm{T}}=0,\quad \boldsymbol{X}\in\mathbf{R}^2,\quad \boldsymbol{C}\in\mathbf{R}^r$$

的解的个数，随参数 C 的变动而发生突然变化的情况。动态分叉，则要研究微分方程组

$$\frac{\mathrm{d}\boldsymbol{X}}{\mathrm{d}t}=\boldsymbol{F}(\boldsymbol{X},\boldsymbol{C})$$

的解曲线特性，随着参数 $\boldsymbol{C}$ 的变动而发生突然变化的情况。因此，静态分叉，其实是动态分叉的一个特例，它对应于“解曲线的平衡点个数的突变”。

本节聚焦于静态分叉问题。

设$(\boldsymbol{X}_0,\boldsymbol{C}_0)\in\mathbf{R}^{2+r}$是 $\boldsymbol{F}(\boldsymbol{X},\boldsymbol{C})=0$ 的一个解，即 $\boldsymbol{F}(\boldsymbol{X}_0,\boldsymbol{C}_0)=0$，我们将考虑在点$(\boldsymbol{X}_0,\boldsymbol{C}_0)$附近，方程 $\boldsymbol{F}(\boldsymbol{X},\boldsymbol{C})=0$ 关于 $\boldsymbol{X}$ 的解的个数，随参数 $\boldsymbol{C}$ 的连续变化而变化的情况。取点$(\boldsymbol{X}_0,\boldsymbol{C}_0)$的某个足够小的邻域 $\boldsymbol{B}$，它是 $\mathbf{R}^{2+r}$ 的一个子空间。记 $N(\boldsymbol{C})$为当参数 $\boldsymbol{C}$ 固定时，方程 $\boldsymbol{F}(\boldsymbol{X},\boldsymbol{C})=0$ 在 $\boldsymbol{B}$ 内，关于 $\boldsymbol{X}$ 的解的个数。如果当 $\boldsymbol{C}$ 经过 $\boldsymbol{C}_0$ 时，$N(\boldsymbol{C})$突然发生变化，则称（$\boldsymbol{X}_0,\boldsymbol{C}_0$）为一个静态分叉点，称 $\boldsymbol{C}_0$ 为一个静态分叉。在静态分叉点（$\boldsymbol{X}_0,\boldsymbol{C}_0$）附近，方程 $\boldsymbol{F}(\boldsymbol{X},\boldsymbol{C})=0$ 的解的集合，称为 $\boldsymbol{F}$ 的静态分叉集。因此，静态分叉，其实就是研究方程 $\boldsymbol{F}(\boldsymbol{X},\boldsymbol{C})=0$ 的多重解的问题。于是，有下列结论 8.5（可参考《非线性振动系统的分叉和混沌理论》[15]中的定理 4.4）。

结论 8.5：设点$(\boldsymbol{X}_0,\boldsymbol{C}_0)\in\mathbf{R}^{2+r}$使得 $\boldsymbol{F}(\boldsymbol{X}_0,\boldsymbol{C}_0)=0$，并且在点$(\boldsymbol{X}_0,\boldsymbol{C}_0)$的附近，$\boldsymbol{F}$ 对 $\boldsymbol{X}$ 可微，即

$$\boldsymbol{F}(\boldsymbol{X},\boldsymbol{C})\equiv(f(x,y,\boldsymbol{C}),g(x,y,\boldsymbol{C}))^{\mathrm{T}}$$

中的函数 $f(\cdot)$ 和 $g(\cdot)$ 对 x 和 y 的偏导数都存在，并且 $\boldsymbol{F}(\boldsymbol{X}, \boldsymbol{C})$和 $D_X\boldsymbol{F}(\boldsymbol{X}, \boldsymbol{C})$对 $\boldsymbol{X}$ 和 $\boldsymbol{C}$ 都是连续的。如果（$\boldsymbol{X}_0, \boldsymbol{C}_0$）是 $\boldsymbol{F}$ 的静态分叉点，那么 $D_X\boldsymbol{F}(\boldsymbol{X}_0, \boldsymbol{C}_0)$就是不可逆的二阶矩阵。此处，2×2 阶矩阵

$$D_X\boldsymbol{F}(\boldsymbol{X}, \boldsymbol{C})\equiv[D_{ij}],\quad i, j=1, 2$$

由以下偏微分所定义，即

$$D_{11}=\frac{\partial f(x, y, \boldsymbol{C})}{\partial x}$$

$$D_{12}=\frac{\partial f(x, y, \boldsymbol{C})}{\partial y}$$

$$D_{21}=\frac{\partial g(x, y, \boldsymbol{C})}{\partial x}$$

$$D_{22}=\frac{\partial g(x, y, \boldsymbol{C})}{\partial y}$$

而 $D_X\boldsymbol{F}(\boldsymbol{X}_0, \boldsymbol{C}_0)$就是 $D_X\boldsymbol{F}(\boldsymbol{X}, \boldsymbol{C})$在$(\boldsymbol{X}_0, \boldsymbol{C}_0)$处的值，它也是一个 2×2 阶矩阵。

一般情况下，将同时满足 $\boldsymbol{F}(\boldsymbol{X}_0, \boldsymbol{C}_0)=0$ 和 $D_X\boldsymbol{F}(\boldsymbol{X}_0, \boldsymbol{C}_0)$不可逆的点（$\boldsymbol{X}_0, \boldsymbol{C}_0$），称为奇异点。奇异点显然也是一个平衡点（平衡点是指满足 $\boldsymbol{F}(\boldsymbol{X}_0, \boldsymbol{C}_0)=0$ 的点）。于是可见，静态分叉点还有以下四种等价的定义：

（1）（$\boldsymbol{X}_0, \boldsymbol{C}_0$）是 $\boldsymbol{F}$ 的奇异点。

（2）$\boldsymbol{F}(\boldsymbol{X}_0, \boldsymbol{C}_0)=0$，并且

$$\det[D_X\boldsymbol{F}(\boldsymbol{X}_0, \boldsymbol{C}_0)]=0$$

或在$(\boldsymbol{X}_0, \boldsymbol{C}_0)$处

$$D_{11}D_{22}-D_{12}D_{21}=0$$

更具体地说，有

$$\frac{\partial f(x_0, y_0, \boldsymbol{C}_0)}{\partial x}\cdot\frac{\partial g(x_0, y_0, \boldsymbol{C}_0)}{\partial y}=\frac{\partial f(x_0, y_0, \boldsymbol{C}_0)}{\partial y}\cdot\frac{\partial g(x_0, y_0, \boldsymbol{C}_0)}{\partial x}$$

（3）$\boldsymbol{F}(\boldsymbol{X}_0, \boldsymbol{C}_0)=0$，并且矩阵 $D_X\boldsymbol{F}(\boldsymbol{X}_0, \boldsymbol{C}_0)$至少有一个特征值为 0，即它的特征方程中至少有一个根为 0。

（4）$\boldsymbol{F}(\boldsymbol{X}_0, \boldsymbol{C}_0)=0$，并且矩阵 $D_X\boldsymbol{F}(\boldsymbol{X}_0, \boldsymbol{C}_0)$的零空间的维数等于 1 或 2。这里 2×2 阶矩阵 $\boldsymbol{A}$ 的零空间，意思是指 $\mathbf{R}^2$ 中的子空间$\{\boldsymbol{X}:\boldsymbol{AX}=0, \boldsymbol{X}\in\mathbf{R}^2\}$。因此，具体地说，或者 $D_X\boldsymbol{F}(\boldsymbol{X}_0, \boldsymbol{C}_0)$为零矩阵，或者存在某个非零常数 k，使得

$$(D_{11}, D_{12})=k(D_{21}, D_{22})$$

更具体地说，成立以下等式，即

$$\left(\frac{\partial f(x_0,y_0,\boldsymbol{C}_0)}{\partial x},\frac{\partial f(x_0,y_0,\boldsymbol{C}_0)}{\partial y}\right)=k\left(\frac{\partial g(x_0,y_0,\boldsymbol{C}_0)}{\partial x},\frac{\partial g(x_0,y_0,\boldsymbol{C}_0)}{\partial y}\right)$$

因此，在研究静态分叉时，可以先由这里的四个等价定义中的某个，求出 $\boldsymbol{F}(\boldsymbol{X}, \boldsymbol{C})$的奇异点，它就是可能出现的静态分叉点；再研究方程 $\boldsymbol{F}(\boldsymbol{X}, \boldsymbol{C})=0$ 在奇异点附近的行为，以最终判断它是否真的是静态分叉点。准确地说，如果跨过某奇异点（$\boldsymbol{X}_0, \boldsymbol{C}_0$）时，方程 $\boldsymbol{F}(\boldsymbol{X}, \boldsymbol{C})=0$ 关于 $\boldsymbol{X}$ 的解的个数发生了突然变化，那么该奇异点就是分叉点，相应的 $\boldsymbol{C}_0$ 就是一个静态分叉。

以上给出了发现分叉候选点（即奇异点）的有效技巧，但是，如何最终判断某个奇异点是否是分叉点呢？虽然已有所谓的“李雅普诺夫—施密特方法(简称 LS 方法)”（可参考《非线性振动系统的分叉和混沌理论》[15]中的第 4.4 节），但是，由于该 LS 方法非常繁杂，而且还并非真正有效，所以此处略去。不过，幸好在实用中的 $\boldsymbol{F}$ 不会太复杂，完全可以采用个案处理的某些技巧来解决问题。

接下来我们考虑一种比较容易的静态分叉问题，即所谓的“简单分叉”。此时，函数族 $\boldsymbol{F}(\boldsymbol{X}, \mu)$中 $r=1$，即 $\boldsymbol{F}(\boldsymbol{X}, \mu)$是从 $\mathbf{R}^2\times\mathbf{R}$ 到 $\mathbf{R}^2$ 的映射族。具体地说，若 $\boldsymbol{F}(\boldsymbol{X}, \mu)=0$ 有平凡解 $\boldsymbol{X}=0$，即对 $\mathbf{R}$ 中的某个区间 I，对所有 $\mu\in I$，都有 $\boldsymbol{F}(0, \mu)=0$。如果在某点$(0, \mu_0)$附近，对每个 $\mu\in I$ 且 $\mu\neq\mu_0$，都存在一个唯一的小的非平凡解 $\boldsymbol{X}\neq0$，即满足 $\boldsymbol{F}(\boldsymbol{X}, \mu)=0$，那么，就称$(0, \mu_0)$是一个简单分叉点。

简单分叉点显然是一种静态分叉点，因为在（$0, \mu_0$）处 $\boldsymbol{F}(\boldsymbol{X}, \mu_0)=0$ 只有一

个解（即那个平凡解 $\boldsymbol{X}=0$）；但是，当参数 μ 跨过 μ_0 时，在邻域内 $\boldsymbol{F}(\boldsymbol{X}, \mu)=0$ 便有两个解了（一个平凡解和另外那一个唯一的小的非平凡解）。于是，有结论 8.6（可参考《非线性振动系统的分叉和混沌理论》[15]中的定理 4.22）。

结论 8.6：设 $\boldsymbol{F}(\boldsymbol{X}, \mu)$是从 $\mathbf{R}^2\times\mathbf{R}$ 到 $\mathbf{R}^2$ 的映射族，即此时博弈双方的外界影响因素只有一个，即 $r=1$，若在某点（$0, \mu_0$）处满足下列全部四个条件，那么，（$0, \mu_0$）便是 $\boldsymbol{F}(\boldsymbol{X}, \mu)=0$ 的一个简单分叉点。

条件 1，$\boldsymbol{X}=0$ 是一个平凡解，即 $\boldsymbol{F}(0, \mu)=0$，对所有 $\mu\in I$。这里 I 是 $\mathbf{R}$ 中的某个区间。

条件 2，二阶矩阵 $D_X\boldsymbol{F}(0, \mu_0)$的零空间的维数等于 1，且它由单零特征值对应的某个非零特征向量 $\boldsymbol{\beta}=(\beta_1, \beta_2)^{\mathrm{T}}$ 所张成，即对所有满足

$$D_X\boldsymbol{F}(0, \mu_0)\boldsymbol{Y}=0$$

的 $\boldsymbol{Y}$，都可写成 $\boldsymbol{Y}=k\boldsymbol{\beta}$，这里 k 是某个常数（标量）。

条件 3，二阶矩阵 $D_X\boldsymbol{F}(0, \mu_0)$的值空间的维数也等于 1，且它由非零特征向量 $\boldsymbol{\alpha}=(\alpha_1, \alpha_2)^{\mathrm{T}}$ 所张成，即对所有的 $\boldsymbol{Y}\in\mathbf{R}^2$，都存在某个常数 k（标量），使得 $D_X\boldsymbol{F}(0, \mu_0)\boldsymbol{Y}=k\boldsymbol{\alpha}$。这里某个矩阵 $\boldsymbol{A}$ 的值空间，意思是指空间$\{\boldsymbol{AX}: \boldsymbol{X}\in\mathbf{R}^2\}$。

条件 4，上述的两个二维向量 $\boldsymbol{\alpha}$ 和 $\boldsymbol{\beta}$ 正交，即 $\boldsymbol{\alpha}^{\mathrm{T}}\boldsymbol{\beta}=0$。

于是，还有以下单个影响因素，即 $r=1$ 的静态分叉突变结论 8.7（可参考《常微分方程的定性方法和分叉》[16]中的第 6.2.4 节）。

结论 8.7：设映射 $\boldsymbol{F}(\boldsymbol{X}, \mu)\in\mathbf{R}^2$，$\boldsymbol{X}\in\mathbf{R}^2$，$\mu\in I$（$I$ 是 $\mathbf{R}$ 中的某个区间），并且 $\boldsymbol{F}(0, 0)=0$。记 2×2 阶矩阵 $\boldsymbol{A}\equiv D_X\boldsymbol{F}(0, 0)$。如果矩阵 $\boldsymbol{A}$ 有一个单重特征值等于 0，另一个特征值的实部不为 0，并且这个零特征值对应于右单位特征列向量 $\boldsymbol{\alpha}\in\mathbf{R}^2$ 和左单位特征行向量 $\boldsymbol{\beta}\in\mathbf{R}^2$，即

$$\boldsymbol{A\alpha}=0，\boldsymbol{\beta A}=0，\|\boldsymbol{\beta}\|=\|\boldsymbol{\alpha}\|=1$$

其中，$\|\boldsymbol{X}\|$表示 $\boldsymbol{X}=(x_1, x_2)$的欧氏范数，即 $(x_1^2+x_2^2)^{\frac{1}{2}}$；那么有下列各种情况。

（1）如果 $\boldsymbol{F}(\boldsymbol{X},\mu)$还满足

$$\boldsymbol{\beta} D_{\mu}\boldsymbol{F}(0,0)\neq 0 \text{ 和 } \boldsymbol{\beta}[D_X^2\boldsymbol{F}(0,0)(\boldsymbol{\alpha},\boldsymbol{\alpha})]\neq 0$$

那么，$\mu=0$ 就是一个分叉。具体来说，当 μ 从 $\mu>0$（或 $\mu<0$）变到 $\mu<0$（或 $\mu>0$）时，方程 $\boldsymbol{F}(\boldsymbol{X},\mu)=0$ 便从无解（或两个解）变为两个解（或无解），而 $\mu=0$ 时，$\boldsymbol{F}(\boldsymbol{X},\mu)=0$ 只有一个解（0, 0）。这里

$$D_{\mu}\boldsymbol{F}(0,0)\equiv(a_1,a_2)$$

是一个二维列向量，由

$$\boldsymbol{F}(\boldsymbol{X},\mu)\equiv(f(x,y,\mu),g(x,y,\mu))^{\mathrm{T}}$$

中的 $f(\cdot)$ 和 $g(\cdot)$ 按

$$a_1=\left.\frac{\partial f}{\partial\mu}\right|_{(0,0,0)},\quad a_2=\left.\frac{\partial g}{\partial\mu}\right|_{(0,0,0)}$$

来定义。类似地，$[D_X^2\boldsymbol{F}(0,0)(\alpha,\alpha)]$也是一个二维列向量，它由以下公式所定义，即

$$[D_X^2\boldsymbol{F}(\boldsymbol{X}_0,\mu_0)(\alpha,\alpha)]\equiv\frac{\partial}{\partial s}\frac{\partial}{\partial t}\boldsymbol{F}(\boldsymbol{X}_0+(s+t)\alpha,\mu_0)\Big|_{s=t=0}$$

（2）如果 $\boldsymbol{F}(\boldsymbol{X},\mu)$还满足：对任意 $\mu\in I$ 都有 $\boldsymbol{F}(0,\mu)=0$，并且

$$\boldsymbol{\beta}[D_X^2\boldsymbol{F}(0,0)(\boldsymbol{\alpha},\boldsymbol{\alpha})]\neq 0 \text{ 和 } \boldsymbol{\beta}[D_{\mu}D_X\boldsymbol{F}(0,0)]\boldsymbol{\alpha}\neq 0$$

那么，$\mu=0$ 也是一个分叉。具体来说，当 $\mu\neq 0$ 时，方程 $\boldsymbol{F}(\boldsymbol{X},\mu)=0$ 有两个解（一个平凡解和一个非平凡解）；而 $\mu=0$ 时，$\boldsymbol{F}(\boldsymbol{X},\mu)=0$ 却只有一个平凡解（0, 0）。这里对$[D_{\mu}D_X\boldsymbol{F}(0,0)]$做一个解释：对二阶方阵 $D_X\boldsymbol{F}(\boldsymbol{X},\mu)$的每个元素求 μ 的偏导数，然后令$(\boldsymbol{X},\mu)=(0,0)$就行了。

（3）如果 $\boldsymbol{F}(\boldsymbol{X},\mu)$还满足：存在某个二阶方阵 $\boldsymbol{S}$，使得 $\boldsymbol{S\alpha}=-\boldsymbol{\alpha}$ 且对任意 $\mu\in I$ 都有

$$\boldsymbol{F}(\boldsymbol{SX},\mu)=\boldsymbol{SF}(\boldsymbol{X},\mu)$$

此外，还有

$$\boldsymbol{\beta}[D_{\mu}D_{X}\boldsymbol{F}(0,0)]\boldsymbol{\alpha}\neq 0 \text{ 和 } \boldsymbol{\beta}[D_{X}^{3}\boldsymbol{F}(0,0)(\boldsymbol{\alpha},\boldsymbol{\alpha},\boldsymbol{\alpha})]\neq 0$$

那么，$\mu=0$ 也是一个分叉。具体来说，当 $\mu\neq 0$ 时，方程 $\boldsymbol{F}(\boldsymbol{X},\mu)=0$ 有三个解（一个平凡解和两个非平凡解），而 $\mu=0$ 时，$\boldsymbol{F}(\boldsymbol{X},\mu)=0$ 却只有一个平凡解(0, 0)。这里$[D_{X}^{3}\boldsymbol{F}(0,0)(\boldsymbol{\alpha},\boldsymbol{\alpha},\boldsymbol{\alpha})]$是一个二维列向量，它由以下公式所定义，即

$$[D_{X}^{3}\boldsymbol{F}(\boldsymbol{X}_0,\mu_0)(\boldsymbol{\alpha},\boldsymbol{\alpha},\boldsymbol{\alpha})]\equiv\frac{\partial}{\partial s}\frac{\partial}{\partial t}\frac{\partial}{\partial u}\boldsymbol{F}(\boldsymbol{X}_0+(s+t+u)\boldsymbol{\alpha},\mu_0)\Big|_{s=t=u=0}$$

第 4 节 动态分叉突变

第 3 节讨论的静态分叉突变，其实是本节讨论的动态分叉突变的特例。一般的动态分叉突变，是指管理者与被管理者之间的博弈方程

$$\frac{\mathrm{d}\boldsymbol{X}}{\mathrm{d}t}=\boldsymbol{F}(\boldsymbol{X},\boldsymbol{C})\equiv(f(x,y,\boldsymbol{C}),g(x,y,\boldsymbol{C}))^{\mathrm{T}}，\boldsymbol{X}\in\mathbf{R}^2，\boldsymbol{C}\in\mathbf{R}^r$$

的解曲线的拓扑结构的突变。形象地说，若方程族

$$\frac{\mathrm{d}\boldsymbol{X}}{\mathrm{d}t}=\boldsymbol{F}(\boldsymbol{X},\boldsymbol{C})$$

的某两族解曲线

$$\boldsymbol{X}=\boldsymbol{X}_1(t,\boldsymbol{C}) \text{和} \boldsymbol{X}=\boldsymbol{X}_2(\mathrm{t},\boldsymbol{C})$$

被画在橡皮上后，可以通过只挤压橡皮，就能够把一族曲线变成另一族曲线，那么，就未发生突变；否则就发生了突变。突变的解析表现形式有很多种，其中稳定性是最有代表性的突变之一。

为了研究非稳定性引发的突变，下面先介绍一些概念。

给定参数向量 $\boldsymbol{C}$ 后，微分方程组

$$\frac{\mathrm{d}\boldsymbol{X}}{\mathrm{d}t}=\boldsymbol{F}(\boldsymbol{X},\boldsymbol{C})\equiv(f(x,y,\boldsymbol{C}),g(x,y,\boldsymbol{C}))^{\mathrm{T}}$$

的一组解（如果有解的话）

$$\begin{cases} x=x(x, y, \boldsymbol{C}, t) \\ y=y(x, y, \boldsymbol{C}, t) \end{cases}$$

会随着时间的变化，在 x–y 平面上绘出一条曲线（x, y），它称为该微分方程组的解曲线或轨线。如果这条轨线是一条封闭的曲线，就称它为闭轨线。如果某条轨线沿着 $t\to\infty$ 和 $t\to-\infty$ 方向演化时，都会经过某个相同的点 P，则点 P 就称为同宿点，该轨线也称为同宿轨线。类似地，异宿轨线就是当 t 沿正、负不同的方向趋于无限大时，趋于不同点 P 和点 Q。

定义 8.6：如果矩阵 $\boldsymbol{A}$ 的每个特征值都有非零的实部，则称 $\boldsymbol{A}$ 是双曲的，并且与之对应的特征空间，称为非退化的；否则，就称 $\boldsymbol{A}$ 为非双曲的和退化的。

于是，便可对单影响因素（即 r=1）的全部动态突变分叉进行分类，即有结论 8.8（可参考《非线性振动系统的分叉和混沌理论》[15]中的第 4.3 节）。

结论 8.8：考虑管理者与被管理者之间的博弈系统为

$$\frac{\mathrm{d}\boldsymbol{X}}{\mathrm{d}t}=\boldsymbol{F}(\boldsymbol{X}, \mu)$$

其中

$$\boldsymbol{X}=(x, y)\in\mathbf{R}^2 \text{ 且 } x^2+y^2\leqslant 1；\ \mu\in\mathbf{R}$$

即只有 1 个连续的外界影响因素。若 μ_0 是该博弈系统的分叉，那么 μ_0 只可能属于与平衡点有关的分叉、闭轨分叉、同宿和异宿轨线分叉三大类之一。

1. 与平衡点有关的分叉

注意，$(\boldsymbol{X}_0, \mu_0)$称为平衡点，当且仅当 $\boldsymbol{F}(\boldsymbol{X}_0, \mu_0)=0$。

如果 $\boldsymbol{F}(\boldsymbol{X}_0, \mu_0)=0$ 并且 2×2 阶矩阵

$$\boldsymbol{A}\equiv D_X\boldsymbol{F}(\boldsymbol{X}_0, \mu_0)$$

为非双曲的，即矩阵 $\boldsymbol{A}$ 的两个特征根中，至少有一个的实部为 0，那么便有以

下细分的结果：

若矩阵 $\boldsymbol{A}$ 有零特征值，则称 $\mu=\mu_0$ 为该系统的鞍结分叉。因为此时，当 $\mu=\mu_0$ 时，方程

$$\frac{\mathrm{d}\boldsymbol{X}}{\mathrm{d}t}=\boldsymbol{F}(\boldsymbol{X},\mu_0)=0$$

有一个鞍结点解 $\boldsymbol{X}_0$，如图 8-1(a)的中图所示；当 $\mu<\mu_0$ 时，

$$\frac{\mathrm{d}\boldsymbol{X}}{\mathrm{d}t}=\boldsymbol{F}(\boldsymbol{X},\mu)=0$$

无解，可参见图 8-1(a)的左图；当 $\mu>\mu_0$ 时，

$$\frac{\mathrm{d}\boldsymbol{X}}{\mathrm{d}t}=\boldsymbol{F}(\boldsymbol{X},\mu)=0$$

有一个鞍点解和一个结点解，可参见图 8-1(a)的右图。

若矩阵 $\boldsymbol{A}$ 的两个特征值都是纯虚数，且当 $\mu=\mu_0$ 时，$\boldsymbol{X}_0$ 是该博弈系统的稳定焦点，可参见图 8-1(b)的中图，则当 μ 变化时就可能从平衡点产生极限圈，此时的分叉称为霍普分叉。比如，在图 8-1(b)中，当 $\mu\leqslant\mu_0$ 时，博弈系统有稳定焦点，但在其附近却没有闭轨线，可参见图 8-1(b)的左图和中图；但当 $\mu>\mu_0$ 时，该平衡点变为不稳定焦点，在其附近有一个稳定的极限圈，可参见图 8-1(b)的右图。当 $\mu\to\mu_0+0$ 时，该极限圈趋于平衡点。

若矩阵 $\boldsymbol{A}$ 有一对纯虚特征值，且当 $\mu=\mu_0$ 时，$\boldsymbol{X}_0$ 是博弈系统的中心点，可参见图 8-1(c)的中图，即在 $\boldsymbol{X}_0$ 附近全是闭轨线，则当 μ 变化时，有可能从其中的某些闭轨线分叉出极限圈，而平衡点也不再是中心点了。这种分叉叫作庞加莱分叉。

2. 闭轨分叉

当 $\mu=\mu_0$ 时，该博弈系统有非双曲闭轨，可参见图 8-1(c)的中图。当 μ 变化时，系统可能出现闭轨的突然产生或消失，此时的分叉称为多重环分叉。比如，在图 8-1(c)中，当 $\mu=\mu_0$ 时，系统有一个二重半稳定极限圈；当 $\mu<\mu_0$ 时，无闭

轨线；而当 $\mu \geqslant \mu_0$ 时，却有两个极限圈。当 $\mu \to \mu_0+0$ 时，这两个极限圈又趋于一个圈。此时的分叉叫作二重半稳环分叉。

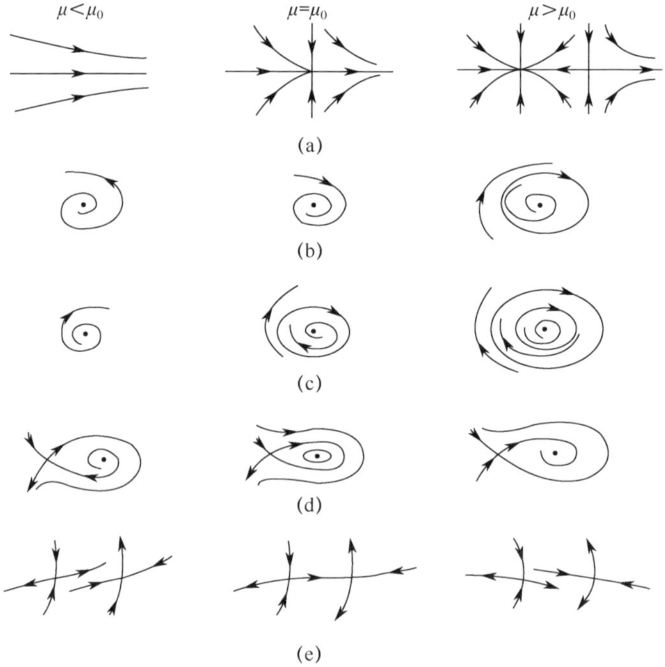

图 8-1　单个影响因素的突变分类

3．同宿和异宿轨线分叉

若当 $\mu=\mu_0$ 时，博弈系统有同宿轨线，可参见图 8-1(d)的中图，则当 μ 变化时，此同宿轨线可能突然消失，可参见图 8-1(d)的左图和右图，或者可能从同宿轨线分叉出极限圈，此时的分叉称为同宿轨线分叉。

若当 $\mu=\mu_0$ 时，博弈系统有异宿轨线，则当 μ 变化时，此异宿轨线可能突然消失，可参见图 8-1(e)，或从几条异宿轨线相连而成的异宿环，分叉出极限圈。这种分叉叫作异宿轨线分叉。

将上述各种情况综合起来，便是图 8-1 所示的突变分类情况。为了避免过于复杂的数学推导和抽象概念，我们这里只给出了相关结果，并且尽量用简单易懂的语言，将这些结果解释清楚，确保信息安全界的人员能够使用就行了。

当然，当影响因素有多个时，博弈方程

$$\frac{\mathrm{d}\boldsymbol{X}}{\mathrm{d}t}=\boldsymbol{F}(\boldsymbol{X},\ \boldsymbol{C})$$

的分叉突变点的研究，才刚刚开始，还有许多工作需要做。

在本章结束前，我们还想解释一下，为什么要用很形象的名词“分叉”来表示突变？这是因为，这里的“突变”实质上是解曲线的拓扑结构的突变。设想一下，若将博弈方程的解曲线绘于某块橡皮上，那么，若只通过挤压该橡皮，则其“拓扑结构”将不会被改变；但是，若因参数的变化，而使得博弈方程的新解曲线绘于橡皮上后，其“分叉”情况发生了变化，则其拓扑结构就被改变了，因为你再也无法仅仅通过挤压橡皮，而将新曲线捏回旧曲线了。

第 9 章 博弈溃散（上）

当管理者（红客）与被管理者（黑客）之间的博弈处于双方都不能动弹的胶着状态后，即在 $\frac{\mathrm{d}\boldsymbol{X}}{\mathrm{d}t}=\boldsymbol{F}_0(\boldsymbol{X}, \boldsymbol{C})$ 中成立 $\boldsymbol{F}_0(\boldsymbol{X}, \boldsymbol{C})=0$，将发生什么情况呢？显然，若无外力的影响，那么，本次双方的博弈便宣告结束了，因为他们将永远处于胶着状态。如果有结构性外力的影响，那么本书第 8 章告诉我们：胶着状态中的对抗系统 $\frac{\mathrm{d}\boldsymbol{X}}{\mathrm{d}t}=\boldsymbol{F}_0(\boldsymbol{X}, \boldsymbol{C})$，可能会因为非常微弱的外在因素（即参数 $\boldsymbol{C}$ 跨过分叉点的微小变动），而引发实质性突变，即由原来的对抗博弈系统

$$\frac{\mathrm{d}\boldsymbol{X}}{\mathrm{d}t}=\boldsymbol{F}_0(\boldsymbol{X}, \boldsymbol{C})$$

变为与之不等价的另一个对抗博弈系统

$$\frac{\mathrm{d}\boldsymbol{X}}{\mathrm{d}t}=\boldsymbol{F}(\boldsymbol{X}, \boldsymbol{C})$$

这里所谓的 $\boldsymbol{F}_0(\boldsymbol{X}, \boldsymbol{C})$ 与 $\boldsymbol{F}(\boldsymbol{X}, \boldsymbol{C})$ 不等价，是从拓扑学的角度来说的。也就是说，如果把 $\boldsymbol{F}_0(\boldsymbol{X}, \boldsymbol{C})$ 和 $\boldsymbol{F}(\boldsymbol{X}, \boldsymbol{C})$ 分别套在橡皮上，那么，无论如何都不可能仅仅通过挤压橡皮就把 $\boldsymbol{F}_0(\boldsymbol{X}, \boldsymbol{C})$ 变为 $\boldsymbol{F}(\boldsymbol{X}, \boldsymbol{C})$。比如，如果 $\boldsymbol{F}_0(\boldsymbol{X}, \boldsymbol{C})=0$ 和 $\boldsymbol{F}(\boldsymbol{X}, \boldsymbol{C})=0$ 的解的个数不相同，那么它们就不等价。注意：若外部干扰只是把 $\boldsymbol{F}_0(\boldsymbol{X}, \boldsymbol{C})$ 变为与之等价的 $\boldsymbol{F}_1(\boldsymbol{X}, \boldsymbol{C})$，那么，对抗系统

$$\frac{\mathrm{d}\boldsymbol{X}}{\mathrm{d}t}=\boldsymbol{F}_0(\boldsymbol{X}, \boldsymbol{C})\text{和}\frac{\mathrm{d}\boldsymbol{X}}{\mathrm{d}t}=\boldsymbol{F}_1(\boldsymbol{X}, \boldsymbol{C})$$

虽然互不相同，但其实并无本质区别，因为在足够小的局部邻域内，在新旧对抗系统中，对抗双方的轨迹趋势基本上不受影响。

本章将继续追问：当外力通过改变系统参数，而引发了突变之后的瞬间将发生什么样的溃散情况？当加性外力在胶着点，通过确定性或随机性的形式影响博弈系统后，又将出现何种溃散情况？是外表仍然僵持不动（当然，实质内涵肯定被改变了），还是开始出现一边倒的情况，或者进入另一层次的对抗（即双方继续艰难地移动），或者出现什么别的现象？等等。

拔河等日常经验告诉我们，当对抗双方长期僵持，且都已精疲力竭成了强弩之末后，外界的一丁点随机影响，可能将引发强烈的意外后果（本章不再考虑突变情况），那么，这类意外后果又会是什么呢？本章也将试图来回答该问题。

由于胶着点的博弈情况太复杂，本章不能回答上述的所有问题，我们只能借助其他学科（比如，协同学[17]等）中已有的结果，来给出部分答案。在进入复杂情况之前，先介绍一种最简单的溃散情况：

设已处于胶着状态的对抗系统$\frac{\mathrm{d}\boldsymbol{X}}{\mathrm{d}t}=\boldsymbol{F}_0(\boldsymbol{X}, \boldsymbol{C})$，经跨过分叉点$\boldsymbol{C}_0$的突变后，该系统被实质性地改变为另一个新的对抗系统$\frac{\mathrm{d}\boldsymbol{X}}{\mathrm{d}t}=\boldsymbol{F}(\boldsymbol{X}, \boldsymbol{C})$，新系统也可分开记为

$$\frac{\mathrm{d}x}{\mathrm{d}t}=f(x, y, \boldsymbol{C})$$

$$\frac{\mathrm{d}y}{\mathrm{d}t}=g(x, y, \boldsymbol{C})$$

不失一般性，可假设$\boldsymbol{C}_0$在新系统中，不再是分叉点了。如果（0, 0）是原来的胶着点，但突变后却满足$\boldsymbol{F}(0, \boldsymbol{C})\neq 0$，即

$$f(0, 0, \boldsymbol{C})\neq 0 \text{ 或 } g(0, 0, \boldsymbol{C})\neq 0$$

换句话说，这是突变最彻底的情况，此时，平衡被打破，随后的博弈将按

照清晰的轨迹动起来。具体地说，考虑 $\frac{\mathrm{d}\boldsymbol{X}}{\mathrm{d}t}=\boldsymbol{F}(\boldsymbol{X}, \boldsymbol{C})$的解曲线（$x(t), y(t)$）在相平面上的投影情况。仍然假定$f(x, y, \boldsymbol{C})$和 $g(x, y, \boldsymbol{C})$的所有偏导数都连续。于是，只要$f(0, 0, \boldsymbol{C})$和$g(0, 0, \boldsymbol{C})$不同时为 0，便知在原点的足够小邻域内，当$f(0, 0, \boldsymbol{C})\neq 0$时，有

$$\frac{\mathrm{d}y}{\mathrm{d}x}=\frac{g(x,y,\boldsymbol{C})}{f(x,y,\boldsymbol{C})}$$

或者，当 $g(0, 0, \boldsymbol{C})\neq 0$ 时，有

$$\frac{\mathrm{d}x}{\mathrm{d}y}=\frac{f(x,y,\boldsymbol{C})}{g(x,y,\boldsymbol{C})}$$

由于函数 $\frac{y}{x}$ 或 $\frac{x}{y}$ 存在连续偏导，所以给定初始条件后，在原点的足够小邻域内，方程

$$\frac{\mathrm{d}y}{\mathrm{d}x}=\frac{g(x,y,\boldsymbol{C})}{f(x,y,\boldsymbol{C})}\text{或}\frac{\mathrm{d}x}{\mathrm{d}y}=\frac{f(x,y,\boldsymbol{C})}{g(x,y,\boldsymbol{C})}$$

的解存在且唯一。更一般地说，对相平面（x, y）中的任意一个点（x_0, y_0），只要$f(x_0, y_0, \boldsymbol{C})$和 $g(x_0, y_0, \boldsymbol{C})$不同时为 0，那么，对抗系统

$$\frac{\mathrm{d}\boldsymbol{X}}{\mathrm{d}t}=\boldsymbol{F}(\boldsymbol{X}, \boldsymbol{C})$$

就存在唯一的一条曲线（由方程

$$\frac{\mathrm{d}y}{\mathrm{d}x}=\frac{g(x,y,\boldsymbol{C})}{f(x,y,\boldsymbol{C})}\text{或}\frac{\mathrm{d}x}{\mathrm{d}y}=\frac{f(x,y,\boldsymbol{C})}{g(x,y,\boldsymbol{C})}$$

的解

$$y=h(x)，\ y_0=h(x_0)$$

所确定的曲线）穿过该点（x_0, y_0）。其实，这条曲线就是对抗系统

$$\frac{\mathrm{d}\boldsymbol{X}}{\mathrm{d}t}=\boldsymbol{F}(\boldsymbol{X}, \boldsymbol{C})$$

的解（$x(t), y(t)$）在相平面上的投影，或者说，是胶着状态被打破后博弈系统的溃散轨迹。

下面开始考虑更复杂的情况，即当参数跨过分叉点后，或系统经过突变后，虽然新旧系统已经有了实质性的突变，处于胶着状态的博弈双方仍然处于胶着状态。这时，就还必须有额外的微小扰动（通常是随机扰动，或称为“涨落”），才可能打破胶着状态，使得双方的博弈系统跳出胶着状态（如果该胶着状态本来就是不稳定的），或者微小扰动已经无法打破胶着状态（如果该胶着状态本来就是稳定的），当然博弈过程就此结束了。

第 1 节　胶着点的博弈轨迹

工程实践中的具体问题，绝大部分都是可被近似的，甚至本来就是无法精确描述的，所以便可以在一定的误差范围内进行近似计算；从而就可能出现某些技巧。本节便将针对某些特殊的博弈系统，在其胶着点处，给出一些近似的博弈轨迹计算技巧，我们称为哈肯技巧。笼统地说，针对博弈系统 $\frac{\mathrm{d}\boldsymbol{X}}{\mathrm{d}t}=\boldsymbol{F}(\boldsymbol{X})$ 或

$$\begin{cases}\frac{\mathrm{d}x}{\mathrm{d}t}=f(x, y)\\ \frac{\mathrm{d}y}{\mathrm{d}t}=g(x, y)\end{cases}$$

该哈肯技巧可以粗略地分为三个步骤：

第 1 步，对子系统

$$\frac{\mathrm{d}x}{\mathrm{d}t}=f(x, y)\text{或}\frac{\mathrm{d}y}{\mathrm{d}t}=g(x, y)$$

在胶着点处做稳定性分析，如果某个子系统是稳定的，那么就继续下面的步骤（如果两个子系统都不稳定，那么该技巧失灵）；

第 2 步，针对那个稳定的子系统，比如 $\frac{\mathrm{d}x}{\mathrm{d}t}=f(x, y)$，在胶着点处求出 $x=h(y)$，

即令 $f(x, y)=0$，并从中求出 $x=h(y)$；

第 3 步，将 $x=h(y)$代入另一个子系统，即 $\frac{dy}{dt}=g(x, y)$，于是有

$$\frac{dy}{dt}=g(h(y), y)$$

然后据此求出

$$y=\int g(h(y), y)dt$$

因此，$x=h(y)$也被求出。至此，博弈系统的轨迹曲线便被求出来了。

具体来说，在胶着点处，哈肯技巧首先通过调整系统参数的分叉点，使得博弈系统线性失稳，这是发生急剧变化的前提；当然，如果没有失稳，那么该技巧也会失灵。系统在经历了线性失稳后，其性质将发生什么巨大变化？系统在参数跨过分叉点后，将以何种新状态稳定地存在呢？为了回答这些问题，又必须分析 x 和 y 的变化速度，如果它们变化的速度相差很大，便可以通过变化更快的那个子系统，用慢变量去表示出快变量，比如，$x=h(y)$。最后将该表达式代入那个慢变量的子系统，并完成相应的计算。哈肯技巧的核心工程价值在于：它将求解两个方程的方程组问题，转化为求解一个简单的线性常微分方程问题。下面将把 x 和 y 中变化更慢的那个变量（如果有的话。当然，也可能 x 和 y 的变化速度差别不大，那么该技巧将失灵）称为序参量；相应地，变化更慢的那个方程，称为序参量方程。

为了方便阅读，我们集中回忆一些基础概念，虽然它们已经分散表述在前面各章了。

设 $\boldsymbol{X}_0\equiv(x_0, y_0)$是博弈方程 $\frac{d\boldsymbol{X}}{dt}=\boldsymbol{F}(\boldsymbol{X}, \boldsymbol{C}_0)$的定态解，即

$$\begin{cases}\frac{dx_0}{dt}=f(x_0, y_0, \boldsymbol{C}_0)=0\\ \frac{dy_0}{dt}=g(x_0, y_0, \boldsymbol{C}_0)=0\end{cases}$$

这里 $\boldsymbol{C}_0$ 是系统的参数。如果对任意给定的 $\varepsilon>0$，存在某个 $\delta>0$，使得只要

$$|a_0(t)-x_0(t)|+|b_0(t)-y_0(t)|<\delta$$

那么，对于方程组$\dfrac{\mathrm{d}\boldsymbol{X}}{\mathrm{d}t}=\boldsymbol{F}(\boldsymbol{X},\boldsymbol{C})$需要满足初始条件

$$x(0)=a_0，y(0)=b_0$$

的解$(x(t), y(t))$就一定成立

$$|x(t)-x_0(t)|+|y(t)-y_0(t)|<\varepsilon，对所有\ t>0$$

这时就称定态解 $\boldsymbol{X}_0\equiv(x_0, y_0)$是稳定的；形象地说，定态稳定解曲线与其足够小的邻域内的所有其他解曲线都是非常接近的；或者说，在稳定解附近，初始扰动不会被放大。更进一步地，如果 $\boldsymbol{X}_0$ 不但稳定，且还满足

$$\lim_{t\to\infty}\Big[|x(t)-x_0(t)|+|y(t)-y_0(t)|\Big]=0$$

那么就称 $\boldsymbol{X}_0$ 为 $\boldsymbol{X}$ 渐近稳定的；或者说，在渐近稳定解附近，初始扰动还将随着时间的延续，衰减到 0。不满足稳定条件的解，称为不稳定的；或者说，在不稳定解附近的微小扰动，将会被放大；从而便有可能打破胶着状态，使博弈系统重新进入运动状态。

设$\boldsymbol{X}(0)\equiv(x_0, y_0, \boldsymbol{C}_0)$是博弈系统

$$\begin{cases}\dfrac{\mathrm{d}x}{\mathrm{d}t}=f(x,y)\\ \dfrac{\mathrm{d}y}{\mathrm{d}t}=g(x,y)\end{cases}\quad 或\ \frac{\mathrm{d}\boldsymbol{X}}{\mathrm{d}t}=\boldsymbol{F}(\boldsymbol{X},\boldsymbol{C})$$

的一个定态解，定义

$$A_{11}\equiv\left.\frac{\partial f}{\partial x}\right|_{\boldsymbol{X}(0)},\quad A_{12}\equiv\left.\frac{\partial f}{\partial y}\right|_{\boldsymbol{X}(0)},\quad A_{21}\equiv\left.\frac{\partial g}{\partial x}\right|_{\boldsymbol{X}(0)},\quad A_{22}\equiv\left.\frac{\partial g}{\partial y}\right|_{\boldsymbol{X}(0)}$$

那么，称二阶矩阵 $\boldsymbol{A}\equiv[A_{ij}]$，$i, j=1, 2$，为 $\boldsymbol{F}(\boldsymbol{X}, \boldsymbol{C})$在 $\boldsymbol{X}(0)$处的雅可比矩阵。于是，根据李雅普诺夫定理（比如，可参考《协同学原理和应用》[17]中的 1.1 节），便有结论 9.1。

结论 9.1：若雅可比矩阵 $\boldsymbol{A}$ 的全体特征值都有负实部，那么 $\frac{\mathrm{d}\boldsymbol{X}}{\mathrm{d}t}=\boldsymbol{F}(\boldsymbol{X},\ \boldsymbol{C})$ 的定态解 $\boldsymbol{X}(0)$就是渐近稳定的；若 $\boldsymbol{A}$ 的特征值中至少有一个具有正实部，那么 $\frac{\mathrm{d}\boldsymbol{X}}{\mathrm{d}t}=\boldsymbol{F}(\boldsymbol{X},\boldsymbol{C})$的定态解 $\boldsymbol{X}(0)$就是不稳定的。

若 $\boldsymbol{X}(0)$是方程组 $\frac{\mathrm{d}\boldsymbol{X}}{\mathrm{d}t}=\boldsymbol{F}(\boldsymbol{X},\ \boldsymbol{C})$的一个定态解，那么该方程组的任何解 $\boldsymbol{X}(t)$ 都可以写成

$$\boldsymbol{X}(t)=\boldsymbol{\eta}(t)+\boldsymbol{X}(0)$$

换句话说，将

$$\boldsymbol{\eta}(t)=\boldsymbol{X}(t)-\boldsymbol{X}(0)\equiv(\eta_1(t),\eta_2(t))$$

称为对定态 $\boldsymbol{X}(0)$的（非随机）扰动。利用泰勒展开式，将方程组 $\frac{\mathrm{d}\boldsymbol{X}}{\mathrm{d}t}=\boldsymbol{F}(\boldsymbol{X},\ \boldsymbol{C})$ 在 $\boldsymbol{X}(0)$处展开，便有

$$\begin{cases}\dfrac{\mathrm{d}x}{\mathrm{d}t}=f(x_0,y_0,\boldsymbol{C}_0)+A_{11}\eta_1(t)+A_{12}\eta_2(t)+0(|\boldsymbol{\eta}|^2)\\[2mm]\dfrac{\mathrm{d}y}{\mathrm{d}t}=g(x_0,y_0,\boldsymbol{C}_0)+A_{21}\eta_1(t)+A_{22}\eta_2(t)+0(|\boldsymbol{\eta}|^2)\end{cases}$$

将

$$\frac{\mathrm{d}x_0}{\mathrm{d}t}=f(x_0,y_0,\boldsymbol{C}_0)=0,\quad \frac{\mathrm{d}y_0}{\mathrm{d}t}=g(x_0,y_0,\boldsymbol{C}_0)=0$$

$$x(t)=\eta_1(t)+x_0,\quad y(t)=\eta_2(t)+y_0$$

代入该方程组，便有

$$\begin{cases}\dfrac{\mathrm{d}\eta_1(t)}{\mathrm{d}t}=A_{11}\eta_1(t)+A_{12}\eta_2(t)+0(|\boldsymbol{\eta}|^2)\\[2mm]\dfrac{\mathrm{d}\eta_2(t)}{\mathrm{d}t}=A_{21}\eta_1(t)+A_{22}\eta_2(t)+0(|\boldsymbol{\eta}|^2)\end{cases}$$

或用矢量形式写为

$$\frac{\mathrm{d}\boldsymbol{\eta}(t)}{\mathrm{d}t}=\boldsymbol{A}\boldsymbol{\eta}(t)+0(|\boldsymbol{\eta}|^2)$$

根据本书第 6 章结论 6.7 可知，上述方程组的线性化方程

$$\frac{\mathrm{d}\boldsymbol{\eta}(t)}{\mathrm{d}t}=\boldsymbol{A}\boldsymbol{\eta}(t)$$

的解为 $\mathrm{e}^{t\boldsymbol{A}}\boldsymbol{\eta}(0)$；由此可见，当 $\boldsymbol{A}$ 的全体特征值都有负实部时，$\boldsymbol{\eta}(t)$必定衰减。因此，不必考虑非线性项 $0(|\boldsymbol{\eta}|^2)$，就能断定方程组 $\frac{\mathrm{d}\boldsymbol{X}}{\mathrm{d}t}=\boldsymbol{F}(\boldsymbol{X},\ \boldsymbol{C})$的定态解 $\boldsymbol{X}(0)$是渐近稳定的。类似地，若 $\boldsymbol{A}$ 的特征值中至少有一个具有正实部，那么 $\boldsymbol{\eta}(t)$必定以指数速度增长。同样，不必考虑非线性项 $0(|\boldsymbol{\eta}|^2)$，就能断言 $\frac{\mathrm{d}\boldsymbol{X}}{\mathrm{d}t}=\boldsymbol{F}(\boldsymbol{X},\ \boldsymbol{C})$的定态解 $\boldsymbol{X}(0)$是不稳定的。换句话说，此时只需要考察扰动方程的线性化算子 $\boldsymbol{A}$，就能知道相应的方程组 $\frac{\mathrm{d}\boldsymbol{X}}{\mathrm{d}t}=\boldsymbol{F}(\boldsymbol{X},\boldsymbol{C})$的定态解的稳定性。

好了，复习的准备知识就到此为止，下面开始介绍哈肯技巧。该技巧包括近似参量消去法和精确参量消去法两种；前者有助于工程计算和实用，后者有助于理论分析和推广。下面分别进行介绍。

哈肯技巧 1：近似参量消去法

例 9.1： 先描述一个例子。若管理者和被管理者之间的博弈系统为

$$\begin{cases}\frac{\mathrm{d}x}{\mathrm{d}t}=-r_1x-axy\\ \frac{\mathrm{d}y}{\mathrm{d}t}=-r_2y+bx^2\end{cases}$$

这里假设 $r_2>0$ 且 $r_2>>r_1$（即 r_2 远远大于 r_1），而 r_1 可正可负，a 和 b 皆为正。

那么，当该博弈处于胶着状态时，由 $\frac{\mathrm{d}y}{\mathrm{d}t}=0$ 可知 $y=\frac{b}{r_2}x^2$，将它代入第 1 个方程，便有

$$\frac{\mathrm{d}x}{\mathrm{d}t}=-r_1x-\frac{ab}{r_2}x^3$$

而由于 $\frac{\mathrm{d}x}{\mathrm{d}t}=0$，便有 $-r_1x-\frac{ab}{r_2}x^3=0$，即：

当 $r_1<0$ 时，x 有三个解：$x_0=0$、$x_1=\left(\frac{-r_1r_2}{ab}\right)^{1/2}$ 和 $x_2=-\left(\frac{-r_1r_2}{ab}\right)^{1/2}$。

当 $r_1>0$ 时，只有一个零解，即 $x=0$。

下面再分析这三个解的稳定性，并找出分叉点或线性失稳点。

关于定态解 $x_0=0$：设对该定态解施加一个小扰动 δ_x，即令

$$x=x_0+\delta_x$$

将它代入方程

$$\frac{\mathrm{d}x}{\mathrm{d}t}=-r_1x-\frac{ab}{r_2}x^3$$

并略去高阶小量，于是有

$$\frac{\mathrm{d}\delta_x}{\mathrm{d}t}=-r_1\cdot\delta_x$$

因此

$$\delta_x=r\,\mathrm{e}^{-r_1t}$$

这里 r 是某个常数。于是，当 $r_1>0$ 时，定态解 x_0 是渐近稳定的；当 $r_1<0$ 时，定态解 x_0 是不稳定的。

关于定态解 $x_1=\left(\frac{-r_1r_2}{ab}\right)^{1/2}$：设对该定态解施加一个小扰动 δ_x，即令 $x=x_1+\delta_x$，将它代入方程

$$\frac{\mathrm{d}x}{\mathrm{d}t}=-r_1x-\frac{ab}{r_2}x^3$$

并略去高阶小量，于是有

$$\frac{\mathrm{d}\delta_x}{\mathrm{d}t}=-2\,|\,r_1\,|\,\delta_x$$

即

$$\delta_x=s\,\mathrm{e}^{-2|r_1|t}$$

这里 s 是某个常数。因此，定态解 x_1 是渐近稳定的。同理，定态解 x_2 也是渐近稳定的。

综上可知，$r_1=0$ 是该子系统的线性失稳点；而且由

$$x_0=0，y_0=\frac{b}{r_2}x^2{}_0=0$$

给出的定态解(0, 0)，对前述的博弈系统

$$\begin{cases}\dfrac{\mathrm{d}x}{\mathrm{d}t}=-r_1x-axy\\\dfrac{\mathrm{d}y}{\mathrm{d}t}=-r_2y+bx^2\end{cases}$$

也是不稳定的解。于是，该博弈系统胶着点的溃散轨迹就可能是这样的：当 $r_1>0$ 时，如果博弈双方进入了胶着状态，那么，该博弈系统的唯一解曲线就只能是

$$\begin{cases}x(t)=0\\y(t)=0\end{cases}$$

当外力将 $r_1>0$ 微调为 $r_1<0$ 后（即跨过了分叉点 $r_1=0$），如果没有更进一步的扰动，那么，博弈双方仍然会处于胶着状态；但是，如果再受到了哪怕一丁点扰动，比如，$x_0=0$，被扰动为 $x_1=x_0+\delta_x>0$，那么，双方的博弈轨迹便会突然跃迁到另一个新的轨迹(x_1, y_1)，这里 $y_1=\dfrac{b}{r_2}x^2{}_0$。于是，本次胶着状态便被彻底打破，新的博弈系统又开始重新运动起来。

下面开始讨论更一般的博弈系统，首先是线性项与非线性项相分离的情况。

情况 1，为了介绍更一般性的哈肯近似参量消去法，我们考虑在原点(0, 0)处于胶着状态的以下博弈系统：

$$\begin{cases}\dfrac{\mathrm{d}u_1}{\mathrm{d}t}=-r_1u_1+g_1(u_1,u_2)\\ \dfrac{\mathrm{d}u_2}{\mathrm{d}t}=-r_2u_2+g_2(u_1,u_2)\end{cases}$$

其中，$g_1(u_1, u_2)$和 $g_2(u_1, u_2)$是连续非线性函数，并假定 $r_2>0$，$r_1\to 0$。注意：其实此处的假定“博弈系统为 $\frac{\mathrm{d}u_1}{\mathrm{d}t}=-r_1u_1+g_1(u_1, u_2)$和 $\frac{\mathrm{d}u_2}{\mathrm{d}t}=-r_2u_2+g_2(u_1, u_2)$”是相当普遍的，比如，根据本书结论 8.3，我们甚至知道：当系统参数不超过 5 时，所有光滑函数都可以在局部被等价为“$-ru+g(u_1, u_2)$”的形式。另外，“$r_2>0$，$r_1\to 0$”的假定，只需要 $r_2>0$ 且比 r_1 大得很多就够了。上面的例 9.1，显然也是该一般情况的特例，只不过

$$g_1(u_1, u_2)=-au_1u_2,\quad g_2(u_1, u_2)=bu_1^2$$

而已。本节后面，我们之所以将 x、y 分别改写为 u_1 和 u_2，其实也就是想借结论 8.3 提醒一下该假定的普遍性。当然，不包含在该假定中的例子肯定也是有的，只不过不再适用于此处的近似参量消去法而已。

在该博弈系统中，由 $\frac{\mathrm{d}u_2}{\mathrm{d}t}=0$，便有 $r_2u_2=g_2(u_1, u_2)$。因为 $r_2>0$ 较大，并且 r_2 远远大于 r_1，所以，可近似地写为

$$r_2u_2=g_2(u_1, u_2)\approx g_2(u_1, 0)$$

即

$$u_2\approx\frac{1}{r_2}g_2(u_1,0)$$

将该约等式代入博弈系统的第 1 个方程

$$\frac{\mathrm{d}u_1}{\mathrm{d}t}=-r_1u_1+g_1(u_1, u_2)$$

于是便有

$$\frac{\mathrm{d}u_1}{\mathrm{d}t}=-r_1u_1+g_1\left(u_1,\frac{1}{r_2}g_2(u_1,0)\right)$$

或者说，由此直接解出

$$u_1 = \int_{-\infty}^{t} \mathrm{e}^{-r_1(t-\tau)} g_1\left(\tau, \frac{1}{r_2} g_2(\tau, 0)\right) \mathrm{d}\tau$$

再将该 u_1 代入前面已知的

$$u_2 \approx \frac{1}{r_2} g_2(u_1, 0)$$

至此，相应的博弈系统在胶着状态经过扰动失稳后，相应的溃散轨迹情况就清楚了。当然，如果扰动后并未失稳，或者说胶着点本来就是稳定点，那么，此处的近似就失灵了。

上面的博弈系统中，假定了线性项和非线性项是分离的。但是，如果该假定不成立，那么有下列情况 2。

情况 2，博弈系统为 $\frac{\mathrm{d}\boldsymbol{U}}{\mathrm{d}t} = \boldsymbol{H}(\boldsymbol{U})$ 或如下：

$$\frac{\mathrm{d}u_1}{\mathrm{d}t} = h_1(u_1, u_2)$$

$$\frac{\mathrm{d}u_2}{\mathrm{d}t} = h_2(u_1, u_2)$$

那么前面的哈肯近似参量消去法也无效了。此时，宏观上可采取以下步骤来处理：

第 1 步，将方程组中各式，分为线性项和相应的非线性函数，并找出一组可调整的外参数 $\{\boldsymbol{C}\}$。假定方程组有定态解 $\boldsymbol{U}_0$ 存在，调整外参数使得 $\boldsymbol{U}_0$ 稳定。

第 2 步，进行线性稳定性分析。设

$$\boldsymbol{U}(t) = \boldsymbol{U}_0 + \boldsymbol{W}(t)$$

这里

$$\boldsymbol{W}(t) \equiv (W_1(t), W_2(t))$$

是对 $\boldsymbol{U}_0$ 的小扰动。将扰动后的 $\boldsymbol{U}(t)=\boldsymbol{U}_0+\boldsymbol{W}(t)$代入原来的方程组 $\frac{\mathrm{d}\boldsymbol{U}}{\mathrm{d}t}=\boldsymbol{H}(\boldsymbol{U})$，再经线性化后便有

$$\frac{\mathrm{d}\boldsymbol{W}}{\mathrm{d}t}=\boldsymbol{L}\boldsymbol{W}$$

其中，$\boldsymbol{L}\equiv[L_{ij}]$是二阶矩阵：

$$L_{11}=\left.\frac{\partial h_1}{\partial u_1}\right|_{U_0}，L_{12}=\left.\frac{\partial h_1}{\partial u_2}\right|_{U_0}，L_{21}=\left.\frac{\partial h_2}{\partial u_1}\right|_{U_0}，L_{22}=\left.\frac{\partial h_2}{\partial u_2}\right|_{U_0}$$

方程组 $\frac{\mathrm{d}\boldsymbol{W}}{\mathrm{d}t}=\boldsymbol{L}\boldsymbol{W}$ 的解为

$$\boldsymbol{W}_a=\boldsymbol{W}_a(0)\mathrm{e}^{\lambda_a t}$$

式中，a=1 或 2，λ_a 是 $\boldsymbol{L}$ 的特征值。

为了分析与不同 λ_a 对应的 $\boldsymbol{W}_a$ 的稳定性，须由特征方程

$$\boldsymbol{L}\boldsymbol{W}_a(0)=\lambda_a\boldsymbol{W}_a(0)$$

求出 λ_a 与外参数的关系。对应于实部 $\mathrm{Re}(\lambda_a)\geqslant 0$ 的 $\boldsymbol{W}_a$ 是不稳定的，对应于实部 $\mathrm{Re}(\lambda_a)<0$ 的 $\boldsymbol{W}_a$ 是稳定的。

第 3 步，导出 $\boldsymbol{W}_a$ 的振幅 $\xi_a(t)$的方程。

方程组 $\frac{\mathrm{d}\boldsymbol{W}}{\mathrm{d}t}=\boldsymbol{L}\boldsymbol{W}$ 的一般解，可由 $\boldsymbol{W}_a=\boldsymbol{W}_a(0)\mathrm{e}^{\lambda_a t}$ 叠加而成，即

$$\boldsymbol{W}=\sum_{a=1}^{2}\xi_a\mathrm{e}^{\lambda_a t}\boldsymbol{W}_a(0)$$

式中，ξ_a 为常系数。

将公式 $\boldsymbol{U}(t)=\boldsymbol{U}_0+\boldsymbol{W}(t)$代入博弈系统 $\frac{\mathrm{d}\boldsymbol{U}}{\mathrm{d}t}=\boldsymbol{H}(\boldsymbol{U})$，便得到未被线性化前的方程组

$$\frac{\mathrm{d}\boldsymbol{W}}{\mathrm{d}t}=\boldsymbol{L}\boldsymbol{W}+N(\boldsymbol{W})$$

这时仍然可以认为

$$\boldsymbol{W}=\sum_{a=1}^{2}\xi_a e^{\lambda_a t}\boldsymbol{W}_a(0)$$

也是其解，只不过 $\xi_a=\xi_a(t)$是待定的随时间而变化的振幅而已。

方程

$$\boldsymbol{L}\boldsymbol{W}_a(0)=\lambda_a\boldsymbol{W}_a(0)$$

称为右特征矢量方程，类似地，还可以引入左特征矢量 $\boldsymbol{V}_a(0)$所满足的特征方程：

$$\boldsymbol{V}_a(0)\boldsymbol{L}=\lambda_a\boldsymbol{V}_a(0)$$

于是，成立正交关系 $\langle\boldsymbol{V}_a, \boldsymbol{W}_b\rangle=\delta_{ab}$，将其代入方程组

$$\frac{d\boldsymbol{W}}{dt}=\boldsymbol{L}\boldsymbol{W}+N(\boldsymbol{W})$$

并对它两边同时左乘 V_a 再取内积，便得到

$$\frac{d\xi_a}{dt}=\lambda_a\xi_a+g_a(\xi_1, \xi_2)$$

换句话说，对原来的变量 u_1、u_2 经过适当的变换后变成了 ξ_1 和 ξ_2，而且把关于新变量的博弈系统的线性项和非线性项分离了，即转化成前面已经分析过的情况 1 了。由于 λ_a 是外参数的函数，所以，调整外参数的值时，λ_a 的值也会跟着变化。因此，若能通过改变外参数$\{\boldsymbol{C}\}$，使一个 λ_a 的实部变为 0 或正，而另一个 λ_a 的实部为负；则前者的 ξ_a 变为不稳定，而后者的 ξ_a 就是稳定的。于是，便可利用前面已经介绍过的哈肯近似参量消去法，给出相应的胶着点被扰动失稳后的溃散轨迹了。

至此，哈肯近似参量消去法就介绍完了，下面再介绍精确参量消去法。

哈肯技巧 2：精确参量消去法

仍然首先分析一个例子。

例 9.2：假设博弈系统是

$$\begin{cases}\dfrac{\mathrm{d}u}{\mathrm{d}t}=-us\\[2mm]\dfrac{\mathrm{d}s}{\mathrm{d}t}=-bs+u^2\end{cases}$$

直接求解第 2 个方程，便有

$$s(t)=\frac{u^2(t)}{b}+\frac{2}{b}\int_{-\infty}^{t}\mathrm{e}^{-b(t-\tau)}(u^2s)_\tau\mathrm{d}\tau$$

对该式进行迭代，即把 $s=\dfrac{u^2}{b}$ 代入上式，便有

$$s(t)=\frac{u^2(t)}{b}+\frac{2}{b}\int_{-\infty}^{t}\mathrm{e}^{-b(t-\tau)}\frac{u^4(\tau)}{b}\mathrm{d}\tau$$

再进行分部积分，就有

$$s(t)=\frac{u^2(t)}{b}+\frac{2u^4(t)}{b^3}-\frac{8}{b^3}\int_{-\infty}^{t}\mathrm{e}^{-b(t-\tau)}\left[u^3\frac{\mathrm{d}u}{\mathrm{d}t}\right]_\tau\mathrm{d}\tau$$

对该式再进行迭代，即把

$$\frac{\mathrm{d}u}{\mathrm{d}t}=-us \text{ 和 } s=\frac{u^2}{b}$$

代入上式，便有

$$s(t)=\frac{u^2(t)}{b}+\frac{2u^4(t)}{b^3}-\frac{8}{b^3}\int_{-\infty}^{t}\mathrm{e}^{-b(t-\tau)}u^6\mathrm{d}\tau+\text{h.o}$$

式中的 h.o 表示高阶项。再分部积分就有

$$s(t)=\frac{u^2(t)}{b}+\frac{2u^4(t)}{b^3}+\frac{8u^6(t)}{b^5}+\cdots$$

于是，经多次迭代和分部积分后，$s(t)$便可以用 u 的幂级数表示出来了。若 u 足够小，则 $s(t)$就可以用前面的少数几项来逼近了。

然后，再将该关系式代入博弈系统中的第 1 个方程，于是便可得到经过失稳扰动后该博弈系统的胶着状态被打破时，博弈系统的溃散轨迹。

比上述例 9.2 更一般的情况，是下面的情况 3。

情况 3，设博弈系统的方程组是

$$\begin{cases} \dfrac{\mathrm{d}u}{\mathrm{d}t} = Q(u,s) \\ \dfrac{\mathrm{d}s}{\mathrm{d}t} = -bs + P(u,s) \end{cases}$$

现在来推导出一条由 P 和 Q 表示的级数展开式。

直接求解第 2 个方程，有

$$s(u(t))= \int_{-\infty}^{t} \mathrm{e}^{-b(t-\tau)} P(u)_\tau \mathrm{d}\tau$$

对该式使用迭代和分部积分，便有

$$\begin{aligned} s(u(t)) &= \frac{P(t)}{b} - \frac{1}{b}\int_{-\infty}^{t} \mathrm{e}^{-b(t-\tau)} \left(\frac{\mathrm{d}u}{\mathrm{d}\tau}\right)\left(\frac{\partial P}{\partial u}\right)_\tau \mathrm{d}\tau \\ &= \frac{P(t)}{b} - \int_{-\infty}^{t} \mathrm{e}^{-b(t-\tau)} Q\left[\left(\frac{\partial}{\partial u}\right)\left(\frac{P}{b}\right)\right]_\tau \mathrm{d}\tau \\ &= \frac{P(t)}{b} - \frac{1}{b}Q\left(\frac{\partial}{\partial u}\right)\left(\frac{P(t)}{b}\right) + \\ &\quad \frac{1}{b}\int_{-\infty}^{t} \mathrm{e}^{-b(t-\tau)} Q\left[\left(\frac{\partial}{\partial u}\right)\left(\frac{Q}{b}\right)\left(\frac{\partial}{\partial u}\right)\left(\frac{P}{b}\right)\right]_\tau \mathrm{d}\tau \\ &= \cdots\cdots \end{aligned}$$

再反复进行迭代和分部积分，可得到下面用算符表示的无穷几何级数：

$$\begin{aligned} s(t) &= \frac{P}{b} - \frac{1}{b}Q\left(\frac{\partial}{\partial u}\right)\left(\frac{P}{b}\right) + \frac{1}{b}Q\left(\frac{\partial}{\partial u}\right)\left(\frac{Q}{b}\right)\left(\frac{\partial}{\partial u}\right)\left(\frac{P}{b}\right) - \cdots \\ &= \frac{1}{b}\sum_{n=0}^{\infty}\left[-\frac{1}{b}Q\left(\frac{\partial}{\partial u}\right)\right]^n P(u,s) \end{aligned}$$

从该级数过程最终可得

$$s(t) = \frac{P}{b\left[1+\dfrac{1}{b}Q\left(\dfrac{\partial}{\partial u}\right)\right]}$$

将该等式两边同时乘以算符$1+\frac{1}{b}Q\left(\frac{\partial}{\partial u}\right)$，便得到

$$\left[b+Q\left(\frac{\partial}{\partial u}\right)\right]S=P$$

或者等价地写为以下精确消去公式

$$\frac{\partial s}{\partial u}=\frac{P(u,s)-bs}{Q(u,s)}$$

当然，如果不想求解该精确偏微分方程，那么，便可以利用无穷几何级数中的前面 m 项，求出 s 和 u 之间的近似关系，即

$$s(t)=\frac{1}{b}\sum_{n=0}^{m}\left[-\frac{1}{b}Q\left(\frac{\partial}{\partial u}\right)\right]^{n}P(u,s)+\frac{1}{b}\sum_{n=m+1}^{\infty}\left[-\frac{1}{b}Q\left(\frac{\partial}{\partial u}\right)\right]^{n}P(u,s)$$

于是，误差量 $\varDelta$ 便等于

$$\varDelta=\frac{1}{b}\sum_{n=m+1}^{\infty}\left[-\frac{1}{b}Q\left(\frac{\partial}{\partial u}\right)\right]^{n}P(u,s)$$

若想要近似有效，就必须使误差量 $\varDelta$ 很小。由于

$$\begin{aligned}\varDelta&=\frac{1}{b}\sum_{n=m+1}^{\infty}\left[-\frac{1}{b}Q\left(\frac{\partial}{\partial u}\right)\right]^{n}P(u,s)\\&=\frac{1}{b}\sum_{n=0}^{\infty}\left[-\frac{1}{b}Q\left(\frac{\partial}{\partial u}\right)\right]^{n+m+1}P(u,s(u))\\&=\frac{P\left[-\frac{1}{b}Q\left(\frac{\partial}{\partial u}\right)\right]^{m+1}}{b\left[1+\frac{1}{b}Q\left(\frac{\partial}{\partial u}\right)\right]}\end{aligned}$$

因此

$$b\left[1+\frac{1}{b}Q\left(\frac{\partial}{\partial u}\right)\right]\varDelta = P\left[-\frac{1}{b}Q\left(\frac{\partial}{\partial u}\right)\right]^{m+1}$$

由该式可见，$b\left[1+\frac{1}{b}Q\left(\frac{\partial}{\partial u}\right)\right]\varDelta$的大小，取决于对 u 的（m+1）次偏导数。至此可知，随着微分次数的增多，由上面已有的公式

$$s(t)=\frac{u^2(t)}{b}+\frac{2u^4(t)}{b^3}+\frac{8u^6(t)}{b^5}+\cdots$$

可知，每微分一次，就要引入一个$\frac{u^2}{b}$因子。换句话说，随着微分次数的增加，项数也会增加，$\frac{u^2}{b}$的幂次也会增加。于是，当 u 足够小时，m 不需要很大，便可以确保误差量 $\varDelta$ 就很小了。

总之，经过上述消去法后，便可用 u 去表示 s，比如，$s=h(u)$，于是将该关系式代入原来博弈系统方程组（如下）中的第 1 个方程

$$\begin{cases}\dfrac{\mathrm{d}u}{\mathrm{d}t}=Q(u,s)\\[2mm]\dfrac{\mathrm{d}s}{\mathrm{d}t}=-bs+P(u,s)\end{cases}$$

于是，便有

$$u=\int Q(u,h(u))\mathrm{d}t$$

因此，该式与 $s=h(u)$结合在一起后，博弈系统的胶着状态，若被某扰动失稳后，其相应的溃散轨迹便可计算出来了。

作为本节的结尾，我们考虑最一般博弈系统的精确参量消去法，即有下面的情况 4。

情况 4，此时，系统为

$$\frac{\mathrm{d}\boldsymbol{q}(t)}{\mathrm{d}t}=\boldsymbol{N}(\boldsymbol{q}(t),\boldsymbol{C})$$

式中，$\boldsymbol{C}$ 是外参数（可能是向量，如果有多个参数的话），$\boldsymbol{q}(t)$是二维向量，$\boldsymbol{N}(\cdot)$是二维向量函数。我们之所以针对不同的博弈系统采用不同的记号，主要想让读者更容易区分。下面首先对该博弈系统进行线性稳定性分析。

设 $\boldsymbol{q}_0(\boldsymbol{C}_0)$为外参数取 $\boldsymbol{C}_0$ 时的定态解，将外参数从 $\boldsymbol{C}_0$ 调到附近的值 $\boldsymbol{C}$，其定态解 $\boldsymbol{q}_0(\boldsymbol{C})$也必在 $\boldsymbol{q}_0(\boldsymbol{C}_0)$附近。令

$$\boldsymbol{q}(t)=\boldsymbol{q}_0+\boldsymbol{W}(t)$$

这里 $\boldsymbol{W}(t)$是二维扰动向量。将它代入博弈系统

$$\frac{\mathrm{d}\boldsymbol{q}(t)}{\mathrm{d}t}=\boldsymbol{N}(\boldsymbol{q}(t),\boldsymbol{C})$$

得到

$$\frac{\mathrm{d}q_{0j}}{\mathrm{d}t}+\frac{\mathrm{d}W_j}{\mathrm{d}t}=N_j(\{q_0+\boldsymbol{W}\},\boldsymbol{C})$$

这里 $j=1, 2$。因为 W_j 为小量，所以函数 N_j 可用 W_j 展开并线性化，即

$$\frac{\mathrm{d}q_{0j}}{\mathrm{d}t}+\frac{\mathrm{d}W_j}{\mathrm{d}t}=N_j(\{q_{0k}\})+\sum_{k=1}^{2}\left.\frac{\partial N_j(q)}{\partial q_k}\right|_{q_{0k}}W_k+\cdots$$

此式若只近似取到线性项，因为有

$$\frac{\mathrm{d}q_{0j}}{\mathrm{d}t}=N_j(\{q_{0k}\})$$

所以便有

$$\frac{\mathrm{d}\boldsymbol{W}(t)}{\mathrm{d}t}=\boldsymbol{L}(\boldsymbol{C})\boldsymbol{W}(t)$$

其中 $\boldsymbol{L}\equiv[L_{jk}]$是二阶矩阵，它的元素分别定义为

$$L_{jk}(q_0)=\left.\frac{\partial N_j(q)}{\partial q_k}\right|_{q_0}$$

这里 j, k=1, 2。由 $\boldsymbol{L}$ 的特征方程

$$\boldsymbol{L}(\boldsymbol{C})\boldsymbol{V}_a=\lambda_a(\boldsymbol{C})\boldsymbol{V}_a$$

得出一组完备的特征基 $\boldsymbol{V}_a$，作展开

$$\boldsymbol{W}(t)=\sum_{a=1}^{2}\xi_a(t)\boldsymbol{V}_a$$

并将 $\boldsymbol{q}(t)=\boldsymbol{q}_0+\boldsymbol{W}(t)$重新写为

$$\boldsymbol{q}(t)=\boldsymbol{q}_0+\sum_{a=1}^{2}\xi_a(t)\boldsymbol{V}_a$$

将其代入博弈系统

$$\frac{\mathrm{d}\boldsymbol{q}(t)}{\mathrm{d}t}=\boldsymbol{N}(\boldsymbol{q}(t),\boldsymbol{C})$$

得到

$$\frac{\mathrm{d}\boldsymbol{q}_0}{\mathrm{d}t}+\sum_{a=1}^{2}\left(\frac{\mathrm{d}\xi_a(t)}{\mathrm{d}t}\right)\boldsymbol{V}_a=\boldsymbol{N}(\boldsymbol{q}_0+\sum_{a=1}^{2}\xi_a\boldsymbol{V}_a)$$

写出此式的分量式，并在 $\boldsymbol{q}_0$ 处展开，于是该等式就变为以下的方程，称为准模幅方程：

$$\sum_{a=1}^{2}\left(\frac{\mathrm{d}\xi_a}{\mathrm{d}t}\right)\boldsymbol{V}_a=\sum_{a=1}^{2}\lambda_a\xi_a\boldsymbol{V}_a+\sum_{a,b=1}^{2}\xi_a\xi_b\sum_{r,s=1}^{2}\left[\frac{\partial^2 N_j}{\partial q_r\partial q_s}\right]\boldsymbol{V}_{br}\boldsymbol{V}_{bs}$$

引入前面的等式

$$\boldsymbol{L}(\boldsymbol{C})\boldsymbol{V}_a=\lambda_a(\boldsymbol{C})\boldsymbol{V}_a$$

的共轭方程，其左特征矢量记为 $\boldsymbol{R}_a$，因此有

$$\sum_{j=1}^{2}\boldsymbol{R}_{aj}\boldsymbol{V}_{bj}=\delta_{ab}$$

用 $\boldsymbol{R}_{bj}$ 乘以上面的准模幅方程的左右两边，并对 j 求和，就得到以下方程，称为模幅方程：

$$\frac{\mathrm{d}\xi_a(t)}{\mathrm{d}t}=\lambda_a\xi_a+\sum_{b,c=1}^{2}\xi_b\xi_c A_{abc}+\cdots$$

式中

$$A_{abc}\equiv\sum_{j,r,s=1}^{2}R_{aj}\left[\frac{\partial^2 N_j}{\partial q_r\partial q_s}\right]V_{br}V_{cs}$$

根据线性稳定性分析，将满足 $\mathrm{Re}(\lambda_a)<0$ 的那个 $\xi_a(t)$ 记为 $s(t)$（如果所有的 λ_a 都满足 $\mathrm{Re}(\lambda_a)<0$，那么就取 $\mathrm{Re}(\lambda_a)$ 最小的那个为 $s(t)$），而将另一个 $\xi_b(t)$ 记为 $u(t)$（注：如果所有的 $\mathrm{Re}(\lambda_a)$ 都非负，那么，该消去法失灵），于是，原来的博弈系统

$$\frac{\mathrm{d}\boldsymbol{q}(t)}{\mathrm{d}t}=\boldsymbol{N}(\boldsymbol{q}(t),\boldsymbol{C})$$

就可以转化为

$$\begin{cases}\dfrac{\mathrm{d}u(t)}{\mathrm{d}t}=\boldsymbol{A}u(t)+Q(u,s)\\[2mm]\dfrac{\mathrm{d}s(t)}{\mathrm{d}t}=\boldsymbol{B}s(t)+P(u,s)\end{cases}$$

其中 $\boldsymbol{A}$ 和 $\boldsymbol{B}$ 为二阶常数矩阵。这便是前面已经详细分析过的情况 3 了。

至此，哈肯的两种消去技巧就介绍完了。

归纳而言，组成一般博弈系统 $\frac{\mathrm{d}\boldsymbol{X}}{\mathrm{d}t}=\boldsymbol{F}(\boldsymbol{X},\boldsymbol{C})$ 的两个子系统

$$\begin{cases}\dfrac{\mathrm{d}x}{\mathrm{d}t}=f(x,y,\boldsymbol{C})\\[2mm]\dfrac{\mathrm{d}y}{\mathrm{d}t}=g(x,y,\boldsymbol{C})\end{cases}$$

中，如果在胶着点处，有一个子系统是稳定的，而另一个是不稳定的（当然，这种不稳定，可能是由于调整外参数 $\boldsymbol{C}$ 跨过分叉点所致）；那么，便可以通过引进某种微小的外力扰动，使得胶着状态被打破，即博弈系统重新进入运动状态之中。至于胶着状态被打破后，博弈系统将如何运动，便可以通过哈肯消去

法，从稳定的子系统（比如，$\frac{\mathrm{d}y}{\mathrm{d}t}=g(x, y, \boldsymbol{C})$）中求出另一个参量的近似表示（比如，$y\approx h(x)$），然后，将该近似式代入另一个子系统（比如，$\frac{\mathrm{d}x}{\mathrm{d}t}=f(x, y, \boldsymbol{C})=f(x, h(x), \boldsymbol{C})$），于是便可求解出博弈系统的胶着状态被打破后的轨迹曲线，这也就是博弈系统的溃散轨迹。

当然，哈肯消去法是有条件的，并非永远有效，甚至是经常失灵。

第2节　随机扰动的描述

前面已经多次说过，如果在博弈系统$\frac{\mathrm{d}\boldsymbol{X}}{\mathrm{d}t}=\boldsymbol{F}(\boldsymbol{X}, \boldsymbol{C})$中，若博弈双方已经处于胶着状态，即$\boldsymbol{F}(\boldsymbol{X}_0, \boldsymbol{C})=0$，此时，若无任何外力，那么，博弈就此结束，或双方将永远处于不能动弹的胶着状态之中。若有外力影响系统参数$\boldsymbol{C}$，使其跨过分叉点，那么博弈系统将发生实质性的突变，变成另一个不等价的博弈系统，比如，$\frac{\mathrm{d}\boldsymbol{X}}{\mathrm{d}t}=\boldsymbol{G}(\boldsymbol{X}, \boldsymbol{C})$。此时，若$\boldsymbol{G}(\boldsymbol{X}_0, \boldsymbol{C})\neq 0$，那么胶着状态便已经被打破；但是，若$\boldsymbol{X}_0$仍然是新系统的胶着点，那么，要想打破胶着状态，就得还需要有新的外力，称为扰动或涨落。上一节已经讨论过“扰动中不含随机因素”的情况，但是，实际情况却经常是“扰动中含有随机因素”；本节便聚焦于随机扰动。为此首先得介绍一下随机微积分方面的一些基础知识。为了简捷，我们主要以一维情形为例展开介绍。

系统$\frac{\mathrm{d}x(t)}{\mathrm{d}t}=f(x(t), t)$经过一个加性扰动$G(x(t), t)\xi(t)$后，变为

$$\frac{\mathrm{d}x(t)}{\mathrm{d}t}=f(x(t), t)+G(x(t), t)\xi(t)$$

其中$x(t)$是确定性的，$\xi(t)$是随机函数；$x(t_0)=\boldsymbol{C}$是初始时刻的随机变量，今后不妨假定$t_0=0$。若$\xi(t)$是一个光滑函数，则该扰动系统可看成是给定$\xi(t)$的样本函数后的普通微分方程；若$\xi(t)$是白噪声随机过程，则扰动系统便不能用普通的微分方程理论来处理，必须用下面即将介绍的随机微积分理论。

实际上，针对随机过程 $\xi(t)$，上面的扰动方程的写法是不严谨的，但是，当 $\xi(t)$是白噪声随机过程时，却存在在下面相应的积分方程：

$$x(t)=x(0)+\int_0^t f(x(s),s)\mathrm{d}s+\int_0^t G(x(s),s)\xi(s)\mathrm{d}s$$

其中，第一项是给定的初值，第二项是普通的积分，第三项是随机积分。准确地说，若 $\xi(t)$是白噪声过程，那么就有

$$u(t)\equiv\int_0^t \xi(s)\mathrm{d}s=W(t)$$

此处 $W(t)$为维纳过程。于是，便可将该积分形式上地写为

$$\xi(t)\mathrm{d}t=\mathrm{d}W(t)=\lim_{\Delta t\to\infty}[W(t+\Delta t)-W(t)]$$

或者将上面的积分式形式上地写为

$$x(t)=x(0)+\int_0^t f(x(s),s)\mathrm{d}s+\int_0^t G(x(s),s)\mathrm{d}W(s)$$

其中，右边第三项表示对维纳过程的样本函数 $W(t)$的随机积分，其相应的微分形式为

$$\mathrm{d}x(t)=f(x(t),t)\mathrm{d}t+G(x(t),t)\mathrm{d}W(t)$$

我们需要用到的随机微积分主要有两种：I–积分和 S–积分。分别介绍如下：

针对随机积分 $\int_0^t G(t)\mathrm{d}W(t)$，记部分和

$$S_n\equiv\sum_{i=1}^{n}G(\tau_i)[W(t_i)-W(t_{i-1})]$$

该 S_n 当然也是一个随机变量，$(S_n)^2$ 仍然是随机变量，将$(S_n)^2$ 的均值 $E(S_n)^2$ 的极限称为随机积分，即

$$\int_0^t G(t)\mathrm{d}W(t)\equiv\lim_{n\to\infty}E(S_n)^2\equiv ms\lim_{n\to\infty}S_n$$

但是，该定义并不严谨，因为它与居间点 τ_i 的选择有关；甚至，τ_i 的选择不同，该积分就可能得到不同的结果。幸好本书只关注 τ_i 的以下两种具体选择，所以就很严谨了。

其一，选择 $\tau_i=t_{i-1}$，于是，获得的结果就称为函数 $G(t)$的 I–积分，即

$$I\int_0^t G(t)\mathrm{d}W(t)\equiv ms\lim_{n\to\infty}\left\{\sum_{i=1}^{n}G(t_{i-1})[W(t_i)-W(t_{i-1})]\right\}$$

其二，选择 $\tau_i=\dfrac{t_i+t_{i-1}}{2}$，于是，获得的结果就称为函数 $G(t)$的 S–积分，即

$$S\int_0^t G(t)\mathrm{d}W(t)\equiv ms\lim_{n\to\infty}\left\{\sum_{i=1}^{n}G\left(\frac{t_i+t_{i-1}}{2}\right)[W(t_i)-W(t_{i-1})]\right\}$$

结论 9.2（可参考《协同学原理和应用》[17]中的第 2 章的 2.4 节）：I–积分满足以下三个关系：

（1）$\mathrm{d}W(t)^2=\mathrm{d}t$；

（2）$\mathrm{d}W(t)=0$；

（3）$\mathrm{d}W(t)^{2+n}=0$，$n>0$。

结论 9.3（可参考《协同学原理和应用》[17]中的第 2 章的 2.4 节）：若 $f(W(t),t)$为一维连续函数，且具有连续偏导数，那么

$$\mathrm{d}f(W(t),t)=\left(\frac{\partial f}{\partial t}+\frac{1}{2}\frac{\partial^2 f}{\partial W^2}\right)\mathrm{d}t+\frac{\partial f}{\partial W}\mathrm{d}W$$

若 $f=f(x(t),t)$是 k 维随机过程，$x(t)$为 m 维随机过程，那么就有

$$\mathrm{d}f=\frac{\partial f}{\partial t}\mathrm{d}t+\sum_{i=1}^{m}\frac{\partial f}{\partial x_i}\mathrm{d}x_i+\frac{1}{2}\sum_{i=1}^{m}\sum_{j=1}^{m}\frac{\partial^2 f}{\partial x_i\partial x_j}\mathrm{d}x_i\mathrm{d}x_j+\cdots$$

结论 9.4（伊藤公式，可参考《协同学原理和应用》[17]中的第 2 章的 2.5 节）：若 $x(t)$服从随机微分方程

$$\mathrm{d}x(t)=a(x(t),t)\mathrm{d}t+b(x(t),t)\mathrm{d}W(t)$$

那么，$x(t)$的任意函数 $f(x(t))$就服从以下随机微分方程

$$\mathrm{d}f(x(t))=\left\{a(x(t),t)\frac{\partial f(x(t))}{\partial x}+\frac{1}{2}b(x(t),t)\frac{\partial^2 f(x(t))}{\partial x^2}\right\}\mathrm{d}t+b(x(t),t)\frac{\partial f(x(t))}{\partial x}\mathrm{d}W(t)$$

更一般地，在多维情况下，若已知随机微分方程的矢量式为

$$\mathrm{d}\boldsymbol{x}=\boldsymbol{A}(\boldsymbol{x}, t)\mathrm{d}t+\boldsymbol{B}(\boldsymbol{x}, t)\mathrm{d}\boldsymbol{W}(t)$$

其中，$\boldsymbol{B}$ 表示随机系统矩阵，$\boldsymbol{x}$ 为 k 维随机过程，$\boldsymbol{W}(t)$为 m 维维纳过程，那么，$\boldsymbol{x}(t)$的任意函数 $f(\boldsymbol{x}(t))$就服从以下随机微分方程

$$\mathrm{d}f(\boldsymbol{x},t)=\left\{\frac{\partial f(\boldsymbol{x},t)}{\partial t}+\sum_i A_i(\boldsymbol{x},t)\frac{\partial f(\boldsymbol{x},t)}{\partial x_i}+\right.$$

$$\left.\frac{1}{2}\sum_{i,j}[\boldsymbol{B}(\boldsymbol{x},t)\boldsymbol{B}^{\mathrm{T}}(\boldsymbol{x},t)]_{ij}\frac{\partial^2 f(\boldsymbol{x},t)}{\partial x_i \partial x_j}\right\}\mathrm{d}t+$$

$$\sum_i[\boldsymbol{B}(\boldsymbol{x},t)]_{ij}\left(\frac{\partial f(\boldsymbol{x},t)}{\partial x_i}\right)\mathrm{d}\boldsymbol{W}_j(t)$$

这里 $\boldsymbol{B}^{\mathrm{T}}$ 表示矩阵 $\boldsymbol{B}$ 的转置。

结论 9.5（I–积分与 S–积分之间的关系，可参考《协同学原理和应用》[17]中的第 2 章的 2.5 节）：若 $x(t)$服从随机微分方程

$$\mathrm{d}x(t)=a(x(t), t)\mathrm{d}t+b(x(t), t)\mathrm{d}W(t)$$

那么，$x(t)$的任意函数 $f(x(t))$的 I–积分（记为 $I\int$）和 S–积分（记为 $S\int$）之间，就满足以下关系：

$$S\int_0^t f(x(s), s)\mathrm{d}W(s)= I\int_0^t f(x(s), s)\mathrm{d}W(s)+$$

$$\frac{1}{2}\int_0^t\left[b(x(s),s)\frac{\partial f(x(s),s)}{\partial x}\right]\mathrm{d}s$$

再次提醒一下，该公式中，左边是 S–积分；右边第 1 项是 I–积分；右边第 2 项是普通积分。

结论 9.6（I–随机微分方程 d_I 和 S–随机微分方程 d_S 之间的关系。可参考《协同学原理和应用》[17]中的第 2 章的 2.5 节）：若 I–随机微分方程为

$$\mathrm{d}_I x=a(x, t)\mathrm{d}t+b(x, t)\mathrm{d}W(t)$$

并且其相应的 S–随机微分方程为

$$d_S x=\alpha(x, t)dt+\beta(x, t)dW(t)$$

那么，便有

$$\alpha(x, t)=a(x, t)-\frac{1}{2}b(x,t)\frac{\partial b(x,t)}{\partial x}$$

$$\beta(x, t)=b(x, t)$$

反过来，若已知 S–随机微分方程为

$$d_S x=\alpha(x, t)dt+\beta(x, t)dW(t)$$

并且其相应的 I–随机微分方程为

$$d_I x=a(x, t)dt+b(x, t)dW(t)$$

那么便有

$$a(x, t)=\alpha(x, t)+\frac{1}{2}\beta(x,t)\frac{\partial \beta(x,t)}{\partial x}$$

$$b(x, t)=\beta(x, t)$$

关于随机微积分的内容还有很多，我们这里只介绍本书必需的概念和结果，对细节感兴趣的读者，可以阅读相关专业书籍，比如《协同学原理和应用》[17]等。

下面针对处于胶着状态的博弈系统，来介绍随机扰动（或称涨落）将如何影响胶着状态被打破后的解曲线轨迹。

设博弈系统为 $\frac{d\boldsymbol{q}}{dt}=\boldsymbol{H}_1(\boldsymbol{q}, t)$，这里 $\boldsymbol{q}$ 是二维向量，$\boldsymbol{H}_1$ 是二维函数。经过某随机扰动后，系统变为

$$d\boldsymbol{q}=\boldsymbol{H}_1(\boldsymbol{q}, t)dt+d\boldsymbol{F}(\boldsymbol{q}, t)\equiv\boldsymbol{H}_1(\boldsymbol{q}, t)+\boldsymbol{H}_2(\boldsymbol{q}, t)d\boldsymbol{W}(t)$$

这里，$\boldsymbol{q}=(x, y)$是二维向量，$\boldsymbol{H}_1(\boldsymbol{q}, t)$是常规系统中矢量 $\boldsymbol{q}$ 的二维非线性函数，

d$\boldsymbol{F}(\boldsymbol{q}, t)$便是扰动系统的随机力 $\boldsymbol{F}(\boldsymbol{q}, t)$的微分，$\boldsymbol{H}_2(\boldsymbol{q}, t)$是二维函数，$\boldsymbol{W}(t)$是维纳随机过程。

针对随机力 $\boldsymbol{F}(\boldsymbol{q}, t)$的扰动，在胶着点处，打破胶着状态后的溃散轨迹分析过程仍与上一小节类似，即先消去某个稳定的子系统，并从中求出另一个变量的表达式，然后，将该表达式代入另一个方程，再直接计算第二个变量就行了。并且，从定性角度看，此处的消去过程也与上一节类似，即先做稳定性分析，再分出快变量（稳定子系统）和慢变量（不稳定子系统），然后消去快变量得出关于慢变量的方程（称为序参量方程）等。

假设随机扰动不会影响系统的分叉点位置，因此，在线性稳定性分析时，可以忽略随机微分 d$\boldsymbol{F}$，并按上一节的方法进行稳定性分析。即：

第 1 步，求出方程 d$\boldsymbol{q}$=$\boldsymbol{H}_1(\boldsymbol{q}, t)dt$ 的定态解 $\boldsymbol{q}_0(\boldsymbol{C}_0)$，然后调整参量使得 $\boldsymbol{C}_0\to\boldsymbol{C}$，并假设其定态解 $\boldsymbol{q}(\boldsymbol{C})$仍然在 $\boldsymbol{q}_0(\boldsymbol{C}_0)$附近。将 $\boldsymbol{q}(\boldsymbol{C})$在 $\boldsymbol{q}_0(\boldsymbol{C}_0)$附近展开，分析解的稳定性，找出不稳定模 u（又称为序参量或慢变量）和稳定模 s（又称为快变量）（当然，如果这样的 u 和 s 不存在，那么消去法就失灵了），写出相应的方程

$$\mathrm{d}u=au\mathrm{d}t+Q(u, s, t)\mathrm{d}t+F_u(u, s, t)\mathrm{d}W(t)$$

$$\mathrm{d}s=bs\mathrm{d}t+P(u, s, t)\mathrm{d}t+F_s(u, s, t)d\mathrm{W}(t)$$

从第 2 个稳定方程中，求出用 u 表达 s 的随机关系式，比如，$s=S(u, t, z(t))$，这里 $z(t)$是某个随机过程。

第 2 步，利用迭代程序导出递推关系，求得 s 与 u 之间的具体函数关系。

第 3 步，确定随机过程 $z(t)$。其实 $z(t)$的方程为

$$\mathrm{d}z(t)=R(t, z(t))\mathrm{d}t+F_s(t, z(t))\mathrm{d}W(t)$$

显然，从这里的第 2 步开始，消去法就已经与上一节的不同了：上一节只需找出 s 和 u 的关系式，然后代入关于 u 的不稳定方程就行了；但是随机微分系统中，则需要引入一个随机过程 $z(t)$，并与不稳定方程联解，才能最后得到序参量方程（即那个不稳定方程被扰动后的情况）。由于这里的相关计算过程非常繁

杂，为了突出重点，在此略去；有兴趣的读者可参阅《协同学原理和应用》[17]的第 5 章。

第 3 节　胶着点的随机扰动溃散

从上面两节已经知道，当博弈系统 $\frac{\mathrm{d}\boldsymbol{X}}{\mathrm{d}t}=\boldsymbol{F}(\boldsymbol{X}, \boldsymbol{C})$处于胶着状态时，如果经过参数 $\boldsymbol{C}$ 跨过分叉点的调整，并经过随机扰动或非随机扰动后，可能有两种情况：其一，某个子系统可以被消去（即一个变量可以由另一个变量表示），于是就只需要求解剩下的另一个子系统，就能知道胶着状态被打破后，新的博弈轨迹发展情况了；其二，所有的参量消去法都失灵，于是，就必须求解一个随机微分方程组（若已被随机扰动的话），该方程组由两个方程组成。下面，就直接引用已知结论，来介绍参量消去程序之后剩下的随机微分方程。

情况 1，有一个子系统（其实是所谓的“快系统”）被消去，于是，只需要求解另一个随机微分方程就行了。根据该方程的复杂程度，便有下列结论 9.7（可参考《协同学原理和应用》[17]中的第 7 章）。

结论 9.7：如果剩下的这个子系统形如

$$\frac{\mathrm{d}q(t)}{\mathrm{d}t}=aq+\xi(t)$$

其中，$\xi(t)$是白噪声（即该随机过程的均值 $E(\xi(t))=0$；相关函数是一个脉冲，即 $E[\xi(t)\xi(s)]=D\delta(t-s)$）或高斯白噪声；$a$ 是常数。那么，该方程的解 $q(t)$（它是一个随机过程）的概率密度函数 $P(q, t)$（即 $q(t)$落在区间$(q, q+\mathrm{d}q)$内的概率）就满足以下确定性的偏微分方程

$$\frac{\partial P(q,t)}{\partial t}=-\frac{\partial[aqP(q,t)]}{\partial q}+\frac{D}{2}\frac{\partial^2 P(q,t)}{\partial q^2}$$

提醒：*在该偏微分方程中，q 是被当成实变量看待的，即不含随机因素。至于如何求解该偏微分方程，将是下一章的主题。*

结论 9.8：如果剩下的这个子系统比结论 9.7 中的形式更一般，即

$$\frac{\mathrm{d}q(t)}{\mathrm{d}t}=h(q)+\xi(t)$$

其中，$\xi(t)$是白噪声（即该随机过程的均值 $E(\xi(t))=0$；相关函数是一个脉冲，即 $E[\xi(t)\xi(s)]=D\delta(t-s)$）或高斯白噪声。那么，该方程的解 $q(t)$（它是一个随机过程）的概率密度函数 $P(q, t)$（即 $q(t)$落在区间$(q, q+\mathrm{d}q)$内的概率）就满足如下确定性的偏微分方程

$$\frac{\partial P(q,t)}{\partial t}=-\frac{\partial[h(q)P(q,t)]}{\partial q}+\frac{D}{2}\frac{\partial^2 P(q,t)}{\partial q^2}$$

结论 9.9：如果剩下的这个子系统比结论 9.8 中的形式更一般，即

$$\frac{\mathrm{d}q(t)}{\mathrm{d}t}=h(q)+g(q)\xi(t)$$

其中，$\xi(t)$是白噪声（即该随机过程的均值 $E(\xi(t))=0$；相关函数是一个脉冲，即 $E[\xi(t)\xi(s)]=D\delta(t-s)$）或高斯白噪声。那么，该方程的解 $q(t)$（它是一个随机过程）的概率密度函数 $P(q, t)$（即 $q(t)$落在区间$(q, q+\mathrm{d}q)$内的概率）就满足以下 I–积分的偏微分方程

$$\frac{\partial P(q,t)}{\partial t}=-\frac{\partial[h(q)P(q,t)]}{\partial q}+\frac{D}{2}\frac{\partial^2[g^2(q)P(q,t)]}{\partial q^2}$$

或者满足以下 S–积分的偏微分方程

$$\frac{\partial P(q,t)}{\partial t}=-\frac{\partial[h(q)P(q,t)]}{\partial q}+\frac{D}{2}\frac{\partial g(q)}{\partial q}\frac{\partial[g(q)P(q,t)]}{\partial q}$$

情况 2，没有任何子系统被消去，于是，就需要求解由 2 个方程构成的博弈系统，即二维随机微分方程组，于是便有以下结论 9.10（可参考《协同学原理和应用》[17]中的第 7 章）。

结论 9.10：如果被扰动后的博弈系统的两个方程形如

$$\frac{\mathrm{d}q_i(t)}{\mathrm{d}t}=h_i(q_1(t), q_2(t), t)+\sum_{j=1}^{2}g_{ij}(q_1(t), q_2(t), t)\xi_j(t),\quad i=1, 2$$

其中，$\xi_i(t)$, i=1, 2 都是白噪声或高斯白噪声；并且 $\xi_1(t)$与 $\xi_2(s)$还互不相关，即 $E[\xi_1(t)\xi_2(s)]=0$，对任意 s 和 t。那么，该方程组的解 $q(t)=(q_1(t), q_2(t))$（它是一个二维随机过程）的概率密度函数 $P(q, t)$（即 $q(t)$落在二维区间$(q_1, q_1+dq_1;q_2, q_2+dq_2)$内的概率）就满足以下 I–积分的偏微分方程组

$$\frac{\partial P(\{q\},t)}{\partial t}=-\sum_{j=1}^{2}\frac{\partial(h_j P)}{\partial q_j}+\frac{D}{2}\sum_{i,j=1}^{2}\frac{\partial^2(g_{ij}P)}{\partial q_i \partial q_j}$$

第 4 节　随机扰动的等价偏微分方程

处于胶着状态 $\boldsymbol{F}(\boldsymbol{X}_0)=0$ 的博弈系统 $\frac{\mathrm{d}\boldsymbol{X}}{\mathrm{d}t}=\boldsymbol{F}(\boldsymbol{X})$，若再被随机力 $\boldsymbol{\xi}(t)$扰动（又称为涨落），那么新系统就变为

$$\frac{\mathrm{d}\boldsymbol{X}}{\mathrm{d}t}=\boldsymbol{F}(\boldsymbol{X})+\boldsymbol{\xi}(t)$$

无论前面各节介绍的消去法是否失灵，从理论角度看，若胶着状态能够被打破的话，那么新系统的解轨迹 $\boldsymbol{X}(t)$也都应该是一个随机过程。只不过，若消去法对其中某子系统刚好有效的话，那么就可以将本来须求解的两个联立随机微分方程，简化为只求解一个随机微分方程，这对具体的工程计算显然大有好处。但是，另一方面，若从纯数学角度看，无论消去法是否有效，都需要求解随机微分方程。本节的目标就是：将随机微分方程的求解工作，转化为某些非随机的偏微分方程的求解问题。

既然被扰动后系统

$$\frac{\mathrm{d}\boldsymbol{X}}{\mathrm{d}t}=\boldsymbol{F}(\boldsymbol{X})+\boldsymbol{\xi}(t)$$

的解轨迹 $\boldsymbol{X}(t)$是一个随机过程，而描述随机过程的方法有多种，其中最常用的办法就是概率密度函数 $P(x, t)$或 $P(x, y, t)$，此处 x、y 表示实数。$P(x, y, t)$意思是指在 t 时刻，二维随机变量

$$\boldsymbol{X}(t)\equiv(x(t), y(t))$$

的取值刚好落在二维区域

$$x \leqslant x(t) \leqslant x+\mathrm{d}x; \quad y \leqslant y(t) \leqslant y+\mathrm{d}y$$

内的概率。而 $P(x, t)$意思是指若博弈系统中的某个子系统已经被消去，而对于余下的那个子系统的解 $x(t)$（它也是一个随机变量），在 t 时刻的取值刚好落在区间$(x, x+\mathrm{d}x)$内的概率。换句话说，若能够求出扰动系统

$$\frac{\mathrm{d}\boldsymbol{X}}{\mathrm{d}t}=\boldsymbol{F}(\boldsymbol{X})+\xi(t)$$

解轨迹 $\boldsymbol{X}(t)$的概率密度函数，那么，作为解轨迹的随机过程 $\boldsymbol{X}(t)$也就确定了。而在某些特殊情况下，比如上一节的结论 9.7 至结论 9.10，又将解轨迹 $\boldsymbol{X}(t)$概率密度函数 $P(x, t)$或 $P(x, y, t)$的计算问题，转化成了某些不含随机因素的确定性偏微分方程（组）的求解问题。因此，若能求解相关的偏微分方程，也就完成了胶着状态下随机扰动博弈系统的轨迹描述问题。下一章将聚焦于如何求解这些相关的偏微分方程。

本节继续把更多的随机过程概率密度求解问题，等价为相关的不含随机因素的确定性偏微分方程（组）问题。它们也是已知的现成结果，如《协同学原理和应用》[17]。

结论 9.11（可参考《协同学原理和应用》[17]中的第 2 章的 2.2 节）：若 $x(t)$是马尔可夫过程，那么，其概率密度函数 $P(x, t)$将由以下的偏微分方程确定

$$\frac{\partial P(x,t)}{\partial t}=\sum_{n=0}^{\infty}\left(\frac{\partial}{\partial x}\right)^{n}[D^{(n)}(x)P(x,t)]$$

其中

$$D^{(n)}(x)\equiv\frac{(-1)^{n}}{n!}E[(\Delta x)^{n}]$$

这里 $E[(\Delta x)^n]$称为 n 阶跃迁矩，$E(\cdot)$ 表示随机变量的均值。

结论 9.12（可参考《协同学原理和应用》[17]中的第 2 章的 2.3 节）：若 $x(t)$是维纳过程，那么，其概率密度函数 $P(x,t\,|\,x_0,t_0)$ 将由以下的偏微分方程确定。

$$\frac{\partial P(x,t\,|\,x_0,t_0)}{\partial t}=\frac{1}{2}\frac{\partial^2 P(x,t\,|\,x_0,t_0)}{\partial x^2}$$

若维纳过程$(x(t), y(t))$是二维的，那么，其概率密度函数$P(x, y, t \mid x_0, y_0, t_0)$将由以下的偏微分方程确定。

$$\frac{\partial P(x,y,t)}{\partial t}=\frac{1}{2}\left[\frac{\partial^2 P(x,y,t)}{\partial x^2}+\frac{\partial^2 P(x,y,t)}{\partial y^2}\right]$$

这里$P(x, y, t)$是$P(x, y, t \mid x_0, y_0, t_0)$的简写。

结论 9.13（可参考《协同学原理和应用》[17]中的第 2 章的 2.3 节）：若$x(t)$是沃恩斯坦–乌仑贝克过程，那么，其概率密度函数$P(x, t \mid x_0, t_0)$将由以下的偏微分方程确定。

$$\frac{\partial P(x,t \mid x_0,t_0)}{\partial t}=\frac{\partial[axP(x,t \mid x_0,t_0)]}{\partial x}+\frac{D}{2}\frac{\partial^2 P(x,t \mid x_0,t_0)}{\partial x^2}$$

结论 9.14（可参考《协同学原理和应用》[17]中的第 2 章的 2.3 节）：若$x(t)$是泊松过程，并且在每单位时间内，其状态由n变到n+1 的概率为k，而由n变到其他$m(m \neq n+1)$的概率为 0。若记$P(n, t \mid n_0, t_0)$为$x(t)$在t时刻，处于状态n的概率，并记

$$G(s, t) \equiv \sum_{n} P(n, t \mid n_0, t_0)\mathrm{e}^{ist}$$

那么，$G(s, t)$将由以下的偏微分方程确定。

$$\frac{\partial G(s,t)}{\partial t}-k(\mathrm{c}^{is}-1)G(s, t)$$

至此，博弈系统的胶着状态若能被随机扰动打破，那么，新系统在原来胶着点的溃散轨迹计算问题，其实就是某些特殊的偏微分方程求解问题。所以，下一章将重点介绍如何求解这些偏微分方程。

第10章 博弈溃散（下）

从上一章已经知道：博弈系统的胶着状态若能被随机扰动或涨落打破，那么，随后的溃散轨迹的计算问题，其实就是某些偏微分方程的求解问题（详见结论9.7至结论9.14）。但是，作为数学中的一个重要分支，偏微分方程（组）的成果实在太多；而且，除数学家外，其他领域的学者，至少是网络空间安全界的学者，又不太擅长偏微分，更不可能把数学专业的相关教材重新学习一遍。因此，既为了本书的完备性，也为了节省普通读者的时间和精力，本章将对浩瀚的偏微分知识进行裁剪，为描述博弈溃散而量身定制一套二变量或三变量的二阶线性（或拟线性）偏微分方程理论。当然，仍然为了节省篇幅，我们只从博弈溃散角度叙述相关结果和出处，而略去具体的证明过程。

第1节 偏微分方程基础

与常微分方程类似，在偏微分方程中，如果所涉及的偏导数最高不超过 n，那么，就称它为 n 阶偏微分方程。比如，从上一章我们已知，随机扰动所导致的，与胶着状态的博弈溃散相关的偏微分方程，就都不超过二阶；所以，本章仅限于讨论二阶情形。如果在上一章的随机扰动博弈系统中，已经有一个方程被消去，那么，就只需要考虑2个变量的二阶偏微分方程，其一般形式为

$$F\left(x,y,u,\frac{\partial u}{\partial x},\frac{\partial u}{\partial y},\frac{\partial^2 u}{\partial x^2},\frac{\partial^2 u}{\partial x\partial y},\frac{\partial^2 u}{\partial y^2}\right)=0$$

这里的 x 和 y 分别对应于上一章的 q 和 t；$u(x, y)$，或简化为 u，对应于上一章的概率密度函数 $P(q, t)$；之所以做这样的变动，是为了与偏微分方程中的常用符号一致。二阶偏微分方程还可更具体地写为

$$\frac{a_{11}\partial^2 u}{\partial x^2}+\frac{2a_{12}\partial^2 u}{\partial x\partial y}+\frac{a_{22}\partial^2 u}{\partial y^2}+F_1\left(x,y,u,\frac{\partial u}{\partial x},\frac{\partial u}{\partial y}\right)=0$$

其中，a_{11}、a_{12}、a_{22} 为 x 和 y 的函数，那么，就称该方程为关于二阶导数的线性偏微分方程；如果 a_{11}、a_{12} 和 a_{22} 不仅依赖于 x 和 y，而且还像 $F_1(\cdot)$ 那样，也是 x、y、u、$\frac{\partial u}{\partial x}$ 和 $\frac{\partial u}{\partial y}$ 的函数，那么，此时的方程就称为拟线性偏微分方程。根据上一章的结论 9.7 至结论 9.14 可知，我们最多只需考虑二阶拟线性偏微分方程就够了。

如果某方程不但关于二阶导数 $\frac{\partial^2 u}{\partial x^2}$、$\frac{\partial^2 u}{\partial x\partial y}$ 和 $\frac{\partial^2 u}{\partial y^2}$ 是线性的；而且，对于未知函数 u 及其一阶导数 $\frac{\partial u}{\partial x}$ 和 $\frac{\partial u}{\partial y}$ 也是线性的函数，即

$$\frac{a_{11}\partial^2 u}{\partial x^2}+\frac{2a_{12}\partial^2 u}{\partial x\partial y}+\frac{a_{22}\partial^2 u}{\partial y^2}+\frac{b_1\partial u}{\partial x}+\frac{b_2\partial u}{\partial y}+cu+f=0$$

其中，a_{11}、a_{12}、a_{22}、b_1、b_2、c、f 都只是 x 和 y 的函数，那么，就称该方程为线性偏微分方程；如果 a_{11}、a_{12}、a_{22}、b_1、b_2、c、f 还是与 x 和 y 无关的常数，那么，就称该方程为常系数线性偏微分方程。若 f=0，就称该方程为齐次方程。

而所谓偏微分方程的解，就是指这样的一个函数，将它替换为方程中的未知函数 u 之后，该方程对其全体自变量来说，成为一个恒等式。

如果在上一章的随机扰动博弈系统中，没有方程被消去，那么，例如像结论 9.10 所示那样，此时随机扰动的概率密度函数 $P(q_1, q_2, t)$将满足 3 个变量的二阶偏微分方程。同样，为了与微分方程中的常用符号一致，在必要时，我们

仍用变量 x、y、z 替代 q_1、q_2、t；用 $u(x, y, z)$代替 $P(q_1, q_2, t)$。总之，本章的重点将聚焦于 2 个变量或 3 个变量的二阶线性偏微分方程，它们的解就是：博弈系统的胶着状态被随机扰动打破后的溃散轨迹的概率密度函数。

与常微分方程类似，偏微分方程也可能有无穷多个解；这些解中含有一个或多个任意常数或函数，所以，也被称为“通解”。但是，在具体的问题中，我们真正关心的是从众多“通解”中，确定出一个满足某种补充条件的解。该补充条件，便称为定解条件；若定解条件描述的是刚开始（即 t=0）的情况，那么就称其为初始条件；若定解条件描述的是在边界上受到的约束，那么就称其为边界条件。寻找一个适合某些附加条件的偏微分方程的解的问题，就称为定解问题。

表面上看，二阶偏微分方程的形式千奇百怪，但是，它们其实可以通过适当的变换归纳为很简捷的几类偏微分方程。具体地说，先看二变量情形时，有以下结论。

结论 10.1（可参考《偏微分方程》[18]第 1 章中的 1.5.1 节）：考虑一般的关于二阶导数的线性二变量偏微分方程

$$\frac{a_{11}\partial^2 u}{\partial x^2}+\frac{2a_{12}\partial^2 u}{\partial x\partial y}+\frac{a_{22}\partial^2 u}{\partial y^2}+F_1\left(x,y,u,\frac{\partial u}{\partial x},\frac{\partial u}{\partial y}\right)=0$$

那么，一定存在适当的可逆变换

$$\xi=\varphi(x, y),\quad \eta=\psi(x, y)$$

它能将该方程简化为以下三种形式之一：

（1）双曲型方程。当 $a_{12}{}^2-a_{11}a_{22}>0$ 时，该方程可被简化为以下双曲型方程：

$$\frac{\partial^2 u}{\partial \xi^2}-\frac{\partial^2 u}{\partial \eta^2}=\Phi\left(\xi,\eta,u,\frac{\partial u}{\partial \xi},\frac{\partial u}{\partial \eta}\right)$$

或等价地

$$\frac{\partial^2 u}{\partial \xi\partial \eta}=\Phi\left(\xi,\eta,u,\frac{\partial u}{\partial \xi},\frac{\partial u}{\partial \eta}\right)$$

（2）椭圆型方程。当 $a_{12}^2-a_{11}a_{22}<0$ 时，该方程可被简化为以下椭圆型方程：

$$\frac{\partial^2 u}{\partial \xi^2}+\frac{\partial^2 u}{\partial \eta^2}=\Phi\left(\xi,\eta,u,\frac{\partial u}{\partial \xi},\frac{\partial u}{\partial \eta}\right)$$

（3）抛物型方程。当 $a_{12}^2-a_{11}a_{22}=0$ 时，该方程可被简化为以下抛物型方程：

$$\frac{\partial^2 u}{\partial \xi^2}=\Phi\left(\xi,\eta,u,\frac{\partial u}{\partial \xi},\frac{\partial u}{\partial \eta}\right)$$

换句话说，在第 9 章所讨论的胶着状态博弈系统中，如果经随机扰动后，其中一个子系统已经被消去，那么，只需要能够求解出结论 10.1 中的双曲型、椭圆型和抛物型偏微分方程后，打破胶着状态的溃散轨迹（即轨迹随机过程的概率密度函数）问题也就解决了。但是，如果博弈系统中的任何子系统都无法被消去，那么，就面临着求解以下结论 10.2 中的三变量偏微分方程了。

结论 10.2（可参考《偏微分方程》[18]第 1 章中的 1.5.2 节）：考虑一般的关于二阶导数的线性三变量偏微分方程：

$$\sum_{i,j=1}^{3}a_{ij}\frac{\partial^2 u(x_1,x_2,x_3)}{\partial x_i \partial x_j}+\sum_{i=1}^{3}b_i\frac{\partial u(x_1,x_2,x_3)}{\partial x_i}+cu(x_1,x_2,x_3)+f=0$$

那么，根据二次型 $\sum_{i,j=1}^{3}a_{ij}y_iy_j$ 被对角化为对角矩阵 $\boldsymbol{A}\equiv[A_{ij}]$后的情况，就一定存在适当的可逆变换

$$\xi_i=\varphi(x_1, x_2, x_3),\quad i=1, 2, 3$$

它能将该方程简化为以下三种形式之一：

（1）椭圆型方程。如果所有 3 个 $A_{ii}\neq 0(i=1, 2, 3)$且全为同号，那么，该偏微分方程便可被简化为以下椭圆型方程：

$$\sum_{i=1}^{3}\frac{\partial^2 u}{\partial \xi_i^2}+\sum_{i=1}^{3}B_i\frac{\partial u}{\partial \xi_i}+Cu+F=0$$

（2）抛物型方程。如果有某些 $A_{ii}=0$，那么，该偏微分方程便可被简化为以

下抛物型方程：

$$\sum_{i=1}^{3-m}\frac{\partial^2 u}{\partial \xi_i^2}+\sum_{i=1}^{3}B_i\frac{\partial u}{\partial \xi_i}+Cu+F=0\text{，}1\leqslant m\leqslant 3$$

（3）如果所有 3 个 $A_{ii}\neq 0(i=1, 2, 3)$，且有 2 个为同号，另一个反号，那么，该偏微分方程便可被简化为以下双曲型方程：

$$\frac{\partial^2 u}{\partial \xi_1^2}-\sum_{i=2}^{3}\frac{\partial^2 u}{\partial \xi_i^2}+\sum_{i=1}^{3}B_i\frac{\partial u}{\partial \xi_i}+Cu+F=0$$

另外，对二次型 $\sum_{i,j=1}^{3}a_{ij}y_i y_j$ 的对角化有特殊兴趣的读者，可查阅任何一本线性代数教材；不过，为使本书完备，我们简介如下：所谓“对角化”就是指，一定存在一组可逆变换，比如 $Y_i=Y_i(y_1, y_2, y_3)$，$i=1, 2, 3$，使得等式

$$\sum_{i,j=1}^{3}a_{ij}y_i y_j=\sum_{i=1}^{3}A_{ii}Y_i^2$$

永远成立。

换句话说，在本书第 9 章所讨论的胶着状态博弈系统中，如果经随机扰动后，没有子系统被消去，那么，只需要能够求解出结论 10.2 中的双曲型、椭圆型和抛物型偏微分方程后，打破胶着状态的溃散轨迹（即轨迹随机过程的概率密度函数 $P(q_1, q_2, t)$的计算）问题也就解决了。其实，仔细对比结论 9.7 至结论 9.14 可知，真正需要求解的溃散轨迹会更简单，因为关于其中第 3 个变量 t 只出现过一阶偏导数（并无二阶偏导数）；不过，为了避免过于零碎，我们仍然统一考虑。

第 2 节　双曲型溃散轨迹

由上一节已经知道，一般的双曲型溃散轨迹 $u(x, y)$形如

$$\frac{\partial^2 u}{\partial x^2}-\frac{\partial^2 u}{\partial y^2}=\Phi\left(x, y, u, \frac{\partial u}{\partial x}, \frac{\partial u}{\partial y}\right)$$

或等价地

$$\frac{\partial^2 u}{\partial x \partial y}=\Phi\left(x, y, u, \frac{\partial u}{\partial x}, \frac{\partial u}{\partial y}\right)$$

为了易于理解，首先我们考虑一个最简单的例子。

例 10.1：考虑双曲方程

$$\frac{\partial^2 u}{\partial x^2}-\frac{\partial^2 u}{\partial y^2}=\Phi\left(x, y, u, \frac{\partial u}{\partial x}, \frac{\partial u}{\partial y}\right)$$

中 $\Phi(\cdot)=0$ 的情况，即胶着点的随机扰动溃散轨迹 $u(x, y)$满足偏微分方程

$$\frac{\partial^2 u}{\partial y^2}=\frac{\partial^2 u}{\partial x^2}，(y>0, -\infty<x<+\infty)$$

并且还满足两个边值条件（初始条件和边界条件）：

初始条件 1：$u(x, 0)=\varphi(x)$；

初始条件 2：$\left.\frac{\partial u}{\partial y}\right|_{(x,0)}=\varphi_1(x)$，$-\infty<x+\infty$

为了求解该偏微分方程，我们做变换

$$\begin{cases}\xi=x-y \\ \eta=x+y\end{cases}$$

并把函数 $u(x, y)$看作是通过中间变量 ξ、η 依赖于 x 和 y。于是，利用函数的微商法则，便有

$$\frac{\partial u}{\partial x}=\frac{\partial u}{\partial \xi}+\frac{\partial u}{\partial \eta}；\frac{\partial u}{\partial y}=\frac{\partial u}{\partial \eta}-\frac{\partial u}{\partial \xi}；$$

$$\begin{aligned}\frac{\partial^2 u}{\partial x^2}&=\frac{\partial\left(\frac{\partial u}{\partial \xi}+\frac{\partial u}{\partial \eta}\right)}{\partial \xi}+\frac{\partial\left(\frac{\partial u}{\partial \xi}+\frac{\partial u}{\partial \eta}\right)}{\partial \eta}\\&=\frac{\partial^2 u}{\partial \xi^2}+\frac{2\partial^2 u}{\partial \xi \partial \eta}+\frac{\partial^2 u}{\partial \eta^2}；\end{aligned}$$

$$\frac{\partial^2 u}{\partial y^2}=\frac{\partial^2 u}{\partial \xi^2}-\frac{2\partial^2 u}{\partial \xi \partial \eta}+\frac{\partial^2 u}{\partial \eta^2}$$

于是便有

$$\frac{\partial^2 u}{\partial y^2}-\frac{\partial^2 u}{\partial x^2}=-\frac{4\partial^2 u}{\partial \xi \partial \eta}$$

于是，原来的方程

$$\frac{\partial^2 u}{\partial y^2}-\frac{\partial^2 u}{\partial x^2}=0$$

就转化为

$$\frac{\partial^2 u}{\partial \xi \partial \eta}=0$$

它又可以写成

$$\frac{\partial\left(\dfrac{\partial u}{\partial \xi}\right)}{\partial \eta}=0$$

即 $\dfrac{\partial u}{\partial \xi}$ 不依赖于 η，也就是说，它只是 ξ 的函数，故可设

$$\frac{\partial u}{\partial \xi}=\beta(\xi)$$

对此求积分便有

$$u=\int \beta(\xi)\mathrm{d}\xi+\beta_2(\eta)$$

其中，$\beta_2(\eta)$是 η 的任意函数。这里，第 1 项可以算作 ξ 的任意函数，因为 $\beta(\xi)$ 是 ξ 的任意函数。我们用 $\beta_1(\xi)$来记这第 1 项，就有

$$u=\beta_1(\xi)+\beta_2(\eta)$$

或者，换回原来的变量 x 和 y 就有

$$u(x, y)=\beta_1(x-y)+\beta_2(x+y)$$

其中，β_1 与 β_2 各为自己变量的任意函数。

下面再利用初值条件来确定这两个任意函数。分别由初值条件 1 和初值条件 2，便有

$$\beta_1(x)+\beta_2(x)=\varphi(x)$$

$$-\frac{\mathrm{d}\beta_1(x)}{\mathrm{d}x}+\frac{\mathrm{d}\beta_2(x)}{\mathrm{d}x}=\varphi_1(x)$$

对这后一个微分方程两边求积分，便有

$$\beta_1(x)-\beta_2(x)=-\int_a^x \varphi_1(z)\mathrm{d}z+c$$

其中，a 和 c 为任意常数。再将它与第 1 个初值条件

$$\beta_1(x)+\beta_2(x)=\varphi(x)$$

联立后，便得到

$$\beta_1(x)=\frac{\varphi(x)}{2}-\frac{1}{2}\int_a^x \varphi_1(z)\mathrm{d}z+\frac{c}{2}$$

$$\beta_2(x)=\frac{\varphi(x)}{2}+\frac{1}{2}\int_a^x \varphi_1(z)\mathrm{d}z-\frac{c}{2}$$

于是，最终得到

$$u(x,y)=\frac{1}{2}[\varphi(x-y)+\varphi(x+y)]+\frac{1}{2}\int_{x-y}^{x+y}\varphi_1(z)\mathrm{d}z$$

可以很容易地验证：这个解不但是唯一的，而且还是稳定的。实际上，唯一性很明确，下面只简单论述一下稳定性。假若初始条件只有细微的改变，比如，由

$$u_1(x, 0)=\varphi(x) \quad 和 \quad \left.\frac{\partial u_1}{\partial y}\right|_{(x,0)}=\varphi_1(x)$$

改变为

$$u_2(x,0)=\varphi^*(x) \quad 和 \quad \left.\frac{\partial u_2}{\partial y}\right|_{(x,0)}=\varphi_1^*(x)$$

假若初值条件的差别很小，比如

$$|\varphi(x)-\varphi^*(x)|<\delta \quad 和 \quad |\varphi_1(x)-\varphi^*{}_1(x)|<\delta$$

那么，与这两个初值条件相对应的解 $u_1(x, y)$和 $u_2(x, y)$的差别就满足

$$|u_1(x,y)-u_2(x,y)|\leqslant\frac{1}{2}|\varphi_1(x-y)-\varphi^*{}_1(x-y)|+\frac{1}{2}|\varphi_1(x+y)-\varphi^*{}_1(x+y)|+$$

$$\frac{1}{2}\int_{x-y}^{x+y}|\varphi_1(z)-\varphi^*{}_1(z)|\mathrm{d}z<$$

$$\frac{\delta}{2}+\frac{\delta}{2}+\frac{1}{2}\cdot\delta\cdot 2y$$

$$=(1+y)\delta$$

在足够小的邻域内，该差值显然也甚微。换句话说，该解是稳定的。

归纳而言，便知：如果 $\varphi(x)$具有二阶连续导数，$\varphi_1(x)$具有一阶连续导数，并且它们都有界，那么，例 10.1 中的初值问题的解就是唯一存在且稳定的。

上述求解例 10.1 的方法，其实是偏微分方程中的一种常见方法，称为达朗贝尔方法；相应求得的解，也称为达朗贝尔解。

例 10.2：设双曲偏微分方程为

$$\frac{\partial^2 u}{\partial y^2}=\frac{\partial^2 u}{\partial x^2}，(y>0, 0<x<L)$$

并且还满足以下的边界条件和初始条件：

$$u(0,y)=u(L,y)=0，(y\geqslant 0)，边界条件$$

$$u(x,0)=\varphi_0(x)，\left.\frac{\partial u}{\partial y}\right|_{(x,0)}=\varphi_1(x)，0\leqslant x\leqslant L，初始条件$$

这里

$$\varphi_0(0)=\varphi_0(L)=0,\quad \varphi_1(0)=\varphi_1(L)=0$$

因此，该例的偏微分方程及其边界条件都是齐次的，但初始条件不是齐次的。

提醒：此处例 10.2 与前面例 10.1 的主要区别体现在 $u(x, y)$的定义域和边界条件上，偏微分方程本身的外在形式却几乎相同。

下面用另一种称为分离变量法（或傅里叶法）来求解该方程，即首先求出变量 x 与 y 分离形式的特解

$$u(x, y)=X(x)Y(y)$$

然后，利用它们的迭加，即令

$$u(x, y)=\sum_n X_n(x)Y_n(y)$$

来得到所要的解。这样就将原来求解偏微分方程的问题转化成了求解常微分方程问题。具体来说，可以分为以下五个阶段。

阶段 1，求 $X(x)$和 $Y(y)$所满足的常微分方程

假设解的形式是

$$u(x, y)=X(x)Y(y)$$

将其代入双曲偏微分方程

$$\frac{\partial^2 u}{\partial y^2}=\frac{\partial^2 u}{\partial x^2}$$

中，便得

$$X(x)\frac{\mathrm{d}^2 Y(y)}{\mathrm{d}y^2}=\frac{\mathrm{d}^2 X(x)}{\mathrm{d}x^2}Y(y)$$

对该等式两边同时除以 $X(x)Y(y)$，得到

$$\frac{\mathrm{d}^2Y(y)}{Y(y)\mathrm{d}y^2}=\frac{\mathrm{d}^2X(x)}{X(x)\mathrm{d}x^2}$$

该等式左端只是 y 的函数，右端只是 x 的函数；因此，要使左右两端相等，它们就必须都是相同的常数。取该常数为$-\lambda$，于是便得到 $X(x)$和 $Y(y)$分别应该满足的常微分方程如下：

$$\frac{\mathrm{d}^2Y(y)}{\mathrm{d}y^2}+\lambda Y(y)=0$$

$$\frac{\mathrm{d}^2X(x)}{\mathrm{d}x^2}+\lambda X(x)=0$$

阶段 2，通过解边值问题，求出固有的值 λ

为了使

$$u(x,y)=X(x)Y(y)$$

满足边界条件，就应有

$$u(0,y)=X(0)Y(y)=0 \text{ 和 } u(L,y)=X(L)Y(y)=0$$

因为 $Y(y)$不能恒为 0，所以，由上式可得 $X(0)=X(L)=0$，也就是说，要寻求下列常微分方程的非零解。

$$\frac{\mathrm{d}^2X(x)}{\mathrm{d}x^2}+\lambda X(x)=0\text{，}\ 0<x<L$$

$$X(0)=X(L)=0$$

而该方程的通解形式，将随 λ 的符号不同而不同。故下面分 $\lambda=0$、$\lambda<0$ 和 $\lambda>0$ 这三种情况来分别讨论：

（1）若 $\lambda=0$。此时的方程是

$$\frac{\mathrm{d}^2X(x)}{\mathrm{d}x^2}=0$$

它的通解是

$$X(x)=Ax+B$$

这里，A、B 为待定常数。而由边界条件 $X(0)=0$，知道 $B=0$；由边界条件 $X(L)=0$，知道 $AL=0$，即 $A=0$。于是，如果 $\lambda=0$，那么方程

$$\frac{\mathrm{d}^2X(x)}{\mathrm{d}x^2}+\lambda X(x)=0$$

就只有零解。

（2）若 $\lambda<0$。此时方程

$$\frac{\mathrm{d}^2X(x)}{\mathrm{d}x^2}+\lambda X(x)=0$$

的通解是

$$X(x)=c_1\mathrm{e}^{(-\lambda)^{\frac{1}{2}}x}+c_2\mathrm{e}^{-(-\lambda)^{\frac{1}{2}}x}$$

为了满足边界条件 $X(0)=X(L)=0$，参数 c_1、c_2 就必须同时满足下面的关系

$$\begin{cases}X(0)=c_1+c_2=0\\X(L)=c_1\mathrm{e}^{(-\lambda)^{\frac{1}{2}}L}+c_2\mathrm{e}^{-(-\lambda)^{\frac{1}{2}}L}=0\end{cases}$$

因此，只能有 $c_1=c_2=0$。换句话说，此时方程

$$\frac{\mathrm{d}^2X(x)}{\mathrm{d}x^2}+\lambda X(x)=0$$

也只有零解。

（3）若 $\lambda>0$。此时由于 $(-\lambda)^{\frac{1}{2}}$ 是虚数，所以，方程

$$\frac{\mathrm{d}^2X(x)}{\mathrm{d}x^2}+\lambda X(x)=0$$

的通解是以下形式：

$$X(x)=c_1\cos(\beta x)+c_2\sin(\beta x)$$

其中，$\lambda=\beta^2$。把边界条件代入该式，得到

$$\begin{cases} X(0)=c_1\cos(0)+c_2\sin(0)=c_1=0 \\ X(L)=c_2\sin(\beta L)=0 \end{cases}$$

为了使方程 $\frac{\mathrm{d}^2X(x)}{\mathrm{d}x^2}+\lambda X(x)=0$ 有非零解，就需要 $c_2\neq0$，因此就必须有 $\sin(\beta L)=0$，即

$$\beta=\frac{n\pi}{L},\quad n=1,2,\cdots$$

于是，方程 $\frac{\mathrm{d}^2X(x)}{\mathrm{d}x^2}+\lambda X(x)=0$ 的非零解为

$$X_n(x)=c_2\sin\left(\frac{n\pi x}{L}\right),\quad n=1,2,\cdots$$

综上可知，要使方程 $\frac{\mathrm{d}^2X(x)}{\mathrm{d}x^2}+\lambda X(x)=0$ 有非零解，其中的 λ 就不能任意选取，只能取

$$\lambda=\frac{n^2\pi^2}{L^2},\quad n=1,2,\cdots$$

并且相应的非零解是

$$X_n(x)=c_2\sin\left(\frac{n\pi x}{L}\right),\quad n=1,2,\cdots$$

称能够使方程 $\frac{\mathrm{d}^2X(x)}{\mathrm{d}x^2}+\lambda X(x)=0$ 有非零解的 $\lambda_n=\frac{n^2\pi^2}{L^2}$ 为固有值；而称对应的解函数 $X_n(x)$为固有函数；而此处例 10.2 的边值问题，称为固有值问题。

将固有值 $\lambda_n=\frac{n^2\pi^2}{L^2}$ 代入另一个方程 $\frac{\mathrm{d}^2Y(y)}{\mathrm{d}y^2}+\lambda Y(y)=0$ 后，得到其通解为

$$Y_n(y)=A_n\cos\left(\frac{n\pi y}{L}\right)+B_n\sin\left(\frac{n\pi y}{L}\right)$$

至此，我们就求出了方程

$$\frac{\partial^2 u}{\partial y^2}=\frac{\partial^2 u}{\partial x^2}\quad（y>0,\ 0<x<L）$$

的满足边界条件

$$u(0,y)=u(L,y)=0，\ y\geqslant 0$$

的以下非零特解

$$u_n(x,y)=X_n(x)Y_n(y)=\left[A_n\cos\left(\frac{n\pi y}{L}\right)+B_n\sin\left(\frac{n\pi y}{L}\right)\right]\sin\left(\frac{n\pi x}{L}\right)$$

其中，A_n 和 B_n 是任意常数。

阶段 3，$\boldsymbol{u_n(x,y)}$的叠加

虽然上面已经找出了满足边界条件 $u(0,y)=u(L,y)=0$ 的解 $u_n(x,y)$，但是，对定解问题来说，还要满足初始条件，即要在 $y=0$ 时，使得

$$u_n(x,0)=A_n\sin\left(\frac{n\pi x}{L}\right)$$

要等于给定的 $\varphi_0(x)$，这是未必可能的。但是，由傅里叶级数理论可知，如果 $\varphi_0(x)$ 满足一定的条件，它就能用 $A_n\sin\left(\frac{n\pi x}{L}\right)$ 的叠加来表示。另一方面，由于方程

$$\frac{\partial^2 u}{\partial y^2}=\frac{\partial^2 u}{\partial x^2}\quad（y>0,\ 0<x<L）$$

和边界条件

$$u(0,y)=u(L,y)=0\quad（y\geqslant 0）$$

都是齐次的，因此，上述 u_n 的任意线性组合，也是满足边界条件的解。于是，我们就可以考虑以下形式的解：

$$u(x,y)=\sum_{n=1}^{\infty}u_n(x,y)$$

阶段 4，系数 A_n、B_n 的确定

要确定 A_n、B_n 使得无穷级数

$$u(x,y)=\sum_{n=1}^{\infty}u_n(x,y)=\sum_{n=1}^{\infty}\left[A_n\cos\left(\frac{n\pi y}{L}\right)+B_n\sin\left(\frac{n\pi y}{L}\right)\right]\sin\left(\frac{n\pi x}{L}\right)$$

满足偏微分方程

$$\frac{\partial^2 u}{\partial y^2}=\frac{\partial^2 u}{\partial x^2}$$

和相应的边界条件

$$u(0,y)=u(L,y)=0\ (y\geqslant 0)$$

以及初始条件

$$u(x,0)=\varphi_0(x),\quad \left.\frac{\partial u}{\partial y}\right|_{(x,0)}=\varphi_1(x),\quad 0\leqslant x\leqslant L$$

如果该级数一致收敛且可逐项微分，则由初始条件就知应有

$$u(x,0)=\sum_{n=1}^{\infty}A_n\sin\left(\frac{n\pi x}{L}\right)=\varphi_0(x)$$

$$\left.\frac{\partial u(x,y)}{\partial y}\right|_{(x,0)}=\sum_{n=1}^{\infty}B_n\left(\frac{n\pi}{L}\right)\sin\left(\frac{n\pi x}{L}\right)=\varphi_1(x)$$

由傅里叶级数理论可知，若 $\varphi_0(x)$和 $\varphi_1(x)$有一阶连续导数且满足

$$\varphi_0(0)=\varphi_0(L)=0 \text{ 和 } \varphi_1(0)=\varphi_1(L)=0$$

则 $\varphi_0(x)$和 $\varphi_1(x)$可按函数系$\left\{\sin\left(\frac{n\pi x}{L}\right)\right\}$在闭区间$[0, L]$上展开为傅里叶级数。利用固有函数系$\left\{\sin\left(\frac{n\pi x}{L}\right)\right\}$的正交性，把上面两个等式的两端都乘以$\sin\left(\frac{k\pi x}{L}\right)$，并对变量 x 从 0 到 L 积分，结果就有

$$A_k=\frac{2}{L}\int_0^L \varphi_0\ (x)\sin\left(\frac{k\pi x}{L}\right)\mathrm{d}x$$

$$B_k=\frac{2}{k\pi}\int_0^L \varphi_1\ (x)\sin\left(\frac{k\pi x}{L}\right)\mathrm{d}x$$

把这样确定的 A_k 和 B_k 代入上面已有的公式

$$u(x,y)=\sum_{n=1}^{\infty}\left[A_n\cos\left(\frac{n\pi y}{L}\right)+B_n\sin\left(\frac{n\pi y}{L}\right)\right]\sin\left(\frac{n\pi x}{L}\right)$$

就得到了定解问题的形式解。

阶段 5，解的表达式

截止阶段 4，我们已经求出了例 10.2 的形式解，下面的结论 10.3 将证明，如果函数 $\varphi_0(x)$和 $\varphi_1(x)$满足一定的条件，那么，阶段 4 中求出的形式解，就是满足例 10.2 中所有条件（初始条件和边值条件等）的解，换句话说，上述的形式解是绝对且一致收敛的。

结论 10.3（可参考《偏微分方程》[18]中的第 2.2 节的定理 1）：如果例 10.2 中的 $\varphi_0(x)$是四阶连续可导函数，$\varphi_1(x)$是三阶连续可导函数，同时

$$\varphi_0(0)=\varphi_0(L)=\varphi_1(0)=\varphi_1(L)=0$$

并且

$$\left.\frac{\mathrm{d}^2\varphi_0(x)}{\mathrm{d}x^2}\right|_{x=0}=\left.\frac{\mathrm{d}^2\varphi_0(x)}{\mathrm{d}x^2}\right|_{x=L}=0$$

那么，双曲偏微分方程

$$\frac{\partial^2 u}{\partial y^2}=\frac{\partial^2 u}{\partial x^2}\quad（y>0,\ 0<x<L）$$

的满足以下的边界条件

$$u(0,y)=u(L,y)=0，\ y\geqslant 0$$

和初始条件

$$u(x,0)=\varphi_0(x),\quad \left.\frac{\partial u}{\partial y}\right|_{(x,0)}=\varphi_1(x),\quad 0\leqslant x\leqslant L$$

的解可以表示为

$$u(x,y)=\sum_{n=1}^{\infty}\left[A_n\cos\left(\frac{n\pi y}{L}\right)+B_n\sin\left(\frac{n\pi y}{L}\right)\right]\sin\left(\frac{n\pi x}{L}\right)$$

其中，A_n 和 B_n 由下式确定：

$$A_n=\frac{2}{L}\int_0^L\varphi_0(x)\sin\left(\frac{n\pi x}{L}\right)\mathrm{d}x$$

$$B_n=\frac{2}{n\pi}\int_0^L\varphi_1(x)\sin\left(\frac{n\pi x}{L}\right)\mathrm{d}x$$

通过上述求解例 10.2 的过程可知，偏微分方程的求解问题其实是很烦琐的，不过，也还是有若干一般性的唯一存在性结果。比如，下面的结论 10.4（可参考《偏微分方程》[18]中的第 2.2 节的定理 2）。

结论 10.4（存在唯一性定理）：偏微分方程

$$a(x)\frac{\partial^2 u}{\partial y^2}=\frac{\partial}{\partial x}\left[k(x)\frac{\partial u}{\partial x}\right]+F(x,y)\text{，}\quad 0<x<L\text{，}\ y>0$$

只有唯一的解能满足下列的初始条件和边界条件：

$$u(x,0)=\varphi(x),\quad \left.\frac{\partial u(x,y)}{\partial y}\right|_{(x,0)}=\psi(x),$$

$$u(0,y)=b_1(y),\quad u(L,y)=b_2(y)$$

这里假定，在区域$\{0\leqslant x\leqslant L,\ y\geqslant 0\}$内，函数 $u(x,y)$及其二阶偏导数都是连续的，并且函数 $a(x)>0$、$k(x)>0$ 也都是连续的。

显然，例 10.2 只不过是结论 10.4 的特例而已，所以，在阶段 5 中求出的那个解便是唯一解。

下面再来考虑一个比前面例 10.2 更普遍的例子。

例 10.3：求解以下边值条件的偏微分方程：

$$\frac{\partial^2 u}{\partial y^2}=\frac{a^2\partial^2 u}{\partial x^2}+f(x,y)\text{，}0<x<L\text{，}y>0$$

$$u(x,0)=\varphi_0(x)\text{，}\left.\frac{\partial u(x,y)}{\partial y}\right|_{(x,0)}=\varphi_1(x)\text{，}0\leqslant x\leqslant L$$

$$u(0,y)=b_1(y)\text{，}u(L,y)=b_2(y)\text{，}y\geqslant 0$$

此时，偏微分方程本身是非齐次的，初始条件和边界条件也是非齐次的。

首先，我们将指出，边界条件其实是可以齐次化的，即若 $u(x, y)$是方程的一个解，那么令

$$v(x,y)=u(x,y)-w(x,y)$$

其中

$$w(x,y)\equiv b_1(y)+\frac{x[b_2(y)-b_1(y)]}{L}$$

则直接验证便可知：函数 $v(x, y)$将满足

$$\frac{\partial^2 v}{\partial y^2}=\frac{a^2\partial^2 v}{\partial x^2}+f_1(x,y)\text{，}0<x<L\text{，}y>0$$

$$v(x,0)=\psi_0(x)\text{，}\left.\frac{\partial v(x,y)}{\partial y}\right|_{(x,0)}=\psi_1(x)\text{，}0\leqslant x\leqslant L$$

$$v(0,y)=v(L,y)=0\text{，}y\geqslant 0$$

这里

$$f_1(x, y)=f(x, y)-\left[\frac{\partial^2 w}{\partial y^2}-\frac{a^2\partial^2 w}{\partial x^2}\right]$$

$$\psi_0(x)=\varphi_0(x)-w(x, 0)$$

$$\psi_1(x)=\varphi_1(x)-\left.\frac{\partial w(x, y)}{\partial y}\right|_{(x,0)}$$

至此，边界条件就被齐次化了，而偏微分方程的形式并未改变。

其次，我们还将指出，初始条件也是可以齐次化的。因为，若 $u_1(x, y)$是例 10.2 的一个定解，令

$$v(x, y)=u_1(x, y)+u_2(x, y)$$

其中，$u_2(x, y)$是下列齐次初始条件的解

$$\frac{\partial^2 u_2}{\partial y^2}=\frac{a^2\partial^2 u_2}{\partial x^2}+f_1(x, y)\text{，}0<x<L\text{，}y>0$$

$$u_2(x,0)=\left.\frac{\partial u_2(x, y)}{\partial y}\right|_{(x,0)}=0\text{，}0\leqslant x\leqslant L$$

$$u_2(0, y)=u_2(L, y)=0\text{，}y\geqslant 0$$

至此，初始条件也被齐次化了。由于 $u_1(x, y)$的求解问题已在例 10.2 中解决了，所以，下面只考虑 $u_2(x, y)$的求解问题。

设函数 $u_2(x, y)$具有叠加形式：

$$u_2(x, y)=\sum_{n=1}^{\infty}X_n(x)Y_n(y)$$

下面分为两阶段来计算 $u_2(x, y)$。

阶段 1，确定函数 $X_n(x)$

首先，假定 X_n(x)满足边界条件 $X_n(0)=X_n(L)=0$，于是，叠加后的 $u_2(x, y)$也将满足齐次边界条件

$$u_2(0, y)=u_2(L, y)=0$$

其次，若将 y 看成参变量，则可将

$$u_2(x,y)=\sum_{n=1}^{\infty}X_n(x)Y_n(y)$$

看作 $u_2(x, y)$对 $X_n(x)$的傅里叶展开式，而其中的 $Y_n(y)$是傅里叶系数。仿照例 10.2 的分析过程，我们假定函数系

$$\left\{X_n(x)=\sin\left(\frac{n\pi x}{L}\right),\ n=1, 2,\cdots\right\}$$

构成傅里叶展开式中的基函数。

阶段 2，确定 $Y_n(y)$

由阶段 1 可知，现在我们可以假定

$$u_2(x,y)=\sum_{n=1}^{\infty}Y_n(y)\sin\left(\frac{n\pi x}{L}\right)$$

将它代入上述偏微分方程中，根据它将满足的边界条件，就有，

$$\sum_{n=1}^{\infty}\left[\frac{\mathrm{d}^2Y_n(y)}{\mathrm{d}y^2}\right]\sin\left(\frac{n\pi x}{L}\right)=-\sum_{n=1}^{\infty}a^2\left(\frac{n\pi}{L}\right)^2\sin\left(\frac{n\pi x}{L}\right)\cdot Y_n(y)+f_1(x,y)$$

为了能够比较该等式左右两边的系数，把 $f_1(x, y)$考虑为 x 的函数，把它展开成以下的傅里叶级数

$$f_1(x,y)=\sum_{n=1}^{\infty}g_n(y)\sin\left(\frac{n\pi x}{L}\right)$$

其中，$g_n(y)$就是 $f_1(x, y)$的傅里叶系数，即

$$g_n(y)=\frac{2}{L}\int_0^L f_1(x,y)\sin\left(\frac{n\pi x}{L}\right)\mathrm{d}x$$

这样，就得到

$$\sum_{n=1}^{\infty}\left[\frac{\mathrm{d}^2Y_n(y)}{\mathrm{d}y^2}\right]\sin\left(\frac{n\pi x}{L}\right)=$$
$$-\sum_{n=1}^{\infty}a^2\left(\frac{n\pi}{L}\right)^2\sin\left(\frac{n\pi x}{L}\right)\cdot Y_n(y)+\frac{2}{L}\int_0^L f_1(x,y)\sin\left(\frac{n\pi x}{L}\right)\mathrm{d}x$$

利用正交性，对该等式两边乘以 $\sin\left(\frac{m\pi x}{L}\right)$ 并从 0 到 L 积分，得到

$$\frac{\mathrm{d}^2Y_m(y)}{\mathrm{d}y^2}+a^2\left(\frac{m\pi}{L}\right)^2 Y_m(y)=g_m(y)$$

这就是 $Y_m(y)$ 所应满足的常微分方程。对于这样确定的 $Y_m(y)$，函数

$$u_2(x,y)=\sum_{n=1}^{\infty}Y_n(y)\sin\left(\frac{n\pi x}{L}\right)$$

便满足例 10.3 中的偏微分方程和边界条件。最后，为了让它也满足初始条件，就应该有

$$u_2(x,0)=\sum_{n=1}^{\infty}Y_n(0)\sin\left(\frac{n\pi x}{L}\right)=0$$

和

$$\left.\frac{\partial u_2(x,y)}{\partial y}\right|_{(x,0)}=\sum_{n=1}^{\infty}\left.\frac{\mathrm{d}Y_n}{\mathrm{d}y}\right|_{y=0}\sin\left(\frac{n\pi x}{L}\right)=0$$

根据 $\left\{\sin\left(\frac{n\pi x}{L}\right)\right\}$ 的正交性，得到

$$Y_m(0)=\left.\frac{\mathrm{d}Y_m}{\mathrm{d}y}\right|_{y=0}=0$$

于是，$Y_m(y)$ 就是下面常微分方程柯西问题的解：

$$\frac{\mathrm{d}^2Y_m(y)}{\mathrm{d}y^2}+a^2\left(\frac{m\pi}{L}\right)^2 Y_m(y)=g_m(y)$$

$$Y_m(0)=0\text{，}\quad \left.\frac{\mathrm{d}Y_m}{\mathrm{d}y}\right|_{y=0}=0$$

其解为

$$Y_m(y)=\frac{L}{m\pi a}\int_0^L \sin\left(\frac{m\pi}{L}\right)a(y-\tau)g_m(\tau)\mathrm{d}\tau$$

于是，将该 $Y_m(y)$代入

$$u_2(x,y)=\sum_{n=1}^{\infty}Y_n(y)\sin\left(\frac{n\pi x}{L}\right)$$

中，若所得级数是一致收敛的并可逐项求导，则边界条件和初始条件均被满足；若级数可逐项求导 2 次，则偏微分方程也被满足，当然，此时还得假定函数 $f_1(x, y)$在区域$\{y\geqslant 0,\ 0<x<L\}$内是连续可微的，并且对 x 还有连续的二阶导数，以及边界条件

$$f_1(0, y)=f_1(L, y)=0$$

由结论 10.1 可知，任何二变量的线性双曲型偏微分方程，都可以通过变量的可逆变换转化为以下的形式：

$$\frac{\partial^2 u}{\partial x\partial y}+a(x,y)\frac{\partial u}{\partial x}+b(x,y)\frac{\partial u}{\partial y}+c(x,y)u=F(x,y)$$

称之为拉普拉斯双曲型方程。

关于双曲型偏微分方程解的存在性、唯一性和稳定性，有如下一般性的结果（可参考《偏微分方程》[18]中的第 2 章 2.4 节），即结论 10.5。

结论 10.5：满足以下柯西条件的拉普拉斯双曲型偏微分方程，存在唯一稳定的解。

$$\frac{\partial^2 u}{\partial x\partial y}+a(x,y)\frac{\partial u}{\partial x}+b(x,y)\frac{\partial u}{\partial y}+c(x,y)u=F(x,y)$$

$$u(x,y)\big|_{y=g(x)}=\varphi_0(x)\text{，}\quad \left.\frac{\partial u(x,y)}{\partial y}\right|_{y=g(x)}=\varphi_1(x)$$

这里，假定$\frac{\mathrm{d}g(x)}{\mathrm{d}x}$在闭区间[$a, b$]上连续并有定号（即恒有$\frac{\mathrm{d}g(x)}{\mathrm{d}x}>0$或恒有$\frac{\mathrm{d}g(x)}{\mathrm{d}x}<0$，为了描述方便，此处假定$\frac{\mathrm{d}g(x)}{\mathrm{d}x}<0$）；$\varphi_1(x)$在[$a$, b]上连续；$\varphi_0(x)$在[a, b]上有连续导数；方程中$a(x, y)$、$b(x, y)$、$c(x, y)$和$F(x, y)$都在平面上的闭区域[a, b ; $g(b), g(a)$]中有连续的一阶导数。

由于该定理的证明过程，以及那个唯一连续解的具体描述都太复杂，所以此处略去不述。

至此，关于双曲型溃散轨迹，我们已重点介绍了一些二变量结果，下面再介绍一些有关三变量的结果。

结论 10.6（可参考《偏微分方程》[19]中的 3.4.2 节）：以下初值问题的双曲型偏微分方程

$$\frac{\partial^2 u}{\partial z^2}-a^2\left(\frac{\partial^2 u}{\partial x^2}+\frac{\partial^2 u}{\partial y^2}\right)=0\text{，}z>0\text{，}(x, y)\in \mathbf{R}^2$$

$$u(x, y, 0)=\varphi(x, y)\text{，}\left.\frac{\partial u}{\partial z}\right|_{z=0}=\psi(x, y)$$

的解$u(x, y, z)$为

$$u(x, y, z)=(2\pi a)^{-1}\left\{\int_0^{az}\int_0^{2\pi}\psi\ (x+r\cos\theta,\ y+r\sin\theta)r[(az)^2-r^2]^{-\frac{1}{2}}\mathrm{d}\theta\mathrm{d}r+\right.$$

$$\left.\left(\frac{\partial}{\partial z}\right)\int_0^{az}\int_0^{2\pi}\varphi(x+r\cos\theta,\ y+r\sin\theta)r[(az)^2-r^2]^{-\frac{1}{2}}\mathrm{d}\theta\mathrm{d}r\right\}$$

结论 10.7（可参考《偏微分方程》[19]中的定理 3.5.1 至定理 3.5.3）：考虑以下初值问题的双曲型偏微分方程

$$\frac{\partial^2 u}{\partial z^2}-a^2\left(\frac{\partial^2 u}{\partial x^2}+\frac{\partial^2 u}{\partial y^2}\right)=f(x,y,z)\text{，}\ z>0\text{，}(x, y)\in\Omega$$

$$u(x, y, 0)=\varphi(x, y)\text{，}\left.\frac{\partial u}{\partial z}\right|_{z=0}=\psi(x, y)\text{，}(x, y)\in\Omega^*$$

$$\left.\left(\frac{T\partial u}{\partial v}+\sigma u\right)\right|_{\partial\Omega}=p(s,z)，\ z>0$$

其中，Ω^*表示区域 Ω 的闭包；$\partial\Omega$ 是 Ω 的边界点集，即$\partial\Omega\equiv\Omega^*-\Omega$；$f(\cdot)\neq 0$；$\sigma\geqslant 0$；$v$ 是$\partial\Omega$ 的单位外法向量。那么，该偏微分方程存在唯一的稳定解。

第 3 节　椭圆型溃散轨迹

最常见的二变量椭圆型偏微分方程形如

$$\frac{\partial u}{\partial t}=\frac{a^2\partial^2 u}{\partial x^2}，\quad t>0$$

直接验证可知：函数

$$u(x-c,t)=t^{-\frac{1}{2}}\mathrm{e}^{-\frac{1}{4t}(x-c)^2}\quad（对任意参量 c）$$

就是该椭圆方程的通解。同理，最常见的三变量椭圆型偏微分方程形如

$$\frac{\partial u}{\partial t}-a^2\left(\frac{\partial^2 u}{\partial x^2}+\frac{\partial^2 u}{\partial y^2}\right)=0，\quad x\in\Omega，\ t>0$$

这里 Ω 是 $\mathbf{R}^2$ 中的开集，a 是常数（今后约定 a=1）。仍然可以直接验证，函数

$$u(x,y,t)=t^{-1}\mathrm{e}^{-\frac{1}{4t}[(x-c_0)^2+(y-c_1)^2]}$$

是该椭圆方程的以(c_0, c_1)为参量的通解，称为基本解。

下面开始考虑以下双曲型初值问题（称之为“齐次热传导方程”）的解：

$$\frac{\partial u}{\partial t}-\Delta u(x,t)=0，\quad x\in\mathbf{R}^n，\ 0<t\leqslant T$$

$$u(x,0)=\varphi(x)，\quad x\in\mathbf{R}^n$$

这里

$$\Delta u(x,t) \equiv \sum_{i=1}^{n} \frac{\partial^2 u}{\partial x_i^2}$$

称为拉普拉斯算子。当然，我们只对 $n=1$ 和 $n=2$ 感兴趣。于是，便有结论 10.8（可参考《偏微分方程》[19]中的定理 4.1.1）。

结论 10.8：如果 $\varphi(x)$在 $x \in \mathbf{R}^n$ 中连续可微，且存在常数 $M>0$ 和 $A>0$ 使得成立

$$|\varphi(x)| \leqslant M\exp\left\{A\sum_{i=1}^{n} x_i^2\right\}，对任意 x \in \mathbf{R}^n$$

则在区域

$$\Omega = \left\{(x,\ t): x \in \mathbf{R}^n,\quad 0 < t \leqslant T < \frac{1}{4A}\right\}$$

内，上述“齐次热传导方程”的解，就是以下函数

$$u(x,\ t) = \int \varphi(y) K(x-y,\ t)\mathrm{d}y$$

这里的积分是在 $\mathbf{R}^n$ 中进行的。其中

$$K(x-y,t) \equiv (4\pi t)^{-\frac{n}{2}} \exp\left\{-\frac{1}{4t}\sum_{i=1}^{n}(x_i - y_i)^2\right\}$$

称为解核；并且该解在 Ω 上还是无穷次可微的。更进一步地，如果限制

$$|u(x,t)| \leqslant N\exp\left[B\sum_{i=1}^{n} x_i^2\right]$$

这里，N 和 B 是两个常数；那么，这样的解 $u(x,\ t)$还是唯一的，并且对初始条件稳定。

考虑 $\mathbf{R}^{n+1}(n \geqslant 2)$中有界柱体

$$Q_T \equiv \{(x,\ t): x \in \Omega,\quad 0<t \leqslant T\}$$

其中，Ω 是 $\mathbf{R}^n$ 中的有界开集，T 是取定的正常数。记由该柱体的侧面和底面（t=0）组成的边界部分为 T_T, 称其为 Q_T 的抛物边界，即 $T_T=Q_T^*-Q_T$，Q_T^* 表示 Q_T 的闭包。若函数 $u(x, t)$ 在 Q_T 上，关于 x 的所有二阶连续偏微分及关于 t 的一阶连续偏微分都存在，则记为 $u\in C^{2,1}(Q_T)$。于是，便可得出结论 10.9（可参考《偏微分方程》[19]中的定理 4.2.2、定理 4.2.4 和定理 4.2.5）。

结论 10.9：边值问题：

$$\frac{\partial u}{\partial t}-\Delta u(x, t)=f(x, t)，(x, t)\in Q_T$$

$$u(x, t)=\varphi(x, t)，当(x, t)\in T_T$$

的解唯一存在，且关于初值和边值是稳定的。同时，对 $u(x, t)\in C^{2,1}(Q_T)$ 来说，除非 u 是常数，否则 $|u|$ 在 Q_T^* 上的最大值，只能在抛物边界 T_T 上取到。

称

$$\Delta u\equiv\frac{\partial^2 u}{\partial x^2}+\frac{\partial^2 u}{\partial y^2}=0，(x, y)\in\Omega$$

为二变量的调和方程；这里 Ω 是某条封闭曲线 S 在平面 $\mathbf{R}^2$ 中围成的某个区域；包含 Ω 的最小闭集，记为 Ω^*；曲线 S 记为 $\partial\Omega$，即 $\partial\Omega\equiv\Omega^*-\Omega$。满足调和方程的函数，称为调和函数。于是便有下面的结论 10.10。

结论 10.10：直接验证可知，作为典型的椭圆型方程，二变量调和方程的基本解为

$$u(x, y)=\ln(|x-y|)$$

此外，还有以下 5 个方面的补充。

补充 1（可参考《偏微分方程》[19]中的定理 5.1.4）：在区域 Ω 内调和的函数，不可能在该区域 Ω 内达到最大值和最小值，除非它是常数。如果区域 Ω 是有界的，函数 u 在 Ω 内有连续二阶偏导数，u 在 Ω^* 上有连续一阶偏导数，并且 u 在 Ω 内调和，那么，$|u(x, y)|$ 在 Ω^* 内的最大值等于其在 $\partial\Omega$ 的最大值。

补充 2（可参考《偏微分方程》[19]中的推论 5.1.5）：若 u、v 都在 Ω 内有连续二阶偏导数，都在 Ω^*上有连续一阶偏导数，并且在 Ω 内满足 $\Delta u=\Delta v$，在$\partial\Omega$上 $u=v$，那么在 Ω 中将恒有 $u\equiv v$。

补充 3（可参考《偏微分方程》[19]中的定理 5.1.7）：若 Ω 是平面上的有界区域，则以下二变量的狄立克雷内问题：

$$-\Delta u=f(x,y)，(x,y)\in\Omega，二元函数 f(\cdot) 不恒为 0$$

$$u=\varphi(x,y)，(x,y)\in\partial\Omega$$

至多有一个解，且连续依赖于边值 $\varphi(x,y)$。

补充 4（可参考《偏微分方程》[19]中的定理 5.1.8）：若 Ω 是平面上的无界区域，则以下二变量的狄立克雷问题：

$$-\Delta u=f(x,y)，(x,y)\in\Omega，二元函数 f(\cdot) 不恒为 0$$

$$u=\varphi(x,y)，(x,y)\in\partial\Omega；\lim_{|x|+|y|\to\infty}u(x,y)=0$$

至多有一个解，且连续依赖于边值 $\varphi(x,y)$。

补充 5（可参考《偏微分方程》[19]中的定理 5.3.5）：在全平面 $\mathbf{R}^2$ 上有界的调和函数 $u(x,y)$必定是常数。

下面开始考虑三变量的情形。

定义 10.1：在某个三维区域 Ω 内，有连续二阶偏导数，并且满足以下拉普拉斯椭圆型方程（也称为调和方程）

$$\Delta u\equiv\frac{\partial^2 u}{\partial x^2}+\frac{\partial^2 u}{\partial y^2}+\frac{\partial^2 u}{\partial z^2}=0$$

的函数 $u(x,y,z)$称为三变量调和函数。称算子

$$\Delta\equiv\frac{\partial^2}{\partial x^2}+\frac{\partial^2}{\partial y^2}+\frac{\partial^2}{\partial z^2}$$

为三变量的拉普拉斯椭圆算子。

比如，直接验证可知：由函数

$$r(x, y, z)\equiv[(x-x_0)^2+(y-y_0)^2+(z-z_0)^2]^{\frac{1}{2}}$$

定义的函数 $\frac{1}{r(x,y,z)}$ 就是一个除在点 $M_0=(x_0, y_0, z_0)$之外，都满足上述拉普拉斯椭圆方程的调和函数。该函数 $\frac{1}{r(x,y,z)}$ 将被称为上述调和方程的基本解。此外，还可以直接验证以下的恒等式，称为格林公式：

$$v\Delta u - u\Delta v = \frac{\partial}{\partial x}\left(\frac{v\partial u}{\partial x}-\frac{u\partial v}{\partial x}\right)+\frac{\partial}{\partial y}\left(\frac{v\partial u}{\partial y}-\frac{u\partial v}{\partial y}\right)+\frac{\partial}{\partial z}\left(\frac{v\partial u}{\partial z}-\frac{u\partial v}{\partial z}\right)$$

结论 10.11（可参考《偏微分方程》[18]第 3.1 节中的性质 1 至性质 4 和《偏微分方程》[19]中的定理 5.3.5、定理 5.3.6 和定理 5.3.8）：三变量调和函数 $u(x, y, z)$ 满足以下性质：

（1）设函数 $u(x, y, z)$在以曲面 S 为界面围成的区域 Ω 内是调和函数，并且它在 $\Omega+S$ 上有一阶连续偏导数，那么成立：

$$\iint_S\left(\frac{\partial u}{\partial n}\right)\mathrm{d}S=0$$

并且，若点 M_0 在 Ω 之外，则

$$\iint_S\left(\frac{u\partial r^{-1}}{\partial n}-\frac{r^{-1}\partial u}{\partial n}\right)\mathrm{d}S=0$$

若点 M_0 在 Ω 之内，则有

$$\iint_S\left(\frac{u\partial r^{-1}}{\partial n}-\frac{r^{-1}\partial u}{\partial n}\right)\mathrm{d}S=4\pi u(M_0)$$

这里和今后，$\iint_S(\cdot)\mathrm{d}S$ 表示在曲面 S 上的双重积分，n 表示 S 的内法线。

此性质将在解决拉普拉斯方程的边值问题中起着重要作用。

（2）（平均值定理）：调和函数 $u(x, y, z)$在其定义域 Ω 内任意点 $M_1=(x_1, y_1, z_1)$ 的值，等于 u 在以 M_1 为中心，R 为半径且含于 Ω 中的任一球面 $S(R)$上的积分的平均值，即

$$u(M_1)=\frac{1}{4\pi R^2}\iint_{S(R)} u\mathrm{d}S$$

（3）（极值原理）：定义于由曲面 S 围成的有界连通域 Ω 上的调和函数 u，若在 $\Omega+S$ 上连续，且不为常数，那么，$u(x, y, z)$的最大值和最小值都只能出现在 Ω 的边界 S 上。

（4）在全空间 $\mathbf{R}^3$ 上有界的三变量调和函数 $u(x, y, z)$必定是常数。此外，还有奇点可去性，即若 $u(x, y, z)$在区域 $\Omega-(x_0, y_0, z_0)$中调和，并且在 $M=(x_0, y_0, z_0)$ 点有

$$\lim_{(x, y, z)\to M}[(x-x_0)^2+(y-y_0)^2+(z-z_0)^2]^{\frac{1}{2}}u(x, y, z)=0$$

那么，就可以重新定义函数 $u(x, y, z)$在 M 点的值，使得 $u(x, y, z)$在 Ω 中调和。

（5）若函数 u 在区域 Ω 内调和，那么，它在该区域内无穷次可微。此处的 u 既可以是二变量的函数，也可以是三变量的函数。当然，相应的 Ω 也是平面或立体的区域。

关于椭圆型偏微分方程解的存在性等，有以下结论，即结论 10.12～结论 10.14。

结论 10.12（狄立克雷问题，可参考《偏微分方程》[18]第 3.2 节中的定理 1、定理 2 和 3.7 节中的定理 1、定理 2、定理 3）：设 S 为空间(x, y, z)中某一闭曲面，记 S 的内部区域为 Ω，外部区域为 T，那么有：

（1）（内问题）：带边值条件

$$u(x, y, z)|_{(x, y, z)\in S}=f(x, y, z)$$

（这里，$f(x, y, z)$是连续函数）的拉普拉斯椭圆方程

$$\Delta u(x, y, z)=0，(x, y, z)\in \Omega$$

的解存在且唯一，还连续依赖于所给的边值f。

（2）（外问题）：带边值条件

$$u(x, y, z)|_{(x, y, z)\in S}=f(x, y, z)$$

（这里，$f(x, y, z)$是连续函数）和

$$\lim_{OM\to\infty} u(M)=0$$

的拉普拉斯椭圆方程

$$\Delta u(x, y, z)=0，(x, y, z)\in T$$

的解存在且唯一，还稳定。说明：这里的条件$\lim_{OM\to\infty} u(M)=0$表示，当点$M$趋于无穷远时，函数值$u(M)$将一致地趋于0。

结论 10.13（牛孟问题，可参考《偏微分方程》[18]的第3章3.2节的定理3、定理4和第3.7节的定理1、定理2）：设S为空间(x, y, z)中某一光滑闭曲面，记S的内部区域为Ω，外部区域为T，那么有：

（1）（内问题）：带边值条件$\left.\frac{\partial u}{\partial n}\right|_S = f$（其中，$n$为$S$关于$\Omega$的内法线方向）的拉普拉斯椭圆方程

$$\Delta u(x, y, z)=0，(x, y, z)\in \Omega$$

的解存在的充分必要条件是

$$\iint_S f(P)\mathrm{d}S_P = 0$$

这里，$\iint_S f(P)\mathrm{d}S_P$是某种富内德荷蒙势积分，细节描述过于复杂，有特殊兴趣者可参考《偏微分方程》[18]的第158页等。

（2）（外问题）：域 T 中，带边值条件 $\left.\frac{\partial u}{\partial n}\right|_S=f$（这里 $f(x, y, z)$ 是连续函数）的拉普拉斯椭圆方程

$$\Delta u(x, y, z)=0,\ (x, y, z)\in T$$

的满足正则性条件的解存在且唯一。注：此处的“u 满足正则性条件”意思是指：在无限远处，u 始终满足以下几个不等式

$$|u|<\frac{A}{r},\ \left|\frac{\partial u}{\partial x}\right|<\frac{A}{r^2},\ \left|\frac{\partial u}{\partial y}\right|<\frac{A}{r^2},\ \left|\frac{\partial u}{\partial z}\right|<\frac{A}{r^2}$$

这里 A 为某个正数，r 为流动点 M 到坐标原点 O 的欧氏距离。

结论 10.14（洛平问题，可参考《偏微分方程》[18]的第 3 章 3.2 节）：设 S 为空间(x, y, z)中某一光滑闭曲面，记 S 的内部区域为 Ω，外部区域为 T。那么，有

（1）（内问题）：带边值条件

$$\left.\left[au(x,y,z)-\frac{b\partial u(x,y,z)}{\partial n}\right]\right|_{(x,y,z)\in S}=f(x,y,z)$$

的拉普拉斯椭圆方程

$$\Delta u(x, y, z)=0,\ (x, y, z)\in \Omega$$

的解若存在，则必定唯一。

（2）（外问题）：带边值条件

$$\left.\left[au(x,y,z)-\frac{b\partial u(x,y,z)}{\partial n}\right]\right|_{(x,y,z)\in S}=f(x,y,z) \text{ 和 } \lim_{OM\to\infty}u(M)=0$$

的拉普拉斯椭圆方程

$$\Delta u(x, y, z)=0,\ (x, y, z)\in T$$

的解若存在，则必定唯一。说明：这里的条件 $\lim_{OM\to\infty}u(M)=0$ 表示，当点 M 趋于无穷远时，函数值 $u(M)$将一致地趋于 0。

第 4 节　抛物型溃散轨迹

设 G 是(x, y)平面上，由直线

$$y=y_0 \text{ 和 } y=Y$$

以及曲线

$$x=\varphi_1(y) \text{ 和 } x=\varphi_2(y)$$

这四条线围成的区域；这里假定 φ_1 和 φ_2 是 y 的单值连续函数，并且在闭区间$[y_0, Y]$上恒有 $\varphi_2(y)>\varphi_1(y)$ ，而且 $Y>y_0\geqslant 0$。又记 T 为由三条线 $y=y_0$、$x=\varphi_1(y)$和$x=\varphi_2(y)$连接成的区域 G 的部分边界。再记 G^*为包含 G 的最小闭区域，G^*-T 表示从 G^*中去掉 T 后的区域。于是，可得出下面结论 10.15（可参考《偏微分方程》[18]第 4.1 节中的极值原理和推论 1、推论 2）。

结论 10.15（混合问题）：考虑以下带边值条件的抛物型偏微分方程

$$\frac{\partial u}{\partial y}=\frac{\partial^2 u}{\partial x^2}$$

$$u(x, y)|_{(x, y)\in T}=f(x, y)$$

在 G^*上的连续解 $u(x, y)$，如果满足该边值条件的抛物型偏微分方程有连续解，那么该解 $u(x, y)$将是唯一的，并将连续依赖于它在 T 上的取值；此外，还有

$$\max_{(x, y)\in G^*-T} u(x, y)\leqslant \max_{(x, y)\in T} u(x, y)$$

和

$$\min_{(x, y)\in G^*-T} u(x, y)\geqslant \min_{(x, y)\in T} u(x, y)$$

结论 10.16（柯西问题）：考虑以下带边值条件的抛物型偏微分方程

$$\frac{\partial u}{\partial y}=\frac{\partial^2 u}{\partial x^2}，\quad y>0$$

$$u(x, y)|_{y=0}=\varphi(x),\quad -\infty<x<+\infty$$

这里 $\varphi(x)$是$[-\infty, +\infty]$上的有界连续函数。那么，在 $y\geqslant 0$ 时的有界连续解 $u(x, y)$ 是存在的、唯一的且稳定的。

下面就来计算该柯西问题的这个唯一解。

考虑抛物型拉普拉斯算子方程

$$G[u]\equiv\frac{\partial^2 u}{\partial x^2}-\frac{\partial u}{\partial y}=0$$

首先，可以直接验证：函数$(y-\tau)^{-\frac{1}{2}}\exp\left[\frac{-(x-\xi)^2}{4(y-\tau)}\right]$在点$(\xi, \tau)$之外的所有点处，都满足算子方程 $G[u]$。由于该函数只有当 $y>\tau$ 时才取实数，所以称函数

$$U(x,y\,;\,\xi,\tau)=(y-\tau)^{-\frac{1}{2}}\exp\left[\frac{-(x-\xi)^2}{4(y-\tau)}\right],\quad y>\tau$$

$$U(x, y\,;\xi, \tau)=0,\quad y\leqslant\tau$$

为上述算子方程 $G[u]$的基本解。同时，当(x, y)不在(ξ, τ)点时，U 满足 $G[U]=0$，或者说 U 是算子 $G[u]$的正规解；直接验证可知，U 的各阶偏导数都可以写成

$$P(x)(y-\tau)^{-n-\frac{1}{2}}\exp\left[\frac{-(x-\xi)^2}{4(y-\tau)}\right]$$

的和。其中，$P(x)$是一个多项式；n 是正整数，它大于或等于该偏导数的阶数。这些偏导数当(x, y)不在(ξ, τ)点时，也都是满足算子方程 $G[u]=0$ 的正规解。当 $y\leqslant\tau$ 时，这些函数也都恒为 0。

其次，也可将 $U(x, y\,;\xi, \tau)$看作(ξ, τ)的函数，则直接验证可知：在整个(ξ, τ)平面上，除点(x, y)之外，它是以下算子方程

$$H[v]\equiv\frac{\partial^2 v}{\partial x^2}+\frac{\partial v}{\partial y}=0$$

的正规解，它的各阶偏导数在整个(ξ, τ)平面上，除点(x, y)之外，都是正规的，并且也都是算子方程 $H[v]=0$ 的解；当 $y \leqslant \tau$ 时，这些函数也恒为 0。此处的算子 $H[v]$称为前面算子 $G[u]$的共轭算子，或伴随算子。

容易验证，算子 $G[u]$与其共轭算子 $H[v]$之间，满足以下恒等式：

$$vG[u]-uH[v]=\frac{\partial}{\partial x}\left(\frac{v\partial u}{\partial x}-\frac{u\partial v}{\partial x}\right)-\frac{\partial(uv)}{\partial x}$$

设 C 是(ξ, τ)平面上，在有限距离内的一条曲弧线，$P(\xi, \tau)$和 $Q(\xi, \tau)$是 C 上的连续函数，则线积分

$$u(x, y)\equiv\int_C U(x, y\,;\,\xi, \tau)[P(\xi, \tau)\mathrm{d}\xi+Q(\xi, \tau)\mathrm{d}\tau]$$

在(x, y)平面上，除 C 上的所有点之外，它恒为方程 $G[u]=0$ 的解。于是，可得出下面结论 10.17（可参考《偏微分方程》[18]第 4.3 节中的推论）。

结论 10.17：若函数 $\varphi(x)$满足

$$|\varphi(\xi)\exp(-k\xi^2)|<M$$

这里 k 和 M 是预知的正整数，那么，函数

$$u(x, y)=(4\pi)^{-\frac{1}{2}}\int_{-\infty}^{+\infty}\varphi(\xi)y^{-\frac{1}{2}}\exp\left[\frac{-(x-\xi)^2}{4y}\right]\mathrm{d}\xi$$

就是结论 10.16 中的柯西问题的解。

第 5 节　一般溃散轨迹

前面三节分别讨论了双曲型、椭圆型和抛物型的溃散轨迹，本节再归纳一些更加普通的情况。

首先介绍一下解析函数的定义：n 元函数 $f(x_1, x_2, \cdots, x_n)$在点$(x_{01}, x_{02}, \cdots,$

x_{0n})的邻近称为解析的，如果$f(\cdot)$可以在该点附近展开为以下收敛的泰勒级数

$$f(x_1, x_2,\cdots, x_n)=\sum_{\boldsymbol{K}} A(k_1, k_2,\cdots, k_n)(x_1-x_{01})^{k_1}(x_2-x_{02})^{k_2}\cdots(x_n-x_{0n})^{k_n}$$

这里 $\boldsymbol{K}\equiv(k_1, k_2,\cdots, k_n)$是整数向量，$\sum_{\boldsymbol{K}}$ 表示对所有可能的向量

$$\boldsymbol{K}\equiv(k_1, k_2,\cdots, k_n)$$

求和，而

$$A(k_1,\cdots,k_n)\equiv[(k_1)!\cdots(k_n)!]^{-1}\frac{\partial^{k_1+\cdots+k_n}}{\partial x_1^{k_1}\cdots\partial x_n^{k_n}}f(x_{01},\cdots,x_{0n})$$

于是可知（可参考《偏微分方程》[19]的定理 5.3.10）：若 $u(x)$在 Ω 内调和，则函数 $u(x)$在 Ω 内解析（此处 n 元函数调和意思是指：$\sum_{i=1}^{n}\frac{\partial^2 u}{\partial x_i^2}=0$）。同时便有以下结论（可参考《偏微分方程》[18]第 5 章 5.1 节的柯西–柯瓦列夫斯卡娅定理）。

结论 10.18：考虑以下边值条件的一般性二变量柯西问题：

$$\frac{\partial^2 u}{\partial x^2}=f\left(x,y,u,\frac{\partial u}{\partial x},\frac{\partial u}{\partial y},\frac{\partial^2 u}{\partial x\partial y},\frac{\partial^2 u}{\partial y^2}\right)$$

$$u(x_0,y)=\varphi_0(y),\quad \frac{\partial u(x_0,y)}{\partial x}=\varphi_1(y)$$

如果 $\varphi_0(y)$和 $\varphi_1(y)$在 y_0 的邻域是解析的，即

$$\varphi_0(y)=\sum_m q_m(y-y_0)^m,\quad \varphi_1(y)=\sum_m p_m(y-y_0)^m$$

并且，$f(x, y, u,\frac{\partial u}{\partial x},\frac{\partial u}{\partial y},\frac{\partial^2 u}{\partial x\partial y},\frac{\partial^2 u}{\partial y^2})$在点$(x_0, y_0, u_0, p_0, q_1, p_1, 2q_2)$的邻近也是解析的，那么，此处的柯西问题在点$(x_0, y_0)$的某一邻域内存在一个解析解，并且这个解在解析函数类中还是唯一的。

结论 10.19：考虑以下在 $x_m=x_{0m}$ 处带边值条件的柯西问题：

$$\sum_{i,k=1}^{m} A_{ik}\frac{\partial^2 u}{\partial x_i \partial x_k}+\sum_{i=1}^{m} B_i \frac{\partial u}{\partial x_i}+Cu=f$$

$$u(x_1,\cdots,x_{m-1},x_{0m})=\varphi_0(x_1,\cdots,x_{m-1}),$$

$$\frac{\partial u(x_1,\cdots,x_{m-1},x_{0m})}{\partial x_m}=\varphi_1(x_1,x_2,\cdots,x_{m-1})$$

其中 A_{ik}、B_i、C 和 f 都是 $x_1, x_2,\cdots, x_m$ 的解析函数，并且有 $A_{ik}=A_{ki}$。那么，关于此柯西问题的解，有以下结果：

如果 $A_{mm}(x_1,\cdots, x_{m-1}, x_{0m})$恒不等于零，并且 φ_0 和 φ_1 当$|x_i-x_{0i}|<\beta$（i=1, 2,⋯, m−1）时是解析的，那么，此柯西问题在$|x_i-x_{0i}|<\beta$（i=1, 2,⋯, m）内有唯一的解析解。

如果 $A_{mm}(x_1,\cdots, x_{m-1}, x_{0m})$恒为 0，那么，此处的柯西问题，要么无解，要么有无穷多个解（具体细节太繁杂，此处就略去了）。

在该结论中，显然我们只关心 m=2 和 m=3 的情况。另外，还有以下的一般性二变量结论，即结论 10.20（可参考《偏微分方程》[19]中的定理 1.3.1）。

结论 10.20：考虑常系数偏微分方程

$$\frac{a_{11}\partial^2 u}{\partial x^2}+2a_{12}\frac{\partial u}{\partial x}\frac{\partial u}{\partial y}+\frac{a_{22}\partial^2 u}{\partial y^2}=0$$

如果

$$\frac{\partial^2 u}{\partial x^2}+\frac{\partial^2 u}{\partial y^2}\neq 0$$

那么，函数

$$z=u(x, y)$$

是该微分方程的解的充分必要条件是：对任意常数 c，函数 $u(x, y)=c$ 是以下常微分方程的通积分

$$a_{11}\mathrm{d}y^2-2a_{12}\mathrm{d}x\mathrm{d}y+a_{22}\mathrm{d}x^2=0$$

结论 10.21（可参考《偏微分方程》[19]中的定理 2.1.2）：设三维曲线

$$R: (x, y, z) \equiv (f(s), g(s), h(s))$$

光滑，且

$$\left(\frac{\mathrm{d}f(s)}{\mathrm{d}s}\right)^2 + \left(\frac{\mathrm{d}g(s)}{\mathrm{d}s}\right)^2 \neq 0$$

在点

$$P_0 = (x_0, y_0, z_0) \equiv (f(s_0), g(s_0), h(s_0))$$

处，定义一个矩阵 $\boldsymbol{J}=[J_{ij}]$，$i, j=1, 2$，这里

$$J_{11} = \frac{\mathrm{d}f(s_0)}{\mathrm{d}s},\quad J_{12} = \frac{\mathrm{d}g(s_0)}{\mathrm{d}s},\quad J_{21} = a(x_0, y_0, z_0),\quad J_{22} = b(x_0, y_0, z_0)$$

如果矩阵 $\boldsymbol{J}$ 的行列式非零，即

$$\det \boldsymbol{J} \neq 0$$

并且函数 $a(x, y, z)$、$b(x, y, z)$和 $c(x, y, z)$在上述曲线 R 附近光滑，那么，以下初值问题的一阶线性偏微分方程

$$a(x, y, u)\frac{\partial u}{\partial x} + b(x, y, u)\frac{\partial u}{\partial y} = c(x, y, u)$$

$$u(f(s), g(s)) = h(s)$$

在参数 $s=s_0$ 的一个邻域内，存在唯一解，称之为局部解。

结论 10.22（可参考《偏微分方程》[19]中的第 2.2.1 节）：设 $\boldsymbol{a} \in \mathbf{R}^n$ 是 n 维常数行向量，$f(x_1, \cdots, x_n)$是给定的函数，那么，以下一阶线性齐次偏微分方程

$$\frac{\partial u}{\partial y} + \boldsymbol{a}\left(\frac{\partial u}{\partial x_1}, \frac{\partial u}{\partial x_2}, \cdots, \frac{\partial u}{\partial x_n}\right)^{\mathrm{T}} = 0,\quad (y>0, -\infty<x_i<+\infty)$$

$$u(x_1, \cdots, x_n, 0) = f(x_1, \cdots, x_n),\quad (-\infty<x_i<+\infty)$$

在 $f(\cdot)$ 一阶连续可微的前提下，有唯一的解

$$u(\boldsymbol{x}, y) \equiv f(\boldsymbol{x} - \boldsymbol{a}y), \quad \boldsymbol{x} \in \mathbf{R}^n$$

这里，$\boldsymbol{x} \equiv (x_1, \cdots, x_n)$；而 $\boldsymbol{a}y$ 表示向量 $\boldsymbol{a}$ 中的每个元素，都乘以 y 后得到的行向量。

类似地，以下一阶线性非齐次偏微分方程

$$\frac{\partial u}{\partial y} + \boldsymbol{a}\left(\frac{\partial u}{\partial x_1}, \frac{\partial u}{\partial x_2}, \cdots, \frac{\partial u}{\partial x_n}\right)^{\mathrm{T}} = g(x_1, \cdots, x_n, y), \quad (y > 0, -\infty < x_i < +\infty)$$

$$u(x_1, \cdots, x_n, 0) = f(x_1, \cdots, x_n), \quad (-\infty < x_i < +\infty)$$

在 $f(\cdot)$ 一阶连续可微的前提下，有唯一的解

$$u(\boldsymbol{x}, y) \equiv f(\boldsymbol{x} - \boldsymbol{a}y) + \int_0^y g(\boldsymbol{x} + \boldsymbol{a}(s - y), s)\mathrm{d}s$$

第 11 章

博弈僵持

从第 6 章开始，我们就知道：管理者（红客）与被管理者（黑客）之间的博弈，可以用微分方程组 $\frac{d\boldsymbol{X}}{d\boldsymbol{t}}=\boldsymbol{F}(\boldsymbol{X})$ 来描述，也可以将该微分方程写为

$$\begin{cases}\frac{dx}{dt}=p(x, y)\\ \frac{dy}{dt}=q(x, y)\end{cases}$$

博弈的状态，则可以用该微分方程组的解轨线$(x(t), y(t))$来描述；形象地说，随着时间 t 的推移，坐标(x, y)平面上的点$(x(t), y(t))$将绘出一条曲线，根据该曲线，便可对博弈双方的情况进行多种解释，下面从不同角度进行分析介绍。

从局部的微观角度来看，若在某个时刻 t 成立 $x(t)>y(t)$，那就可认为此刻管理者 x（红客）暂时居优势；否则就是被管理者 y（黑客）暂时居优势。若解轨线在某个时刻 t 处的切线斜率大于 45 度，那么就可认为此刻被管理者（黑客）的后劲暂时更足；否则就是管理者（红客）的后劲更足。若在某个时刻 t，解轨线掉入了奇点，即

$$p(x(t), y(t))=0，q(x(t), y(t))=0$$

那么，若无外力的支援，管理者（红客）和被管理者（黑客）将保持永远不动，

陷入胶着状态之中，因此，本次博弈也就结束了。若该胶着状态是不稳定的，那么，可能会因某种很微弱的涨落（随机扰动），便引起突然溃散而出现蝴蝶效应的意外结果（见本书第 10 章）；若该胶着状态是稳定的，但博弈系统的参数正处于临界状态，那么，也可以因某种很微弱的外力，而引发参数跨过临界点，致使系统的拓扑结构发生实质性突变，并由此将当前的稳定奇点变为新系统的不稳定奇点，于是，若再有一根“稻草”，便会出现“压死骆驼的最后一根稻草”的情况（见本书第 9 章）。

从中观角度看，若在某个时间段$[t_1, t_2]$内，解轨线$(x(t), y(t))$的相应截断线$\{(x(t), y(t)): t_1 \leqslant t \leqslant t_2\}$主要在直线 $y=x$ 的右下方，那么，管理者（红客）在这段时间内就整体上处于优势；反之，若该解轨线的这段截断线主要在直线 $y=x$ 的左上方，那么被管理者（黑客）就整体上处于优势。该解轨线的这段截断线穿过直线 $y=x$ 的次数，就意味着这段时间内，博弈优势（劣势）被逆转的次数。

从总体的宏观角度来看（即时间从 0 到∞的整体情况），如果解轨线$(x(t), y(t))$在(x, y)平面上不是一条封闭的曲线，那么，关于管理者（红客）和被管理者（黑客）的博弈趋势预测，就不能简单判定，而必须对该解轨线进行具体分析，详见本书第 6 章和第 7 章。如果解轨线$(x(t), y(t))$ 在(x, y)平面上是一条封闭的曲线，本章称为闭轨线，那么，本次管理者（红客）和被管理者（黑客）的博弈就将永无止境，既无输家，也无赢家；博弈双方的博弈轨迹将永远都在该闭轨线上“推磨”，本章称这种状态为“僵持”，它与本书前面两章（第 9 章和第 10 章）的胶着状态的区别在于：胶着便不能再动，僵持可动但无输赢。但是，什么样的博弈系统$\frac{\mathrm{d}\boldsymbol{X}}{\mathrm{d}t}=\boldsymbol{F}(\boldsymbol{X})$才会出现这种“推磨”情况呢？“推磨”状况是否稳定，即是否会因为某些微小的随机扰动就打破“推磨”状态呢？如果博弈系统本身就带有参数，那么其闭轨线将如何受到参数的影响呢？如果博弈系统中的$p(x, y)$和 $q(x, y)$是二次多项式，闭轨线又会有什么特征呢？本章将聚焦于回答这些问题，换句话说，如果已经断定攻防双方的博弈轨迹落入了稳定的闭轨线上，那么，宏观上就不用再做任何预测了，可直接判定“和棋”；如果通过分析已经知道博弈系统不存在闭轨线，那么，除非落入奇点，否则博弈会永远进行下去。

第 1 节 僵持状态的存在性

僵持状态在数学上可称为闭轨线，准确地说，若博弈系统 $\frac{\mathrm{d}\boldsymbol{X}}{\mathrm{d}t}=\boldsymbol{F}(\boldsymbol{X})$或分开写为

$$\begin{cases}\frac{\mathrm{d}x}{\mathrm{d}t}=p(x,\ y)\\ \frac{\mathrm{d}y}{\mathrm{d}t}=q(x,\ y)\end{cases}$$

的解

$$\begin{cases}x=\varphi(t)\\ y=\psi(t)\end{cases}$$

是 t 的非常数的周期函数，则称该解在(x, y)相平面上的轨迹为博弈系统 $\frac{\mathrm{d}\boldsymbol{X}}{\mathrm{d}t}=\boldsymbol{F}(\boldsymbol{X})$的闭轨线。换句话说，如果博弈轨迹处于某个闭轨线上，那么，双方的博弈将不断地进行周期循环，并且永远没有最后的输家或赢家。闭轨线 T 称为正（负）定向的，如果随着时间 t 的增加，解轨线上的点$(\varphi(t), \psi(t))$沿着 T，以逆时针（顺时针）方向运动。如果某个闭轨线 T 的任意小的外（内）邻域中，都存在非闭轨线，则称 T 为外侧（内侧）极限环。如果某条闭轨线 T 存在一个外（内）邻域，它全部由闭轨线充满，则称 T 为外（内）侧周期环。

于是，便有下列结论，即结论 11.1（可参考《极限环论》[20]的定理 1.1）。

结论 11.1：若 T 是博弈系统 $\frac{\mathrm{d}\boldsymbol{X}}{\mathrm{d}t}=\boldsymbol{F}(\boldsymbol{X})$的一条闭轨线，则存在 T 的足够小的邻域 U，使得：

（1）U 中不含奇点，即对所有 $\boldsymbol{X}\in U$ 都有 $\boldsymbol{F}(\boldsymbol{X})\neq 0$；

（2）过 T 上任何一点 P 的法线段，其位于 U 内部且包含点 P 的那一部分是截线 L，即一切与 L 相遇的轨线都不和 L 相切，而且当 t 增加时都从同一个方

向穿过 L；

（3）U 中任一闭轨线与 T 上任一点 P 的截线 S 必相交且只相交于一点，U 中任一非闭轨线 R 与 S 交于无数个点，它们都在 T 的同一侧，且在 S 上的排列次序与其在 R 上的排列次序是一样的。

由该结论便知：当闭轨线 T 是内（外）侧极限环或周期环时，位于 T 内（外）侧邻域中的非闭轨线只可能是一端无限盘绕接近 T 的螺旋线，位于 T 内（外）邻域中的闭轨线只能是整个包含在 T 内部（或是 T 整个包含在它内部）的轨线。

结论 11.2（可参考《极限环论》[20]中的定理 1.2 和定理 1.5）：闭轨线 T 或为外（内）侧周期环；或为外（内）侧极限环，而且当为极限环时，又可能有两种情况：

（1）存在 T 的足够小的外（内）邻域，使其中一切轨线皆为非闭轨线；

（2）在 T 的任意小的外（内）邻域中，既存在闭轨线，也存在非闭轨线，这时称 T 为外（内）复合极限环。如果在博弈系统

$$\begin{cases}\dfrac{\mathrm{d}x}{\mathrm{d}t}=p(x,\ y)\\ \dfrac{\mathrm{d}y}{\mathrm{d}t}=q(x,\ y)\end{cases}$$

中的函数 p 和 q 是 x, y 的解析函数（实用中的函数基本上都是解析函数），则闭轨线 T 不可能是复合极限环，由此可知，此时由周期环所充满的区域的内外境界上必含有奇点（可能是无限远的奇点）。若 Ω 是一个环状域，其中不含奇点，凡与 Ω 的境界线相交的轨线都从它的外（内）部进入（跑出）它的内（外）部，则 Ω 中至少存在一条包含内境界线在其内部的外稳定（不稳定）极限环和一条内稳定（不稳定）极限环。这两条单侧极限环可能都是双侧环，也可能重合成为一条稳定（不稳定）极限环。

结论 11.3（对称定理，可参考《极限环论》[20]中的定理 1.7）：如果在博弈系统

$$\begin{cases} \dfrac{\mathrm{d}x}{\mathrm{d}t} = p(x, y) \\ \dfrac{\mathrm{d}y}{\mathrm{d}t} = q(x, y) \end{cases}$$

中有

$$\begin{cases} p(x, y) = p(-x, y) \\ q(-x, y) = -q(x, y) \end{cases}$$

并且原点(0, 0)是 y 轴上的唯一奇点。若轨线 T 从正 y 轴出发后，又回到负 y 轴，则 T 就是闭轨线。如果原点附近的一切轨线都具有此性质，那么，原点就是中心点（见本书第 6 章中 6.3 节的奇点分类部分）。该结论对满足以下条件的 p 和 q 也是成立的：$p(x, -y)=-p(x, y)$和 $q(x, -y)=q(x, y)$且原点是 x 轴上的唯一奇点。

结论 11.4（可参考《极限环论》[20]中的定理 1.8 和推论）：设原点是博弈系统 $\dfrac{\mathrm{d}\boldsymbol{X}}{\mathrm{d}t}=\boldsymbol{F}(\boldsymbol{X})$在 y 轴上的唯一奇点，一切从正 y 轴出发的轨线绕原点一周后重又回到正 y 轴，则由解轨线确定的正 y 轴到它自己的拓扑映象的不动点位于闭轨线上。若轨线所确定的映象把正 y 轴上某一不含原点的闭区间映射到它自己里面去，则该博弈系统必定存在闭轨线。

下面是几个有关闭轨线不存在的法则，因此，相应的博弈就不会出现“推磨”现象。

结论 11.5（可参考《极限环论》[20]中的定理 1.9）：设 $G(x, y)=C$ 为一条曲线族，其中 $G(x, y)$为一次连续可微函数，如果在区域 Ω 内

$$\frac{\mathrm{d}G}{\mathrm{d}t} = \frac{\partial G}{\partial x}\frac{\mathrm{d}x}{\mathrm{d}t} + \frac{\partial G}{\partial y}\frac{\mathrm{d}y}{\mathrm{d}t} = p(x, y)\frac{\partial G}{\partial x} + q(x, y)\frac{\partial G}{\partial y}$$

保持常号（即恒正或恒负）（该式其实意思是指函数 G 沿着博弈系统

$$\begin{cases} \dfrac{\mathrm{d}x}{\mathrm{d}t} = p(x, y) \\ \dfrac{\mathrm{d}y}{\mathrm{d}t} = q(x, y) \end{cases}$$

的轨线关于 t 的变化率)，且曲线

$$p(x, y)\frac{\partial G}{\partial x}+q(x, y)\frac{\partial G}{\partial y}=0$$

(它表示族中的曲线与博弈系统的轨线相切之点的轨线，称为切性曲线)不含博弈系统的整条轨线或闭分支，则博弈系统

$$\begin{cases}\dfrac{\mathrm{d}x}{\mathrm{d}t}=p(x, y)\\ \dfrac{\mathrm{d}y}{\mathrm{d}t}=q(x, y)\end{cases}$$

不存在全部位于 Ω 中的闭轨线。

结论 11.6(可参考《极限环论》[20]中的定理 1.10 和定理 1.11)：对于在单连通域 Ω 内的博弈系统

$$\begin{cases}\dfrac{\mathrm{d}x}{\mathrm{d}t}=p(x, y)\\ \dfrac{\mathrm{d}y}{\mathrm{d}t}=q(x, y)\end{cases}$$

如果发散量 $\dfrac{\partial p}{\partial x}+\dfrac{\partial q}{\partial y}$ 保持常号(恒正或恒负)，且不在 Ω 的任何子区域中恒等于 0，则该博弈系统不存在全部位于 Ω 中的闭轨线。当然，这里已假定 p 和 q 都有连续偏导。更一般地，如果有单连通区域 Ω 中的一次连续可微函数 $B(x, y)$使得 $\dfrac{\partial(Bp)}{\partial x}+\dfrac{\partial(Bq)}{\partial y}$ 保持常号(恒正或恒负)，且不在 Ω 的任何子区域中恒等于 0，则该博弈系统不存在全部位于 Ω 中的闭轨线。

结论 11.7(可参考《极限环论》[20]中的定理 1.12)：如果在上述结论 11.6 中，仅改区域 Ω 为 n 连通区域(即 Ω 中有一条或几条外境界线，$n-1$ 条内境界线)，而其他条件都不变，那么，相应的博弈系统最多只能有 $n-1$ 条全部位于 Ω 中的闭轨线。

结论 11.8(可参考《极限环论》[20]中的定理 1.13 至定理 1.15)：考虑博弈

系统

$$\begin{cases}\dfrac{\mathrm{d}x}{\mathrm{d}t}=p(x,\ y)\\ \dfrac{\mathrm{d}y}{\mathrm{d}t}=q(x,\ y)\end{cases}$$

（1）假定存在单连通区域 Ω 以及一次连续可微函数 $M(x, y)$和 $N(x, y)$，使得在 Ω 中有

$$E(x, y)\equiv M(x, y)p(x, y)+N(x, y)q(x, y)\geqslant 0$$

$$G(x, y)\equiv \frac{\partial M}{\partial y}-\frac{\partial N}{\partial x}\geqslant 0$$

那么便有：

若 $G(x, y)$不恒为 0，但在 Ω 的任何子区域中 $E(x, y)\equiv 0$，则该博弈系统在 Ω 中不存在任何闭轨线；

若 $G(x, y)$不恒为 0，但在 Ω 中 $E(x, y)$也不恒为 0，则该博弈系统在 Ω 中不存在正（负）定向的闭轨线。

若在 Ω 内 $G(x, y)\equiv 0$，则该博弈系统不存在任何闭轨线，除非它整个包含在使 $E(x, y)=0$ 的点集内。

（2）如果存在非负的一阶连续可微函数 $M_0(x, y)$和 $N_0(x, y)$，以及一阶连续可微函数 $B(x, y)$，使得在单连通区域 Ω 内有

$$\frac{\partial(M_0 p)}{\partial y}-\frac{\partial(N_0 q)}{\partial x}+\frac{\partial(Bp)}{\partial x}+\frac{\partial(Bq)}{\partial y}\geqslant 0\ (\leqslant 0)$$

且使该等号成立的点不充满 Ω 的任何子区域，则相应的博弈系统在 Ω 内不存在正（负）定向的极限环。

（3）如果 $p(x, y)$和 $q(x, y)$在单连通区域 Ω 中有一阶连续偏导数，并且

$$\frac{\partial p}{\partial x}+\frac{\partial q}{\partial y}\equiv 0$$

或等价地 $p\mathrm{d}y-q\mathrm{d}x=0$ 是全微分方程，那么，该博弈系统无极限环，甚至也没有单侧极限环。

（4）如果 p 和 q 都有连续偏导数，而且原点(0, 0)是博弈系统的唯一奇点，λ 的二次方程

$$\left(\frac{\partial p}{\partial x}-\lambda\right)\left(\frac{\partial q}{\partial y}-\lambda\right)-\frac{\partial p}{\partial y}\frac{\partial q}{\partial x}=0$$

的根 $\lambda_1(x, y)$ 和 $\lambda_2(x, y)$ 在原点有正实部，在圆 $x^2+y^2=r^2$ 之外有负实部，且

$$\int_0^{\infty} m(r)\mathrm{d}r=\infty$$

其中，$m(r)\equiv\min\limits_{C(r)}(p^2+q^2)^{\frac{1}{2}}$，$C(r)\equiv\{(x, y): x^2+y^2=r^2\}$；则博弈系统至少存在一条外稳定环和一条内稳定环，它们可能重合为一条稳定环。

结论 11.9（可参考《极限环论》[20]中的定理 5.1、定理 5.2、定理 5.3、定理 5.4）：记

$$G(x)\equiv\int_0^x g(\xi)\mathrm{d}\xi，F(x)\equiv\int_0^x f(\xi)\mathrm{d}\xi$$

考虑以下特殊的博弈系统

$$\begin{cases}\dfrac{\mathrm{d}x}{\mathrm{d}t}=y-F(x)\\[2mm]\dfrac{\mathrm{d}y}{\mathrm{d}t}=-g(x)\end{cases}$$

（1）如果下面的三个条件都成立，那么，该博弈系统存在稳定的极限环：

条件 1，当 $x\neq0$ 时 $xg(x)>0$；$G(+\infty)=G(-\infty)=+\infty$。

条件 2，当 $x\neq0$ 且 $|x|$ 充分小时，$xF(x)<0$。

条件 3，存在常数 $M>0$ 以及 $K>R$，使得当 $x>M$ 时，$F(x)>K$；当 $x<-M$ 时，

$F(x) \leqslant R$。

（2）如果当 $x \neq 0$ 且$|x|$充分小时，$xF(x)<0$（或>0），并且还存在常数 $M>0$、$x_1>0$ 和 $x_2>0$ 使得以下三个条件满足，那么，本结论中的博弈系统就存在稳定（不稳定）的极限环：

条件 1，当$-x_2<x<0$ 及 $0<x<x_1$ 时，$xg(x)>0$；

条件 2，当 $0<x<x_1$ 时，$F(x) \geqslant -M$（或 $F(x) \leqslant M$），而且 $F(x_1) \geqslant M+(2L)^{\frac{1}{2}}$（或 $F(x_1) \leqslant -M-(2L)^{\frac{1}{2}}$），此处及随后 $L \equiv \max[G(x_1), G(-x_2)]$；

条件 3，当$-x_2<x<0$ 时，$F(x) \leqslant M$（或 $F(x) \geqslant -M$），而且 $F(-x_2) \leqslant -M-(2L)^{\frac{1}{2}}$（或 $F(-x_2) \geqslant M+(2L)^{\frac{1}{2}}$）。

（3）若以下条件都满足，那么，本结论中的博弈系统存在稳定极限环。这些条件是：当 $x \neq 0$ 时，$xg(x)>0$；$G(+\infty)=G(-\infty)=+\infty$；又设经过变数变换

$$x>0 \text{ 时，} \int_0^x g(\xi)\mathrm{d}\xi = z_1(x), \quad \int_0^x f(\xi)\mathrm{d}\xi = F(x) = F_1(z_1)$$

$$x<0 \text{ 时，} \int_0^x g(\xi)\mathrm{d}\xi = z_2(x), \quad \int_0^x f(\xi)\mathrm{d}\xi = F(x) = F_2(z_2)$$

之后，函数 $F_1(z)$与 $F_2(z)$满足以下条件：

条件 1，对于较小的 z（$0<z<\delta$），有 $F_1(z) \leqslant F_2(z)$，但不是 $F_1(z) \equiv F_2(z)$；又 $F_1(z)<a(z)^{\frac{1}{2}}$，$F_2(z)>-a(z)^{\frac{1}{2}}$，其中 $0<a<8^{\frac{1}{2}}$；

条件 2，存在一个数 $Z>0$，使得 $\int_0^Z [F_1(z)-F_2(z)]\mathrm{d}z>0$；且当 $z>Z$ 时，有 $F_1(z) \geqslant F_2(z)$、$F_1(z)>-a(z)^{\frac{1}{2}}$、$F_2(z)<a(z)^{\frac{1}{2}}$。

（4）设函数 $F_1(z)$和 $F_2(z)$如上所述，如果对一切 $z>0$ 都有 $F_1(z) \leqslant F_2(z)$且对任一 $\delta>0$，在$(0, \delta)$中 $F_1(z)$不恒等于 $F_2(z)$，那么，本结论中的博弈系统将无闭轨线。

（5）若 $g(x)=x$、$f(x)=s(x)+r(x)$，其中，$s(x)$为偶次多项式，$s(0)=0$，$r(x)$为奇

次多项式且 $xr(x)\geqslant 0$，则本结论中的博弈系统也无闭轨线。

结论 11.10（可参考《极限环论》[20]中的定理 5.5、定理 5.6）：考虑以下特殊的博弈系统

$$\begin{cases} \dfrac{\mathrm{d}x}{\mathrm{d}t}=y \\ \dfrac{\mathrm{d}y}{\mathrm{d}t}=-f(x,y)y-g(x) \end{cases}$$

（1）如果 $f(x, y)$和 $g(x)$满足以下条件，那么，该特殊的博弈系统就存在稳定极限环。这里的条件是：

条件 1，当 $x\neq 0$ 时，$xg(x)>0$；$G(+\infty)=G(-\infty)=+\infty$，这里的

$$G(x)\equiv \int_0^x g(\xi)\mathrm{d}\xi$$

条件 2，$f(0, 0)<0$。

条件 3，存在 $x_0>0$，使得当$|x|\geqslant x_0$ 时，$f(x, y)\geqslant 0$；又存在 $M>0$，使得当$|x|\leqslant x_0$ 时，$f(x, y)>-M$。

条件 4，存在 $x_1>x_0$，使得对 x 的任一递减正函数 $v(x)$都有积分

$$\int f(x, v(x))\mathrm{d}x\geqslant 4Mx_0+\sigma \quad (\sigma>0)$$

这里的积分区间是$[x_0, x_1]$。

（2）如果 $f(x, y)$和 $g(x)$满足以下条件，那么，该结论中的特殊博弈系统就存在稳定极限环。这里的条件是：

条件 1，当 $x\neq 0$ 时，$xg(x)>0$；

条件 2，$f(0, 0)<0$；

条件 3，记 $F(x)\equiv \inf\limits_{y} f(x, y)$，设 $\int_0^x F(x)\mathrm{sgn}(x)\mathrm{d}x$ 存在且有下界，又

$$\lim_{|x|\to\infty} \sup\left\{\int_0^x [g(x)+F(x)\mathrm{sgn}(x)]\mathrm{d}x\right\}=+\infty$$

这里 sgn 表示符号函数；

条件 4，存在 $C>0$ 及 M>0 使得

$$\int_0^x [Cg(x)-F(x)\mathrm{sgn}(x)]\mathrm{d}x<M，\ x>0$$

另外，如果此处的条件 1、2、3 都成立，并且存在 $a>0$ 使得在区间$(-\infty, -a)$或(a, ∞)上$\dfrac{g(x)}{F(x)}\mathrm{sgn}(x)$有上界 M，又 $F(x)>0$，则该结论中的特殊博弈系统存在稳定极限环。

前面的结论都主要关于闭轨线或极限环的存在性或不存在性，下面再介绍几个有关唯一性的结论。如果博弈系统仅有唯一的闭轨线或极限环，那么，只要能判断当前的博弈轨迹不在该环中，于是此次博弈就不会进入既无输家也无赢家的“死循环”状态。

结论 11.11（可参考《极限环论》[20]中的定理 6.1）：如果博弈系统

$$\begin{cases}\dfrac{\mathrm{d}x}{\mathrm{d}t}=f(x, y)\\ \dfrac{\mathrm{d}y}{\mathrm{d}t}=g(x, y)\end{cases}$$

能够被某个可逆变换

$$\begin{cases}\alpha=\alpha(x, y)\\ \beta=\beta(x, y)\end{cases}$$

转变成以下微分方程

$$\frac{\mathrm{d}\alpha}{\mathrm{d}\beta}=\varphi(\alpha, \beta)$$

并且 $\varphi(0, 0)=0$，那么：

（1）如果能够找到某个函数 $\psi(\alpha)$，使得在某一个单连通域 Ω 中，以下 5 个关系式都不成立，那么，该博弈系统在 Ω 中最多只能有一条闭轨线，而且还必为极限环。这里的 5 个关系式是：

$$\frac{\partial\psi}{\partial\alpha}=\infty，\ \varphi(\alpha,\beta)=\infty，\ \frac{\partial\varphi}{\partial\alpha}=\infty，$$

$$\frac{\mathrm{d}^2\psi}{\mathrm{d}\alpha^2}=\infty，\ \frac{\partial}{\partial\alpha}\left[\varphi\left(\frac{\mathrm{d}\psi}{\mathrm{d}\alpha}\right)\right]=0$$

（2）如果 $\varphi(\alpha, \beta)$是某两个连续函数之商，并且其分母在区域 Ω 中不等于零；又沿着任一半射线 $\beta=\beta_0$，函数 $\varphi(\alpha,\beta)$是 α 的单调递增（或递减）函数，则该博弈系统在 Ω 中最多只能有一条闭轨线。

结论 11.12（可参考《极限环论》[20]中的定理 6.2、定理 6.3、定理 6.5 和定理 6.6）：记

$$F(x)\equiv\int_0^x f(\xi)\mathrm{d}\xi \text{ 和 } G(x)\equiv\int_0^x g(\xi)\mathrm{d}\xi$$

考虑以下特殊的博弈系统

$$\begin{cases}\dfrac{\mathrm{d}x}{\mathrm{d}t}=-y-F(x)\\ \dfrac{\mathrm{d}y}{\mathrm{d}t}=g(x)\end{cases}$$

（1）设 $g(x)\equiv x$, $f(x)$为偶函数，若存在 $\delta>0$，使当$|x|<\delta$ 时有 $f(x)<0$，当$|x|>\delta$ 时有 $f(x)>0$，又

$$\left|\int_0^{+\infty} f(x)\mathrm{d}x\right|=\left|\int_0^{-\infty} f(x)\mathrm{d}x\right|=\infty$$

那么，该博弈系统存在唯一的（稳定）极限环。

（2）若 $g(x)$为非线性连续函数，并且当 $x\neq0$ 时，$xg(x)>0$，此外还有

$$\int_0^{+\infty} g(x)\mathrm{d}x=\int_0^{-\infty} g(x)\mathrm{d}x=\infty$$

那么，该博弈系统存在唯一的（稳定）极限环。

（3）$g(x)\equiv x$, 并且函数

$$F(x)=\int_0^x f(\xi)\mathrm{d}\xi$$

有对称于原点的零点，那么，该博弈系统存在唯一的（稳定）极限环。

（4）若 $g(x)\equiv x$，$f(x)$连续，存在 $\delta_{-1}<0<\delta_1$，使得当 $\delta_{-1}<x<\delta_1$ 时有 $f(x)<0$，当 $x<\delta_{-1}$ 及 $x>\delta_1$ 时有 $f(x)>0$，又

$$|F(\infty)|=|F(-\infty)|=\infty$$

且存在 $\Delta>0$ 使

$$F(\Delta)=F(-\Delta)=0$$

那么，该博弈系统存在唯一的稳定极限环。

（5）若 $g(x)\equiv x$，$f(x)$是连续的，存在 $\delta_{-1}<0<\delta_1$，使得当 $\delta_{-1}<x<\delta_1$ 时有 $f(x)<0$；当 $x<\delta_{-1}<0$ 及 $x>\delta_1>0$ 时有 $f(x)>0$。又对$(-\infty,0)$中的 x，函数 $f(x)$为不增函数，对$(0,\infty)$中的 x，函数 $f(x)$为不减函数；最后还有$|f(x)|<2$，那么，该博弈系统存在唯一的稳定极限环。

（6）若 f 和 g 是连续的，当 $x\neq0$ 时，$xg(x)>0$；$G(+\infty)=G(-\infty)=+\infty$。又设经过变换

$$z=[2G(x)]^{\frac{1}{2}}\operatorname{sgn}(x)$$

以后，函数 $\Phi(z)\equiv F(x(z))$满足下面的两个条件，那么，该博弈系统存在唯一的稳定极限环。这里的两个条件是：

条件 1，当 $z<0$ 时，函数 $\dfrac{\Phi(z)}{z}$ 是不增函数；当 $z>0$ 时，$\dfrac{\Phi(z)}{z}$ 是不减函数；

条件 2，$\left|\dfrac{\Phi(z)}{z}\right|<2$。

结论 11.13（见可参考《极限环论》[20]中的定理 6.4）：记

$$F(x)\equiv\int_0^x f(\xi)\mathrm{d}\xi$$

考虑以下博弈系统

$$\begin{cases} \dfrac{\mathrm{d}x}{\mathrm{d}t} = -\varphi(y) - F(x) \\ \dfrac{\mathrm{d}y}{\mathrm{d}t} = g(x) \end{cases}$$

如果以下条件都成立，那么，该博弈系统最多只有一个极限环，并且若存在，它必为稳定环（不稳定环）。这些条件是：

条件 1，当 $x\neq0$ 时，$xg(x)>0$；当 $y\neq0$ 时，$y\varphi(y)>0$。

条件 2，$\varphi(y)$为单调增加函数，$f(0)<0$（$f(0)>0$）。

条件 3，可以找到实数 α、β 使函数

$$f_1(x)\equiv f(x)+g(x)[\alpha+\beta F(x)]$$

有单零点 $x_1<0<x_2$，且在$[x_1, x_2]$中 $f_1(x)\leqslant0$（$f_1(x)\geqslant0$）。

条件 4，在区间$[x_1, x_2]$之外，函数 $\dfrac{f_1(x)}{g(x)}$ 不减少（不增加）。

条件 5，所有的环型轨线都包含 x 轴上的区间$[x_1, x_2]$。

结论 11.14（可参考《极限环论》[20]中的定理 6.8 和定理 6.10）：考虑博弈系统

$$\begin{cases} \dfrac{\mathrm{d}x}{\mathrm{d}t} = p(x, y) \\ \dfrac{\mathrm{d}y}{\mathrm{d}t} = q(x, y) \end{cases}$$

（1）如果对任意 $\lambda>1$ 恒有

$$p(x, y)q(\lambda x, \lambda y)-p(\lambda x, \lambda y)q(x, y)\geqslant0\text{，或}\leqslant0$$

且使等号成立的解点(x, y)不充满该博弈系统的闭轨线，那么，该博弈系统至多有一个极限环。

（2）设 $p(x, y)$、$q(x, y)$都是一次连续可微函数。如果存在环状区域 Ω，以及

一次连续可微函数 $B(x, y)$，使得 $\dfrac{\partial(Bp)}{\partial x}+\dfrac{\partial(Bq)}{\partial y}$ 在 Ω 中保持常号，且不在 Ω 的任何子区域中恒为 0，则该博弈系统最多只有一条全部被包含在 Ω 中的闭轨线。

结论 11.15（可参考《极限环论》[20]中的定理 6.9 和第 7 章中的推论）：记

$$F(x)\equiv \int_0^x f(\xi)\mathrm{d}\xi$$

考虑博弈系统

$$\begin{cases}\dfrac{\mathrm{d}x}{\mathrm{d}t}=y-F(x)\\ \dfrac{\mathrm{d}y}{\mathrm{d}t}=-x\end{cases}$$

（1）如果当在$(-\infty, 0)$和$(0, +\infty)$中变化时，函数 $\dfrac{F(x)}{x}$ 是$|x|$的不减（不增）函数，且在极限环存在的带状区域内 $\dfrac{F(x)}{x}$ 不是常数，则该博弈系统至多只有一个极限环；

（2）若存在 $\delta>0$，使得当$|x|\leqslant\delta$ 时，有 $xF(x)\leqslant 0$；且在原点邻近处 $F(x)$不恒为 0。当 $x>\delta$ 时，$F(x)\geqslant 0$。又 $\dfrac{F(x)}{x}$ 在$(-\infty, 0)$和$[\delta, +\infty)$内是$|x|$的不减函数，则该博弈系统至多只有一个极限环。

（3）若

$$F(x)=a_2x^5+a_1x^3+a_0x$$

那么，该博弈系统最多只有 2 个极限环。

结论 11.16（可参考《极限环论》[20]中的定理 6.11）：记

$$F(x)= \int_0^x f(\xi)\mathrm{d}\xi$$

在带状区域 $d_1<x<d_2$、$d_1d_2<0$ 中考虑博弈系统

$$\begin{cases}\dfrac{\mathrm{d}x}{\mathrm{d}t}=y-F(x)\\ \dfrac{\mathrm{d}y}{\mathrm{d}t}=-g(x)\end{cases}$$

其中，当 $x\neq 0$ 时，$xg(x)>0$，函数 $g(x)$连续，$F(x)$二次可微。又设经过变数变换

$$x>0\text{ 时，}\int_0^x g(\xi)\mathrm{d}\xi=z_1(x)\text{，}\int_0^x f(\xi)\mathrm{d}\xi=F(x)=F_1(z_1)$$

$$x<0\text{ 时，}\int_0^x g(\xi)\mathrm{d}\xi=z_2(x)\text{，}\int_0^x f(\xi)\mathrm{d}\xi=F(x)=F_2(z_2)$$

之后，函数 $F_1(z)$与 $F_2(z)$满足：存在唯一的 z_0、z^*、$0<z_0<z^*<z_{01}$、$0<z_0<z^*<z_{02}$，使得以下 4 个条件成立，那么，此结论中的博弈系统不能有多于一个的极限环。这里的 4 个条件分别是：

条件 1，当 $0<z<z_{02}$ 时，$\dfrac{\mathrm{d}F_2(z)}{\mathrm{d}z}<0$。

条件 2，当 $z\neq z_0$、$0<z<z_{01}$ 时，$\dfrac{(z_0-z)\mathrm{d}F_1(z)}{\mathrm{d}z}>0$；$F_1(z^*)=F_2(z^*)$。

条件 3，当 $0<z<z_{01}$ 时，$\dfrac{\mathrm{d}^2F_1(z)}{\mathrm{d}z^2}<0$。

条件 4，记

$$\beta=\max_{i=1,2}\left[\lim_{z\to z_{0i}}F_i(z)\right]$$

当 $\beta<y<F_1(z^*)$时，有

$$\left.\frac{\dfrac{\mathrm{d}F_2(z)}{\mathrm{d}z}-\dfrac{\mathrm{d}F_1(z)}{\mathrm{d}z}}{\dfrac{\mathrm{d}F_1(z)}{\mathrm{d}z}\dfrac{\mathrm{d}F_2(z)}{\mathrm{d}z}}\right|_{z=y}>0$$

结论 11.17（可参考《极限环论》[20]中的定理 6.12）：记

$$G(x)=\int_0^x g(\xi)\mathrm{d}\xi$$

考虑博弈系统

$$\begin{cases}\dfrac{\mathrm{d}x}{\mathrm{d}t}=y\\ \dfrac{\mathrm{d}y}{\mathrm{d}t}=-f(x)y^{k+1}-g(x)\end{cases}$$

若 k 为偶数，当 $x\neq 0$ 时 $xg(x)>0$，又存在 $x_1<0<x_2$ 使得 $f(x_1)=f(x_2)=0$，当 $x\in(x_1, x_2)$ 时 $f(x)<0$，当 $x<x_1$ 及 $x>x_2$ 时 $f(x)>0$。又 $G(x_1)=G(x_2)$, $G(\infty)=G(-\infty)=\infty$，则该博弈系统不能有多于一个的极限环。

结论 11.18（可参考《极限环论》[20]中的引理 7.1 至引理 7.6 和定理 7.1）：记

$$F(x)\equiv\int_0^x f(\xi)\mathrm{d}\xi,\quad G(x)\equiv\int_0^x g(\xi)\mathrm{d}\xi$$

考虑博弈系统

$$\begin{cases}\dfrac{\mathrm{d}x}{\mathrm{d}t}=y-F(x)\\ \dfrac{\mathrm{d}y}{\mathrm{d}t}=-g(x)\end{cases}$$

（1）如果存在常数 a、a_1、b、b_1（$b_1<a_1<0<a<b$）使得以下 3 个条件满足，那么，该博弈系统在带状区域 $b_1\leqslant x\leqslant b$ 内，最多只有一个极限环能同时与直线 $x=a$ 和 $x=a_1$ 相交。这里的 3 个条件分别是：

条件 1，$F(x)\geqslant F(a)$，当 $0\leqslant x\leqslant a$，且在闭区间 $[a, b]$ 上 $F(x)$ 单调不增；

条件 2，$F(x)\leqslant F(a_1)$，当 $a_1\leqslant x\leqslant 0$，且在闭区间 $[b_1, a_1]$ 上 $F(x)$ 单调不增；

条件 3，当 $a_1\leqslant x\leqslant a$ 时，$F(x)$ 不恒为 0。

（2）如果存在常数 a、a_1、b、b_1($b_1<a_1<0<a<b$)使得以下 3 个条件满足，那么，该博弈系统在带状区域 $b_1\leqslant x\leqslant b$ 内，最多只有一个极限环能同时与直线 $x=a$ 和 $x=a_1$ 相交。这里的 3 个条件分别是：

条件 1，$F(x)\leqslant F(a)$，当 $0\leqslant x\leqslant a$，且在闭区间 $[a, b]$ 上 $F(x)$ 单调不减；

条件 2，$F(x) \geqslant F(a_1)$，当 $a_1 \leqslant x \leqslant 0$，且在闭区间$[b_1, a_1]$上 $F(x)$单调不减；

条件 3，当 $a_1 \leqslant x \leqslant a$ 时，$F(x)$不恒为 0。

（3）若存在常数 $N \geqslant 0$、$a>0$ 和 $b_1<0$ 使得以下 2 个条件成立，那么，该博弈系统的与直线 $x=b_1$ 相交的极限环必与直线 $x=a$ 相交。这里的 2 个条件分别是：

条件 1，$F(x) \geqslant -N$，当 $0 \leqslant x \leqslant a$；

条件 2，$F(b_1) \leqslant -N-[2G(a)]^{\frac{1}{2}}$。

（4）若存在常数 $M \geqslant 0$、$a>0$ 和 $b_1<0$ 使得以下 2 个条件成立，那么，该博弈系统的与直线 $x=b_1$ 相交的极限环必与直线 $x=a$ 相交。这里的 2 个条件分别是：

条件 1，$F(x) \leqslant M$，当 $0 \leqslant x \leqslant a$；

条件 2，$F(b_1) \geqslant M+[2G(a)]^{\frac{1}{2}}$。

（5）若存在常数 $N \geqslant 0$、$a_1<0$ 和 $b>0$ 使得以下 2 个条件成立，那么，该博弈系统的与直线 $x=b$ 相交的极限环必与直线 $x=a_1$ 相交。这里的 2 个条件分别是：

条件 1，$F(x) \geqslant -N$，当 $a_1 \leqslant x \leqslant 0$；

条件 2，$F(b) \leqslant -N-[2G(a_1)]^{\frac{1}{2}}$。

（6）若存在常数 $M \geqslant 0$、$a_1<0$ 和 $b>0$ 使得以下 2 个条件成立，那么，该博弈系统的与直线 $x=b$ 相交的极限环必与直线 $x=a_1$ 相交。这里的 2 个条件分别是：

条件 1，$F(x) \leqslant M$，当 $a_1 \leqslant x \leqslant 0$；

条件 2，$F(b) \geqslant M+[2G(a_1)]^{\frac{1}{2}}$。

（7）如果 $F(x)$和 $g(x)$满足以下 3 个条件，那么在带状区域$|x| \leqslant b$ 内，该博弈系统最多只有 n 条闭轨线。这 3 个条件分别是：

条件 1，$F(-x)=-F(x)$，$g(-x)=-g(x)$；

条件 2，在区间$(0, b)$中，$f(x)$仅有 n 个零点：$0<x_1<x_2<\cdots<x_n<b$，且

$$F(x_0)=0，F(x_1)<0，F(x_k)F(x_{k+1})<0，k=1, 2, \cdots, n$$

其中 $x_{n+1}=b$；

条件 3，$(-1)^k F(x_k)<(-1)^k F(x_{k+2})$，且

$$(-1)^{k+1} F(x_{k+1}) \geqslant (-1)^k F(x_k)+[2G(\beta_{k+1})]^{\frac{1}{2}}，k=0, 1, \cdots, n-1$$

其中，$\beta_{k+1} \in (x_{k+1}, x_{k+2})$，并且 $F(\beta_{k+1})=F(x_k)$。

结论 11.19（可参考《极限环论》[20]中的定理 7.2）：记

$$F(x) \equiv \int_0^x f(\xi)\mathrm{d}\xi，G(x) \equiv \int_0^x g(\xi)\mathrm{d}\xi$$

考虑博弈系统

$$\begin{cases} \dfrac{\mathrm{d}x}{\mathrm{d}t} = y \\ \dfrac{\mathrm{d}y}{\mathrm{d}t} = -x - f(x)y \end{cases}$$

如果当 $x \in (-d, d)$时，下面的 4 个条件满足，那么，该博弈系统在带状区域$|x|<d$内最多只有 2 个极限环。这里的 4 个条件分别是：

条件 1，$f(-x)=f(x)$；

条件 2，$f(x)$只有正零点 x_1, x_2，$0<x_1<x_2<d$；

条件 3，$F(x_1)>0$，$F(x_2)<0$；

条件 4，当 $x \in [x_2, d)$时 $f(x)$单调增加。

结论 11.20（可参考《极限环论》[20]中的定理 7.3）：考虑博弈系统

$$\begin{cases} \dfrac{\mathrm{d}x}{\mathrm{d}t} = y + \lambda \sin x \\ \dfrac{\mathrm{d}y}{\mathrm{d}t} = -x \end{cases}$$

或等价地

$$\begin{cases}\dfrac{\mathrm{d}x}{\mathrm{d}t}=y\\[2mm]\dfrac{\mathrm{d}y}{\mathrm{d}t}=-x+(\lambda\cos x)y\end{cases}$$

那么，该博弈系统在带状区域$|x|\leqslant(n+1)\pi$内，恰有 n 个极限环。

第 2 节　僵持状态的稳定性

形象地说，一个系统具有某种性质的稳定性，其实可理解为：在系统本身进行微小改变之后，该性质仍旧能保持。博弈系统僵持状态的稳定性的数学本质，其实就是闭轨线的稳定性；换句话说，如果某条闭轨线是稳定的，那么，处于该轨线上的博弈就没有输家或赢家，哪怕有微量的外界干扰。极限环的稳定性，其实是一种特殊的闭轨线的稳定性。本节重点考虑博弈系统

$$\begin{cases}\dfrac{\mathrm{d}x}{\mathrm{d}t}=P(x,\ y)\\[2mm]\dfrac{\mathrm{d}y}{\mathrm{d}t}=Q(x,\ y)\end{cases}$$

的极限环的稳定性问题。

设$s^*=f(s)$表示某线段 L 到它自身的一个连续点的变换，s_0是该变换的不动点，即 $s_0=f(s_0)$。如果存在 s_0（在 L 上）的一个小邻域，使得对其中任一点 s，点列

$$s_1=f(s_0),\ s_2=f(s_1),\ \cdots,\ s_{n+1}=f(s_n),\ \cdots$$

常收敛于 s_0，则称 s_0 在该点变换 $s^*=f(s)$之下为稳定的；反之，如果在 s_0 的任意小邻域内，常可找到点 s，使得上述的点列不收敛于 s_0，则称 s_0 为不稳定的。于是，便有下列结论 11.21（可参考《极限环论》[20]中的定理 2.1 及其推论）。

结论 11.21：设 T 是博弈系统

$$\begin{cases}\dfrac{\mathrm{d}x}{\mathrm{d}t}=P(x,\ y)\\[2mm]\dfrac{\mathrm{d}y}{\mathrm{d}t}=Q(x,\ y)\end{cases}$$

的一条闭轨线。如果在该闭轨线的某一截线段 L 上，存在一个 L 到其自身的连续点变换 $s^*=f(s)$，$s=0$ 是该变换的不动点。如果（s, s^*）平面上的曲线 $s^*=f(s)$ 在原点（$s=0$）附近的弧线段满足

$$\left|\frac{s^*}{s}\right| \leqslant 1-\varepsilon \ (\geqslant 1+\varepsilon),\ \varepsilon>0$$

或者说，若函数 $s^*=f(s)$在 $s=0$ 存在导数，则当

$$\left|\frac{\mathrm{d}s^*}{\mathrm{d}s}\right|_{s=0} < 1 \quad (>1)$$

时，不动点 $s=0$ 是稳定（不稳定）的；更进一步，如果在闭轨线 T 的小邻域中，博弈系统的解随初始值连续变化，那么，闭轨线 T 便是稳定（不稳定）的极限环。

此处的结论 11.21，给出了判断闭轨线稳定性的一个有效方法，但是，如果点变换 $s^*=f(s)$在其不动点 $s=0$ 处满足

$$\left|\frac{\mathrm{d}s^*}{\mathrm{d}s}\right|_{s=0} = 1$$

那么，就无法判断相应的稳定性了。为了深入研究稳定性，我们假定在博弈系统中，$P(x, y)$和 $Q(x, y)$存在我们所需要的任何阶连续偏导数。设博弈系统

$$\begin{cases} \dfrac{\mathrm{d}x}{\mathrm{d}t} = P(x, y) \\ \dfrac{\mathrm{d}y}{\mathrm{d}t} = Q(x, y) \end{cases}$$

有负定向的闭轨线 T，记为

$$x=h(t),\ y=g(t)$$

这里 h、g 是 t 的周期函数，周期为 K。在闭轨线 T 的足够小的邻域中，引进曲线坐标(s, n)，其中 s 表示轨线 T 的弧长，从 T 上某一点量起，顺时针方向为正，亦即 s 的增加方向与 t 的增加方向一致。n 表示 T 的法线长度，向外为正。设以弧长为参数时，闭轨线 T 的方程是

$$x=\varphi(s)，y=\psi(s)$$

对于轨线 T 邻近的一点 A，假设它位于 T 在点 B 的法线上。设 B 点的直角坐标是 $(\varphi(s), \psi(s))$，于是，A 的直角坐标 (x, y) 与曲线坐标 (s, n) 之间的关系为

$$\begin{cases} x=\varphi(s)-\dfrac{n\mathrm{d}[\psi(s)]}{\mathrm{d}s} \\ y=\psi(s)+\dfrac{n\mathrm{d}[\varphi(s)]}{\mathrm{d}s} \end{cases}$$

其中

$$\frac{\mathrm{d}[\varphi(s)]}{\mathrm{d}s}=\left.\frac{\mathrm{d}x}{\mathrm{d}s}\right|_B=\frac{P_0}{(P_0^2+Q_0^2)^{1/2}}$$

$$\frac{\mathrm{d}[\psi(s)]}{\mathrm{d}s}=\left.\frac{\mathrm{d}y}{\mathrm{d}s}\right|_B=\frac{Q_0}{(P_0^2+Q_0^2)^{1/2}}$$

这里的 P_0、Q_0 表示 $P(x, y)$、$Q(x, y)$ 在点 B 处的值，即

$$\begin{cases} P_0=P(\varphi(s),\ \psi(s)) \\ Q_0=Q(\varphi(s),\ \psi(s)) \end{cases}$$

分别记 P_{y0}、P_{x0}、Q_{y0}、Q_{x0} 为 $P(x, y)$ 和 $Q(x, y)$ 的偏导数在 $n=0$ 处的值，并记

$$H(s)=\frac{P_0^2 Q_{y0}-P_0 Q_0(P_{y0}+Q_{x0})+Q_0^2 P_{x0}}{(P_0^2+Q_0^2)^{3/2}}$$

于是，便有下列结论 11.22（可参考《极限环论》[20]中的定理 2.2 及其推论、定理 2.3）。

结论 11.22：设 T 是博弈系统

$$\begin{cases} \dfrac{\mathrm{d}x}{\mathrm{d}t}=P(x,\ y) \\ \dfrac{\mathrm{d}y}{\mathrm{d}t}=Q(x,\ y) \end{cases}$$

的一条闭轨线，其弧长为 L，则

（1）当 $\int_0^L H(s)\mathrm{d}s<0$（>0）时，闭轨线 T 为稳定（不稳定）的极限环。

（2）如果沿闭轨线 T，处处成立 $H(s)<0$（>0），那么，闭轨线 T 为稳定（不稳定）的极限环。

（3）若在闭轨线 T 上成立

$$\int_0^T\left(\frac{\partial P}{\partial x}+\frac{\partial Q}{\partial y}\right)\mathrm{d}t<0\ (>0)$$

那么，闭轨线 T 为稳定（不稳定）的极限环。

如果上述结论 11.22 中（1）或（3）的条件不成立，即满足

$$\int_0^T\left(\frac{\partial P}{\partial x}+\frac{\partial Q}{\partial y}\right)\mathrm{d}t=\int_0^L H(s)\mathrm{d}s=0$$

时，又如何判断闭轨线 T 的稳定性呢？为此，对上面的函数

$$\frac{\mathrm{d}n}{\mathrm{d}s}\equiv F(s,n)$$

从 $s=0$ 到 $s=L$（轨线弧长）进行积分，得到

$$\Psi(n_0)\equiv n(L,n_0)-n_0=\int_0^L F(s,n(s,n_0))\mathrm{d}s$$

于是，便有下列结论 11.23（可参考《极限环论》[20]中的定理 2.4 和定理 2.5）。

结论 11.23：按上述的记号，若

$$\left.\frac{\mathrm{d}\Psi(n)}{\mathrm{d}n}\right|_{n=0}<0\quad(>0)$$

则闭轨线 T 就是稳定（不稳定）的极限环。若

$$\left.\frac{\mathrm{d}\Psi(n)}{\mathrm{d}n}\right|_{n=0}=0$$

但是

$$\left.\frac{\mathrm{d}^2\Psi(n)}{\mathrm{d}n^2}\right|_{n=0} \neq 0$$

那么，闭轨线 T 就是半稳定的极限环。更一般地，若

$$\left.\frac{\mathrm{d}\Psi(n)}{\mathrm{d}n}\right|_{n=0} = \left.\frac{\mathrm{d}^2\Psi(n)}{\mathrm{d}n^2}\right|_{n=0} = \cdots = \left.\frac{\mathrm{d}^{(k-1)}\Psi(n)}{\mathrm{d}n^{(k-1)}}\right|_{n=0} = 0$$

且

$$\left.\frac{\mathrm{d}^k\Psi(n)}{\mathrm{d}n^k}\right|_{n=0} < 0 \quad (>0)$$

若 k 为奇数，则闭轨线 T 就是稳定（不稳定）的极限环。

若 k 为偶数，并且

$$\left.\frac{\mathrm{d}\Psi(n)}{\mathrm{d}n}\right|_{n=0} = \left.\frac{\mathrm{d}^2\Psi(n)}{\mathrm{d}n^2}\right|_{n=0} = \cdots = \left.\frac{\mathrm{d}^{(k-1)}\Psi(n)}{\mathrm{d}n^{(k-1)}}\right|_{n=0} = 0$$

且

$$\left.\frac{\mathrm{d}^k\Psi(n)}{\mathrm{d}n^k}\right|_{n=0} < 0 \quad (>0)$$

那么，闭轨线 T 就是半稳定的极限环。

设 P_0、Q_0 和 $F(s, n)$如前所述，微分算子 D 定义为

$$D = r\frac{\partial}{\partial x} + m\frac{\partial}{\partial y}$$

这里，$\frac{\mathrm{d}r}{\mathrm{d}t} = kP_0$，$\frac{\mathrm{d}m}{\mathrm{d}t} = kQ_0$，$k$ 是整数。

那么，便有下列结论 11.24（可参考《极限环论》[20]中的定理 2.6）。

结论 11.24：如果 $F(s, n)$在闭轨线的外侧及内侧的某个小邻域中，都保持同样的符号（或全为正，或全为负），记

$$\beta_i \equiv P_0 D^i Q_0 - Q_0 D^i P_0 = 0$$

那么，闭轨线 T 为稳定（不稳定）的充要条件是存在某个奇数 k，使得

$$\beta_i=0,\ i=1, 2, \cdots, k-1,\ 但是\ \beta_k<0\ (>0)$$

考虑定义在(x, y)平面的区域 B 内的博弈系统 I

$$\begin{cases} \dfrac{\mathrm{d}x}{\mathrm{d}t} = P(x,\ y) \\ \dfrac{\mathrm{d}y}{\mathrm{d}t} = Q(x,\ y) \end{cases}$$

这里 P、Q 都是一次连续可微的，B 的境界为单闭曲线。为了确定考虑，不妨设该博弈系统的解轨线穿过 B 的境界时，均由外入内。将所有满足该条件的 P 和 Q 所对应的博弈系统组成一个集合 X，并在该集合 X 中定义一个度量 ρ 如下：设 X 中的另一个博弈系统 II 为

$$\begin{cases} \dfrac{\mathrm{d}x}{\mathrm{d}t} = P(x,\ y) + p(x,\ y) \\ \dfrac{\mathrm{d}y}{\mathrm{d}t} = Q(x,\ y) + q(x,\ y) \end{cases}$$

于是，定义博弈系统 I 与博弈系统 II，在 X 中的距离为

$$\rho(\mathrm{I}, \mathrm{II}) \equiv \max B\left(|p| + |q| + \left|\frac{\partial p}{\partial x}\right| + \left|\frac{\partial p}{\partial y}\right| + \left|\frac{\partial q}{\partial x}\right| + \left|\frac{\partial q}{\partial y}\right| \right)$$

若存在 $\delta>0$，使得只要 $\rho(\mathrm{I},\ \mathrm{II})<\delta$，便存在 B 到它自身的拓扑映射 T，能把博弈系统 I 的解轨线，变为博弈系统 II 的轨线，则称博弈系统 I 在 B 上为结构稳定的系统，并且称博弈系统 II 为博弈系统 I 的容许摄动系统，称 p、q 为摄动。于是，便有下列结论 11.25（可参考《极限环论》[20]中的定理 8.1 和定理 8.2）。

结论 11.25：博弈系统 I 是结构稳定的充分必要条件是以下三个条件均被满足：

条件 1，博弈系统 I 只有有限个初等奇点（即在奇点处 $P=Q=0$，但是其关

于 x 或 y 的偏导数都不为 0），且对应的一次近似方程（即 P 和 Q 的泰勒展开式中只保留线性项时，所得到的线性近似系统）的特征根，均不具有零实部；

条件 2，博弈系统 I 只有有限条闭轨线，且都满足结论 11.22 中的不等式；

条件 3，博弈系统 I 没有从鞍点到鞍点的解轨线（关于鞍点的定义，请查看本书第 6 章第 3 节）。

第 3 节　参数对僵持状态的影响

本书第 8、9、10 章，已分别讨论了参数对博弈系统溃散状态的影响，本节再介绍参数对僵持状态的影响。为了简捷，只考虑含一个参数 α 的情况，即带参数 α 的博弈系统（今后简记为 $F(\alpha)$）为

$$\begin{cases} \dfrac{\mathrm{d}x}{\mathrm{d}t}=P(x, y, \alpha) \\ \dfrac{\mathrm{d}y}{\mathrm{d}t}=Q(x, y, \alpha) \end{cases}$$

其中，P、Q 是 x、y 和参数 α 的连续函数，并且还满足以下三个条件：

条件 1，P 和 Q 在任何有界区域中都满足李普希兹条件：

$$|P(x_2, y_2, \alpha)-P(x_1, y_1, \alpha)|\leqslant M(|x_2-x_1|+|y_2-y_1|)$$

$$|Q(x_2, y_2, \alpha)-Q(x_1, y_1, \alpha)|\leqslant M(|x_2-x_1|+|y_2-y_1|)$$

条件 2，偏微分 $\dfrac{\partial P}{\partial \alpha}$ 和 $\dfrac{\partial Q}{\partial \alpha}$ 存在且连续；

条件 3，对任何 α，它对应的博弈系统都只有孤立的奇点；即同时满足 $P(x, y, \alpha)$和 $Q(x, y, \alpha)$的点解(x, y)是孤立的。

将满足上述三个条件的博弈系统记为 $F(\alpha)$，它们也是本节前半部分的研究重点。

定义 11.1：当 $\alpha\in[0, T]$时，若带参数 α 的博弈系统 $F(\alpha)$的奇点保持不动，

并且在一切正常点处，成立

$$\frac{P\partial Q}{\partial\alpha}-\frac{Q\partial P}{\partial\alpha}>0$$

并且存在正数 k，使得对一切(x, y)、$T>0$ 都是使下式成立的最小正数：

$$P(x, y, \alpha+T)=-kP(x, y, \alpha)$$

$$Q(x, y, \alpha+T)=-kQ(x, y, \alpha)$$

则称带参数的博弈系统之集合$\{F(\alpha) : 0\leqslant\alpha<T\}$，构成一个旋转向量场的博弈完全族。

这里，便有下列结论 11.26（可参考《极限环论》[20]中的定理 3.2 至定理 3.5）。

结论 11.26：由定义 11.1 给出的博弈完全族$\{F(\alpha): 0\leqslant\alpha<T\}$中，成立：

（1）由不同参数 α 对应的闭轨线互不相交。换句话说，参数 α 变化后，在僵持状态下，平面上的博弈轨迹之间不存在交叉点。

（2）设 T_α 是带参数 α 的博弈系统 $F(\alpha)$的一个外稳定环，若 T_α 是正（负）定向的，则对任意小的 $\varepsilon>0$，一定存在某个 $\beta<\alpha$（$\beta>\alpha$），使得对一切位于 α 和 β 之间的 δ，在 T_α 的外 ε 邻域中，至少存在带参数 δ 的博弈系统 $F(\delta)$的一个外稳定环 T_δ 和一个内稳定环 T^*_δ（它们可能重合）；又存在 T_δ 的外 λ（$\lambda\leqslant\varepsilon$）邻域，使得该邻域被完全族$\{F(\rho) : \rho$ 介于 β 和 α 之间$\}$的闭轨线所充满。

（3）设 T_α 是带参数 α 的博弈系统 $F(\alpha)$的一个内稳定环，若 T_α 是正（负）定向的，则对任意小的 $\varepsilon>0$，一定存在某个 $\beta>\alpha$（$\beta<\alpha$），使得对一切位于 α 和 β 之间的 δ，在 T_α 的内 ε 邻域中，必定存在带参数 δ 的博弈系统 $F(\delta)$的一个外稳定环和一个内稳定环（它们可能重合）；又存在 T_δ 的内 λ（$\lambda\leqslant\varepsilon$）邻域，使得该邻域被完全族$\{F(\rho)$：$\rho$ 介于 β 和 α 之间$\}$的闭轨线所充满。

（4）在博弈完全族$\{F(\alpha) : 0\leqslant\alpha<T\}$中，当参数 α 向适当的方向变动时（比如，增大方向或减少方向），一个半稳定极限环将蜕变为至少一个稳定环和一个不稳定环，分别位于此半稳定环的内部与外部；而当 α 向另一方向变动时，半稳定环将消失。

在带参数 α 的博弈系统中，若 P、Q 都有关于 x、y、α 的一阶连续偏导数，且当 $\alpha=0$ 时，相应的博弈系统以原点(0, 0)为奇点，那么，根据泰勒级数展式，在原点附近，博弈系统可以写为

$$\begin{cases}\dfrac{\mathrm{d}x}{\mathrm{d}t}=a(\alpha)x+b(\alpha)y+P^*(x,y,\alpha)\\ \dfrac{\mathrm{d}y}{\mathrm{d}t}=c(\alpha)x+d(\alpha)y+Q^*(x,y,\alpha)\end{cases}$$

其中，$P^*(x,y,\alpha)$、$Q^*(x,y,\alpha)$是关于 x 和 y 的高阶无穷小，又记

$$\Delta(\alpha)\equiv a(\alpha)d(\alpha)-b(\alpha)c(\alpha)$$

于是，便有下列结论 11.27（可参考《极限环论》[20]中的定理 3.7）。

结论 11.27：设

$$\Delta(\alpha_0)>0，a(\alpha_0)+d(\alpha_0)=0$$

原点是带参数 α_0 的博弈系统 $F(\alpha_0)$的稳定焦点。又设：当 $\alpha>\alpha_0$ 时，$a(\alpha)+d(\alpha)>0$（即原点已经变为 $F(\alpha)$的不稳定焦点了），则当 α 从 α_0 增加时，原点 0 附近至少出现 $F(\alpha)$的一个外稳定环和一个内稳定环（可能重合为一个稳定环）。

每个鞍点都有 4 条分界线（鞍点的定义见第 6 章第 3 节），下面考虑鞍点的分界线和由分界线构成的分界线环，以及由分界线环所产生的极限环的稳定性等问题。于是，便有下列结论 11.28（可参考《极限环论》[20]中的定理 3.9 至定理 3.11）。

结论 11.28：考虑带参数的博弈完全族$\{F(\alpha): 0\leqslant\alpha<T\}$，则有：

（1）如果带参数 α 的博弈系统

$$\begin{cases}\dfrac{\mathrm{d}x}{\mathrm{d}t}=P(x,y,\alpha)\\ \dfrac{\mathrm{d}y}{\mathrm{d}t}=Q(x,y,\alpha)\end{cases}$$

有经过唯一鞍点 N 的分界线环 R，并且过 N 的另外两条分界线位于 R 的外部。

如果 P、Q 为一次连续可微，并且在 N 点处有

$$\frac{\partial P}{\partial x}+\frac{\partial Q}{\partial y}<0 \quad (>0)$$

则环 R 为内侧稳定（不稳定）的。

（2）设 T_0 是 $F(\alpha_0)$的过鞍点 N 的分界线环。如果在 N 点有

$$\frac{\partial P(x,y,a_0)}{\partial x}+\frac{\partial Q(x,y,a_0)}{\partial y}<0 \quad (>0)$$

则当 α 从 α_0 向适当方向变动时，在 T_0 的内侧邻域将产生 $F(\alpha)$的唯一的稳定（不稳定）极限环；而当 α 向另一方向变动时，T_0 将消失，且在其邻域内也不存在极限环。

（3）设带参数 α 的博弈系统 $F(\alpha)$为

$$\begin{cases}\dfrac{\mathrm{d}x}{\mathrm{d}t}=P(x,\ y,\ \alpha)\\[2mm]\dfrac{\mathrm{d}y}{\mathrm{d}t}=Q(x,\ y,\ \alpha)\end{cases}$$

其中，P、Q 关于 x、y、α 连续可微，设 $F(\alpha)$有鞍点 N，它不随 α 而移动。又设当$|\alpha-\beta|<<1$ 时，$F(\alpha)$始终存在经过 N 的分界线环 T_α（该环的位置可以随 α 而连续移动）。如果

$$\left.\frac{\partial P(x,y,\beta)}{\partial x}+\frac{\partial Q(x,y,\beta)}{\partial y}\right|_N=0$$

并且 T_β 是 $F(\beta)$的内稳定（不稳定）分界线环，而当 $0<|\alpha-\beta|<<1$ 时有

$$\left.\frac{\partial P(x,y,a)}{\partial x}+\frac{\partial Q(x,y,a)}{\partial y}\right|_N>0 \quad (<0)$$

则在 T_α 的内侧邻域内，必定至少存在 $F(\alpha)$的一个外稳定（外不稳定）的极限环和一个内稳定（内不稳定）极限环（它们可能重合）。

结论 11.29（可参考《极限环论》[20]中的定理 3.12）：设 L_i（i=1, 2）是逐段光滑的单闭曲线，它们分别由方程 $x=\varphi_i(t)$和 $y=\psi_i(t)$所确定，并且 L_2 被包含在 L_1 中。在 L_1、L_2 以及由它们所围成的环域 R 内部，不包含博弈系统

$$\begin{cases}\dfrac{\mathrm{d}x}{\mathrm{d}t}=P(x, y)\\ \dfrac{\mathrm{d}y}{\mathrm{d}t}=Q(x, y)\end{cases}$$

的奇点。又设对 $\varphi_i(t)$和 $\psi_i(t)$都存在的点，恒成立

$$\left[\frac{\mathrm{d}\varphi_1(t)}{\mathrm{d}t}\right]Q[\varphi_1(t), \psi_1(t)]-\left[\frac{\mathrm{d}\psi_1(t)}{\mathrm{d}t}\right]P[\varphi_1(t), \psi_1(t)]\geqslant 0\ (\leqslant 0)$$

$$\left[\frac{\mathrm{d}\varphi_2(t)}{\mathrm{d}t}\right]Q[\varphi_2(t), \psi_2(t)]-\left[\frac{\mathrm{d}\psi_2(t)}{\mathrm{d}t}\right]P[\varphi_2(t), \psi_2(t)]\leqslant 0\ (\geqslant 0)$$

则对该博弈系统，当 L_1 和 L_2 为正定向时，在环域 R 中存在稳定（不稳定）极限环；当 L_1 和 L_2 为负定向时，在环域 R 中存在不稳定（稳定）极限环。

结论 11.30（可参考《极限环论》[20]中的定理 3.13）：考虑两个博弈系统

$$\begin{cases}\dfrac{\mathrm{d}x}{\mathrm{d}t}=P_i(x, y)\\ \dfrac{\mathrm{d}y}{\mathrm{d}t}=Q_i(x, y)\end{cases}\quad (i=1, 2)$$

如果常成立

$$P_1(x, y)Q_2(x, y)-P_2(x, y)Q_1(x, y)\geqslant 0\ (\leqslant 0)$$

则当都处于僵持状态时，它们的闭轨线或者重合，或者不相交。

结论 11.31（可参考《极限环论》[20]中的定理 3.17 和定理 3.18）：考虑带参数的博弈完全族$\{F(\alpha) : 0\leqslant\alpha<T\}$，如果博弈系统

$$\begin{cases}\dfrac{\mathrm{d}x}{\mathrm{d}t}=P(x, y, \alpha)\\ \dfrac{\mathrm{d}y}{\mathrm{d}t}=Q(x, y, \alpha)\end{cases}$$

的奇点会随参数 α 的变化而移动。设 T_i 是 $F(\alpha_i)$（i=1，2）的僵持状态闭轨线，则当 $\alpha_1 \neq \alpha_2$ 时，T_1 与 T_2 互不相交。

如果奇点 0 随参数 α 的变化而连续移动，但不能分解为几个奇点。设 $T(\alpha_0)$ 是 $F(\alpha_0)$的外稳定（外不稳定）奇闭轨线，则当 α 从 α_0 向适当方向变动时，在 $T(\alpha_0)$的外侧邻域中，必定至少存在 $F(\alpha)$的一条包含 $T(\alpha_0)$在其内部的闭或奇闭轨线；又若 $F(\alpha)$的奇点不移出 $T(\alpha_0)$的外部，则 $T(\alpha_0)$的外侧必有 $F(\alpha)$的闭轨线。

到目前为止，我们都只考虑满足李普希兹等三个条件（见本节的开始处）的博弈系统，即 $F(\alpha)$；下面开始考虑更一般的带参数博弈系统

$$\begin{cases} \dfrac{\mathrm{d}x}{\mathrm{d}t}=P(x,y,\alpha) \\ \dfrac{\mathrm{d}y}{\mathrm{d}t}=Q(x,y,\alpha) \end{cases}$$

为与前面的 $F(\alpha)$相区别，我们令此处更一般的带参数博弈系统记为 $G(\alpha)$，并假定在博弈系统 $G(\alpha)$中，$P(x, y, \alpha)$和 $Q(x, y, \alpha)$存在我们所需要的任何阶连续偏导数。又设当 α=0 时，博弈系统 $G(0)$有闭轨线 T，其轨线方程为

$$x=\varphi(s),\quad y=\psi(s)$$

其中 s 是从 T 上某一点量起的弧线长度，顺时针方向为正，亦即 s 的增加方向与 t 的增加方向一致。在闭轨线 T 的足够小的邻域中，引进曲线坐标(s, n)，其中 n 表示 T 的法线长度，向外为正。与本章第 2 节的 $F(s, n)$类似，记

$$\frac{\mathrm{d}n}{\mathrm{d}s} \equiv F(s,n,\alpha)$$

然后定义后继函数

$$\Psi(n_0,s_0,\alpha)\equiv n(L+s_0,n_0,s_0,\alpha)-n_0=\int_a^b F(s,n(s,n_0,s_0,\alpha),\alpha)\mathrm{d}s$$

其中，$[a, b]=[s_0, L+s_0]$，L 是闭轨线 T 的周长。于是，$n=n(s, n_0, s_0, \alpha)$是博弈系统 $G(\alpha)$的闭轨线的充分必要条件是 $\Psi(n_0, s_0, \alpha)=0$。

于是，可得出下列结论 11.32（可参考《极限环论》[20]中的定理 4.3 至定

理 4.8）。

结论 11.32：设 T 是 $G(0)$的闭轨线，则：

（1）若对一切 s_0 都有

$$\left.\frac{\mathrm{d}\Psi(0,s_0,\alpha)}{\mathrm{d}\alpha}\right|_{\alpha=0}\neq 0$$

因而它保持定号，则在 T 的充分小的邻域中，对应于不同 α 值的博弈系统 $G(\alpha)$ 的闭轨线必不相交。

（2）若 T 不是单重环与周期环，且

$$\left.\frac{\mathrm{d}\Psi(0,s_0,\alpha)}{\mathrm{d}\alpha}\right|_{\alpha=0}\neq 0$$

对某一个 s_0 成立，则当 α 向某一方向或两个方向作微小变动时，在 T 的邻域中，博弈系统 $G(\alpha)$有闭轨线，并且对应于不同 α 的闭轨线必不相交。

（3）若当 $\alpha=0$ 时，博弈系统 $G(0)$有一系列闭轨线充满了 T 的某个小邻域 U，则对 $\alpha\neq 0$（但$|\alpha|$很小），博弈系统 $G(\alpha)$能在 U 中有闭轨线的必要条件是

$$\left.\frac{\mathrm{d}\Psi(0,s_0,\alpha)}{\mathrm{d}\alpha}\right|_{\alpha=0}\equiv 0$$

（4）若 T 为单重环（即 $\left.\frac{\mathrm{d}\Psi(n,s_0,0)}{\mathrm{d}n}\right|_{n=0}\neq 0$），则当$|\alpha|$足够小时，博弈系统 $G(\alpha)$在 T 的邻域中有唯一的第 1 型单重环 T_α，且它与 T 有相同的稳定性。

（5）若

$$\left.\frac{\mathrm{d}\Psi(0,s_0,\alpha)}{\mathrm{d}\alpha}\right|_{\alpha=0}\neq 0$$

对某个 s_0 成立，则 T 是半稳定环的充要条件是 $\alpha(n_0, s_0)$在 $n_0=0$ 处取得严格极值，即当 α 自 0 从某一方向变动时，博弈系统 $G(\alpha)$在 T 的两侧同时出现极限环；而当 α 向另一方向变动时，极限环消失。

（6）设 T 是博弈系统 $G(0)$的 k 重环，$1<k<\infty$，又存在一个 s_0，使得 $\Psi(0, s_0, \alpha)$ 在 $\alpha=0$ 处不取极值，则当 α 向某一方向或两方向变动时，T 不消失，且对充分小的$|\alpha|$，博弈系统 $G(\alpha)$在 T 的邻域内不能有多于 k 个极限环。

（7）设 $\Psi(n_0, s_0, 0)$在 $n_0=0$ 处不取极值（即 T 为稳定环、不稳定环或某种复合极限环），则当 α 向两方进行微小变动时，极限环都不消失。

归纳本结论中的上述结果便知：只有当下述两个条件同时成立时，当 α 从零向两方变动时，极限环 T 都有可能消失：

条件 1，$\Psi(n_0, s_0, 0)$对一切 s_0 在 $n_0=0$ 取得极值（即 T 为半稳定环或某种复合极限环）；

条件 2，$\Psi(0, s_0, \alpha)$对一切 s_0 在 $\alpha=0$ 取到极值。

此外，结论 11.32 中的不相交性结果都是局部的，即它们只肯定在适当的条件下，两个（对于 T 来说是）第 1 型的极限环 T_α 与 T_β（$\beta\neq\alpha$，$|\beta|<<1$，$|\alpha|<<1$）不相交，而不能肯定是否对任意两个 T_α 与 T_β（$\beta\neq\alpha$）也不相交。

第 4 节　多项式博弈的僵持状态

一般的博弈系统可表示为

$$\begin{cases}\dfrac{\mathrm{d}x}{\mathrm{d}t}=P(x, y)\\ \dfrac{\mathrm{d}y}{\mathrm{d}t}=Q(x, y)\end{cases}$$

而由泰勒级数可知，二元函数 $P(x, y)$和 $Q(x, y)$都可以近似地表示为多项式；因此，博弈系统便可近似为以下的多项式系统：

$$\begin{cases}\dfrac{\mathrm{d}x}{\mathrm{d}t}=P_n(x, y)\\ \dfrac{\mathrm{d}y}{\mathrm{d}t}=Q_n(x, y)\end{cases}$$

其中，$P_n(x, y)$和$Q_n(x, y)$是二元 n 次多项式。当然，一般来说，次数 n 越大，近似的精确度就越高，当然相应的研究难度也就越大。当 n=1 时，便是线性逼近系统，这已在本书第 6 章中研究过了；所以，现在先研究余下的最简单情况，即 n=2 的情况。此时的博弈系统，称为二次博弈系统，它的形式如下：

$$\begin{cases}\dfrac{\mathrm{d}x}{\mathrm{d}t}=\sum\limits_{i+k=0}^{2} a_{ik}x^i y^k \\ \dfrac{\mathrm{d}y}{\mathrm{d}t}=\sum\limits_{i+k=0}^{2} b_{ik}x^i y^k\end{cases}$$

下面先考虑该二次博弈系统的极限环问题，为此从研究中心点开始（有关中心点的概念，请见本书第 6 章第 3 节），因为，中心点的足够小邻域内，自然就有闭轨线甚至极限环。将二次博弈系统的两个公式相除，便可以有

$$\frac{\mathrm{d}y}{\mathrm{d}x}=-\frac{x+ax^2+(2b+\alpha)xy+cy^2}{y+bx^2+(2c+\beta)xy+dy^2}$$

于是，便可得出结论 11.33（可参考《极限环论》[20]中的定理 9.1）。

结论 11.33：上述二次博弈系统存在中心点（当然也就存在僵持状态所展现的闭轨线）的充分必要条件，是下列诸条件之一成立。

（1）$\alpha=\beta=0$；

（2）$a+c=b+d=0$；

（3）$a=c=\beta=0$ 或 $b=d=\alpha=0$；

（4）$a+c=\beta=\alpha+5(b+d)=bd+2d^2+a^2=0$，但 $b+d\neq0$；或者 $b+d=\alpha=\beta+5(a+c)=ac+2a^2+d^2=0$，但 $a+c\neq0$。

此外，二次博弈系统最多只能有 2 个中心点；当它有一个中心点时，虽然还可能再有一个焦点，但在焦点外围却不可能有极限环。

二次博弈系统还可以等价地写为以下形式：

$$\begin{cases}\dfrac{dx}{dt}=\lambda_1x-y-\lambda_3x^2+(2\lambda_2+\lambda_5)xy+\lambda_6y^2\\ \dfrac{dy}{dt}=x+\lambda_1y+\lambda_2x^2+(2\lambda_3+\lambda_4)xy-\lambda_2y^2\end{cases}$$

于是，便可得出结论 11.34（可参考《极限环论》[20]中的定理 9.2 和定理 9.3）。

结论 11.34：上述二次博弈系统以原点为中心点（当然也就存在僵持状态所展现的闭轨线）的充分必要条件，是下列诸条件之一成立。

（1）$\lambda_1=\lambda_4=\lambda_5=0$；

（2）$\lambda_1=\lambda_3-\lambda_6=0$；

（3）$\lambda_1=\lambda_2=\lambda_5=0$；

（4）$\lambda_1=\lambda_5=\lambda_4+5\lambda_3-5\lambda_6=\lambda_3\lambda_6-2\lambda_6{}^2-\lambda_2{}^2=0$。

并且，当原点是其中心点时，通过对系数的微小变动，在原点 0 邻近最多只能出现三个极限环；对于此处的第 4 类中心点来说，可以产生三个极限环。

接下来考虑二次博弈系统的解轨线拓扑分类问题。

情况 1，齐二次博弈系统轨线的拓扑分类问题。此时系统方程为

$$\begin{cases}\dfrac{dx}{dt}=a_{11}x^2+a_{12}xy+a_{22}y^2\\ \dfrac{dy}{dt}=b_{11}x^2+b_{12}xy+b_{22}y^2\end{cases}$$

其实该系统可以等价地简化为以下形式（称为简化齐二次博弈系统）：

$$\begin{cases}\dfrac{dx}{dt}=a_{11}x^2+a_{12}xy+a_{22}y^2\\ \dfrac{dy}{dt}=b_{12}xy+b_{22}y^2\end{cases}$$

这里 $a_{11}\neq0$。为了对该简化系统进行分类，记 $\Delta\equiv(b_{22}-a_{12})^2+4a_{22}(b_{12}-a_{11})$。于是，便可得出结论 11.35（可参考《极限环论》[20]中的定理 10.1 至定理 10.5）。

结论 11.35：对于上述简化的齐二次博弈系统的解轨线(x, y)的全局相图，有

以下结果：

（1）若博弈系统中两方程的右端多项式无公因式，并且 $\Delta<0$，则当 $a_{11}(b_{12}-a_{11})>0$ 时，该博弈系统解轨线 (x, y) 的全局相图如图 11-1（a）所示；当 $a_{11}(b_{12}-a_{11})<0$ 时，全局相图如图 11-1（b）所示。

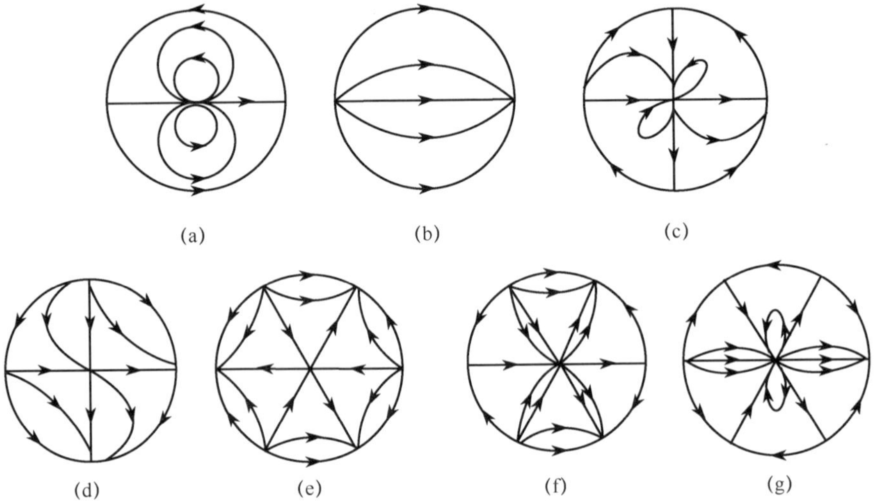

图 11-1　右端无公因式的齐二次全局相图

（2）若博弈系统中两方程的右端多项式无公因式，并且 $b_{22}-a_{12}=b_{12}-a_{11}=0$，则当 $a_{11}a_{22}>0$ 时，全局相图如图 11−1（b）所示；当 $a_{11}a_{22}<0$ 时，全局相图如图 11-1（a）所示。

（3）若博弈系统中两方程的右端多项式无公因式，并且还能化为 $a_{22}=0$，$b_{12}=a_{11}$，那么，当 $b_{22}(a_{12}-b_{22})>0$ 时，全局相图如图 11-1（c）所示；当 $b_{22}(a_{12}-b_{22})<0$ 时，全局相图如图 11-1（d）所示。

（4）若博弈系统中两方程的右端多项式无公因式，并且已经化为

$$a_{22}=0，(b_{12}-a_{11})(a_{12}-b_{22})>0$$

则当

$$A\equiv a_{11}(b_{12}-a_{11})，B\equiv b_{22}(a_{12}-b_{22})，C\equiv a_{11}b_{22}-a_{12}b_{12}$$

A、B、C 全为负时，全局相图如图 11-1（e）所示；当 A、B、C 中有二负一正时，全局相图如图 11-1（f）所示；当 A、B、C 中有一负二正时，全局相图如图 11-1（g）所示。

在图 11-1 中，箭头表示博弈轨迹的走向；当然，在相反的情况下，所有箭头便同时颠倒过来。

情况 2，具有星形结点的二次博弈系统的全局结构。此时的系统方程为

$$\begin{cases}\dfrac{\mathrm{d}x}{\mathrm{d}t}=x+b_0x^2+b_1xy+b_2y^2\\ \dfrac{\mathrm{d}y}{\mathrm{d}t}=y+a_0x^2+a_1xy+a_2y^2\end{cases}$$

此类博弈系统经任何非奇异的实的线性变化后，其形式都不变，并且对于二次系统来说，原点是它的星形结点的充分条件就是该系统右端具有上述形式。

下面按有限远奇点的个数进行分类讨论。

如果有四个奇点，那么相应的二次博弈系统就能最终简化为

$$\begin{cases}\dfrac{\mathrm{d}x}{\mathrm{d}t}=x(1-x+by)\\ \dfrac{\mathrm{d}y}{\mathrm{d}t}=y(1+ax-y)\end{cases}$$

其中，$a\neq-1$，$b\neq-1$，$ab\neq1$。并且，其四个奇点分别为：$A_0=(0, 0)$（原点，也是星形结点），$A_1=(1, 0)$，$A_2=\left(\dfrac{1+b}{1-ab},\dfrac{1+a}{1-ab}\right)$，$A_3=(0,1)$。

于是，便可得出结论 11.36（可参考《极限环论》[20]中的定理 10.6）。

结论 11.36：在上述含四个奇点的具有星形结点的二次博弈系统中，设

$$(a+1)(b+1)(ab-1)\neq0$$

则有：

（1）当 $ab>1$, $a<0$ 时，则四个奇点 A_0、A_1、A_2、A_3 构成凹四边形的顶点，且星形结点 A_0 为外顶点；其他三个奇点分别是两个结点和一个鞍点，如图 11-2

（a）所示；

（2）当 $ab<1$ 时，则四个奇点 A_0、A_1、A_2、A_3 构成凹四边形的顶点，且星形结点 A_0 为内顶点；其他三个奇点都是鞍点，如图 11-2（c）所示；

（3）当 $ab>1$, $a>0$ 时，则四个奇点 A_0、A_1、A_2、A_3 构成凸四边形的顶点，A_0 是星形结点，其他三个奇点分别是一个结点和两个鞍点，如图 11-2（b）所示。

如果只有三个奇点，那么在相应的二次博弈系统的最终简化式

$$\begin{cases}\dfrac{\mathrm{d}x}{\mathrm{d}t}=x(1-x+by)\\[2mm]\dfrac{\mathrm{d}y}{\mathrm{d}t}=y(1+ax-y)\end{cases}$$

中，参数 a 和 b 将受到更多的限制，即结论 11.37。

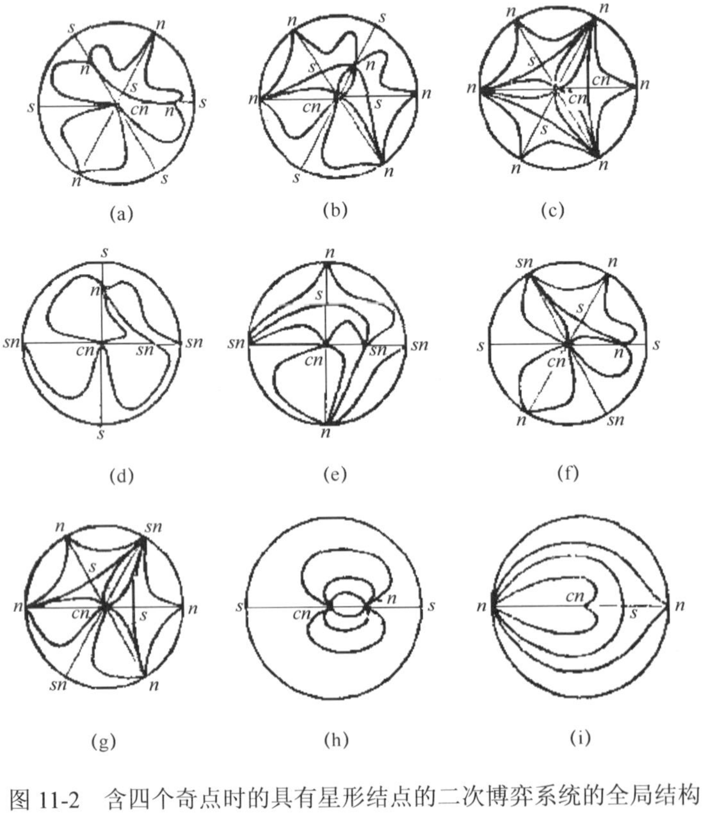

图 11-2　含四个奇点时的具有星形结点的二次博弈系统的全局结构

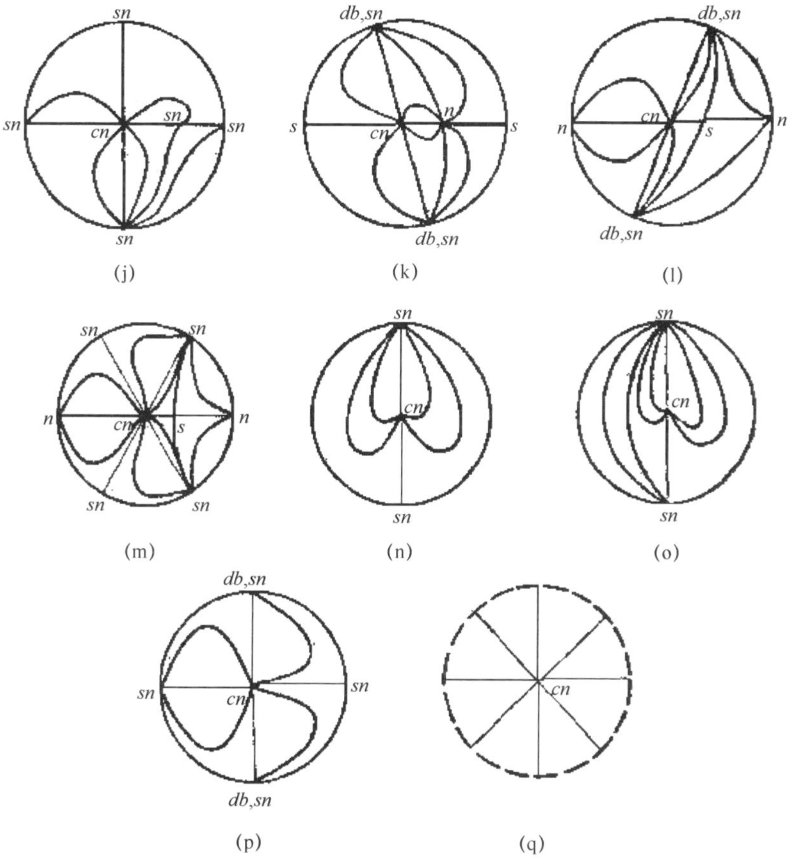

图 11-2　含四个奇点时的具有星形结点的二次博弈系统的全局结构（续）

注：在图 11-2 中，*s* 表示鞍点，*n* 表示结点，*cn* 表示星形结点，*sn* 表示半鞍结点，*db* 表示二重奇点。

结论 11.37（可参考《极限环论》[20]定理 10.7）：在具有星形结点的二次博弈系统中，如果只有三个有限远奇点，那么，除星形结点(0, 0)外，另外两个奇点只可能是：

（1）结点与半鞍结点，这时 $a=-1$, $b<-1$；或 $b=-1$, $a<-1$（如图 11-2（d）所示）；

（2）鞍点与半鞍结点，这时 $a=-1$, $b>-1$；或 $b=-1$, $a>-1$（如图 11-2（e）所示）；

（3）鞍点与结点，这时 $ab=1, a<0, a\neq-1$（如图 11-2（f）所示）；

（4）两个鞍点，这时 $ab=1, a>0$（如图 11-2（g）所示）。

如果只有两个有限远奇点，不妨设除原点是星形结点外，另一个奇点为 $(1, 0)$，从而相应的博弈系统便可以简化为

$$\begin{cases}\dfrac{\mathrm{d}x}{\mathrm{d}t}=x-x^2+b_1xy+b_2y^2\\ \dfrac{\mathrm{d}y}{\mathrm{d}t}=y(1+a_1x+a_2y)\end{cases}$$

于是，便可得出结论 11.38（可参考《极限环论》[20]中的定理 10.8）。

结论 11.38：若具有星形结点的二次博弈系统只有两个有限远奇点，那么有：

（1）如果只有一条积分直线通过原点，则另一个奇点或为结点，或为鞍点；此时博弈系统的全局结构如图 11-2（h）和图 11-2（i）所示；

（2）如果只有两条积分直线通过原点，则另一个奇点为半鞍结点、结点或鞍点；此时博弈系统的全局结构如图 11-2（j）、图 11-2（k）和图 11-2（l）所示；

（3）如果有三条积分直线通过原点，则另一奇点必为鞍点，此时博弈系统的全局结构如图 11-2（m）所示。

并且，以上所有情况都无极限环。

如果只有一个有限远奇点，那么二次博弈系统便可简化为

$$\begin{cases}\dfrac{\mathrm{d}x}{\mathrm{d}t}=x(1+b_0x+b_1y)\\ \dfrac{\mathrm{d}y}{\mathrm{d}t}=y+a_0x^2+a_1xy\end{cases}$$

于是，便可得出结论 11.39（可参考《极限环论》[20]中的定理 10.9）。

结论 11.39：具有星形结点的二次博弈系统，如果只有唯一的有限远奇点（此时仍然没有极限环），则有且只有以下四种可能：

（1）只有一条积分直线，且经过原点，此时博弈系统的全局结构，如图 11-2（n）所示；

（2）只有两条积分直线，且其中之一经过原点，此时博弈系统的全局结构，如图 11-2（o）所示；

（3）只有两条积分直线且都经过原点，此时博弈系统的全局结构，如图 11-2（p）所示；

（4）所有的积分直线都是经过原点的直线，此时博弈系统的全局结构，如图 11-2（q）所示。

现在开始考虑一般二次博弈系统

$$\begin{cases} \dfrac{\mathrm{d}x}{\mathrm{d}t} = P_2(x,\ y) \\ \dfrac{\mathrm{d}y}{\mathrm{d}t} = Q_2(x,\ y) \end{cases}$$

的极限环。这里 $P_2(x,\ y)$和 $Q_2(x,\ y)$都是二元二次多项式。于是，便可得出结论 11.40（可参考《极限环论》[20]中的引理 11.6、引理 11.7、定理 11.1 和定理 11.3）。

结论 11.40： 考虑一般的二次博弈系统

$$\begin{cases} \dfrac{\mathrm{d}x}{\mathrm{d}t} = P_2(x,\ y) \\ \dfrac{\mathrm{d}y}{\mathrm{d}t} = Q_2(x,\ y) \end{cases}$$

（1）如果 T 是该博弈系统的一条闭轨线，那么在 T 的内部不能包含有结点、鞍点或高阶奇点。

（2）如果 T 是该博弈系统的极限环，那么在 T 的内部只能含有唯一的奇点，它一定是焦点。

（3）如果 T 是该博弈系统的闭轨线，或 T 是其上只含有一个奇点的奇闭轨线，那么，在 T 上不能含有直线段。

（4）如果 T 是该博弈系统的闭轨线，或 T 是仅含一个鞍点而位于有界区域中的奇闭轨线，那么，T 必定是严格的凸闭曲线，它只与曲线

$$P_2(x, y)=0 \text{ 和 } Q_2(x, y)=0$$

的各一支相交于两点。

（5）如果 T 是该博弈系统的极限环，那么 T 的相对位置只可能有两种情况：

① 只在一个焦点外围出现一个或多个极限环；

② 极限环分别出现在两个不同的焦点外围。

（6）有两条积分直线的二次博弈系统，不存在极限环；若二次博弈系统有两个细焦点，则它们都只能是一阶细焦点；若奇闭轨线上有三个鞍点，则它必定是以鞍点为顶点的三角形；若 T 和 R 都是其上含有一个鞍点的奇闭轨线，则它们不能以此鞍点作为共同的奇点。

关于二次博弈系统

$$\begin{cases} \dfrac{\mathrm{d}x}{\mathrm{d}t} = P_2(x, y) \\ \dfrac{\mathrm{d}y}{\mathrm{d}t} = Q_2(x, y) \end{cases}$$

如果它存在极限环，那么，一定可以通过某种变换，将相应的博弈系统简化为以下三类之一：

第一类，记为“I 类”，形如

$$\begin{cases} \dfrac{\mathrm{d}x}{\mathrm{d}t} = -y + \delta x + Lx^2 + mxy + ny^2 \\ \dfrac{\mathrm{d}y}{\mathrm{d}t} = x \end{cases}$$

第二类，记为“II 类”，形如

$$\begin{cases}\dfrac{\mathrm{d}x}{\mathrm{d}t}=-y+\delta x+Lx^2+mxy+ny^2\\ \dfrac{\mathrm{d}y}{\mathrm{d}t}=x(1+ax),\quad a\neq 0\end{cases}$$

第三类，记为“III 类”，形如

$$\begin{cases}\dfrac{\mathrm{d}x}{\mathrm{d}t}=-y+\delta x+Lx^2+mxy+ny^2\\ \dfrac{\mathrm{d}y}{\mathrm{d}t}=x(1+ax+by),\quad b\neq 0\end{cases}$$

于是，也可得出结论 11.41（可参考《极限环论》[20]中的定理 12.3）。

结论 11.41：对于博弈系统 III 类，它以原点为中心点的充分必要条件是以下等式至少有一组成立：

（1）$a=L+n=0$；

（2）$m(L+n)=a(b+2L)$，$a[(L+n)^2(n+b)-a^2(b+2L+n)]=0$，$a\neq 0$；

（3）$m=b+2L=0$；

（4）$m=5a$，$b=3L+5n$，$2a^2+n(L+2n)=0$。

下面就分别针对上述三类博弈系统（I 类、II 类、III 类），来逐一详细分析极限环的不存在性、存在性和唯一性。

根据前面的分析，可得出结论 11.42（可参考《极限环论》[20]中的定理 12.4 至定理 12.6、引理 12.1、引理 12.2 和定理 14.14）。

结论 11.42：关于上述 I 类博弈系统有以下结果：

（1）如果 $\delta=0$，那么，当 $m(L+n)=0$ 时，原点就是中心点；$m(L+n)\neq 0$ 时，相应的博弈系统没有闭轨线和奇闭轨线。

（2）如果 $\delta\neq 0$，$m(L+n)=0$，那么就没有闭轨线和奇闭轨线。如果 $\delta m(L+n)>0$，那么也没有闭轨线和奇闭轨线。如果 $\delta m(L+n)<0$ 且$|\delta|$足够小，那么就存在唯一的极限环。

（3）当 $n>0$ 且 $\delta+\dfrac{1}{2n}\leqslant 0$，或 $n\leqslant 0$ 且 $\delta(1+n\delta)\leqslant -L$，或 $L\leqslant 0$ 且 $\delta+n\leqslant 0$ 时，则不存在闭轨线和奇闭轨线。

（4）如果 $n>0$，$L\leqslant 0$，$n+L>0$，$\delta\leqslant -2^{-1/2}$，则不存在极限环。

（5）如果 $\delta<0$，$L>0$，$a>0$，$a-b<0$，则博弈系统

$$\begin{cases}\dfrac{\mathrm{d}x}{\mathrm{d}t}=-y+\delta x+Lx^2+xy\\ \dfrac{\mathrm{d}y}{\mathrm{d}t}=x+ay\end{cases}$$

在条件 $\delta+L=0$ 之下，不存在闭轨线。

（6）对于任意的 δ、L、n，I 类博弈系统都至多只能有一个极限环。

（7）如果 $m=1$，$L<0$，$L+n>0$，$0<3n\leqslant(1-4nL)^{1/2}$，

$$\varDelta\equiv\frac{1}{4}\left[\frac{n}{(1-4nL)^{1/2}}\right]^3+\frac{1-(1-4nL)^{1/2}}{2n}>0$$

那么，当 $0<-\delta\leqslant\varDelta$ 时，该 I 类博弈系统存在不稳定的极限环。

（8）假定 $m=1$，如果 $n>0$ 且 $\delta+\dfrac{1}{2n}\leqslant 0$，或 $\delta+\dfrac{1-[1-4n(L+n)]^{1/2}}{2n}\leqslant 0$ 且 $0<4n(L+n)<1$，或 $n<0$ 且 $\delta+\dfrac{2L}{1+(1-4nL)^{1/2}}\leqslant 0$，则相应的博弈系统不存在极限环。

同时，还可得出结论 11.43（可参考《极限环论》[20]中的定理 14.1 至定理 14.12、引理 14.2、引理 14.4 至引理 14.8、推论 14.1、推论 14.2、定理 14.15 至定理 14.17）。

结论 11.43：关于上述 II 类博弈系统有以下结果：

（1）如果 $\delta=L=0$，那么，当 $mn=0$ 时，相应的博弈系统有一个或两个中心点；当 $mn\neq 0$ 时，无闭轨线和奇闭轨线。

（2）如果 $L=0$，$n=-1$，$a<0$，那么，当 $m\delta\leqslant 0$ 且 $|m|+|\delta|\neq 0$，或 $\delta(m-\delta)\leqslant 0$ 且 $|m|+|\delta|\neq 0$ 时，不存在闭轨线和经过一个鞍点的奇闭轨线。

（3）若 $L=0$，$a<0$，$m\neq 0$，则有：

① 若 $m>-a>0$，则两个指标+1 的奇点外围可同时存在极限环。

② 若 $0<m<\dfrac{1}{a}-a$，则对 δ 在某一区间(δ_1, δ_2)，在原点$(0, 0)$的外围至少有两个极限环；对 δ 在某一区间(δ_3, δ_4)，直线 $1+ax=0$ 上奇点 R 的外围至少有两个极限环。但是，只要 $0<m\leqslant -a$，$-a>1$，那么，在原点与 R 点的外围，就不可能同时存在极限环。

③ 若 $a<m<0$，则原点与 R 点的外围，也不能同时存在极限环。

④ 若 $m\leqslant a$，则在 R 点的外围，不会有极限环。

（4）若 $m=0$，$n=1$，$a<0$，便有：

① 当 $L\delta\geqslant 0$ 而 $|L|+|\delta|\neq 0$ 时，相应的博弈系统无闭轨线与奇闭轨线；

② 在两个指标为+1 的奇点外围，不能同时存在极限环；

③ 当 $L>0$，$a^2(a^2-4L)-16\geqslant 0$ 时，最多只有一个极限环；

④ 当 $L>0$，$\delta-\dfrac{L}{a}\leqslant -\dfrac{a}{8}\left(1+\dfrac{L-4}{a^2+L}\right)$时，至多有一个极限环；

⑤ 当 $L<0$，$a^2+4L\geqslant 4$ 时，最多有一个极限环；

⑥ 当 $L<0$，$\delta+\dfrac{a}{8}\leqslant \dfrac{L+(L^2+4)^{1/2}}{4a}$ 时，最多有一个极限环；

⑦ 当 $L\geqslant 2a^2$ 时，如果存在包围原点的极限环，则对于某些 δ，相应的博弈系统至少存在两个极限环。

（5）若 $n=0$，$a=1$，$L>0$，则有：

① 当 $\delta=0$，$0\leqslant m\leqslant 2$ 时，相应的博弈系统在全平面内不存在极限环。

② 当 $\delta=0$，$m\leqslant 0$ 时，无包围原点的极限环。

③ 当 $L(L+m\delta)\leqslant 0$ 时，不存在极限环。

④ 当 $\delta\geqslant L$ 时，不存在包围原点的极限环。

⑤ 当 $\delta\geqslant L$ 时，不存在包围奇点 R 的极限环，而且这里 R 是直线 $1+ax=0$ 上的奇点。

⑥ 当 $\delta=0$，$m>2$ 且 $m-2<<1$ 时，原点外围至少存在一个极限环。当 $m>2$，$\delta<0$ 且 $0<|\delta|<<m-2<<1$ 时，在原点外围至少存在两个极限环。当 $m<2$，$0<\delta<<1$ 时，在原点外围至少存在一个极限环。当 $\delta=0$，$m<-2$ 且$|m+2|<<1$ 时，R 点外围至少存在一个极限环。当 $m=-2$，$0<\delta<<1$ 时，在 R 外围至少存在一个极限环，在原点和 R 外围同时存在极限环；在原点与 R 点的邻近，分别同时存在唯一的极限环。

⑦ 当 $m<0$ 时，最多存在一个包围原点的极限环。

⑧ 当 $\delta=0$，或 $0<m\leqslant 2$，或 $m>2$ 且 $\dfrac{\delta}{L}>\dfrac{-1+(4m-7)^{1/2}}{2m}$ 时，最多有一个极限环；并且，若极限环存在，它必定是稳定的。

⑨ 当 $\delta\geqslant 0$ 时，包围原点的极限环最多只有一个。

（6）若 $\delta=m(1+n)-2a=0$，$n\neq -1$，$n(4-m^2)-2m^2\neq 0$，$m\neq 0$，则博弈系统 II 在全平面上，最多只有一个极限环。

（7）若 $L=1$，$\delta<0$，则当

$$5n+3>0，m(1+n)-2a>0$$

且$|5n+3|$、$|m(1+n)-2a|$和$|\delta|$都适当小的时候，博弈系统 II 在原点附近至少有三个极限环。

（8）若 $\delta=L+n=0$，$a\neq 0$，则在原点外围没有极限环；当 $0<-a-\dfrac{m^2+4}{2m}<<1$ 时，R 点的外围至少有一个极限环；当 $a<0$ 或$-a-\dfrac{m^2+4}{2m}<0$ 时，R 点的外围不

存在极限环。

下面开始考虑 III 类博弈系统的闭轨线和全局特性等。于是，便有结论 11.44（可参考《极限环论》[20]中的定理 15.1 至定理 15.4、定理 15.7 至定理 15.9）。

结论 11.44：关于上述 III 类博弈系统，有以下结果：

（1）若 $\delta=m=0$，则当 $a(b+2L)=0$ 时，相应的 III 类博弈系统存在一个或两个中心点；当 $a(b+2L)\neq 0$ 时，没有闭轨线或奇闭轨线。

（2）若 $\delta=a=0$，当 $m(L+n)=0$ 时，相应的博弈系统有中心点；又若代数方程

$$n(n+b)\lambda^2-m\lambda-1=0$$

对 λ 有实数根，则当 $m(L+n)\neq 0$ 时，相应的博弈系统不存在极限环。

（3）若 $a=0$，那么有：

① 当 $n=0$，或 $L=0$，或 $b=-n$，或 $b=L$ 时，如果相应的 III 类博弈系统存在极限环，则它必是唯一的；

② 若 $n+L>0$，$m>0$，$L<0$，$0<n\leqslant 1$，$m^2-4n(L+1)>0$，那么当且仅当有不等式

$$0<\delta<\frac{(L+n)\{-m+[m^2-4n(L+1)]^{1/2}\}}{2n(L+1)}$$

时，存在包围原点的极限环；

③ 若 $n+L<0$、$m>0$、$L>-1$、$0<n<1$、$m^2+4L(1-n)>0$，那么当且仅当有不等式

$$0<\delta<\frac{(L+n)\{-m+[m^2-4n(L+1)]^{1/2}\}}{2n(L+1)}$$

时，存在包围原点的极限环；

④ 若 $n=0$，$m>0$，$-1\leqslant L<0$，$m^2+L>0$，那么当且仅当 $0<\delta<-\dfrac{L}{m}$ 时，存在极限环；

⑤ 若 $n=0$，$m>0$，$-1\leqslant L<0$，$m^2+L\leqslant 0$，那么当且仅当

$$0<\delta<-m+2(-L)^{1/2}$$

时，存在极限环；

⑥ 若 $L=0$，$b>-n$，$\delta=\dfrac{m}{b}$，$m^2+4nb<0$ 时，那么，存在由直线 $1+by=0$ 与半赤道组成的两个分界线环，它们分别包围两个指标为+1 的有限远奇点；

⑦ 若 $b=-1$，$m>0$，$2L+1>0$，$n=1+\dfrac{m^2}{2(2L+1)}$，那么当且仅当有不等式 $\dfrac{1-n}{m}<\delta<0$ 时，存在极限环。

（4）若 $m=n=0$，那么，当 $\delta a(b+2L)>0$ 且 δ 在某一区间$(0,\delta^*)$或$(\delta^*,0)$中变化时，相应的 III 类博弈系统存在唯一的极限环。

（5）若 $b=L$，$m=b\delta$，$n=-b$，那么相应的博弈系统存在唯一的极限环。

同时，还可得出结论 11.45（可参考《极限环论》[20]中的定理 15.10）。

结论 11.45： 若在以下博弈系统

$$\begin{cases}\dfrac{\mathrm{d}x}{\mathrm{d}t}=1-x^2+xy\\ \dfrac{\mathrm{d}y}{\mathrm{d}t}=L-Lx^2+2xy+ny^2+\alpha(1-x^2+xy)\end{cases}$$

中有 $L-2>n\geqslant 0$，$Ln-L+2<0$，$Ln-L+n+3>0$，那么当且仅当

$$0<\alpha<\frac{L-Ln-2}{n+1}$$

时，该博弈系统存在两个互不包含的极限环。

同时，也还可得出结论 11.46（可参考《极限环论》[20]中的定理 17.3 和定理 17.4）。

结论 11.46： 考虑博弈系统

$$\begin{cases} \dfrac{\mathrm{d}x}{\mathrm{d}t} = -y + \delta x + Lx^2 - xy \\ \dfrac{\mathrm{d}y}{\mathrm{d}t} = x(1 + ax + by) \end{cases}$$

如果

$$(b-L)^2<4a,\ b>0,\ (a+b\delta+1)^2=4(Lb+a)$$

那么，当 $0<\delta<2$ 时，若以下三个条件之一成立，则此结论中的博弈系统就恰有一个极限环，而且该环还是稳定的。

条件 1，$a(a+b\delta-1)+2b^2=0$；

条件 2，$a(a+b\delta-1)+2b^2<0$，$a+b\delta+1>0$；

条件 3，$a+b\delta-1=0$。

但是，当 $\delta\leqslant 0$ 时，那么与上面相反。也就是说，若前述三个条件之一成立时，此结论中的博弈系统就不存在极限环。

结论 11.47（可参考《极限环论》[20]中的定理 17.5）：考虑博弈系统

$$\begin{cases} \dfrac{\mathrm{d}x}{\mathrm{d}t} = -y + \delta x + Lx^2 + mxy \\ \dfrac{\mathrm{d}y}{\mathrm{d}t} = x(1 + ax + by) \end{cases}$$

如果

$$b=m+a=0,\ L^2+4ma<0,\ m(L+m\delta)<0$$

那么，当 $0<\delta<-\dfrac{L}{m}$ 时，此结论中的博弈系统恰有一个极限环，而且还是稳定的；当 $\delta\leqslant 0$ 或 $\delta\geqslant -\dfrac{L}{m}$ 时，则该博弈系统不存在极限环。

关于极限环理论，数学家们还有更多的结果，有特殊兴趣的读者可阅读《极限环论》[20]，本章仅仅整理了部分与博弈双方的僵持轨迹（闭轨迹）直接相关且比较形象的结果。既限于篇幅，也不想过于数学化，因此不再赘述了。

跋

网络安全，民之大事，国之根本，成败之道，不可不察也。

网安原则有五，顺之则昌，逆之则亡。一曰道，二曰天，三曰地，四曰人，五曰技。道者，令民与其同心也，故可以与之进，可以与之退，而不为谣言乱，不为名利叛。天者，外部环境也，如知彼、知攻防极限、知演化规律、知系统生态链也[5]。地者，内部情况也，如知己、知所求、知纳什均衡点、知撒手锏利器也。人者，智、诚、灵、正、善、强也。技者，静若处子，动若脱兔；视弱如水，用则似钢；大隐潜深渊，大形掀翻天；随机应变，速战速决也。凡此五者，君莫不闻，知之者胜，不知者不胜。故请自问曰：吾有道？吾有能？吾兵强？吾马壮？吾技精？吾得天时？吾获地利？吾令行禁止？吾怀必胜之心？以此，知胜负矣。君听吾计，用之必胜，留之；君不听吾计，用之必败，去之。

五原则若尊，乃为之势，以佐其胜。势者，因利而制衡也，如科普增防御之势[6]，法律压内鬼之势，精技挫对手之势。网战者，诡道也。故能而示之不能，用而示之不用，弱而示之强，强而示之弱，虚而示之以实，实而示之以虚；欲而诱之，乱而取之，实而备之，强而避之，怒而挠之，卑而骄之，逸而劳之，亲而离之。攻其无备，出其不意。此网战之胜，不可先传也。

凡事预则立，不预则废；言前定则不跲，事前定则不困，行前定则不疚，道前定则不穷。夫未战而预测博弈轨迹者，得胜多也；未战而庙算不利者，得胜少也。知微观者，术强也；知中观者，谋胜也；知宏观者，成竹在胸也；中观、宏观何处见，请读《安全通论》[5]也。微观之术为六性：一曰真实性，二曰保密性，三曰完整性，四曰可用性，五曰不可抵赖性，六曰可控制性。反馈及时者，应对从容也；微调得当者，纠错不误也；迭代快速者，攻守自如也。善用维纳定律者胜，否则败；善大数据挖掘者胜，否则败；多算胜，少算不胜，而况于无算乎！胶着有突变，蝴蝶扇风暴；僵持无胜负，除非生变故。若以此观之，胜负见矣，黑客行为察矣。故曰：知彼知己，百战不殆；不知彼而知己，一胜一负；不知彼，不知己，每战必殆。故形人而我无形，则我暗而敌明；我聚为一，敌分为十，是以十攻其一也，则我众而敌寡；能以众击寡者，则吾之所与战者，惨矣。吾所与战之地不可知；不可知，则敌所备者多；敌所备者多，则吾所与战者，寡矣。备前则后寡，备后则前寡，备左则右寡，备右则左寡，无所不备，则无所不寡；备战之技巧者，见安全经络图也[5]。寡者，备人者也；众者，使人备己者也。最佳攻防策略何处取，沙盘演练有捷径[5]。

凡网战之法，或明争或暗斗。明争者，肉机万台，主机万台，僵尸万具，病毒无数，间谍繁多，谣言四起。则内外资源，人工之耗，网络带宽，存储容量，加密解密，耗费无度，然后数十万木马之师举矣。暗斗者，风平浪静，或破译密码，或植入代码，或设陷钓鱼，或雾里看花，专等于无声处听惊雷。故知战之地，知战之日，则可千里而会战。不知战地，不知战日，则左不能救右，右不能救左，前不能救后，后不能救前，而况鞭长莫及乎？网战之难者，以迂为直，以患为利。故迂其途，而诱之以利，后人发，先人至，此知迂直之计者也。网战为利，故不知他者之谋，不能予交。故兵以诈立，以利动，以分合为变者也。故其疾如风，其徐如林，侵掠如火，不动如山，难知如阴，动如雷震。先知迂直之计者胜，此网战之巧也。

网战首功，必归于社工；坑蒙拐骗，无所不用其极。受害者，不分男女老幼；粗心者，定首当其冲。若有幸，识得黑客心理[21]，方易守难攻。人性有弱点，圣贤与平民皆同：感觉有漏洞，知觉有偏差，记忆容易错，情绪会失控，动机遭诱惑，注意难集中，读心术多如牛毛，其实人类不难哄。微表情会泄密，肢体会泄密，服饰会泄密，姿势会泄密，习惯会泄密，爱好会泄密。让你喜，实乃简单；拉拢关系，其实很容易。谁是敌，谁为友，谁意善，谁混蛋，劝君切记长心眼。

网络之战，贵胜，更贵速，不贵久；久则钝兵挫锐，攻网则力屈，久暴师则后劲不足。夫钝兵挫锐，屈力殚劲，则对方乘其弊而反攻，虽有智者不能善其后矣。故攻防不速，未睹巧之久也。夫久战而获利者，未之有也。故不尽知慢速之害者，则不能尽知神速之利也。攻之事主速，乘人之不及，由不虞之处，击其所不戒也。兵之所加，如以石击卵者。凡先处战地而待敌者逸，后处战地而趋战者劳；故善战者，治人而不治于人。能使对手自至者，利之也；能使对手不得至者，害之也，故敌逸能劳之，饱能饥之，安能动之。出其所不趋，趋其所不意。涂有所不由，网有所不击，机有所不攻，利有所不争，有所为而有所不为。是故智者之虑，必杂于利害。杂于利，而务可信也；杂于害，而患可解也。

善网战者，攻纲不攻目，尤以干线、路由、核心系统为主也；役不重复，资源靠巧技，取用于它，故后备足也。故知网之将，网民之司命，信息安危之主也。上兵伐谋，其次伐交，再次伐谣，其下攻网。攻网之举，为不得已也。夫兵形似水，水之形，避高而趋下，兵之形，避实而击虚。水因地而制流，兵因敌而制胜。故兵无常势，水无常形，能因敌变化而取胜者，谓之神。合于利而动，不合于利而止。网战之器必精，安全观念必新。数据挖掘不能少，恶意代码也得搞；加密认证是关键，信息隐藏靠技巧；入侵检测查敌情，黑客社工要盯牢；防火墙、区块链，容灾备份双保险；安全熵、协议栈，法律管理需健全；赛博学、系统论，正本清源要认真；心理学、经济学，信息安全跨行业[6]。

夫网战之法，攻心为上，攻网为下；全网为上，破网次之；如何攻心，假假真真，如何攻人，社会工程[21]。三军可夺气，将军可夺心。是故朝气锐，昼气惰，暮气归。善博弈者，避其锐气，击其惰归，此治气者也。以治待乱，以静待哗，此治心者也。以近待远，以逸待劳，以饱待饥，此治力者也。破网中贼易，破心中贼难。是故百战百胜，非善之善者也；不战而屈人之兵，善之善者也。巧用黑客心理[21]，令攻者不攻，令守者不守；搞清黑客世界观，知其方法论，变被动为主动。心理平衡者不攻，心理失衡者欲动。故善用兵者，屈人之兵而非战也，拔人之城而非攻也，毁人之国而非久也，必以全争于天下，故兵不顿，而利可全，此谋攻之法也，攻心之技也。攻而必取者，攻其所不守也；守而必固者，守其所必攻也。故善攻者，敌不知其所守；善守者，敌不知其所攻。微乎微乎，至于无形。神乎神乎，至于无声，故能为敌之克星。进而不可御者，冲其虚也；退而不可追者，速而不可及也。故我欲战，敌虽高垒深沟，不得不与我战者，攻其所必救也；我不欲战，画地而守之，敌不得与我战者，乖其所需也。敌虽强，可使无斗。故策之而知得失之计，攻之而知动静之理，守之而知死生之地，斗之而知有余不足之处。故形兵之极，至于无形。无形，则深不能窥，智者不能谋。因形而错胜于众，众不能知；人皆知我所以胜之形，而莫知吾所以制胜之形。故其战胜不复，而应形于无穷。

凡处心积虑，策划数载，百姓之费，公家之奉，日费千金。相守多日，以争一时之胜，而受爵禄百金，不知敌之情者，不仁之至也，非人之将也，非主之佐也，非胜之主也。故网军之将，所以动而胜人，成功出于众者，先知也。先知者，不可取于鬼神，不可象于事，不可验于度，必取于人，索于机，知敌之情者也。故或人或机，或软或硬，用间有五：有因间，有内间，有反间，有死间，有生间。五间俱起，莫知其道，是谓神纪，博弈之宝也。因间者，因其乡人而用之。内间者，因其官人而用之。反间者，因其敌间而用之。死间者，为诳事于外，令吾间知之，而传于敌间也。生间者，反报也。故网战之事，动莫先于间，计莫精于间，事莫密于间。非圣智不能用间，非技精不能使间，非微妙不能得间之实。微哉！微哉！无所不用间也。间事未发，而先闻者，间与所告者皆死。凡攻之所欲击，机之所欲攻，人之所欲谋，必先知其口令、守将，左右，谒者，门者，舍人之姓名，令吾间必索知之。知敌之间来间我者，因而利之，导而舍之，故反间可得而用也。因是而知之，故乡间、内间可得而使也；因是而知之，故死间为诳事，可使告敌。因是而知之，故生间可使如期。五间之事，帅必知之，知之必在于反间，故反间不可不厚也。

知网战之胜有五：知可以战与不可以战者胜；识技与谋之用者胜；同心协力者胜；备周待不备者胜；攻击信道容量大者胜。此五者，知胜之道也。不可胜在己，可胜在敌。故善网战者，能为不可胜，不能使敌之必可胜。故曰：胜可知，而不可为。不可胜者，守也；可胜者，攻也。守则不足，攻则有余。善守者，藏于九地之下，善攻者，动于九天之上，故能自保而全胜也。知吾之可以击，而不知敌之不可击，胜之半也；知敌之可击，而不知吾之不可以击，胜之半也；知敌之可击，知吾之可以击，而不知环境之不可以战，胜之半也。故知攻者，动而不迷，举而不穷。故曰：知彼知己，胜乃不殆；知天知地，胜乃不穷。

见胜不过众人之所知，非善之善者也；战胜而天下曰善，非善之善者也。故举秋毫不为多力，见日月不为明目，闻雷霆不为聪耳。古之所谓善战者，胜于易胜者也。故善战者，立于不败之地，而不失敌之败也。是故胜兵先胜而后求战，败兵先战而后求胜。善用兵者，修道而保法，故能为胜败之政。

凡网战者，以正合，以奇胜。故善出奇者，无穷如天地，不竭如江海。终而复始，日月是也。死而更生，四时是也。声不过五，五声之变，不可胜听也；色不过五，五色之变，不可胜观也；味不过五，五味之变，不可胜尝也；战势不过奇正，奇正之变，不可胜穷也。奇正相生，如循环之无端，孰能穷之哉！

激水之疾，至于漂石者，势也；鸷鸟之疾，至于毁折者，节也。故善战者，其势险，其节短。故善动敌者，形之，敌必从之；予之，敌必取之。以利动之，以我待之。故善战者，求之于势，不责于人机，故能择人机而任势。任势者，其力强也，如转木石。木石之性，安则静，危则动，方则止，圆则行。故善借环境之势，如转圆石于千仞之山者，势也。

参 考 文 献

[1] 田虹，杨絮飞. 管理学[M]. 厦门：厦门大学出版社，2012.

[2] 诺伯特•维纳. 控制论[M]. 郝季仁，译.北京：科学出版社，2009.

[3] 冯•贝塔朗菲. 一般系统论：基础、发展和应用[M]. 林康义，魏宏森，译. 北京：清华大学出版社，1987.

[4] 魏宏森，曾国屏. 系统论与系统科学哲学[M]. 北京：清华大学出版社，1995.

[5] 杨义先，钮心忻. 安全通论——刷新网络空间安全观[M]. 北京：电子工业出版社，2018.

[6] 杨义先，钮心忻. 安全简史——从隐私保护到量子密码[M]. 北京：电子工业出版社，2017.

[7] 吴祥兴，等. 混沌学导论[M]. 上海：上海科学技术文献出版社，1996.

[8] R. Devany，等. 混沌动力学[M]. 卢侃，等，译. 上海：上海翻译出版公司，1990.

[9] 张景中，杨路，张伟年. 迭代方程与嵌入流[M]. 上海：上海科技教育出版社，1998.

[10] 宁宣熙，刘思峰. 管理预测与决策方法[M]. 北京：科学出版社，2003.

[11] 张晓梅，张振宇，迟东璇. 常微分方程[M]. 上海：复旦大学出版社，2010.

[12] 叶宗泽，杨万禄. 常微分方程组与运动稳定性理论[M]. 天津：天津大学出版社，1985.

[13] 宋文尧，张牙. 卡尔曼滤波[M]. 北京：科学出版社，1991.

[14] 凌复华. 突变理论及其应用[M]. 上海：上海交通大学出版社，1987.

[15] 陈予恕. 非线性振动系统的分叉和混沌理论[M]. 北京：高等教育出版社，1993.

[16] 陆启韶. 常微分方程的定性方法和分叉[M]. 北京：北京航空航天大学出版社，1989.

[17] 吴大进，等. 协同学原理和应用[M]. 武汉：华中理工大学出版社，1990.

[18] 凌岭，等. 偏微分方程[M]. 西安：西北大学出版社，1981.

[19] 陈祖墀. 偏微分方程（第 2 版）[M]. 合肥：中国科学技术大学出版社，2002.

[20] 叶彦谦. 极限环论[M]. 上海：上海科学技术出版社，1984.

[21] 杨义先，钮心忻. 黑客心理学——社会工程学原理[M]. 北京：电子工业出版社，2019.

反侵权盗版声明